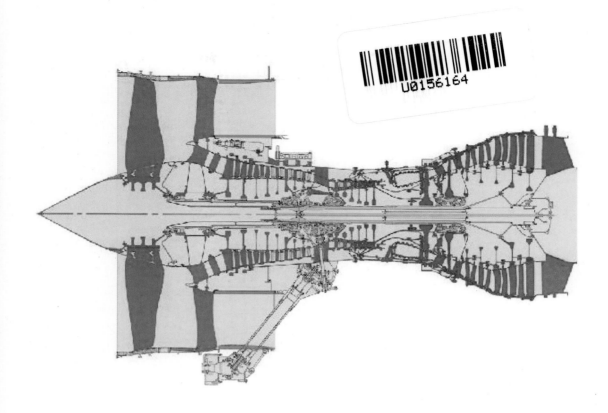

U0156164

图1-8 典型航空发动机的材料选择

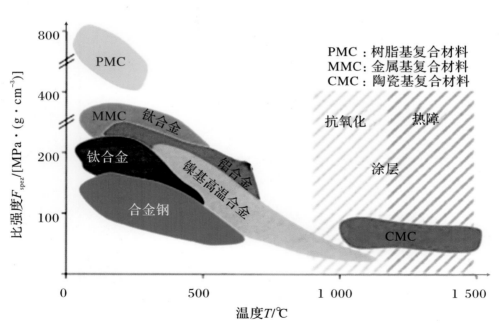

图1-9 不同材料力学性能与温度的关系

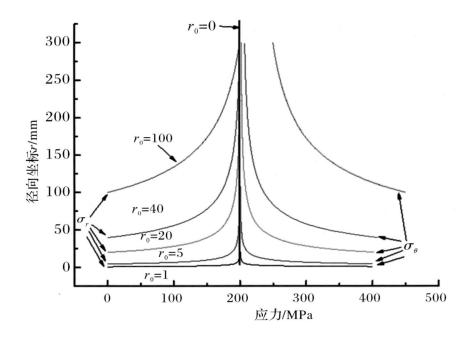

图3-11 纯外载荷作用下空心盘的应力分布规律

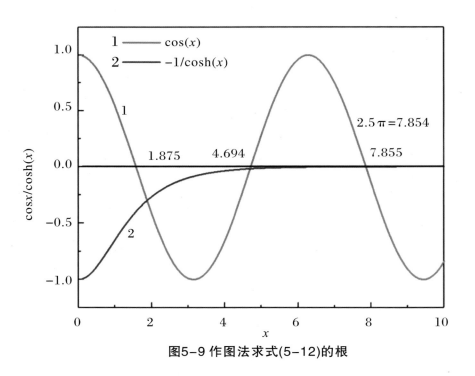

图5-9 作图法求式(5-12)的根

航空发动机结构强度与振动

胡晓安　魏武国　姚星宇
吕双祺　腾雪峰　闫　成　编著

西北工业大学出版社
西安

【内容简介】 本书系统介绍了航空燃气涡轮发动机结构强度与振动相关的理论、分析与技术。全书共分为 10 章,主要内容包括叶片、轮盘、连接结构的强度分析方法以及轮盘、轴、转子的振动分析方法和转子平衡等;特别介绍了疲劳与断裂力学以及制造维护中与强度相关的基础内容,对现有教材内容具有较好的补充作用。

本书可作为高等学校飞行器动力工程、燃气轮机工程、飞行器制造工程、航空维修等专业的教材,也可供从事航空发动机、燃气轮机等旋转机械的设计、制造与维护人员以及从事航空材料与工艺等相关专业科研人员阅读、参考。

图书在版编目(CIP)数据

航空发动机结构强度与振动 / 胡晓安等编著. —西安:西北工业大学出版社,2023.1
ISBN 978 - 7 - 5612 - 8625 - 8

Ⅰ. ①航… Ⅱ. ①胡… Ⅲ. ①航空发动机-结构强度②航空发动机-结构振动 Ⅳ. ①V23

中国国家版本馆 CIP 数据核字(2023)第 017533 号

HANGKONG FADONGJI JIEGOU QIANGDU YU ZHENDONG
航 空 发 动 机 结 构 强 度 与 振 动
胡晓安 魏武国 姚星宇 吕双祺 腾雪峰 闫 成 编著

责任编辑:华一瑾	策划编辑:华一瑾
责任校对:倪瑞娜	装帧设计:李 飞

出版发行 西北工业大学出版社
通信地址 西安市友谊西路 127 号　　　　邮编:710072
电　　话 (029)88491757,88493844
网　　址 www.nwpup.com
印刷者 陕西奇彩印务有限责任公司
开　　本 787 mm×1 092 mm　　1/16
印　　张 16.5(彩插:2)
字　　数 433 千字
版　　次 2023 年 1 月第 1 版　　2023 年 1 月第 1 次印刷
书　　号 ISBN 978 - 7 - 5612 - 8625 - 8
定　　价 68.00 元

如有印装问题请与出版社联系调换

前　　言

本书是针对制造与维护领域内飞行器动力工程专业人才培养大纲而编写的专业教材,约 32 学时。全书注重理论与实践相结合,在现有的各版本教材(包含翻译苏联教材《航空燃气涡轮发动机零件结构与计算》张文杰,等,译)基础上,吸收了在强度与振动领域内的一些具有新进展的内容,尤其引入了现代有限元方法在强度与振动分析中的运用,全书涵盖了航空发动机强度与振动的主要内容。

本书以南昌航空大学、中国民航飞行学院、厦门大学的航空发动机强度与振动教学团队多年来的教学实践为基础,借鉴了宋兆泓、吕文林、张文杰等老一辈学者编写的相关教材,并吸收了发动机强度与振动领域内的一些研究新成果的内容。

本书由胡晓安、魏武国统稿、修改及审定,共分为 10 章。具体编写分工为:第 1~3 章由胡晓安和闫成编写,第 4 章、第 7 章由姚星宇编写,第 5 章由腾雪峰编写,第 6 章、第 9 章由吕双祺编写,第 8 章由魏武国编写,第 10 章由胡晓安编写。

写作本书曾参阅了相关文献、资料,在此,谨向其作者深致谢忱。

由于笔者水平所限,不足之处在所难免,敬请广大读者及专家批评指正。

编著者

2022 年 9 月

目　　录

第1章 绪 论

射流管温度标记的最大值是绝对不能超过的。涡轮喷气发动机就像人一样,如果身体出了什么问题,温度就会上升(发烧)。

——斯坦利·胡克 《我是怎么设计航空发动机的》

1.1 航空发动机结构强度的概念

燃气涡轮航空发动机是集高温、高速、高压及复杂振动环境于一身的旋转机械产品。自燃气涡轮航空发动机诞生以来,确保其安全运行是一项永无止境的工程与科学任务,而预测发动机的结构损伤始终是一项重大的挑战,学习结构强度知识是通向发动机结构设计及其安全性、可靠性、长寿命的必由之路。

发动机的强度问题常常不是单一因素,而是多种原因的。发动机的结构强度设计与分析高度依赖于工程师对造成结构损伤与破坏的影响分析及其相互作用的深刻理解。为了防止结构损伤和发动机事故发生,需要对这些原因进行深入分析。在这一过程中获得的经验和知识被用于新的发动机零件设计,也常常运用于生产过程中的质量控制、测试证明、日常维护与大修维护,有明显的技术、经验与知识继承性。

可靠性、安全性、经济性、舒适性(低噪声与低振动)、长寿命、优良的结构效率是现代航空发动机的结构要求。广义的结构强度包含了结构的强度与振动,贯穿于航空发动机的全寿命周期。发动机强度设计技术主要包含:①定量描述发动机整机及其零组件在使用环境及载荷作用下结构变形、动力响应以及疲劳、蠕变、氧化腐蚀、塑性变形、断裂及冲击等损伤行为的理论和方法;②考虑发动机使用环境、载荷、结构及材料工艺特性及其分散性,在发动机研制和使用的全寿命周期内,赋予发动机结构预期安全性、耐久性和可靠性的设计理论、方法和技术;③为提高工程设计分析效率所需的发动机强度提供理论、方法和技术。发动机强度设计技术涉及面广,从整机载荷、整机刚性以及整机振动,到零件的静强度、变形与刚性、稳定性、振动以及寿命,都是发动机强度设计技术必须涉及的领域。

1.2 发动机结构载荷、破坏与损伤

1.2.1 发动机结构的载荷

在进行发动机结构设计、强度寿命设计与评价时,首先需要根据飞机/发动机的实际工作特点,明确发动机设计的载荷类型。

根据飞机使用状态,可以将发动机载荷分为标准载荷、极限载荷和极端载荷3种。标准载荷是日常工作条件下产生的,如典型的任务循环、标准飞行包线以及标准飞行诱使的各类载荷。在标准载荷下,发动机应该能维持设计寿命。极限载荷主要是包含极限包线载荷、中等程度的外物损伤,如飞机的左边界、右边界、小体形的鸟撞。在极限载荷下,发动机应该还能正常工作,从而完成一定的基础飞行任务。极端载荷主要包含叶片丢失、极端外物损伤、转子故障、飞机触底冲击。在极端载荷下,发动机不应该发生安装失效和高能物体释放,如因转子破裂而打穿机匣。

根据载荷来源,可以将发动机载荷分为内部载荷和外部载荷两种。内部载荷是由气体压力、热、转子机械力产生的。如气体对机匣的内压、由于增压产生的压气机叶片轴向力及气动弯矩、旋转作用下的离心力、振动载荷等。外部载荷主要是飞机机动、气流畸变、外物冲击等对发动机产生的力和力矩。例如飞机大转弯下陀螺力矩、鸟撞风扇叶片产生的冲击力等。

针对具体的结构部件,结构的载荷可以根据受力分析确定。以图1-1中的平面叶栅为例,在二维平面内通过叶轮机械原理的学习,已经了解到叶片和气流之间的相互作用力。如果旋转方向为向上,那么压气机和涡轮的转子及静子叶片都在轴向、周向承受气动力的作用。对于压气机转子,受到向下的周向气动力、向左(前)的轴向力;对于压气机静子叶片,受到向上的周向力、向左(前)的轴向力。对于涡轮导向器叶片,周向力向下、轴向气动力向右(后);涡轮转子叶片的周向气动力向上,而轴向气动力向后。对于转子构件,由于旋转引起的离心力是转子结构承载的主要部分。在叶片、轮盘的强度评估中需要重点分析离心力的作用。叶片上,叶冠、叶身、榫头都会受到离心力的作用。通过榫头-榫槽组成的榫连结构传递到轮盘上。对于轮盘来说,叶片的离心载荷可以视为外载荷。此外,热载荷成为现代先进发动机结构上不可忽略的载荷。主要由于温度不均匀、结构热变形不协调产生的。

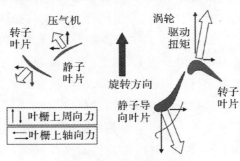

图1-1 叶栅上的气动力

1.2.2 发动机结构破坏与损伤

强度设计的主要目的就是避免结构在预期使用要求内发生结构破坏,产生安全性问题。已有的各类发动机结构破坏案例表明,发动机各类结构因材料、载荷、环境不同而发生不同的破坏。根据研究的视角不同,发动机结构存在多种损伤分类方式。基于力学的分类,包含静力学和动力学破坏,例如破裂、断裂、疲劳、蠕变等;基于结构的几何完整性,有各类表观损伤,例如叶片扭曲变形、叶尖磨损、凹坑、划伤、表面侵蚀、裂纹、掉块、烧蚀、涂层剥落等(见图1-2);基于材料的组织完整性,有不同尺度上的微观损伤,例如位错、滑移、微裂纹、氧化、腐蚀等,一般需要采用金相显微镜或电子扫描显微镜来观察,图1-3为CFM56-7单晶涡轮叶片服役后的组织损伤情况。可以看到不同区域内微观上存在很大差异,表明服役后材料发生了不同程度的损伤与退化。

图1-4为按照力学分类下主要零件的破坏模式。对于风扇和压气机叶片,容易产生结构疲劳、鸟撞、侵蚀、腐蚀等损伤模式。对于风扇和压气机盘,可能发生轮盘破裂、高周和低周疲劳等损伤模式。涡轮叶片以疲劳、蠕变、应力断裂、氧化腐蚀等破坏为主,其中叶片上不同位置上疲劳载荷差异很大,又可细分为低周疲劳、蠕变-疲劳、热机械疲劳、微动疲劳和腐蚀疲劳等。在发动机涡轮盘上,可能发生轮盘破裂、蠕变、疲劳和腐蚀等。对于低压轴,需要注意鸟撞带来的冲击破坏、轴过临界转速的动力学损伤以及多轴复合疲劳。静子件方面,风扇和压气机机匣需要考核在内压和轴向力作用下的低周疲劳、结构失稳、包容等问题;燃烧室机匣和火焰筒主要受到热疲劳、蠕变、应力断裂以及声振-热复合等载荷引起的疲劳和蠕变破坏。

裂纹是结构破坏最常见的形式,一般经历裂纹形核、萌生与扩展阶段。对于包含航空发动机在内的多数机械结构,疲劳是破坏的最主要的因素。图1-5列举了涡轮盘和叶片裂纹实例,涡轮盘裂纹起源于榫槽的槽底、涡轮叶片裂纹源于叶片根部,这些都是结构高应力区,需要在结构设计、强度分析、加工制造、日常或大修维护检测中予以重点关注。

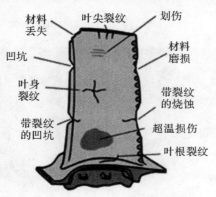

图1-2 涡轮叶片的典型表观损伤

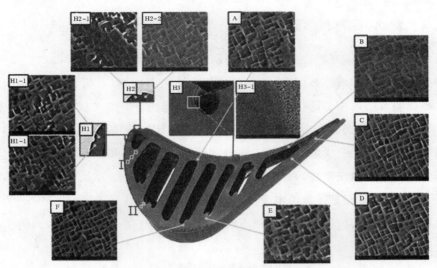

图 1-3　涡轮叶片的典型微观组织损伤

风扇叶片	压气机叶片	涡轮叶片
疲劳/鸟撞/侵蚀/腐蚀	疲劳/侵蚀/腐蚀	疲劳/蠕变/应力断裂/氧化腐蚀
风扇盘	压气机盘	涡轮盘
破裂/高低周疲劳	破裂/高低周疲劳	破裂/疲劳/蠕变/腐蚀

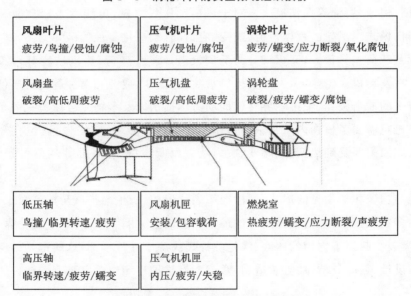

低压轴	风扇机匣	燃烧室
鸟撞/临界转速/疲劳	安装/包容载荷	热疲劳/蠕变/应力断裂/声疲劳
高压轴	压气机机匣	
临界转速/疲劳/蠕变	内压/疲劳/失稳	

图 1-4　发动机零件的主要失效模式

图 1-5　轮盘和叶片的破坏实例

1.3 发动机结构安全性与适航

得益于发动机技术的发展,飞机成为目前最安全的交通工具。根据统计数据,每 10 亿千米一般道路交通死亡 18 人,火车死亡 3.5 人,公务飞机死亡为 4 人,公共航空死亡 3 人。图 1-6 为人类自然死亡概率与航空事故死亡概率对比。航空事故死亡率已从 1962 年约 3.7×10⁻⁶人/小时下降到了 1982 年的 1×10⁻⁶人/小时,即百万小时死亡 1 人。乘坐 1 h 飞机与 1 个 50 岁成年人在 1 h 内的自然死亡的统计概率相等。

那么通过什么样的技术路径来确保发动机能够达到高安全水平?需要定量描述结构失效的概率与风险。工程师们提出了危害性指数的评价方法:①确定事件发生的概率,既可通过设计计算来确定,也可基于过去的设计经验和使用经验来确定。例如鸟撞发生的频率,在不同机场、不同国家、地区发生的概率可以统计得到。需要注意的是,那些从来没有发现过,但仍然不能排除的损伤也需要考虑。②确定事件发生的频率类型,包含频发、可能、偶然、很少、不可能五种类型,如吞雨是频发的,鸟撞是可能的,叶片断裂是偶然的,飞机迫降产生的触底冲击是很少的。③确定事件的影响,分为 4 个影响等级,如图 1-7 所示。Ⅰ级为灾难性、Ⅱ级是重要的、Ⅲ级为微不足道的、Ⅳ级是可以忽略的。如涡轮轮盘破裂对于发动机来说是灾难性的。有些损伤发生的频率很高,但危害极小可以忽略。通过组合 5 种频率类型和 4 个影响等级以确定危害性。危害性划分为 20 个等级,图 1-7 中,1~5 级为高风险的,是设计中不允许的;6~11 级为中等风险的,通过审查可以接受;12~20 是低风险的,无须审查也可接受。

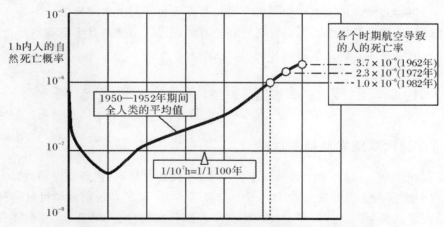

图 1-6 不同年龄人自然死亡和航空事故概率的对比

自从 1903 年莱特兄弟发明飞机以来,航空活动日益密切。早期的航空事故较为频繁,为飞行安全、公共安全带来了隐患。为了规范和监管航空器及其飞行活动,早在 1926 年美国颁布了针对飞行员、航图、导航等多方面的适航标准。FAA 和 EASA 随之诞生,建立了一系列完善的适航条例,大到飞机的整体设计、小到一颗螺丝钉,既包括设计与制造、还包括运行和维护。针对航空发动机适航,美国颁布了联邦航空条例 33 部 FAR-PART 33《航空发动机适航规定》。我国在 20 世纪 80 年代参考美国的民航标准,逐步建立了我国的适航审定规章体系,即中国民航航空规章第 33 部 CCAR-33。规章里包括了发动机设计、制造和试验的要求,既对发动机在标准载荷下运行予以规定,又在很多极限、极端条件下提出了安全性要求,例如鸟撞、吸雨、吸冰雹、结冰、振动、超转、沙尘暴等。

事件频率	失效率	评估等级					评估等级	实施策略
		Ⅰ 灾难性的	Ⅱ 严重的	Ⅲ 微小的	Ⅳ 可忽略的			
高频率	$\geqslant 10^{-3}$	1	3	7	13		1～5	高风险 不可接受
可能的	$10^{3} \sim 10^{-5}$	2	5	9	16			
偶发的	$10^{-5} \sim 10^{-7}$	4	6	11	18		6～11	中风险 审查后可接受
极偶发的	$10^{-7} \sim 10^{-9}$	8	10	14	18			
不可能的	$\leqslant 10^{-9}$	12	15	17	20		12～20	低风险 不审查亦可接受

图 1-7　风险分类及其等级

适航是表征民用航空器的一种属性的专业技术名词,英文名称为 airworthiness,英文解释为 fit to fly,即适宜飞行。适航是航空器的整体性能和操作特性,在预期运行环境和使用限制下的安全性和物理完整性的一种固有品质。发动机的适航由制造方通过设计与制造赋予;制造方通过适航符合性验证表明,由民航管理部门通过适航审定确认,最后由航空公司通过合适的维护予以保持。适航要求航空器始终符合其型号设计,并处于安全可用的状态。适航规定了在预期运行环境和使用限制包含了温度、高度、速度,以及恶劣的气候环境,如结冰、雷电、大雨、冰雹、高强度辐射、沙尘暴等。具有适航性的航空器到底有多安全呢? 从事故发生的概率上,要求飞行器每百万飞行小时发生机毁人亡事故的概率小于 1 次,也即 1×10^{-6} 次/h。目前,北美地区国家和中国航空器每百万飞行小时的事故次数分别为 0.2 和 0.3 次,低于适航标准规定的风险。人们对飞行安全有认识误区主要来自于空难的死亡率高、发生概率低,从而容易成为热点被讨论和记忆。

1.4　发动机结构的材料及其力学行为概述

1.4.1　现代航空发动机的材料

我国著名航空发动机专家刘大响院士曾指出:一代新材料,一代新型发动机。发动机结构设计中材料选择是工程师重要功课。图 1-8 为罗尔斯-罗伊斯公司发动机材料种类选择情况,主要包含钛合金(蓝色部分)、高温合金(红色部分)、铝合金、钢合金(橙色部分)、钛铝合金和其他复合材料(绿色部分)。根据公开资料显示,GEnx 发动机的各材料主要占比为:钛合金占比 25%,铝合金占比 8%,铁基合金占比 16%,复合材料占比 4%,镍基合金占比47%。自 1903 年莱特兄弟发明飞机以来,轻量化结构一直是飞机及其发动机的结构设计目标。为此,航空材料选择过程中尤其重视材料的比强度,即材料强度与密度的比值。比强度衡量了单位重量的结构或材料的承载能力。与飞机不同,航空发动机结构使用的温度跨度大,从而导致材料的选择受到温度的影响极大。图 1-9 给出了不同材料的比强度与温度的关系。在相对较低的冷端,如压气机、风扇部分,广泛采用钛合金,原因是钛合金在这个温度下的比强度很高,即采用相同的质量材料可以承载更大的载荷,或者同样载荷下,材料的质量最低。典型的钛合金牌号有 TC4(对应国外的 Ti-6Al-4V),TC17 等,广泛应用于压气机及风扇。在相对较高的温度下,如在高压压气机末级、燃烧室机匣、火焰筒、涡轮等部件处,一般采用镍基高温合金。高温合金按照其用途可以分为 4 种:①精密铸造高温合金,例如我国研制的 DD6 单晶、DZ125 定向凝固合金用于涡轮叶片,国外的 Rene N5、CMSX-4 和 PW1484 单晶合金;②锻造高温合金,例如 GH4169(国外牌号 Inconel 718)用于涡轮盘、涡轮/燃烧室机匣;③粉末高温合金,例如 FGH96(国外的 RR1000)用于先进发动机涡轮盘;④变形高温合金,例如 GH3625(国外 Inconel 625)、GH536 用于火焰筒。需要指出的是,正是由于 20 世纪 40 年代镍基合金的发明,才促使了发动机技术迅猛地提升。此外,钛铝合金一般用于民用发动机低压涡轮叶片,在风扇机匣处选用碳纤维增强环氧树脂复合材料,发动机旋转轴一般选用容易加工、成本低廉的合金钢。

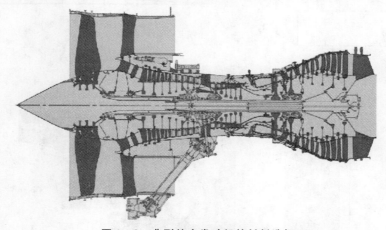

图 1-8 典型航空发动机的材料选择

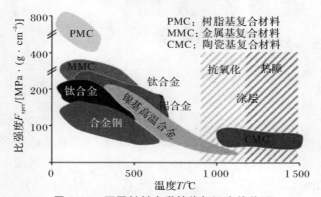

图 1-9 不同材料力学性能与温度的关系

高温合金部件占据了发动机整机重量的 40%,其中叶片用铸造高温合金的工艺经历了革命性的发展(见图 1-10)。铸造高温合金的性能是决定航空发动机涡轮前温度的关键,影响着发动机性能更新换代。铸造高温合金从早期的多晶高温合金,发展到 20 上世纪 70

年代的定向凝固柱状晶,并于 20 世纪 80 年代提出了单向结晶工艺,即单晶高温合金。单晶高温合金又经历了数十年的发展,通过稀有元素合金大幅提升材料的抗高温蠕变性能(图 1-11)。经典的应用有用于 F119 涡扇发动机高压涡轮叶片的二代单晶 PWA1484、用于大型民用涡扇发动机 Leap 的 Rene N5 以及用于我国某高性能发动机的 DD6 单晶合金。

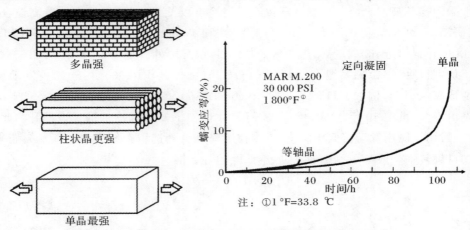

图 1-10　铸造高温合金的高温蠕变性能

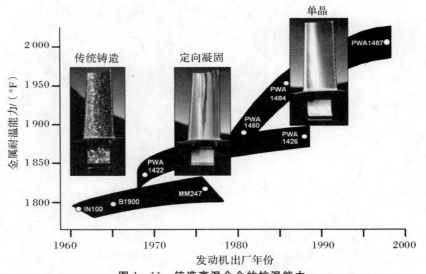

图 1-11　铸造高温合金的抗温能力

根据相关数据,波音 737 铝合金材料占比可达 81%,而波音 787 铝合金占比只有 20%,反而复合材料占比超过了 50%,飞机在大幅度地复材化。在燃气涡轮航空发动机上,也能看到这种趋势,只是由于航空发动机对结构要求更高,复合材料的应用较少。在发动机复合材料应用方面,最早将复合材料应用到航空发动机转动件的原始供应商是美国 GE 公司(见图 1-12)。1995 年就已经为 GE90-94B 发展了第一代复合材料风扇叶片,采用环氧树脂作基体、碳纤维增强的树脂基复合材料。整台发动机装有 22 片复合材料风扇叶片,比钛合金空心风扇叶片轻 60% 以上,但强度反而提高了 1 倍。改进型的 GE90-115B 发动机,采用弯掠设计,使得发动机效率大幅提升。GE90-115B 发动机的复合材料风扇叶片经过 11 年的运行,累积 890 万飞行小时,仅有 3 片风扇叶片被更换。后续的 GEnx、Leap GE9X 风扇叶片设计更为高效,将复合材料风扇叶片技术推向成熟。

图 1-12 美国 GE 公司复合材料风扇叶片的发展

在热端领域,GE 也走在世界尖端。陶瓷基复合材料与金属相比,有巨大的优势,可以不冷却承受高达 1 500℃的温度,而密度仅为镍基高温合金的 1/3。在 2015 年 2 月,GE 公司在 F414 发动机中运行了世界上第一个旋转的 CMC 低压涡轮叶片(见图 1-13),并通过 1000 次试验验证了该材料承受高性能军用发动机内环境的能力。该涡轮叶片不需要冷却,密度与铝合金相当,在模拟 F135 发动机工作环境下完成了 500 次飞行循环载荷。截止到 2021 年年底,装配在 GE 公司的 CFM Leap 发动机上的陶瓷基复合材料涡轮罩环的飞行时间超过了 1 000 万小时,其生产的数量也超过了 10 万件。世界上最大的商用发动机 GE9X 热端配装了 5 个不同的 CMC 部件。GE 公司也准备在 XA100 自适应循环发动机上广泛使用陶瓷基复合材料。这款发动机用于升级 F-35 战斗机,同时为美国空军第六代战斗机计划——"下一代空中优势"(Next-Generation Air Dominance,NGAD)提供动力。

图 1-13 美国 GE 公司陶瓷基复合材料结构
(a)CMC 罩环(Leap 发动机);(b)CMC 转子叶片;(c)CMC 导向叶片;(d)CMC 低压转子叶片

发动机结构设计伴随着材料及其制造技术的发展而演变。以钛合金压气机盘一叶结构为例。早期一般采用轴向或环向燕尾型榫连结构,由于榫连导致的局部应力集中,使得叶盘结构较重。发动机工程师抛弃了连接结构而采用了钛合金整体叶盘技术,可减重约30%。目前,整体叶盘在航空发动机上得到了广泛应用。为了进一步减重,将盘中心孔的直接增大到轮缘相当,提出整体叶环结构。但叶环结构的周向应力很高,必须利用钛基复合材料在纤维方向择优性能。经过罗尔斯-罗伊斯公司测算,利用钛基复合材料制作的整体叶环可以使得发动机压气机较传统榫连结构重量下降达到70%(见图1-14)。在可预见的未来,金属基复合材料、树脂基复合材料、陶瓷基复合材料将是先进航空发动机的标配。

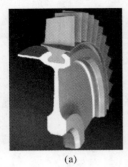   

(a)   (b)   (c)   (d)

图1-14 基于金属基复合材料的整体叶环结构的应用效果

(a)传统榫连结构;(b)整体叶片;(c)整体叶环;(d)整体叶环实物

1.4.2 航空发动机材料的力学性能简介

发动机结构的工作特点,在进行结构设计的选材阶段需要对材料的物理、化学性能都要有较为全面的了解,需要掌握材料的力学、热学、氧化腐蚀等性能,其中力学性能尤为重要。

材料力学课程中已经介绍了材料的拉伸性能,例如拉伸极限、比例极限、屈服极限、弹性模量、泊松比、延伸率、断面收缩率等。在发动机结构选材中,需要兼顾材料的强度、刚度、韧度。根据结构的使用工况,材料的压缩、冲击、扭转、弯曲性能有时也很重要。与航天相比,航空结构尤其注重材料在重复使用下的性能,即疲劳与蠕变性能,也称为结构寿命或动强度。以蠕变为例,在高温条件下,一般大于熔点50%时,在应力作用下,即使处于弹性应力水平,结构和材料仍然会发生随着时间增加的塑性变形,且蠕变变形达到一定程度后会发生结构断裂失效。例如JT9D涡扇发动机高压涡轮叶片(见图1-15),在蠕变第三阶段时候,已经在叶身1/2叶高处产生了严重的塑性变形。以疲劳为例,压气机叶片(见图1-16)极容易在振动载荷下积累疲劳损伤,从而产生疲劳裂纹萌生,继续扩展直到断裂。

在发动机结构设计过程中,应遵循《航空发动机材料选用原则、程序和要求》(HB/Z 353—2000)、《航空发动机材料研制原则、程序与要求》(HB/Z 354—2000)的规定。对于材料力学性能数据,试样原则上应该取自产品状态制造工艺来制造。除了断裂韧性和裂纹扩展速率可使用均值外,其他设计所用的材料允许的强度与寿命数据应以负3倍的标准差(-3σ)为基础,以得到总破坏概率等于或小于1/1 000。航空发动机材料的力学性能一般还需要具备一定的条件,如屈强比($\sigma_b/\sigma_{0.2}$)应大于1.2。总体上,材料的力学性能指标很多,需要在实践中不断总结经验才能正确采用。

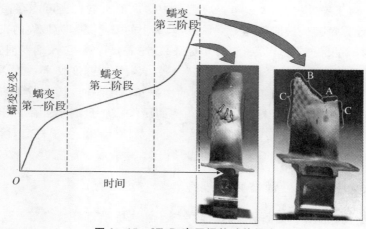

图 1-15 JT9D 高压涡轮叶片蠕变

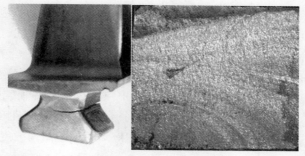

图 1-16 PW4000 涡扇发动机压气机叶片疲劳裂纹及其断口上的疲劳条带

1.5 结构强度设计准则及强度试验

1.5.1 安全系数

在进行结构设计时,经常使用安全系数的概念。按照《航空涡轮喷气和涡轮风扇发动机通用规范》(GJB241A—2010)的规定,安全系数是为确定强度限制载荷和极限载荷,对设计用法载荷采用的参数。而强度储备是用于评定材料的某项极限值相对于构件在设计用法载荷下某项工作应力的储备。在发动机设计中,需要注意安全系数和强度储备系数的概念区别,本书不予区分。应力安全系数是导致结构失效的应力 σ_{fail} 与结构在实际使用中的真实应力 σ_{design} 之间的比值 X_1($X_1 = \sigma_{fail}/\sigma_{design}$)。当 $X_1 = 2.5$ 时,表明导致结构失效所需要的应力是实际真实应力的 2.5 倍。当有飞机超常过载、发动机超转等突发事件发生时,安全系数能在一定程度上确保结构不至于失效。在设计过程中,如果缺少完整的输入信息并需要作近似和假设时,应该给安全系数一定的裕度。对于不确定性较大或失效的后果严重的结构,安全系数必须取得更大,反之可以尽可能取得更小以降低结构重量。

为了避免由于塑性屈服造成过度变形,失效应力经常取屈服强度。结构的最大应力是基于实际服役条件来确定。对于塑性材料,选用净截面的名义应力 S($\sigma_{design} = S$),如叶片的离心拉伸应力。对于脆性材料,需要考虑应力集中的局部影响。当可能存在若干种失效原因时,必须分别计算每种失效原因的安全系数,取最小的安全系数为最终的安全系数。对于航空发动机结构,不仅仅需要计算屈服的安全系数,还需要计算疲劳、蠕变的安全系数,此时一般采用疲劳强度安全系数 X_2、疲劳寿命安全系数 X_3、蠕变强度安全系数 X_4、蠕变寿命安全系数 X_5 来度量。结构的寿命有两类,循环的次数和工作时间,其中循环的次数如飞机的起落次数、工作时间如飞机的飞行累积时间。例如压气机轮盘期望寿命为 10 000 次循环,而它在服役 2 000 次循环就更换,那么其寿命安全系数 $X_3=5$。由于寿命对很小的应力、应变的变化十分敏感,所以寿命安全系数数值通常很大,一般取值范围为 5~20。

1.5.2　发动机结构设计准则及规范

材料力学已经接触到了安全系数的概念。实际上,桥梁、房屋、汽车、飞机、船舶都有各自的结构设计的准则。在航空领域,为了确保飞行安全,需要根据结构设计水平、经验等提出或总结设计准则,通过一定的学科平衡来完成结构设计。那么为了达到平衡的"最优",常常需要了解用户和市场,例如发动机耗油率、寿命、成本、重量、可靠性、推力、工作包线等,综合考虑这些因素,找到成本-重量-维修性与性能-可靠性-寿命-工作包线之间的平衡点。结构设计方案经常不是唯一的,有时候设计方案有无穷多种,需要有丰富的经验才能找到恰当的结果。发动机结构准则规定了结构设计中强度设计的各项工作,是结构强度设计技术体系的核心。结构强度准则应系统、完整地规定发动机各零部件和整机结构的设计准则及其评定标准,规定发动机研制的各主要阶段中应该遵循的结构强度设计、分析和试验的要求、内容和方法。

航空发动机上的设计准则都有哪些呢。在 20 世纪 20—30 年代,设计飞机和发动机时候是没有结构设计准则的,工程师只需要根据经验就可以进行发动机设计。发动机结构强度设计准则随着航空技术的发展和使用经验的积累不断发展,从最早的单一静强度发展成包含静强度、动强度、热强度、疲劳与断裂强度。发动机强度规范也从作为设计和验收的依据发展为作为设计、制造、验收、使用、监控、维护和数据采集的依据。目前,但随着发动机指标提高、对安全要求的不断苛刻,军、民用发动机都发展了各自适应的技术规范。军用发动机最有代表性的是美军标《发动机结构完整性大纲》(MIL-STD-1783B)、英国军用标准00-971。我国航空发动机设计部门通过分析对比、博采众长,在借用英国斯贝 MK202 英国军用标准(即 EGD-3 应力标准)的基础上,结合我国设计与工程经验不断发展与完善我国航空发动机设计规范,例如国家军用标准《发动机结构完整性指南》(GJB101/Z—1997)、图书《航空发动机设计手册》、《航空发动机结构强度设计准则》。在民用发动机方面,一般采用适航条例来规范,如美国联邦航空条例第 33 部(FAR33 部)和我国颁布的《中国民航航空发动机适航规定》(CCAR-33R2)。

1.5.3　发动机结构强度试验

众所周知,发动机是试验出来的。在发动机研制过程中,需要完成大量的强度试验,以满足设计数据输入、模型参数确定、设计验证的要求。现代民航航空发动机,每百万飞行小时的空中停车率只允许 2～5 次,发生严重事故的只允许 1 次。为了考核和验证发动机性能,一台发动机研制,大约需要完成 10 万小时的零部件试验,40 000 h 的附件试验,约 10 000 h 的整机试验。例如,美国 C-5 运输机采用的 TF-39 发动机研制的总的试验时间为 480 000 h,台架试验 21 000 h、飞行试验 17 000 h。美国 F119 完成了 3 500 h 高空模拟试验。美国 F135 发动机完成了 3 600 h 整机试验和 8 500 h 的系统级试验。因此试验是考核发动机最直接的技术手段。

　　强度试验有很多种,如标准强度试验获得材料性能数据用于设计输入与选材、模拟件强度试验以验证强度模型与方法、零部件试验验证设计要求以及整机试验验证发动机耐久性试验。最基础的标准强度试验,主要获得材料在拉、压、弯、剪作用下的准静态单调力学性能、冲击力学性能、动态疲劳与蠕变等数据,一般采用通用的力学试验机完成,例如美特斯MTS(见图 1-17)、英斯特朗 Instron 和我国国产的长春仟邦和长春中机。

　　模拟件强度试验相比于标准强度试验更加复杂,试验对象采用非标结构,通常需要考虑引起实际破坏的主要矛盾而进行了某种简化,例如含气膜孔结构的薄壁结构、榫头-榫槽、螺栓连接结构。模拟件强度试验一般也采用通用力学试验机完成,但需要专门设计工装夹具,可以用于验证强度与寿命模型与方法精度以及结构关键部件强度能力。

图 1-17　MTS 热机械疲劳试验机(南昌航空大学航空结构强度实验室)

　　零部件试验一般是针对实际真实零件来进行的,通常需要能够近似或真实模拟发动机真实工况的专门试验设备,用于测试叶片高周疲劳强度的振动台如图 1-18(a)所示。为了验证轮盘等转子的动力学特点,工程师设计了旋转试验器,分为卧式和立式两类。其中卧式旋转试验器是旋转轴水平放置的试验机器,通过法兰实现驱动轴与试验件的连接,由驱动轴旋转带动试验件高速旋转,可以测试转子动平衡特性,动力学特性,用于转子动态特性及临界转速的转子动力学试验器如图 1-18(b)所示,用于轮盘低循环疲劳考核的立式旋转试验器如图 1-18(c)所示。卧式旋转试验器是旋转轴垂直放置的试验机器[见图 1-18(d)]。工程师在实践中发现,如果转子组件中的轮盘在工作中破裂,由于其质量非常大,转速高,随便飞出一块,动能之大足以摧毁发动机机匣等重要结构。于是,设计了结构简单、尺寸小巧、造价便宜的立式旋转试验器，专门考核轮盘的强度性能，包含轮盘超转、破裂转速、低循环疲劳。

(a)　　　　　　　　　　　　　　　　　　(b)

(c)　　　　　　　　　　　　　　　　　　(d)

图 1-18　各类部件试验器

(a)叶片振动疲劳试验器；(b)转子动力学试验器；(c)立式轮盘疲劳试验器；(d)卧式轮盘旋转试验器

只有经历了充分的零件、部件试验后，才进入整机阶段。根据不同的试验目的，需要开展不同类型的整机试验项目，如吞鸟、吞冰、地面长时试车、高空台试验、飞行平台试验等。例如为了验证风扇叶片的抗鸟撞能力，需要模拟鸟撞后对叶片的变形和损伤情况进行试验[见图 1-19(a)]。为了验证发动机的耐久性，开展地面长时试车[见图 1-19(b)]（由江西中发天信航空发动机科技有限公司提供）。整机试验需要兼顾发动机可能的使用状态，其试车载荷谱要根据发动机服役特点进行任务混频。为了节约试验成本，常常按照损伤等效的原则进行载荷谱加速，如小载荷截取压缩试验时间、提高温度或载荷大小进行试验加速。

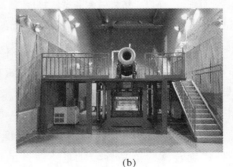

(a)　　　　　　　　　　　　　　　　　　(b)

图 1-19　整机试验

(a)吞鸟试验；(b)地面长时试车

1.6 有限元技术在航空发动机结构强度分析中的应用

有限元法最初诞生于飞机结构强度计算,随着计算机技术的快速发展和普及,现在有限元方法因其高效已广泛应用于机械制造、材料加工、航空航天、汽车、土木建筑、电子电器、国防军工、船舶、铁道、石化、能源和科学研究等几乎所有的科学技术领域。目前,经过 70 多年的发展,有限元方法已经得到了充分的验证,并在作为关键的结构分析工具而在航空发动机结构设计与分析中得到了广泛应用。需要注意的是,虽然有限元软件技术具有入门快、分析精度高等优点,然而它仍然只是一项工具。在发动机结构设计与分析过程中,只有对结构的物理、力学的深刻理解才能更好地运用有限元技术。

有限元方法的基本过程主要包含 4 个方面,①几何区域的定义,也即几何建模,常用软件包括 CAXA、UG、Catia、Solidwoks;②几何区域的离散化,即网格划分,如 Hypermesh、ANSA 以及各类有限元软件自带的网格划分功能;③有限元分析过程,需要定义材料参数、载荷、边界条件,并调用有限元求解器,一般采用 Abaqus、Ansys 等商业软件实现;④有限元后处理,读取分析结果,如应力、应变、温度等。

图 1-20 给出了某火焰筒结构的前处理过程,包含几何模型、网格划分技术。图 1-21 为典型的有限元分析结果。通过分析,明确了危险点的位置与区域,获得了结构应力应变云图。利用有限元的分析结果,结合材料性能数据、模型及结构设计准则,从而可能高效、准确地评估发动机结构的动力学、强度与寿命等。

图 1-20 火焰筒有限元前处理技术

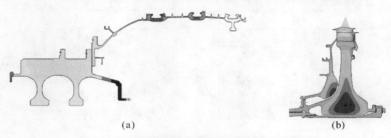

(a)   (b)

图 1-21 风扇盘及涡轮盘的有限元分析结果

(a)风扇盘应力云图;(b)涡轮盘组建应力云图

1.7 优化技术在航空发动机结构强度设计中的应用

传统的航空发动机结构强度设计模式是设计人员在调研分析的基础上,根据发动机结构的工作环境,参照同类产品,通过经验类比或估算分析确定初始设计方案,然后对该方案进行强度、刚度、稳定性、振动、寿命、可靠性、安全性等性能评估分析,判断各项性能是否满足设计准则及规范;如果该方案不能完全满足设计要求,设计人员则需要凭借设计经验或直观判断来修改设计参数;通过反复修改设计参数—评估分析各项性能—校验核实设计准则,直至设计方案完全满足设计准则及规范。传统设计方法过度依赖设计经验,设计周期较长,只能设计出基本满足各项设计准则及规范的方案,而不是最佳设计方案。

随着航空发动机技术水平和结构精细化程度不断增高,传统的结构强度设计模式已经难以胜任新时期的发动机设计需求,设计人员开始谋求将优化技术应用于发动机结构强度设计中。

航空发动机结构优化设计是根据发动机结构具体的设计需求,选取设计中需要调整的材料分布、形状、尺寸等参数作为设计变量,在给定的约束条件下(例如强度、刚度、稳定性、振动、寿命、可靠性、安全性等力学性能要求以及制造工艺、研制成本限制等),依靠可靠、高效的优化算法,按照质量最轻、成本最低、刚度最大、固有频率最高、寿命最长等目标,主动搜索寻找满足设计需求的发动机最佳结构设计方案。根据优化对象的不同,结构优化可分为拓扑优化、形状优化和尺寸优化,分别对应航空发动机的概念设计阶段、初步设计阶段和详细设计阶段。拓扑优化是在给定的设计域和边界条件下,通过寻找材料的分布形式来实现结构效率的最优,不依赖初始构型及研制人员设计经验,可极大地拓展设计空间。形状优化是在确定的拓扑构型下,通过改变结构外部边界或内部几何的形状来实现结构的最优。尺寸优化是在确定的拓扑构型和内/外部几何形状下,通过改变结构的细节尺寸,进一步提升结构的性能。结构优化如图 1-22 所示,内含一个小圆形孔的平板通过拓扑优化得到了内含多个孔的平板构型,通过形状优化得到了内含一个异形孔的平板构型,通过尺寸优化得到了一个内含大圆形孔的平板构型。

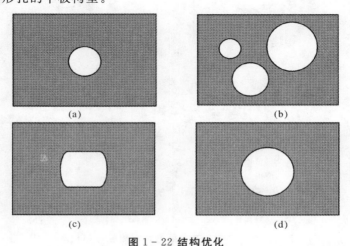

图 1-22 结构优化

(a)初始结构;(b)拓扑优化;(c)形状优化;(d)尺寸优化

　　航空发动机结构优化设计能够突破传统设计极限,摆脱经典结构束缚,提高发动机结构设计质量和效率,降低发动机结构研制风险和成本,已经在学术界得到广泛研究,在工业界得到大量应用。厦门大学结构与多学科设计优化团队针对发动机盘类零件轻量化设计需求,采用结构优化方法设计得到多种创新的轮盘构型,如图 1-23 所示。

图 1-23　航空发动机盘类零件结构优化设计

课 后 习 题

　　1.通过查阅文献,请列举 4 种不同的发动机结构变形或断裂失效行为,阐明每一种失效的原因。

　　2.查找航空发动机上某一种材料牌号的力学性能数据,并分析各类数据的用途。

　　3.下载美国联邦航空条例 FAA 33 部文件,找到与强度振动相关的条目,试图解释其内涵。

第2章 叶片强度

由于(Merlin 发动机)转子工作时的转速大约是 28 000 r/min,叶片(叶尖)宽度消减到原来的 2/3 的话,将会使应力显著下降。

——斯坦利·胡克 《我是怎么设计航空发动机的》

叶片是实现发动机布雷顿循环中压缩与膨胀的关键。发动机通过压气机叶片使气体增压,通过涡轮叶片驱动涡轮旋转做功。安装在发动机转子和静子机匣上、且具有特定的气动翼型的刀片状零件就是航空发动机叶片。航空发动机上存在数千至数万个叶片,叶片功能与结构的完整性对发动机性能有直接影响。本章学习叶片的应力分析与强度评价方法。

2.1 叶片基本情况

2.1.1 叶片结构特点

发动机上叶片很多,一台现代军、民用发动机叶片总数达到数千片。不同的叶片由于功能不同,其结构、材料和工艺有较大差别。甚至同一功能的叶片,由于设计理念不同,选用不同的结构方案。

按照工作性质,叶片可以分为风扇叶片、增压级叶片、低压压气机叶片、高压压气机叶片、高压涡轮叶片和低压涡轮叶片。根据不同工作状态,又可分为静子、转子叶片两大类。按照结构特征,可分为薄叶片、厚叶片、实心叶片、空心叶片、带冠或非带冠叶片。根据叶片的选材,有铝合金、钛合金、钢合金、镍基或钴基高温合金、钛铝合金、复合材料等材质叶片。叶片材料的选择具体要综合考虑工作温度、材料强度、重量、工艺、成本等因素。例如,GE的民用发动机风扇叶片一般选用纤维增强树脂基复合材料方案,而罗尔斯-罗伊斯公司将风扇叶片设计为空心钛合金结构。钛合金由于在中低温具有很高的比强度、韧性等性能被广泛用于压气机叶片。钛铝合金则用于大型民用发动机的低压涡轮叶片,而高压涡轮叶片广泛选用多晶、定向凝固和单晶镍基合金来铸造。

现代发动机叶片结构很复杂,外形上普通采用弯掠设计,有很强的三维特性,内部则趋向于空心化以降低结构重量。例如,CFM56 - 7 涡轮叶片(见图 2-1)采用端弯气动设计,内部则有复杂的冷却通道,表面则密布着冷却气膜孔和尾缘劈缝。

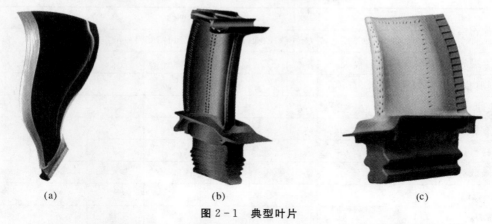

图 2-1　典型叶片
(a)风扇叶片(GE 90);(b)涡轮叶片(Trent 700);(c)涡轮叶片(CFM56-7)

2.1.2　叶片失效模式

不同叶片损伤差别很大,冷端以打伤、裂纹等机械损伤为主;热端以高温与机械损伤复合为主。叶片上的表观损伤主要包含裂纹、划痕和凹陷、烧蚀和氧化、涂层剥落、材料掉块、叶尖掉角、尾缘劈缝堵塞、扭曲、弯曲和熔化、撕裂(Tear)、气膜孔堵塞、外物损伤(Foreign Objects Damage,FOD)、腐蚀(Erosion)以及扭曲(Distortion)等,如图 2-2 所示。

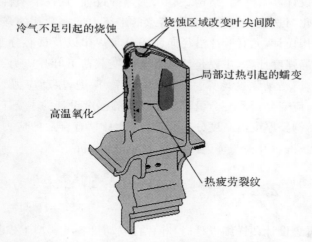

图 2-2　CFM56-3 高压一级涡轮叶片损伤

表 2-1 给出了涡轮叶片上的主要损伤情况,并比较了 9 种不同航空发动机航线标准中的损伤类型。表中结果表明:①不同发动机生产商对涡轮叶片损伤的定义存在一定差异,且相应的损伤标准中所包含的损伤也有所不同;②来自同一个发动机生产商的发动机的损伤类型具有很好的继承性,例如 P&W 和 RR 公司的发动机;③所有的航空发动机,对裂纹、烧蚀和氧化、材料掉块、划痕/凹陷这四类损伤都有明确的要求和限制,证明这四类损伤为涡轮叶片航线检测中的关键损伤(表观损伤,可视性)。

表 2-1　不同发动机损伤规范中的涡轮叶片损伤类型

损伤类型	发动机型号								
	CMF56-3	CMF56-7	CF6	GE90	PW4000	RB211-535	Trent 700	Trent 900	V2500
裂纹	√	√	√	√	√	√	√	√	√
划痕和凹陷	√	√	√	√	√	√	√	√	√
烧蚀和氧化	√	√	√	√	√	√	√	√	√
涂层掉块	√	√	√	√	×	×	×	√	×
材料掉块	√	√	√	√	√	×	×	×	×
尾缘劈缝堵塞	√	√	×	×	×	×	×	×	×
扭曲、弯曲和熔化	√	√	√	×	×	×	×	×	×
撕裂（Tear）	×	×	×	×	×	√	×	×	×
气膜孔堵塞	×	×	×	×	√	×	×	×	×
外物损伤	×	×	×	×	×	√	×	√	√
腐蚀（Erosion）	×	×	×	×	×	×	√	√	√
叶尖磨损/弯曲/卷边									

2.1.3　叶片强度设计

大体来说,叶片设计涉及气动、结构、强度、工艺等过程,且各个学科之间存在强耦合作用,因此需要不断优化与迭代方能找到各方满意的平衡方案。叶片的强度设计主要包含三个方面,一是叶片结构设计,尤其叶片沿径向面积分布规律以及重心分布规律、叶片内部结构设计等;二是叶片静强度计算,主要是计算在非交变载荷下叶片应力、应变、变形,并校核强度,避免有害变形;三是动强度计算,主要叶片频率、振型、振动应力等振动分析,叶片循环、蠕变载荷下应力、应变分析及寿命设计。叶片的静强度设计的主要工作包含与气动设计结合,选取叶型厚度,调整厚度沿高度分布规律,使叶身具有合适的应力水平;调整罩量,减小叶片根部弯曲应力;进行叶根与榫连结构设计与应力分析。

2.2　叶片机械静应力计算

在航空发动机概念设计和详细设计时,叶片在发动机各种典型工作状态下,均需要确保足够的强度储备,进行静应力计算是关键的一步。根据前述关于叶片受力的分析可知,叶片在发动机工作条件下的所受应力包含了离心拉伸应力、气动弯曲应力、热应力、离心弯曲和扭转应力等,其中离心拉伸应力、气动弯曲应力和热应力是主要组成部分,本节将着重对其计算方法进行介绍。

根据叶片结构特点,为了抓住叶片强度概念的主要矛盾,一般把叶片视为变截面梁,并作一定的假设:①梁(叶片)变形后,其横截面仍然保持平面;②叶片的气动压力中心、叶型扭转中心、型面形心三者重合;③材料各向同性。

2.2.1　叶片受力情况

为了便于分析,建立转子叶片坐标系,考虑全局坐标系 $O-XYZ$ 和局部坐标系 $o_i\text{-}xyz$。全局坐标系 $O-XYZ$ 定义为:X 轴与发动机旋转中心线平行,顺气流方向为正;Z 轴为通过叶根截面形心的径向线,离心方向为正;Y 轴方向由矢量积 $\vec{Y}=\vec{Z}\times\vec{X}$ 确定,见图 $2-3$。局部坐标系为坐标原点在所研究的截面的形心 o_i 处,坐标轴 x、y、z 分别平行于 X、Y、Z。力和力矩的方向与坐标轴同向为正,反之为负。在径向方向取微元段,可以用 dz 或 dZ 表示。轴向顺气流方向,发动机旋转方向假设为顺时针。

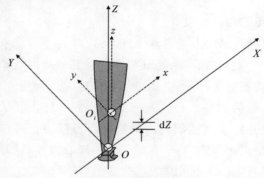

图 $2-3$　叶片分析坐标系

为了正确计算叶片上的应力,需要对叶片受力情况进行分析,讨论叶片载荷的特点及其处理原则。图 $2-4$ 简要标记了叶片上的力和力矩。

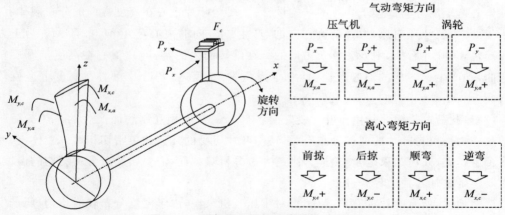

图 $2-4$　压气机和涡轮叶片的受力情况

(1)气动力。气动力是一种表面分布压力,它作用在叶片的各个表面,但不是均布力。气动力沿着叶高和叶宽方向分布都是不均匀的。通过叶栅通道的三维流场分析可以计算出较为准确的气动力数值。为了简便,可以假设气动力只沿叶高变化而沿叶宽不变。这样,作用在叶片不同高度上的压力,可由叶栅进出口气流参数通过简单的计算而得到。在任一高度的叶片截面,气流作用的气动力可以分解为 2 个分量,即 p_x、p_y。由于气动力的作用,在叶片的各个截面上产生气动弯矩 $M_{x,a}$、$M_{y,a}$。

　　一般来说，对叶片进行应力分析需要考虑气动力引起的气动弯矩，而气动力引起的叶片截面压应力可以忽略。更进一步地，对于高轮毂比的较短的转子叶片，由于离心应力比气动弯曲应力大得多，所以忽略气动力及其弯矩对分析结果的影响不大，如轴流压气机末级转子；对于涡轮叶片（特别是高压涡轮叶片），因温度和离心力引起的热应力、机械应力占比很大，忽略气动力及其弯矩也是可以接受的。

　　一旦叶片的气动设计完成，气动弯矩的方向就已经明确了。根据弯矩的定义，弯矩的计算公式为

$$\vec{M}=\vec{L}\times\vec{F} \tag{2-1}$$

式中，$\vec{M}$、$\vec{L}$、$\vec{F}$ 分别为弯矩、力臂、力矢量。

　　对于压气机，气流对叶片轴向力是逆流体方向的，即 p_x 为负方向，力臂为径向方向为正方向，产生周向的弯矩 $M_{y,a}$ 是负方向的；压气机叶片受到的周向气动力是逆旋转方向的，因此 p_y 为正方向的，力臂为正方向的，产生轴向气动弯矩 $M_{x,a}$ 为负方向的。对于涡轮正好相反，$M_{x,a}$ 和 $M_{y,a}$ 都是正方向的。

　　（2）离心力。转子叶片由于高速旋转而承受离心力（F_c）。离心力是一种体积力，它与质量及其所处的半径成正比，与转速的平方成正比。离心力导致叶片承受径向的拉力。对于扭转叶片，还会产生扭转应力。若叶片的积叠线不与径向线重合，离心力还会使叶片产生离心弯矩（$M_{x,c}$、$M_{y,c}$），形成离心弯曲应力。在转子叶片的设计中，正是利用这一点，使离心弯曲应力与气动弯曲应力相互抵消达到降低叶片应力的目的。因此，在建立转子叶片应力分析的几何模型时，应准确地反映叶片的罩量或安装偏移量。

　　离心弯矩的方向依赖于叶片的结构设计，主要与叶片重心在高度方向的分布规律有关。在子午面内，若叶片前掠，力臂是负方向的，产生 y 方向的离心弯矩 $M_{y,c}$，且 $M_{y,c}$ 为正方向的。反之，若叶片后掠，则 $M_{y,c}$ 为负方向的。在旋转面内的，若叶片重心在高度上顺旋转方向弯曲，则产生 x 方向的离心弯矩，且 $M_{x,c}$ 为负方向；反之，若叶片重心在高度上逆旋转方向弯曲，则 $M_{x,c}$ 为正方向。

　　（3）热载荷。热载荷是由于叶片受热时各部分的变形相互制约而产生的。热载荷所产生的热应力不仅与叶片的温度分布有关，还与叶片所受的几何约束密切相关。总体上，叶片温度梯度越大、几何约束越紧，热应力则越大。分析热载荷，需要明确所分析结构的温度场，同时要正确施加几何边界条件。

　　严格地说，所有叶片都有热载荷，但对于压气机来说，由于温度分布较为均匀，所产生的热应力不大，常常忽略分析压气机叶片热应力。但对于涡轮叶片来说，热应力在总应力中占比很大，必须准确模拟叶片温度场，正确施加位移边界条件，才能得到准确的计算结果。此外，随着新一代发动机（例如最新的 GEqx）概念的提出，压气机末几级叶片温度数值和温度梯度都有较大程度提高，此时叶片的热载荷就不能忽略了。

2.2.2　叶片离心拉伸应力

　　叶片离心拉伸应力是在离心转速作用下，叶片各截面上不考虑弯矩影响时产生的名义拉伸

应力。以 CFM56-3 高压一级涡轮叶片为例,可以简单估计叶片根部的离心拉伸应力。已知条件为:叶片高度 44 mm,叶根平均半径为 320 mm,单个叶片质量 0.051 4 kg;叶片根部面积 180 mm²,设计状态下最大转速为 1536 rad/s。假设叶片沿着高度是等截面的,叶片的质心可假定为叶身中部(即半径为 342 mm)。那么叶片离心力为 $F_{centri} = 0.051\ 4 \times 1\ 536^2 \times 0.342 = 41\ 473.6$ N。那么叶片质量离心力与自身重量的比值为 $F_{centri}/mg = 82\ 334$,达到惊人的 8 万倍自身重量。进一步地,得到根部截面的离心拉伸应力为 $\sigma \approx F_{centri}/S = 230$ MPa。这是现代高性能涡扇发动机高压一级叶片上典型的离心拉伸应力水平。

为了分析叶片上的离心拉伸应力,建立如图 2-5 所示简化的叶片几何模型。图 2-5 中 r_h 为叶根(Hub)半径,r_t 为叶尖(Tip)半径,$A(r_i)$ 为叶片半径为 r_i 处截面横截面积,σ_c 为叶片离心力。

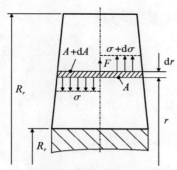

图 2-5　简化后的叶片几何模型

叶片上叶高 r 截面上任意微元体上的离心力为

$$dF_c = \int_r^{r_t} \int_A \rho \omega^2 r dA dr \tag{2-2}$$

式中,ω 为发动机转速(rad/s),ρ 为叶片材料密度。假设同一截面上半径相同,则上式截面上积分简化为

$$dF_c = \int_{r_i}^{r_t} \rho \omega^2 A(r) r dr \tag{2-3}$$

则任意半径 r_i 处的离心拉伸应力 σ_c 可以表示为

$$\sigma_c(r_i) = \frac{dF_c}{A(r_i)} = \frac{\int_{r_i}^{r_t} \rho \omega^2 A(r) r dr}{A(r)} \tag{2-4}$$

若叶片带冠(Shroud):

$$\sigma_c(r_i) = \frac{dF_c}{A(r_i)} = \frac{\int_{r_i}^{r_t} \rho \omega^2 A(r) r dr + m_s \omega^2 r_s}{A(r_i)} \tag{2-5}$$

式中,m_s 和 r_s 分别为叶冠的质量和质心半径。

为了讨论不同面积变化规律对叶片离心应力的影响,考虑几种特殊情况。

(1) 等截面叶片。对于等截面叶片,$A(r)$ 为常数,则根据方程式(2-4),有

$$\sigma_c(r_i) = \frac{A \int_r^{r_t} \rho \omega^2 r dr}{A} = \frac{1}{2} \rho \omega^2 (r_t^2 - r_i^2) \tag{2-6}$$

由于叶根承受最大的离心应力,考察叶根处,叶根处离心拉伸应力为

$$\sigma_c(r_h) = \frac{1}{2}\rho\omega^2(r_t^2 - r_h^2) = \frac{2\pi\rho A_g N^2}{3\,600} \tag{2-7}$$

式中,A_g 为流道面积,即 $A_g = \pi(r_t^2 - r_h^2)$,N 为发动机转速(r/s),且有 $N = \frac{60}{2\pi}\omega$。方程式 (2-7) 可以进一步运算为

$$A_g N^2 = \frac{3\,600}{2\pi} \frac{\sigma_c}{\rho} \tag{2-8}$$

(2) 线性变化规律。当叶片截面积沿着叶高为线性变化规律时,有

$$\frac{A(r)}{A_h} = 1 - \left(1 - \frac{A_t}{A_h}\right) \cdot \frac{r - r_h}{r_t - t_h} \tag{2-9}$$

将方程式(2-9)代入方程式(2-3),则有

$$F_{i,c} = \int_{r_i}^{r_t} \rho\omega^2 A(r)r\mathrm{d}r = A_h \int_{r_i}^{r_t} \rho\omega^2 \left[1 - \left(1 - \frac{A_t}{A_h}\right) \cdot \frac{r - r_h}{r_t - t_h}\right]r\mathrm{d}r \tag{2-10}$$

同样地,叶根处的应力为

$$\sigma_{t,c} = F_{t,c}/A_h = \int_{R_i}^{R_t} \rho\omega^2 \left[1 - \left(1 - \frac{A_t}{A_h}\right) \cdot \frac{r - r_h}{r_t - t_h}\right]r\mathrm{d}r \tag{2-11}$$

假设 $r = \frac{r_h + r_t}{2}$(可以得到保守的应力分析结果),即上式中积分项 r 为常数,则有

$$\sigma_{t,c} = \frac{\rho\omega^2 A_g}{4\pi}\left(1 + \frac{A_t}{A_h}\right) \tag{2-12}$$

式中,A_t/A_h 为叶尖叶根面积比,对于涡轮叶片,通常设计为 $0.8 \sim 1$。同样地,若令 $A_g N^2 = A_g\omega^2(30/\pi)^2$,则有

$$A_g N^2 = \frac{3\,600}{\pi(1 + A_t/A_h)} \frac{\sigma_c}{\rho} \tag{2-13}$$

除了风扇叶片具有复杂的叶高面积规律外,多数压气机或涡轮叶片都可以通过线性面积规律给出较为精确的结果。

(3) 等应力叶片优化。当采用等强度设计时,可以将叶片设计为沿着叶片高度应力相等,从而使得材料利用更为合理。假设叶片离心拉伸应力为 σ_a,则叶片面积规律为

$$A_i = A_r \exp\left[\frac{-\rho\omega^2}{\sigma_a}(r_i^2 - r_r^2)\right] \tag{2-14}$$

从式(2-14)可以看出,等应力叶片的面积规律为半径的指数形式。理论上,只有当叶片无限长时,才存在严格意义上的等应力设计。实际上,许多低轮毂比的压气机叶片非常接近这种情况,例如高压压气机后几级叶片。

(4) 抛物线面积规律。以上线性面积计算假设了 $r = \frac{r_h + r_t}{2}$,早在 20 世纪 60 年代,Saravanamuttoo 给出了一种快速计算方法,可以考虑线性或抛物线面积规律。叶片上应力的一般形式为

$$\sigma_c(r_h) = K \frac{2\pi\rho A_g N^2}{3\,600} \tag{2-15}$$

式(2-15)中离心应力系数(K)取决于叶片的面积规律和轮毂比,Saravanamuttoo给出的经验形式如下。

1) 等面积规律:

$$K = 1$$

2) 线性面积规律:

$$K = (1 + d_t)/3 + (a + d_t)/3(1 + a)$$

3) 抛物线规律:

$$K = 2d_m/3 + (a + d_t)/3(1 + a)$$

式中,a 为轮毂比,$a = r_h/r_t$;d_t 为叶尖叶根面积比,即 $d_t = A_t/A_h$;d_m 为叶中叶根面积比,即 $d_m = A_m/A_h$。若采用抛物线规律,上述公式给出误差约为 5% 的应力计算结果。图2-6为叶片离心应力系数 K 与叶根/叶尖面积比及轮毂比的关系。

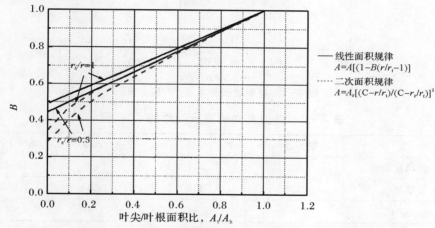

图2-6 叶片离心应力系数 K 与叶尖/叶根面积比及轮毂比的关系

(5) 叶片流道的总体或概念设计中需要考虑的强度问题。

将方程式(2-15)整理为

$$\sigma_c/\rho = K \frac{2\pi A_g N^2}{3\,600} \propto A_g N^2 \qquad (2-16)$$

式(2-16)左边为比强度的概念,右边为流道面积与转速平方的乘积。图2-7给出了比强度与 $A_g N^2$ 关系,叶片的一维气动参数和转速的综合受到了材料承载能力的制约。如果设计的 $A_g N^2$ 值超过了许用 $A_g N^2$ 值,则需要替换更好的材料,否则必须修改流道设计。如果流道面积和转速一定,则低轮毂比的长叶片和高轮毂比的短叶片上离心拉伸应力水平是相当的,且叶片离心拉伸应力与弦长无关。表2-2列出了典型航空发动机和燃气轮机的高压一级涡轮叶片的 $A_g N^2$ 值。从图2-7中可以看出,民用涡扇发动机 $A_g N^2$ 大约为 $2.10 \times 10^7 \text{ m}^2(\text{r/s})^2$,而燃气轮机由于要求更长的使用寿命,其 $A_g N^2$ 值低得多。

图2-8为不同材料比持久强度与温度的关系,可以看到,在 400～600℃ 温度范围内,钛合金比强度最高,当温度大于 800℃ 时,镍基高温合金的比强度最高,这也是现代航空发动机普通选用钛合金和镍基高温合金分别作为压气机叶片和涡轮叶片的缘故。在各自的最

适合温度条件下,钛合金的比强度比镍基高温合金高,说明冷端部件叶片可以设计得流通面积更大。此外,图2-7和方程式(2-16)还表明,如果能减少叶根上方的材料,使得叶尖/叶根面积比减少,则许用 A_gN^2 值也增加。

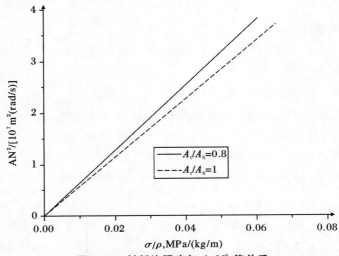

图 2-7　材料比强度与 A_gN^2 值关系

表 2-2　典型发动机高压叶片的 AN^2 值

高压一级	叶根半径/mm	叶尖半径/mm	转速/(rad/min)	$AN^2/m^2(r/s)^2$
CFM56 涡扇发动机	320	364	14 675	2.10×10^{-7}
E3 发动机	326	366	13 948	1.70×10^{-7}
F 级燃气轮机	1 242	1 433	3 000	1.44×10^{-7}

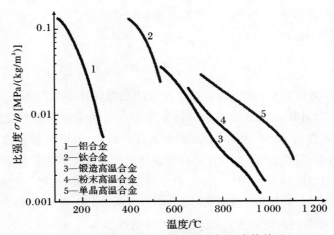

图 2-8　不同材料比持久强度与温度的关系

　　由于离心拉伸应力是叶片载荷的最主要的组成部分,因而在概念设计时,考核发动机各级叶片的 A_gN^2 值对长寿命高可靠发动机产品设计具有重要意义。

2.2.3　叶片气动弯矩

当气体流经叶片时,由于进出口的速度差和压力差,叶片和气流之间有相互作用的气动力。分析单位高度的转子叶栅,即假设叶栅的高度为 1 个单位。1 截面和 2 截面分别为入口和出口,如图 2-9 所示。入口气流参数为 $\rho_1, P_1, c_1, w_1, u_1, c_{1a}, c_{1u}$,分别为气体密度、静压、真实速度、相对速度、牵连速度、真实速度轴向分量、真实速度周向分量。出口对应的气流参数为 $\rho_2, P_2, c_2, w_2, u_2, c_{2a}, c_{2u}$。选取 1,2 截面以及两条虚线组成的包含一个叶片的控制体为研究对象,其中两条虚线在周向关于叶片数量是旋转对称的。根据叶轮机械原理的知识,画出图 2-9 中的速度三角形。

叶栅入口处,气流以相对速度 w_1 进入叶栅,由于转子旋转,牵连速度为 u_1,则真实进口速度是相对速度和牵连速度的合成,即 c_1。真实速度的轴向分量为 c_{1a},周向分量为 c_{1u}。

叶栅出口处:气流以 w_2 相对速度流出动叶,牵连速度为 u_2,则真实的出口速度为 c_2。真实速度的轴向分量为 c_{2a},周向分量为 c_{2u}。

假设叶片高度为 z,数量为 Q,那么栅距 t 可以表示为

$$t = 2\pi z / Q \tag{2-17}$$

下述分析控制体内的气体,根据动量守恒定律,在轴向方向动量的变化可以表示为

$$(\rho_2 c_{2a}) \times (t_2 \times 1) c_{2a} - (\rho_1 c_{1a}) \times (t_1 \times 1) c_{1a} = t \times (\rho_2 c_{2a}^2 - \rho_1 c_{1a}^2) \tag{2-18}$$

如果气体作用于叶片的轴向力为 P_x,根据牛顿第三定律,那么叶片作用于气体的轴向力为 $-P_x$。因此,控制体内气体受到的轴向外力总和为 $-P_x + P_1 - P_2$,于是得到

$$-P_x + (P_1 - P_2) = t \times (\rho_2 c_{2a}^2 - \rho_1 c_{1a}^2) \tag{2-19}$$

整理可得

$$P_x = \frac{2\pi z}{Q} \left[(\rho_1 c_{1a}^2 - \rho_2 c_{2a}^2) + (P_1 - P_2) \right] \tag{2-20}$$

通过式(2-20)可以看出,气体作用在叶片上的轴向力与叶栅进出口气流轴向速度、进出口压力值有关。

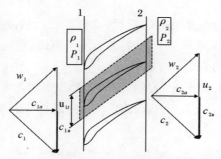

图 2-9　叶栅速度三角形及相关气动参数

可采用同样的方法来分析叶片周向气动力。控制体进出口气体在周向方向的动量变化可以写成

$$(\rho_2 c_{2a}) \times (t_2 \times 1) c_{2u} - (\rho_1 c_{1a}) \times (t_1 \times 1) c_{1u} = t \times (\rho_2 c_{2a} c_{2u} - \rho_1 c_{1a} c_{1u}) \tag{2-21}$$

假设气体作用于叶片 P_y,那么叶片作用气体:$-P_y$。那么控制体上,周向的总外力为 —

P_y 等于动量变化,于是可得

$$P_y = t \times (\rho_1 c_{1a} c_{1u} - \rho_2 c_{2a} c_{2u}) \qquad (2-22)$$

在叶片高度方向,气动力 P_x 和 P_y 作用下产生气动弯矩(见图 2-10)。若要计算叶片 z_i 截面上的气动弯矩,需要计算 z_i 截面到叶尖(z_t)的部分的叶片段的气动力引起的弯矩之和。在叶高方向选取叶片微元段 $\mathrm{d}z$,微元段的形心径向坐标为 z,那么根据右手螺旋法则,那么 P_y 作用于 i 截面的弯矩 $\mathrm{d}M_x(z_i)_a$ 为

$$\mathrm{d}M_x(z_i)_a = -P_y(z - z_i)\mathrm{d}z \qquad (2-23)$$

从 i 截面积分到叶尖,得到了作用于 i 截面的气动弯矩之和 $M_x(z_i)_a$:

$$M_x(z_i)_a = -\int_{z_i}^{z} P_y(z - z_i)\mathrm{d}z \qquad (2-24)$$

同样地,微元 $\mathrm{d}z$ 上的气动力 P_x 作用于 i 截面的弯矩 $\mathrm{d}M_y(z_i)_a$,即

$$\mathrm{d}M_y(z_i)_a = P_x(z - z_i)\mathrm{d}z \qquad (2-25)$$

那么作用于 i 截面的弯矩之和 $M_y(z_i)_a$ 可通过积分得到

$$M_y(z_i)_a = \int_{z_i}^{z} P_x(z - z_i)\mathrm{d}z \qquad (2-26)$$

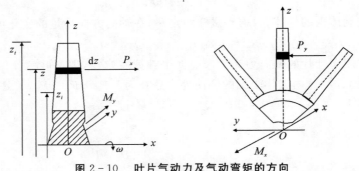

图 2-10　叶片气动力及气动弯矩的方向

2.2.4　叶片离心弯矩

叶片在设计过程中,由于气动、强度、振动、结构等设计的需要,各个截面的重心常常是偏离的,即各截面重心的连线不垂直于 x 轴,甚至不是直线。在这种情况下,离心力在考察截面上产生了一个附加弯矩(见图 2-11)。

在 XZ 平面内(子午面),微元 $\mathrm{d}z$ 的质量离心力的作用线与考察 i 截面的几何中心存在 x 方向的偏差(也即力臂,$x - x_i$),从而产生了 Y 方向的离心弯矩 $M_{yi,c}$。根据离心力的定义,离心力可以写为

$$\mathrm{d}F_c = \rho\omega^2 A(r)r\mathrm{d}r \approx \rho\omega^2 A(z)z\mathrm{d}z \qquad (2-27)$$

通过积分得到 $M_{yi,c}$ 为

$$M_{yi,c} = -\int_{z_i}^{z_t} (x - x_i)\mathrm{d}F_c \qquad (2-28)$$

注意:式(2-28)中负号是根据右手法则确定的。

在 YZ 平面内,微元段上的离心力 $\mathrm{d}F_c$ 可以分解为与 z 轴向平行的 $\mathrm{d}F_z$ 和与 y 轴平行的

$\mathrm{d}F_y$。$\mathrm{d}F_z$ 和 $\mathrm{d}F_y$ 形成 x 方向的附加离心弯矩,但两者方向相反,具体表示为

$$\mathrm{d}F_z = \mathrm{d}F_c \times \cos\theta = \rho\omega^2 A(z)z\mathrm{d}z \qquad (2-29)$$

$$\mathrm{d}F_y = \mathrm{d}F_c \times \sin\theta = \mathrm{d}F_c \times y/z = \rho\omega^2 A(z)y\mathrm{d}z \qquad (2-30)$$

通过积分得到 $M_{xi,c}$ 为

$$M_{xi,c} = \int_{z_i}^{z_t}(y-y_i)\mathrm{d}F_z - \int_{z_i}^{z_t}(z-z_i)\mathrm{d}F_y \qquad (2-31)$$

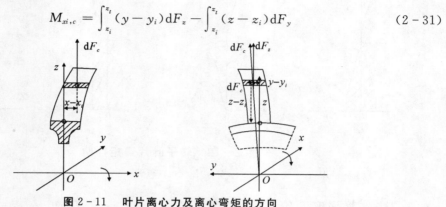

图 2 - 11　叶片离心力及离心弯矩的方向

对于叶根截面$(z = z_h)$,由于 $x_i = 0$ 且 $y_i = 0$,离心弯矩 $M_{xh,c}$ 和 $M_{yh,c}$ 可以简化为

$$M_{xh,c} = \rho\omega^2 \int_{z_R}^{Z_t} A(z)yz_h\mathrm{d}z \qquad (2-32)$$

$$M_{yh,c} = -\rho\omega^2 \int_{z_R}^{Z_t} A(z)xz\mathrm{d}z \qquad (2-33)$$

2.2.5　弯矩补偿

在完成叶片气动设计后,气动弯矩是客观实际。但通过结构设计,可以改变离心弯矩的大小和方向。通过合理设计叶片各个截面的重心沿着高度的分布规律,可以让气动弯矩、离心弯矩相互抵消一部分,从而减小弯矩应力,有利于提升叶片的静强度能力,我们称这样的结构设计方法为叶片弯矩补偿。为了减小叶片在工作中由于气动弯矩引起的弯曲应力,一般根据叶片弯矩补偿原理,将叶片各截面质心相对于 Z 轴在 X/Y 方向作适当的偏移,使叶片自身离心力产生一个与气动弯矩方向相反的离心弯矩,该偏移量通常称为罩量。罩量调整需要合理地选择各截面质心的偏移量,使叶片既能保证在发动机经常工作的状态具有较低的应力,又兼顾其他状态的应力不至于过大。实际设计过程中,罩量调整并不能使叶片各个截面都补偿得很好。为此,在一般情况下,将叶片各截面质心连线按直线规律设计,并以叶根截面作为罩量调整对象。补偿系数定义为离心弯矩占气动弯矩的比例,其数值一般为 0.2～0.8 之间。

为了达到补偿作用,需要将叶片离心弯矩设计为与气动弯矩方向相反。在图 2 - 12 中,对于压气机叶片来说,在子午面内,气动力向前,即 x 负方向,因此气动弯矩是 y 负方向的。此时,叶片向来流方向弯曲,产生的离心弯矩是 y 正方向的,可以抵消部分气动弯矩。在旋转平面内,气体对叶片作用的气动力为 y 正方向的,从而形成 x 负方向的气动弯矩。此时,若叶片逆旋转方向弯,产生的离心弯矩是 x 正方向的,可以抵消部分气动弯矩。对于涡轮

叶片,在子午面内需要后弯、在旋转面内需要顺旋转方向弯才能达到弯矩补偿的目的,其结构罩量偏移方向与压气机叶片正好相反。

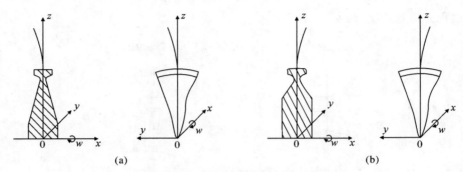

(a)   (b)

图 2－12 转子叶片弯矩补偿

(a)压气机;(b)涡轮

2.2.6 静强度评价

根据力的合成原理,总弯矩等于气动弯矩与离心弯矩之和。于是在 x 和 y 方向的弯矩分别为

$$M_{xj} = M_{xj,a} + M_{xj,c} \qquad (2-34)$$

$$M_{yj} = M_{yj,a} + M_{yj,c} \qquad (2-35)$$

由于叶片翼型结构特点,使得在 X/Y 方向的总弯矩一般与主惯性轴并不重合。为此,需要建立如图 2-13 所示的叶型坐标系。图 2-13 中,ξ 和 η 分别为最大、最小主惯性轴,两者正交。ξ 与 X 夹角为 α,由叶片几何形状决定。

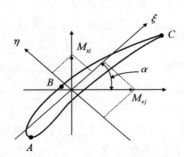

图 2－13 转子叶片叶型坐标系

于是在 $\xi-\eta$ 坐标系下,通过矢量的合成与分解可得

$$M_{\xi j} = M_{xj}\cos\alpha + M_{yj}\sin\alpha \qquad (2-36)$$

$$M_{\eta j} = -M_{xj}\sin\alpha + M_{yj}\cos\alpha \qquad (2-37)$$

根据弯曲应力定义可知图 2-13 中 A,B,C 三个距离主惯性轴距离最远的位置弯曲应力是局部最大值,其弯曲应力可以表示为

$$\sigma_{b,A} = \frac{M_{\xi}}{I_{\xi}}\eta_A - \frac{M_{\eta}}{I_{\eta}}\xi_A \left.\right\}$$

$$\sigma_{b,B} = \frac{M_{\xi}}{I_{\xi}}\eta_B - \frac{M_{\eta}}{I_{\eta}}\xi_B \tag{2-38}$$

$$\sigma_{b,C} = \frac{M_{\xi}}{I_{\xi}}\eta_C - \frac{M_{\eta}}{I_{\eta}}\xi_C$$

根据力的合成定理,叶片截面上任意一点的总应力 σ 是离心拉伸应力 σ_c 和弯曲应力 σ_b 之和,即

$$\sigma = \sigma_c + \sigma_b \tag{2-39}$$

根据叶片上的离心拉伸应力、弯曲应力、总应力,再利用静强度准则即可评价叶片结构静强度储备能力,表 2-1 列出了我国发动机叶片设计中叶身静强度评价的主要指标,其中许用应力一般为材料屈服应力 $\sigma_{0.2}$。需要说明的是,强度储备是发动机叶片强度设计中最基本的设计参数和要求,应保证在发动机全工作包线内静强度有足够的储备。因此发动机需要选取若干发动机状态,例如高温起飞、高原起飞、标准大气压等。对于压气机和风扇叶片,主要是屈服强度和极限强度储备;对于涡轮叶片,还需要考虑静载作用下时间相关的高温损伤,因此必须评价屈服强度和持久强度。表 2-3 给出了进行转子叶片设计时采用的静强度准则。

表 2-3　转子叶片静强度准则

应力类型	屈服强度储备系数
叶身离心拉伸应力	1.67
叶身离心拉伸应力与弯曲应力之和	1.33
枞树形榫头喉部的离心拉伸应力	2.5

2.3　叶片热应力的计算方法

由于现代航空发动机越来越"热",对于涡轮叶片来说,结构热问题成了不可避免的大问题。本节我们讨论叶片热应力。与机械外载荷作用下产生的应力的原因不同,即使不存在外部作用力仍然可能产生热应力,并引起结构破坏。在航空发动机、燃气轮机等机械结构体中,产生热应力的原因很多,一般可以分为以下四种:①结构体的热膨胀或者热收缩受到外界的位移完全约束或部位约束,如热端静子叶片、机匣;②结构体之间的温差;③结构内部的温度梯度,如火焰筒、涡轮叶片;④热膨胀系数存在差异的组合材料或复合材料,如多材料增材制造界面、金属及其焊缝、复合材料的基体和纤维。

首先讨论一个简单情况。假定长度为 L 的杆,温度从 $0\,℃$ 升高到 T,温度升高为 ΔT。此时,假设线膨胀系数为 α,且与温度不相关,则杆的伸长为

$$\Delta L = \alpha \cdot \Delta T \cdot L \tag{2-40}$$

将伸长改为应变,则

$$\varepsilon_T = \frac{\Delta L}{L} = \alpha T \tag{2-41}$$

按图 2-14 将杆的两端在 0° 完全固定，使杆不能在长度方向上产生变形。然后加热，那么杆的总变形由两部分组成，热变形以及杆两端支反力作用下的弹性变形 ε_m 之和，即

$$\varepsilon_{\text{total}} = \varepsilon_m + \varepsilon_T \tag{2-42}$$

由于两端固支，杆的总应变为零，即 $\varepsilon_m = -\varepsilon_T$。于是算出热应力 σ_T 为

$$\sigma_T = E\varepsilon_m = -E\varepsilon_T \tag{2-43}$$

注意到，热应力为负值，原因为膨胀受到限制条件下，在杆两端支反力作用下产生了压应力。假设 $\alpha = 9 \times 10^{-6}/\text{℃}$，$E = 200\,000$ MPa，当 T 为 100℃ 时，可知热应力为 180 MPa；当 T 为 200℃ 时，热应力高达 360 MPa。

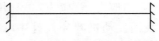

图 2-14　两端完全固支的杆

实际结构的热应力分析更加复杂。以带冷却通道的涡轮转子叶片为例（见图 2-15），在叶片前缘和尾缘，温度相对较高，产生膨胀量最多，从而受到内部相对冷结构的约束，产生压缩的热应力；而在内部冷却通道边膨胀少，从而受到外表面膨胀多而形成拉伸热应力。因此，宏观上，在高温区域，压缩的热应力会抵消一部分离心应力，从而降低前缘和尾缘的拉应力；而在冷温区域，会增加拉伸应力，承载叶片主要是离心载荷，这对于叶片抵抗叶片整体离心载荷是有利的，但表面形成的热应力可能导致局部的热机械疲劳新问题。

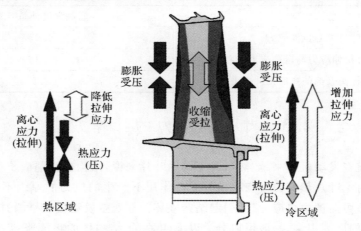

图 2-15　叶片热应力及其与离心力的叠加效果

为了分析叶片上的热应力，我们考察叶片高度方向上的一个无穷小的微元段（见图 2-16）。注意：图 2-16 中为了理解高度方向单元热变形差异而将微元示意为有一定高度的叶片段。同时，忽略叶片上的弯曲应力。把叶片微元段在横截面上划分为若干单元，先假设每个单元力学上相互独立，且自由膨胀。若单元在离心应力和热膨胀的联合作用下发生径向方向的机械变形和热变形，则单元在独立假设下的单元径向总应变为

$$\varepsilon_{r,t} = \frac{\sigma_c}{E} + \alpha(T - \overline{T}) \tag{2-44}$$

式中，T 为单元温度，$\overline{T}$ 为叶片横截面平均温度。

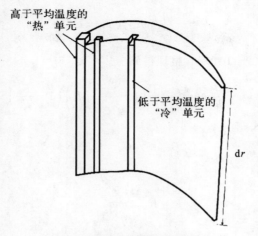

图 2-16 叶片离散化及其单元变形

实际上各个单元并不是独立的,单元之间需要满足变形协调条件。因此可以近似假设每个单元的总应变相等,等于截面平均应变($\bar{\varepsilon}$)。在可以自由膨胀的独立单元上附加热应力产生的弹性变形,即考虑了单元之间变形协调的真实总应变,即

$$\varepsilon_{r,t}+\frac{\sigma_T}{E}=\bar{\varepsilon} \qquad (2-45)$$

代入方程式(2-44),整理得到

$$\frac{\sigma_T}{E}=\bar{\varepsilon}-\frac{\sigma_c}{E}-\alpha(T-\overline{T}) \qquad (2-46)$$

在式(2-46)中,各个单元由于温度不同导致的热应变差异,从而导致机械应变不同,最终在各个单元上产生了不同的热应力。

由于叶片热应力自平衡,在截面上总的热应力为零,即 $\bar{\varepsilon}=\sigma_c/E$,因此有

$$\sigma_T=-\alpha E(T-\overline{T}) \qquad (2-47)$$

这与前面两端固支的杆的热应力公式一致,只是此时的温差不是单元温度与初始温度之差,而是单元温度与截面平均温度之差。

为了计算热应力,需要算出 $T-\overline{T}$。叶片温度场的形成与表面换热、内部导热密切相关。若假设叶片的壁厚为 t,温度沿厚度线性分布,则有

$$T-\overline{T}=\Delta T/2 \qquad (2-48)$$

根据傅里叶导热定律,单位时间的热流量与导热系数 k、温差和厚度的关系,

$$q_w=k\Delta T/t \qquad (2-49)$$

代入方程式(2-47),得到

$$\sigma_T=-\alpha E(\Delta T/2)=-\alpha Etq_w/2k \qquad (2-50)$$

由传热学知热流量公式为

$$q_w\approx\rho u C_p(T_r-T_w)S_t \qquad (2-51)$$

式中,S_t 为斯坦顿数,T_r 为气体滞止温度,近似为总温;T_w 为叶片外壁金属温度;ρ 为气体密度;u 为气体流速。于是有

$$\sigma_T = -\frac{\alpha E t}{2k}\rho u C_p (T_r - T_w) S_t \qquad (2-52)$$

利用 $T_r = T\left[1 + \frac{1}{2}(\gamma-1)M_a^2\right]$，整理得到

$$\sigma_T = -\frac{\alpha E}{k}(ut)\frac{\rho C_p T}{2}\left(1 + \frac{\gamma-1}{2}M_a^2\right)\left(1 - \frac{T_w}{T_r}\right)S_t \qquad (2-53)$$

根据气体动力学公式,有

$$C_p/C_v = \gamma, \quad C_p - C_v = R$$

从而

$$\frac{C_p}{R} = \frac{\gamma}{\gamma-1} \qquad (2-54)$$

利用 $\rho T = \frac{p}{R}$,则有

$$\frac{\rho T C_p}{2} = \frac{C_p}{2R}p = \frac{\gamma}{2(\gamma-1)}p \qquad (2-55)$$

将方程式(2-55)代入方程式(2-53)中,得到

$$\frac{\sigma_T}{p} = -\frac{\alpha E}{k}(ut)\frac{\gamma}{2(\gamma-1)}\left[1 + \frac{1}{2}(\gamma-1)M_{T_t}^2\right]\left(1 - \frac{T_w}{T_r}\right)S_t \qquad (2-56)$$

式中,第一项 $\alpha E/k$ 表示材料对热应力的易受性,对于高性能钢材,其数值大约为 54 000 sec/m²;第二项 ut 为气流经过叶片的速度与叶片厚度的乘积,单位为 m²/s。例如典型的 $u=600$ m/s, $t=1.5$ mm, $S_t=0.03$,则有

$$\frac{\sigma_T}{p} \approx -300(1 - T_w/T_r) \qquad (2-57)$$

对于高性能军用航空发动机, $p=25$atm≈ 2.5 MPa,则有

$$\sigma_T \approx -750(1 - T_w/T_r) \qquad (2-58)$$

假设叶片厚度 $t=1.5$ mm,壁温冷却到燃气温度的 90%,产生的热应力约为 75 MPa。随着气体滞止温度 T_r 增加,热应力增加。当 T_r 是 T_w 的两倍时,热应力增加到 375 MPa。因此,当燃气总温与金属壁温的比值较大时,即使通过内部通道进行高效冷却将金属温度降下来了,但热应力仍太大。现代航空发动机高压涡轮叶片几乎无一例外地采用了气膜冷却结构设计,通过降低流经叶片表面气体的总温 T_r,从而减小热应力。

课 后 习 题

1.现有等截面钛合金叶片安装在轮盘上,材料屈服强度为 750 MPa,叶片长度 $h=60$ mm,厚度 $t=4$ mm,宽度 $b=20$ mm,材料密度 $\rho=4\,500$ kg/m³,叶根截面旋转半径 $r=420$ mm,一侧受有均布气体载荷 $p=4\times10^5$ Pa,转子的旋转角速度为 14 500 rad/s。若取安全系数为 1.33,试计算并判断该叶片静强度储备能否满足要求。

2.请简述弯曲补偿原理。

第3章 轮盘强度

如果我们主要是寻求和考察那些从科学教科书得出的、不合历史的旧规老套的问题而继续使用历史资料的话,那么,新科学观就不可能从历史中产生。

——托马斯·塞缪尔·库恩 《科学革命的结构》

3.1 轮盘基本概况

3.1.1 轮盘分类及其结构特点

轮盘的结构形式与转子结构形式密切相关。发动机上一般有鼓式、盘式和盘鼓混合式转子。在航空发动机结构设计中,广泛应用盘式和盘鼓混合式转子结构。按照轮盘的工作部位,有风扇盘、压气机盘、涡轮盘。轮盘采用实心或空心设计,但以空心盘为主。其他特殊轮盘有导流盘、篦齿盘、平衡盘、挡板和离心叶轮等。根据材料不同,轮盘又可以称为铝合金盘、钛合金盘、高温合金盘和陶瓷基复合材料盘(见图 3-1),其中高温合金盘又可分为变形高温合金盘和粉末冶金盘。陶瓷基复合材料涡轮盘的密度仅为高温合金的 1/3,有巨大的应用空间。根据盘-叶连接方式不同,可分为榫连盘、整体叶盘和整体叶环盘。

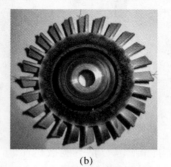

(a)   (b)

图 3-1 国内首次装机的陶瓷基复合材料涡轮盘(西北工业大学研制,南昌航空大学试验)

(a)试验前;(b)试验后

轮盘由轮缘、辐板和轮毂三部分组成。通过轮缘榫槽与叶片榫头连接。真实轮盘可能是实心的,但多数情况下是轮毂处设计有中心孔。此外,轮盘上开有均压孔,少数涡轮盘轮缘还有冷气孔。轮盘、辐板及伸出的安装边上开有螺栓孔,用于与其他转子构件的连接。轮盘伸出部位也可能加工销钉孔、端齿、套齿等,以便通过径向销结构、端面齿结构和套齿结构与相邻转子构件连接。图 3-2 为 PW4000 发动机的高压压气机剖面结构图。每一级盘上都装有压气机叶片。1~3 级盘、7~9 级盘通过短螺栓连接,而 3~7 级盘、9~11 级盘则通过焊接连接,从而将 11 级盘连接在一起形成高压压气机转子系统。由于榫槽、各类孔、套齿等结构,使得轮盘的三维结构是非轴对称,但又有一定的对称性,即循环对称。在进行数值分析时,可以利用循环对称性,只需要对一个周期对称的扇区进行分析,从而大幅降低计算规模。需要特别注意的是,航空发动机轮盘承载很大。以 PW2000 涡扇发动机一级涡轮盘为例,除了承受自身离心载荷,每个叶片的重量约为 0.4 kg,但单个叶片的离心力却高达20 t。

 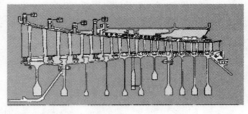

图 3-2 PW4000 发动机高压压气机剖面上的轮盘结构

在设计阶段,尤其在概念设计和二维设计阶段,常常要确定轮盘的宏观尺寸,如轮盘盘缘半径、中心孔内径、中心孔轴向厚度等,从而考察轮盘是否在几个重要的尺寸上满足设计要求。为此,可以将实际复杂曲面、多孔特征的轮盘,根据轮盘剖面的几何特征进行简化,抽象为辐板型、双曲型、连续过渡型、叶环型(见图 3-3)。

辐板型　　　　双曲型　　　　连续过渡型　　　　叶环型

图 3-3 轮盘子午剖面的形状

3.1.2　轮盘结构失效

轮盘构件破坏一般不能被机匣包容,其破坏危害等级非常高,因此被列为断裂关键件。航空史上,1989 年发生在美国的苏城空难是一起经典轮盘破坏事故案例(见图 3-4)。飞机是现已经并入波音的麦道公司生产的 DC-10 三发客机,按照了美国 GE 公司的 CF6 发动机。肇事的原因是某一台发动机上的风扇轮盘的破裂造成的,具体是由钛合金盘上的硬质颗粒引起局部应力集中,从而产生了疲劳裂纹。在发动机运行过程中,由于无损检测手段没有检测到裂纹信号,最终导致了该起空难。此外,2006 年和 2010 年分别在波音 767 和空客

A380 上发生的轮盘破裂事故(见图 3-4),所幸没有造成人员伤亡,其中一件是地面机务试车时候断裂的。从图中看到,三起事故都引起了轮盘击穿发动机机匣,后果非常严重。同时可以看到,航空发动机轮盘上的破坏,是有一定规律性的,会在某些特定的位置、特定的方向产生破坏。图 3-5 给出了 3 种典型破坏的示意图,当盘心孔较小时候容易产生对半的破坏,而中心孔尺度设计较大时容易产生 130°分离扇段。当盘外缘载荷较大时,外缘载荷较大则容易产生盘缘破坏。轮盘破坏行为是轮盘由几何结构、应力分布规律共同决定的。

 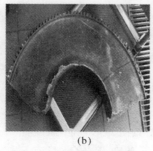 

| (a) | (b) | (c) |

图 3-4　典型轮盘破坏

(a)CF6 发动机钛合金风扇盘(DC-10 飞机,1989/7/19);(b)Trent 900 发动机涡轮盘(A380 飞机,2010/07/09);
(c)GE CF6 发动机涡轮盘(Boeing 767,2006/06/02)

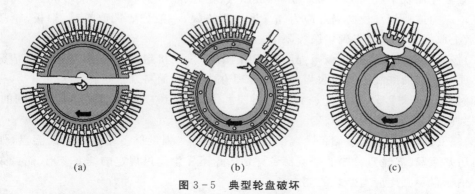

| (a) | (b) | (c) |

图 3-5　典型轮盘破坏

(a)子午面对半破裂(一般中心孔小);(b)130°破裂(一般中心孔大);(c)盘缘小扇区破裂

3.2　轮盘载荷及结构设计准则

3.2.1　轮盘载荷

(1)质量离心力。轮盘要承受因转子旋转时引起的叶片及轮盘等自身的质量离心力,在强度计算时应考虑飞行包线内规定的强度计算点上的稳态工作转速、发动机最大允许稳态工作转速、115%和 122%的最大允许稳态工作转速。

(2)热载荷。轮盘要承受因受热不均引起的热载荷。对于压气机轮盘而言,热载荷通常可以忽略不计。但现役高性能军/民用燃气涡轮发动机的总压比越来越高,压气机出口气流速度达到 800 K 或更高的水平,此时,压气机后几级轮盘的热载荷有时也不可忽略。对于涡轮盘而言,轮盘上从内孔到盘外缘的温差较大,尤其在启动或油门操作等引起的非稳态状态下,轮盘上的温度梯度更加明显,是仅次于离心应力的载荷。由于瞬态温度场计算极其复杂,难以采用解析法进行计算或估计,因此,本章只考虑稳态热载荷。分析轮盘热应力时,需要考虑各强度点的稳态温度场、典型飞行循环中的稳态温度场、典型飞行循环中的过渡态温度场。

(3)叶片传来的气体力以及轮盘前后端面上气体压力。一般气体压力对轮盘强度影响较小,常常可以忽略。

(4)其他载荷,包含陀螺力矩、叶片/盘振动的动载荷、盘—轴连接处的装配应力、轮盘传递轴功所产生的扭矩。

3.2.2　轮盘结构强度设计

轮盘结构强度设计准则包括:具有足够的静强度储备;满足变形限制要求;防止轮盘破裂;防止有害振动;具有足够的低循环疲劳寿命;具有足够的损伤容限;具有足够的蠕变/应力断裂寿命;防止轮盘辐板屈曲和具有足够的抗腐蚀能力。

(1)屈服强度储备。应计算轮盘上子午截面、辐板喉部圆柱截面等平均应力强度储备。定义屈服强度储备系数为 $n_{0.2}=\sigma_{0.2}/\bar{\sigma}$,一般压气机和涡轮分别取 1.25 和 1.33。$\bar{\sigma}$ 为典型截面的平均应力或典型部位的局部应力;$\sigma_{0.2}$ 为屈服极限,一般需要选取轮缘、辐板、轮毂等部位,在盘上取样进行试验得到屈服极限值。

(2)极限强度储备。轮盘极限强度储备用于防止发动机超转、超温等极限载荷情况下发生子午面或圆周面破裂。与屈服强度储备处理方法相同,储备系数定位为 $n_b=\sigma_b/\bar{\sigma}$,一般压气机和涡轮分别取 1.54 和 1.67。评定时需要利用盘材相关部位的取样,试验得到的 σ_b 作为极限强度值。

(3)蠕变强度、持久强度储备。蠕变强度储备和持久强度储备主要针对高温盘,如高压压气机后几级盘、涡轮盘。蠕变强度储备评估轮盘不发生超过规定的蠕变变形、而持久强度储备评估轮盘不发生应力断裂的能力。

盘的结构强度设计一般经历三个阶段,概念设计、初步设计和详细设计阶段。在概念设计阶段,建立轮盘的轴对称模型,提供各工况下的轮盘转速、温度场等载荷,初步分析轮盘应力,评估屈服和极限强度储备;在初步设计阶段,需要按照发动机设计用法,将所有状态换算到一个基准载荷;在详细设计阶段,需要根据轮盘的结构细节选择评价的应力指标。

3.3　轮盘应力分析控制方程推导

3.3.1　基本假设

实际发动机轮盘的结构比较复杂,为了便于强度计算,理解轮盘应力分析的基本概念和物理内涵,有必要对轮盘几何和物理特性进行简化。通常对轮盘的强度计算要考虑如下假设:

（1）轮盘材料连续、均匀、各向同性，且处于线弹性阶段，不考虑塑性变形。

（2）轴对称假设，包含几何形状、载荷分布和温度场等。

（3）平面应力假设。大多是轮盘的外径与厚度的比值较大，因此通常处理为薄盘，即外径/最大厚度之比大于 4，因此，可以近似地认为载荷分布和温度场沿着轴向是不变的。

3.3.2　基本控制方程

按照上述假设，对于轮盘计算，以选择圆柱坐标系为宜，如图 3-6 所示。O 为坐标原点，r,θ,z 分别为径向、周向和轴向坐标，u,v,w 分别为径向、周向和轴向位移。位移可以表示为

$$[u]=\begin{bmatrix} u \\ v \\ w \end{bmatrix} \tag{3-1}$$

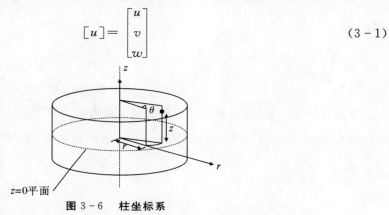

图 3-6　柱坐标系

根据材料力学的知识，空间上任意一点的应力和应变都是二阶张量，即

$$[\sigma]=\begin{bmatrix} \sigma_{rr} & \tau_{r\theta} & \tau_{rz} \\ \tau_{r\theta} & \sigma_{\theta\theta} & \tau_{\theta z} \\ \tau_{zr} & \tau_{z\theta} & \sigma_{zz} \end{bmatrix} \quad [\varepsilon]=\begin{bmatrix} \varepsilon_{rr} & \gamma_{r\theta} & \gamma_{rz} \\ \gamma_{r\theta} & \varepsilon_{\theta\theta} & \gamma_{\theta z} \\ \gamma_{zr} & \gamma_{z\theta} & \varepsilon_{zz} \end{bmatrix} \tag{3-2}$$

考虑切应力互等，那么有 6 个独立的应力分量，分别 $\sigma_r,\sigma_\theta,\sigma_z,\tau_{r\theta},\tau_{rz},\tau_{\theta z}$。空间一点处应变状态有类似的表示。从上述表达式中，可以看到，求解空间上的应力应变问题，一共有 15 个分量。结合前面的假设做一些简化分析。当考虑平面应力状态时，与 z 坐标相关的应力分量为 0，即 $\tau_{rz}=\tau_{zr}=\tau_{\theta z}=\tau_{z\theta}=\sigma_{zz}=0$。根据切应力－切应变的线弹性本构关系，得到与 z 相关的切应变分量为 0，即 $\gamma_{rz}=\gamma_{\theta z}=\gamma_{zr}=\gamma_{z\theta}=0$。根据轴对称条件，有 $\tau_{r\theta}=\gamma_{r\theta}=v=0$。$Z$ 方向的应变可以通过 Hook 定律直接求解，因此，轮盘上未知的应力应变数量为 5 个，分别是 σ_{rr}，$\sigma_{\theta\theta}$，ε_{rr}，$\varepsilon_{\theta\theta}$，$u$。

在轮盘上取一个扇形微元体，如图 3-7 所示。微元体内侧厚度为 h，外侧厚度为 $h+\mathrm{d}h$。微元体径向长度为 $\mathrm{d}r$，微元体扇区角度为 $\mathrm{d}\theta$。规定微元体的内侧的坐标为 r。在微元体上下左右四个面上，分别受到内力为 $\mathrm{d}R_1$，$\mathrm{d}R_2$，$\mathrm{d}T_1$ 和 $\mathrm{d}T_2$。由于离心力的作用，在微元体质心处有体积力 $\mathrm{d}C$。根据力平衡条件，在径向方向可以列出平衡方程为

$$\mathrm{d}R_1-\mathrm{d}R_2-\mathrm{d}T_1\sin\frac{\mathrm{d}\theta}{2}-\mathrm{d}T_2\sin\frac{\mathrm{d}\theta}{2}+\mathrm{d}C=0 \tag{3-3}$$

进一步地对微元体进行分析。

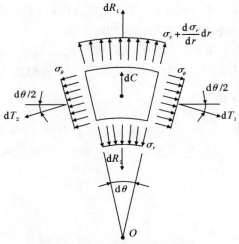

图 3-7　盘扇面和微元体

下述讨论微元体,假设微元体内侧径向应力为 σ_r,则根据泰勒公式,在外侧 $r+\mathrm{d}r$ 表面,微元体受到的径向应力为 $\sigma_r+\dfrac{\partial\sigma_r}{\partial r}\mathrm{d}r$,若假设左侧轴向应力为 σ_θ,则右侧轴向应力为 $\sigma_\theta+\dfrac{\partial\sigma_\theta}{\partial\theta}\mathrm{d}\theta$。于是得

$$
\left.
\begin{aligned}
\mathrm{d}R_1 &= \left(\sigma_r+\frac{\partial\sigma_r}{\partial r}\mathrm{d}r\right)(h+\mathrm{d}h)(r+\mathrm{d}r)\mathrm{d}\theta \\
\mathrm{d}R_2 &= \sigma_r hr\,\mathrm{d}\theta \\
\mathrm{d}T_1 &= \sigma_\theta h\,\mathrm{d}r \\
\mathrm{d}T_2 &= \left(\sigma_\theta+\frac{\partial\sigma_\theta}{\partial\theta}\mathrm{d}\theta\right)h\,\mathrm{d}r \\
\mathrm{d}C &= \mathrm{d}m\cdot\omega^2 r=\rho\omega^2 r\cdot hr\,\mathrm{d}\theta\mathrm{d}r
\end{aligned}
\right\}
\tag{3-4}
$$

将方程式(3-4)代入方程式(3-3)中,考虑到 $\mathrm{d}\theta$ 是一个小量,因此 $\sin\mathrm{d}\theta/2=\mathrm{d}\theta/2$。在平衡方程两端同时除以 $\mathrm{d}\theta\mathrm{d}r$,再令 $\mathrm{d}\theta\to0,\mathrm{d}r\to0$。经过整理,得到了用应力表示的平衡方程为

$$
\mathrm{d}(hr\sigma_r)-\sigma_\theta h\,\mathrm{d}r+\rho\omega^2 hr^2\,\mathrm{d}r=0
\tag{3-5}
$$

或

$$
\frac{1}{h}\frac{\mathrm{d}}{\mathrm{d}r}(hr\sigma_r)-\sigma_\theta+\rho\omega^2 r^2=0
\tag{3-6}
$$

为了求解位移与应变之间的关系,需要推导几何方程。以如图 3-8 所示的微元体为研究对象,在径向方向上,假设坐标 r 处内弧线处的径向位移为 $u(r)$,那么在 $r+\mathrm{d}r$ 处的径向位移可以表示为 $u+\mathrm{d}u$。微元体在变形之前的径向长度为 $\mathrm{d}r$,那么变形之后的长度为 $u+\mathrm{d}u+(\mathrm{d}r-u)=\mathrm{d}r+\mathrm{d}u$。因此微元体径向伸长量为 $\mathrm{d}u$,从而径向应变表示为

$$
\varepsilon_r=\frac{(u+\mathrm{d}u)-u}{\mathrm{d}r}=\frac{\mathrm{d}u}{\mathrm{d}r}
\tag{3-7}
$$

在周向方向上,以内弧线为例,原长为 $r\mathrm{d}\theta$,变形后的长度为 $(r+\mathrm{d}u)\mathrm{d}\theta$,因此周向应变为

$$
\varepsilon_\theta=\frac{(u+r)\mathrm{d}\theta-r\mathrm{d}\theta}{r\mathrm{d}\theta}=\frac{u}{r}
\tag{3-8}
$$

方程式（3-7）和式（3-8）构成几何方程，即位移与应变的关系，也可通过空间一般问题的应变定义推导得出。

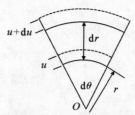

图 3-8 微元扇区的变形

根据线弹性假设，应力和应变直接服从胡克定律，从而得到径向应变、周向应变关于径向应力和周向应力的表达式为

$$\varepsilon_r = \frac{1}{E}(\sigma_r - \upsilon\sigma_\theta) + \alpha t \tag{3-9}$$

$$\varepsilon_\theta = \frac{1}{E}(\sigma_\theta - \upsilon\sigma_r) + \alpha t \tag{3-10}$$

式（3-9）和式（3-10）中，E 为弹性模量，υ 为材料泊松比，α 为热相关的线膨胀系数。方程式（3-6）至方程式（3-10）给出了轴对称轮盘问题的封闭描述，分别为力平衡方程、几何方程、物理方程。通过合理的数学方法，结合确定的边界条件，即可得到盘的定解。

在线弹性力学中，应变之间必须满足协调方程，从而确保计算结果的单值性和连续性。将方程式（3-7）和方程式（3-8）代入物理方程得到

$$\sigma_r = \frac{E}{1-\nu^2}\left[\left(\frac{\mathrm{d}u}{\mathrm{d}r} - \alpha t\right) + \upsilon\left(\frac{u}{r} - \alpha t\right)\right] \tag{3-11}$$

$$\sigma_\theta = \frac{E}{1-\nu^2}\left[\upsilon\left(\frac{\mathrm{d}u}{\mathrm{d}r} - \alpha t\right) + \left(\frac{u}{r} - \alpha t\right)\right] \tag{3-12}$$

将方程式（3-11）和方程式（3-12）代入平衡方程式（3-6），整理得

$$\frac{\mathrm{d}^2 u}{\mathrm{d}r^2} + \left[\frac{\mathrm{d}}{\mathrm{d}r}(\ln h) + \frac{1}{r}\right]\frac{\mathrm{d}u}{\mathrm{d}r} + \left[\frac{\upsilon}{r}\frac{\mathrm{d}}{\mathrm{d}r}(\ln h) - \frac{1}{r^2}\right]u -$$

$$(1+\upsilon)\alpha\left[t\frac{\mathrm{d}}{\mathrm{d}r}(\ln h) + \frac{\mathrm{d}t}{\mathrm{d}r}\right] + \rho\omega^2\frac{1-\upsilon^2}{E}r = 0 \tag{3-13}$$

式（3-13）为用位移表示的平衡方程，即一个单变量的二阶微分方程。若知道轮盘厚度规律，确定了轮盘位移边界条件，可以求得方程的定解，这一过程称为位移法。

3.4 等厚度轮盘应力分布规律

对于等厚盘，它的厚度为常数（$h \equiv c$），即 $\mathrm{d}(\ln h)/\mathrm{d}r = 0$。若轮盘的径向温差不大，则 E，υ，α 可以假设为常数。那么可以简化为

$$\frac{\mathrm{d}^2 u}{\mathrm{d}r^2} + \frac{1}{r}\frac{\mathrm{d}u}{\mathrm{d}r} - \frac{u}{r^2} - (1+\nu)\alpha\frac{\mathrm{d}t}{\mathrm{d}r} + \rho\omega^2\frac{1-\nu^2}{E}r = 0 \tag{3-14}$$

式（3-14）为一个非齐次二阶 Cauchy-Euler 微分方程，进一步整理为

$$\frac{\mathrm{d}}{\mathrm{d}r}\left[\frac{1}{r}\frac{\mathrm{d}}{\mathrm{d}r}(ru)\right] = (1+\nu)\alpha\frac{\mathrm{d}t}{\mathrm{d}r} - \rho\omega^2\frac{1-\nu^2}{E}r \tag{3-15}$$

式(3-15)积分得到

$$\frac{\mathrm{d}}{\mathrm{d}r}(ru) = (1+\nu)\alpha tr - \frac{1-\nu^2}{2E}\rho\omega^2 r^3 + 2a_1 r \qquad (3-16)$$

式(3-16)中 $2a_1$ 为积分常数,再次积分得到

$$ru = (1+\nu)\alpha\int_{r_0}^{r} tr\mathrm{d}r - \frac{1}{8}\rho\omega^2\frac{1-\nu^2}{E}r^4 + a_1 r^2 + a_2 \qquad (3-17)$$

式(3-17)给出了位移 u 的显示表达,a_1 和 a_2 为积分常数,r_0 为轮盘内表面半径(对于实心盘,$r_0=0$)。对上式进行微分:

$$\frac{\mathrm{d}u}{\mathrm{d}r} = (1+\nu)\alpha t - \frac{(1+\nu)\alpha}{r^2}\int_{r_0}^{r} tr\mathrm{d}r - \frac{3}{8}\frac{1-\nu^2}{E}\rho\omega^2 r^2 + a_1 - \frac{a_2}{r^2} \qquad (3-18)$$

将方程式(3-17)和方程式(3-18)代入用位移表示的物理方程式(3-11)和方程式(3-12),整理得到

$$\left.\begin{aligned}
\sigma_r &= K_1 - \frac{K_2}{r^2} - \frac{3+\nu}{8}\rho\omega^2 r^2 - \frac{\alpha E}{r^2}\int_{r_0}^{r} tr\mathrm{d}r \\
\sigma_\theta &= K_1 + \frac{K_2}{r^2} - \frac{1+3\nu}{8}\rho\omega^2 r^2 + \frac{\alpha E}{r^2}\int_{r_0}^{r} tr\mathrm{d}r - E\alpha t
\end{aligned}\right\} \qquad (3-19)$$

式(3-19)中,常数 $K_1 = \frac{a_1 E}{1-\nu}$,$K_2 = \frac{a_2 E}{1+\nu}$,它们由轮盘的边界条件确定。积分 $\int_{r_0}^{r} tr\mathrm{d}r$ 可以根据温度的径向分布规律函数 $t=t(r)$ 用解析法或图线法确定。

从方程看出,轮盘的应力 σ_r,σ_θ 由三部分组成:一是应力、位移、温度的边界条件决定的,它们通过常数 K_1 和 K_2 来表示;二是轮盘以角速度 ω 旋转引起的离心力;三是由温度影响引起的热应力。所以在线弹性假设下,轮盘的应力是由 3 种不同原因引起的应力叠加而成,且相互之间没有影响。因此,单独对 3 种因素进行研究,既可以使得推导过程变得简化,同时有利于深入理解物理含义。为了阐明盘的结构、盘外缘的载荷和温度等因素对轮盘强度的影响,对以下几种情况下的应力分布分别进行考察。

3.4.1 等温度条件下等厚度实心盘应力计算

若为实心盘,在盘心处应力有界,那么方程式(3-19)中的 $K_2(a_2)$ 必须等于零。进一步地,在等温条件下温度沿着径向不变,即 $t=t_0$,且在轮盘的外缘($r=r_a$)和盘心($r=0$)处满足以下边界条件:

$$\left.\begin{aligned}
\sigma_r|_{r=r_a} &= \sigma_a \\
\sigma_r|_{r=0} &= \sigma_\theta|_{r=0} = \sigma_0
\end{aligned}\right\} \qquad (3-20)$$

式中,σ_a 为叶片质量离心力及盘外缘榫槽凸块离心力通过等效获得的离心拉伸应力。将上述边界条件代入方程式(3-19),有

$$\left.\begin{aligned}
K_1 &= \sigma_a + \frac{3+\nu}{8}\rho\omega^2 r_a^2 + \frac{\alpha E t_0}{2} \\
K_2 &= a_2 = 0
\end{aligned}\right\} \qquad (3-21)$$

把 K_1 和 K_2 代入方程式(3-19),得到等温实心等厚盘应力分布公式为

$$\left.\begin{aligned}
\sigma_r &= \frac{3+\nu}{8}\rho\omega^2(r_a^2 - r^2) + \sigma_a \\
\sigma_\theta &= \frac{\rho\omega^2}{8}\left[(3+\nu)r_a^2 - (1+3\nu)r^2\right] + \sigma_a
\end{aligned}\right\} \qquad (3-22)$$

从方程式（3 - 22）可以看出，当 $r = 0$ 时，径向应力与周向应力相等，其数值均为 $\frac{3+\nu}{8}\rho\omega^2 r_a^2 + \sigma_a$。某钛合金 TC4 等厚度盘，其密度为 4 500 kg/m³，外径为 300 mm，转速为 20 000 r/min，泊松比为 0.3，轮缘等效应力为 200 MPa。根据方程式式（3 - 22）可以算出各个半径位置上的径向应力和周向应力分布规律，结果如图 3 - 9 所示。从结果来看，在盘心处，径向应力和周向应力相等，且盘心处应力最高。随着半径增加，径向应力和周向应力都逐渐减小，径向应力减小到外缘等效载荷，周向应力着比径向应力高；盘的应力分布呈抛物线规律分布，与外缘无载荷比，在载荷 σ_a 作用下，应力大小仅使分布曲线发生平移。受制于结构设计和重量限制，实心盘在实际燃气涡轮发动机应用中极为少见，只在少数飞机辅助动力系统（APU）中存在。

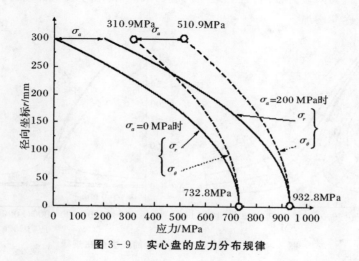

图 3 - 9 实心盘的应力分布规律

3.4.2 等温度条件下等厚度空心盘应力计算

为了便于分析，将本问题分解为只考虑离心转速和只考虑轮缘外载荷两种情况。根据线性系统的叠加原理，只需要将两种情况得到的应力相加即可得出最终结果。

（1）纯离心转速下轮盘应力分析。在纯离心力作用下，空心轮盘的外缘、内孔上都是自由表面，从而给出边界条件为

$$\left.\begin{array}{r}\sigma_r|_{r=r_0} = 0 \\ \sigma_r|_{r=r_a} = 0\end{array}\right\}\qquad(3-23)$$

考虑到 $t = t_0$ 为常数，将方程式（3 - 23）代入方程式（3 - 19）中，得到

$$\left.\begin{array}{l}K_1 = \dfrac{3+\nu}{8}\rho\omega^2(r_a^2 + r_0^2) + \dfrac{\alpha E t_0}{2} \\[3mm] K_2 = \left(\dfrac{3+\nu}{8}\rho\omega^2 r_a^2 + \dfrac{\alpha E t_0}{2}\right)r_0^2\end{array}\right\}\qquad(3-24)$$

从而得到

$$\left.\begin{aligned} \sigma_r &= \frac{3+\nu}{8}\rho\omega^2\left(r_a^2 + r_0^2 - \frac{r_a^2 r_0^2}{r^2} - r^2\right) \\ \sigma_\theta &= \frac{3+\nu}{8}\rho\omega^2\left(r_a^2 + r_0^2 + \frac{r_a^2 r_0^2}{r^2} - \frac{1+3\nu}{3+\nu}r^2\right) \end{aligned}\right\} \tag{3-25}$$

从方程式(3-22)可以看出,当中心孔半径越来越小时,孔边周向应力也趋于减小,但数值上却达到了实心盘圆心周向应力的 2 倍,也即当 $r_0 \to 0$ 时,有

$$\sigma_\theta = (3+\nu)\rho\omega^2 r_a^2/4$$

以某钛合金 TC4 等厚度空心盘为例,其密度为 4 500 kg/m³,外径为 300 mm,转速为 20 000 r/min,泊松比为 0.3,轮缘等效应力为 0 MPa。根据方程式(3-25)可以算出各个半径位置上的径向应力和周向应力分布规律,结果如图 3-10 所示。从结果来看,在中心孔孔边,径向应力为零,周向应力很高,且孔边周向应力最高。随着半径增加,径向应力逐渐减小,但周向应力整体逐渐增加。

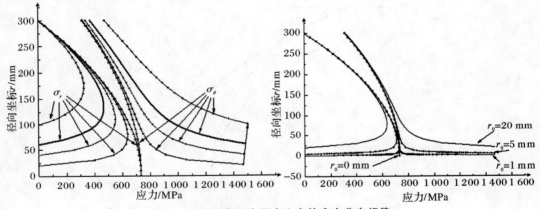

图 3-10　纯离心力下空心盘的应力分布规律

(2) 纯外载荷下轮盘应力分析。在纯外载作用下,空心轮盘的外缘受到等效应力、内孔为自由表面,从而给出边界条件为

$$\left.\begin{aligned} \sigma_r\big|_{r=r_0} &= 0 \\ \sigma_r\big|_{r=r_a} &= \sigma_a \end{aligned}\right\} \tag{3-26}$$

将方程式(3-26)代入方程式(3-19)中,并考虑到 $\omega = 0$,得到

$$\left.\begin{aligned} K_1 &= \frac{r_a^2}{r_a^2 - r_0^2}\sigma_a + \frac{E\alpha t_0}{2} \\ K_2 &= \frac{r_a^2 r_0^2}{r_a^2 - r_0^2}\sigma_a + \frac{E\alpha t_0}{2}r_0^2 \end{aligned}\right\} \tag{3-27}$$

从而得到空心等厚盘在纯外载荷作用下的应力分布公式为

$$\left.\begin{aligned} \sigma_r &= \frac{r_a^2(r^2 - r_0^2)}{r^2(r_a^2 - r_0^2)}\sigma_a \\ \sigma_\theta &= \frac{r_a^2(r^2 + r_0^2)}{r^2(r_a^2 - r_0^2)}\sigma_a \end{aligned}\right\} \tag{3-28}$$

从方程式(3-28)和方程式(3-22)可以看出,在中心孔处径向应力为零,随着半径增

加,径向应力快速增加到外载荷 σ_a;而周向应力在孔边达到最大值,随着半径增加,逐渐减小到接近 σ_a。随着中心孔半径增加,径向应力下降,但周向应力增加显著。以某钛合金 TC4 等厚度空心盘为例,其密度为 4 500kg/m³,外径为 300 mm,转速为 0 r/min,轮缘等效应力为 200 MPa。根据方程式(3 - 28)可以算出各个半径位置上的径向应力和周向应力分布规律,结果如图 3 - 11 所示。

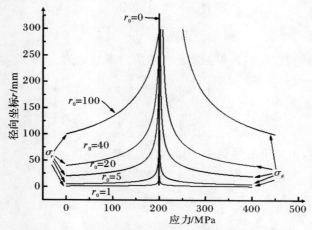

图 3 - 11　纯外载荷作用下空心盘的应力分布规律

（3）离心力和外载荷联合作用下轮盘应力规律。若综合考虑离心力和外载荷,则轮盘的边界条件为

$$\left.\begin{array}{l} \sigma_r \big|_{r=r_0} = 0 \\ \sigma_r \big|_{r=r_a} = \sigma_a \end{array}\right\} \tag{3 - 29}$$

此时联合方程式(3 - 25)和方程式(3 - 28),叠加得到空心盘的应力结果为

$$\left.\begin{array}{l} \sigma_r = \dfrac{3+\nu}{8}\rho\omega^2\left(r_a^2 + r_0^2 - \dfrac{r_a^2 r_0^2}{r^2} - r^2\right) + \dfrac{r_a^2(r^2 - r_0^2)}{r^2(r_a^2 - r_0^2)}\sigma_a \\[3mm] \sigma_\theta = \dfrac{3+\nu^2}{8}\rho\omega^2\left(r_a^2 + r_0^2 + \dfrac{r_a^2 r_0^2}{r^2} - \dfrac{1+3\nu}{3+\nu}r^2\right) + \dfrac{r_a^2(r^2 + r_0^2)}{r^2(r_a^2 - r_0^2)}\sigma_a \end{array}\right\} \tag{3 - 30}$$

方程式(3 - 30)为考虑了转速和外载荷共同作用下的轮盘应力分布规律,可以看到:外载 σ_a 不变时,轮盘应力与厚度无关,σ_a 直接影响盘应力水平;当轮盘几何一定时,轮盘上应力正比于 $\rho\omega^2$;均温下,盘上没有温度相关项,即无热应力;轮盘上的应力与弹性模量无关,但轮盘的变形与弹性模量密切相关。相同半径处,周向应力不小于径向应力,而随着空心盘中心孔半径增加,周向应力增加显著。

3.4.3　温度梯度下等厚度盘热应力计算

为了简单起见,按照力的叠加原理,可以在静止的没有外载的轮盘上,单独研究非均匀加热时的应力分布。对于静止盘,由于 $\rho\omega^2 = 0$,因此,方程式(3 - 19)可写成

$$\left.\begin{array}{l} \sigma_r = K_1 - \dfrac{K_2}{r^2} - \dfrac{\alpha E}{r^2}\displaystyle\int_{r_0}^{r} tr\,\mathrm{d}r \\[3mm] \sigma_\theta = K_1 + \dfrac{K_2}{r^2} + \dfrac{\alpha E}{r^2}\displaystyle\int_{r_0}^{r} tr\,\mathrm{d}r - E\alpha t \end{array}\right\} \tag{3 - 31}$$

(1) 若为实心盘,由于没有外载荷,因此它的边界条件为

$$\left.\begin{array}{c} \sigma_r \mid_{r=0} = \sigma_\theta \mid_{r=0} \\ \sigma_r \mid_{r=r_a} = 0 \end{array}\right\} \tag{3-32}$$

由此可得到常数:

$$\left.\begin{array}{c} K_1 = \dfrac{\alpha E}{r_a^2} \displaystyle\int_0^{r_a} tr\, \mathrm{d}r \\ K_2 = 0 \end{array}\right\} \tag{3-33}$$

将 K_1 和 K_2 代入方程式(3-31),得到实心盘热应力表达式为

$$\left.\begin{array}{l} \sigma_r = \dfrac{\alpha E}{r_a^2} \displaystyle\int_0^{r_a} tr\, \mathrm{d}r - \dfrac{\alpha E}{r^2} \displaystyle\int_0^{r} tr\, \mathrm{d}r \\ \sigma_\theta = \dfrac{\alpha E}{r_a^2} \displaystyle\int_0^{r_a} tr\, \mathrm{d}r + \dfrac{\alpha E}{r^2} \displaystyle\int_0^{r} tr\, \mathrm{d}r - E\alpha t \end{array}\right\} \tag{3-34}$$

(2) 若为空心盘,由于没有外载荷,因此它的边界条件为

$$\left.\begin{array}{c} \sigma_r \mid_{r=r_0} = 0 \\ \sigma_r \mid_{r=r_a} = 0 \end{array}\right\} \tag{3-35}$$

由此可得到常数:

$$\left.\begin{array}{c} K_1 = \dfrac{\alpha E}{r_a^2 - r_0^2} \displaystyle\int_{r_0}^{r_a} tr\, \mathrm{d}r \\ K_2 = \dfrac{\alpha E r_0^2}{r_a^2 - r_0^2} \displaystyle\int_{r_0}^{r_a} tr\, \mathrm{d}r \end{array}\right\} \tag{3-36}$$

将 K_1 和 K_2 代入方程式(3-36),得到空心盘热应力表达式为

$$\left.\begin{array}{l} \sigma_r = \dfrac{\alpha E}{r^2} \left(\dfrac{r^2 - r_0^2}{r_a^2 - r_0^2} \displaystyle\int_{r_0}^{r_a} tr\, \mathrm{d}r - \displaystyle\int_{r_0}^{r} tr\, \mathrm{d}r \right) \\ \sigma_\theta = \dfrac{\alpha E}{r^2} \left(\dfrac{r^2 - r_0^2}{r_a^2 - r_0^2} \displaystyle\int_{r_0}^{r_a} tr\, \mathrm{d}r + \displaystyle\int_{r_0}^{r} tr\, \mathrm{d}r \right) - E\alpha t \end{array}\right\} \tag{3-37}$$

由方程式(3-34)和方程式(3-37),盘中热应力取决于温度沿着径向的变化规律。当轮盘上为均温时(温度为常数),轮盘自由膨胀,此时热应力为零。试验表明,在稳定状态下工作的涡轮盘,它的温度分布沿着半径方向大致可以写成与半径成指数规律,即

$$t = t_0 + c_m (r_a^m - r^m) \tag{3-38}$$

式中,t_0 为 $r = r_0$ 处的温度,m 为状态参数,c_m 对应于 m 状态下的温升率。状态参数 $m = 1$,2,3。$m = 1$ 表示温度变化规律是线性的。$m = 2$ 表示温度变化是二次曲线规律,对应着无强迫冷却时的钛合金和合金钢轮盘;$m = 3$ 表示三次规律温度变化,一般对应着从中心向外缘吹风强迫冷却的高温合金盘。将方程式(3-38)代入方程式(3-34)或方程(3-37),即可积分求出轮盘上的热应力。

(1) 对于实心盘,有

$$\left.\begin{array}{l} \sigma_r = \dfrac{c_m E\alpha}{m+2} \left[r_a^m - r^m \right] \\ \sigma_\theta = \dfrac{c_m E\alpha}{m+2} \left[r_a^m - (m+1)r^m \right] \end{array}\right\} \tag{3-39}$$

若温度沿径向线性分布,代入 $m = 1$,可以得到实心盘的热应力表示为

$$\left.\begin{aligned}
\sigma_r &= \frac{c_1 E\alpha}{3}\left[r_a - r\right] \\
\sigma_\theta &= \frac{c_1 E\alpha}{3}\left[r_a - 2r\right]
\end{aligned}\right\} \tag{3-40}$$

图 3-12 为温度为线性规律时的热应力随半径的变化情况。从图 3-12 中可以看出,热应力随半径是线性变化的。在整个轮盘上,径向热应力都是拉伸的,但周向热应力在盘心处拉伸,随着半径增加逐步过渡到压应力。在盘中心处,热应力周向、径向热应力相等,$\sigma_r = \sigma_\theta = \frac{c_1 E\alpha}{3}r_a$;在盘缘处,径向热应力为零,周向热应力 $\sigma_\theta = -\frac{c_1 E\alpha}{3}r_a$。

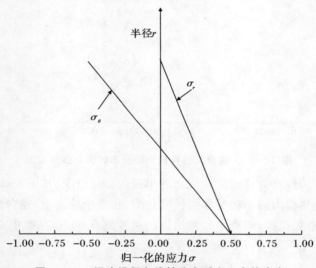

图 3-12　温度沿径向线性分布时实心盘热应力

若温度沿径向抛物线分布,代入 $m = 2$,可以得到实心盘的热应力表示为

$$\left.\begin{aligned}
\sigma_r &= \frac{c_2 E\alpha}{4}\left[r_a^2 - r^2\right] \\
\sigma_\theta &= \frac{c_2 E\alpha}{4}\left[r_a^2 - 3r^2\right]
\end{aligned}\right\} \tag{3-41}$$

图 3-13 为温度为抛物线规律时的热应力随半径的变化情况。从图 3-13 中可以看出,热应力随半径也是抛物线变化的。在整个轮盘上,径向热应力都是拉伸的,但周向热应力在盘心处拉伸,随着半径增加逐步过渡到压应力。在盘中心处,热应力周向、径向热应力相等,$\sigma_r = \sigma_\theta = \frac{c_2 E\alpha}{4}r_a^2$;在盘缘处,径向热应力为零,周向热应力 $\sigma_\theta = -\frac{c_2 E\alpha}{2}r_a^2$。

(2) 对于空心盘,有

$$\left.\begin{aligned}
\sigma_r &= \frac{c_m E\alpha}{m+2}\left[\frac{r_a^{m+2} - r_0^{m+2}}{r_a^2 - r_0^2} - \frac{r_a^2 r_0^2 (r_a^m - r_0^m)}{r^2 (r_a^2 - r_0^2)} - r^m\right] \\
\sigma_\theta &= \frac{c_m E\alpha}{m+2}\left[\frac{r_a^{m+2} - r_0^{m+2}}{r_a^2 - r_0^2} + \frac{r_a^2 r_0^2 (r_a^m - r_0^m)}{r^2 (r_a^2 - r_0^2)} - (m+1)r^m\right]
\end{aligned}\right\} \tag{3-42}$$

若温度沿径向线性分布,代入 $m = 1$,可以得到实心盘的热应力表示为

$$\sigma_r = \frac{c_1 E\alpha}{3}\left[\frac{r_a^3 - r_0^3}{r_a^2 - r_0^2} - \frac{r_a^2 r_0^2 (r_a - r_0)}{r^2 (r_a^2 - r_0^2)} - r\right]$$

$$\sigma_\theta = \frac{c_1 E\alpha}{3}\left[\frac{r_a^3 - r_0^3}{r_a^2 - r_0^2} + \frac{r_a^2 r_0^2 (r_a - r_0)}{r^2 (r_a^2 - r_0^2)} - 2r\right]$$

$(3-43)$

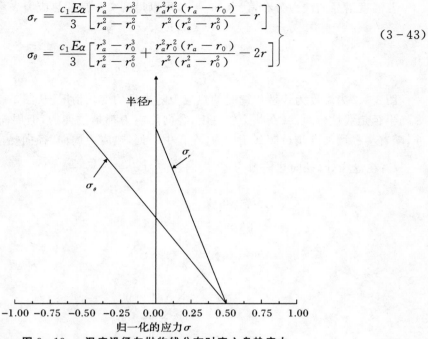

图 3-13　温度沿径向抛物线分布时实心盘热应力

图 3-14 是温度为线性规律时的热应力随半径的变化情况。从图 3-14 中可以看出,与实心盘不同,空心盘上热应力随半径是非线性变化的。在整个轮盘上,径向热应力都是拉伸的,但周向热应力在盘心处拉伸,随着半径增加逐步过渡到压应力。在盘中心处,径向热应力为零,热应力周向热应力 $\sigma_\theta = \frac{c_1 E\alpha}{3}\frac{2r_a^2 - r_a r_0 - r_a^2}{r_a + r_0}$;在盘缘处,径向热应力为零,周向热应力

$\sigma_\theta = \frac{c_1 E\alpha}{3}\frac{2r_0^2 - r_a r_0 - r_a^2}{r_a + r_0}$。

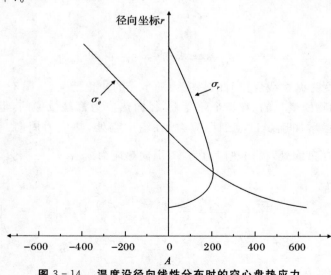

图 3-14　温度沿径向线性分布时的空心盘热应力

总之,轮盘在温度场下热应力分布有一些特点。在全盘上均匀加热则不会产生热应力,沿半径温升率 c_m 成比例地放大 K 倍,热应力也增加 K 倍,弹性模量增加 K 倍,热应力也相应地增加 K 倍。

3.5　等强度轮盘

等厚度盘的外缘处,应力偏小,盘材料没有被充分利用,因此实际轮盘都不设计为等厚度的。如果对盘进行合理的结构设计后,盘上各处的径向、周向应力都各等于某一个常数,则盘的重量应达到最轻,即所谓的等强度盘。那么什么样的条件下才能实现等强度盘结构设计呢?

假设等强度圆盘被定义为盘上各处在离心载荷作用下径向和周向应力都等于恒定值,即

$$\sigma_r = \sigma_t \equiv \sigma_s = \text{const} \tag{3-44}$$

对于仅承受离心载荷的各向同性材料构成的圆盘,上述关系满足协调方程,因此从应力场协调性的角度来看,满足这一特性的圆盘是可能的。将方程式(3-44)代入平衡方程式(3-5),得到等强度盘的求解方程为

$$\sigma_s r \frac{\mathrm{d}h}{\mathrm{d}r} + \rho \omega^2 r^2 h = 0 \tag{3-45}$$

这是具有可分离变量的一阶微分方程,可写成以下形式:

$$\frac{\mathrm{d}h}{h} = -\frac{\rho \omega^2}{\sigma_s} r \mathrm{d}r \tag{3-46}$$

积分上式,得

$$\ln h = -\frac{\rho \omega^2}{2\sigma_s} r^2 + \ln C \tag{3-47}$$

式中,C 是积分常数,可通过确定圆盘厚度在给定半径处的假定赋值来确定。方程式(3-47)进一步写成

$$h = C e^{-\frac{\rho \omega^2}{2\sigma_s} r^2} \tag{3-48}$$

该式与常数 C 无关。对方程式(3-48)求两次导数,令导数等于零,得到厚度轮廓的拐点,其半径为

$$r = \sqrt{\frac{\sigma_s}{\rho \omega^2}} \tag{3-49}$$

当半径小于拐点 r 时,厚度轮廓是凸曲线;而半径大于拐点 r 时,厚度轮廓是凹曲线。

(1) 对于方程式(3-48),假设轮缘厚度为 $h = h_a$(当 $r = r_a$ 时),则有

$$C = h_a e^{\frac{\rho \omega^2}{2\sigma_s} r_a^2} \tag{3-50}$$

则厚度 h 随半径 r 的变化函数表示为

$$h = h_e e^{\frac{\rho \omega^2}{2\sigma_s}(r_e^2 - r^2)} \tag{3-51}$$

(2) 对于方程式(3-48),假设轮心厚度为 $h = h_0$(当 $r = 0$ 时),则有

$$C = h_0 \tag{3-52}$$

则厚度 h 随半径 r 的变化函数表示为

$$h = h_0 \, e^{-\frac{\omega^2}{2\sigma_s} r^2}$$ (3-53)

最后在方程式(3-51)和方程式(3-53)中提出项 r_a^2，并引入常用的参考应力 $\sigma_0 = \rho \omega^2 r_a^2$，以及无量纲参数 $s = r^2/r_a^2$，从而得到以下形式

$$\left. \begin{aligned} h &= h_e \, e^{\frac{\sigma_0}{2\sigma_s}(1-s^2)} \\ h &= h_0 \, e^{-\frac{\sigma_0}{2\sigma_s} s^2} \end{aligned} \right\}$$ (3-54)

方程式(3-54)根据 $\dfrac{\sigma_0}{2\sigma_s}$ 给出的单参数指数函数定义了一个实心圆盘，其盘心厚度为 h_0，厚度从盘心向外逐渐减小，如图 3-15 所示。上述过程是由 De Laval 在 19 世纪末首次引入的，其中圆盘轮廓随着指数函数变化。

需要说明的是，如果在给定的外半径 r_a 处切割处轮盘，则在半径 $s = 1$ 的圆柱面上不满足关系式(3-44)，因为在该表面上必然有 $\sigma_r = 0$。

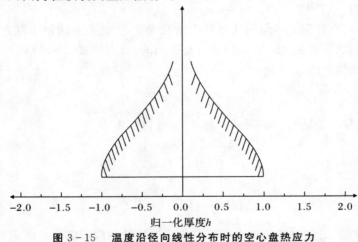

图 3-15　温度沿径向线性分布时的空心盘热应力

3.6　轮盘破裂转速

在发动机正常加速过程中，转速瞬间超转、燃油调节失灵等故障都会引起轮盘超转，甚至破裂。轮盘一旦破裂，后果极为严重。在轮盘初步设计时，就要保证所设计的轮盘安全可靠工作，必须对轮盘作强度校核，其校核内容之一就是反映轮盘承载能力的总强度储备，即破裂转速储备 n_{burst}，其定义为

$$n_{burst} = N_{burst}/N_{max}$$ (3-55)

式中，N_{burst} 为轮盘破裂转速，由轮盘材料、剖面形状、几何尺寸等因素决定；N_{max} 为轮盘最大工作转速。通常根据两种破坏模式来计算破裂转速，即子午面破裂转速和圆柱面破裂转速。

3.6.1　子午面破裂转速计算

对于子午截面破裂，目前广泛采用的是平均周向应力法计算破裂转速。其基本概念是当

轮盘随着转速的增加,局部区域(如盘中心或中心孔边)出现塑性,转速继续增大,塑性区的应力不再增加,而塑性区逐步扩大,一直到轮盘子午截面上的周向应力全部进入塑性范围,这时子午截面上的周向应力完全均匀,直至轮盘破裂。这个概念是指轮盘材料处于理想塑性状态。

(1) 破裂转速计算公式。

基本假设如下:

1) 平面应力问题,应力沿盘的厚度不变;

2) 材料为理性塑性;

3) 计算公式。

在轮盘破裂转速的瞬间破裂时,盘子午截面的所有点上有

$$\sigma_t(r) = \sigma_b(r) \tag{3-56}$$

即周向应力(见图 3-16)等于所在半径的强度极限值。在这瞬间,轮缘上的径向应力值为

$$\sigma_{rk}^* = \sigma_{rk}\frac{\omega_r^2}{\omega^2} \tag{3-57}$$

式中,σ_{rk} 为 ω 时的轮缘径向应力值;σ_{rk}^* 为 ω_r 时的轮缘径向应力值。

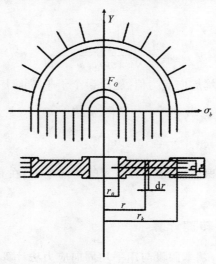

图 3-16　轮盘结构及应力分布示意图

半个轮盘的质量离心力在 Y 方向上的合力为

$$F_G = 2\rho\omega_r^2\int_{r_0}^{r_k}r^2h\,\mathrm{d}r = 2\rho\omega_r^2 I \tag{3-58}$$

作用在半个盘上所有力在 Y 方向上平衡,即

$$2\sigma_{rk}\frac{\omega_r^2}{\omega^2}r_kh_k + 2\rho\omega_r^2 I = 2\int_{r_0}^{r_k}\sigma_b(r)h\,\mathrm{d}r \tag{3-59}$$

因此有

$$\omega_r = \sqrt{\frac{\int_{r_0}^{r_k} \sigma_b(r)h\,\mathrm{d}r}{\sigma_{rk}r_k h_k/\omega^2 + \rho I}} \tag{3-60}$$

或

$$n_r = \frac{30}{\pi} \sqrt{\frac{\int_{r_0}^{r_k} \sigma_b(r)h\,\mathrm{d}r}{\sigma_{rk}r_k h_k/\omega^2 + \rho I}} \tag{3-61}$$

式中,σ_b 为材料极限拉伸强度;ρ 为材料密度;σ_{rk} 为轮缘径向应力;r_0,r_k,h_k,h 分别为轮盘中心孔半径、轮缘半径、轮缘厚度、任一半径 r 处的厚度;$I = \int_{r_0}^{r_k} r^2 h\,\mathrm{d}r$ 为轮盘半个子午截面对称旋转轴线的惯性矩。

对于接近于理想塑性材料和形状对称的盘,此公式计算结果与实验结果一致,但对硬化材料及非对称、非等厚盘,计算结果有一定误差,有时用系数 η 加以修正,其中 η 由下式定义:

$$\eta = \eta_M \eta_T \tag{3-62}$$

式中,η_M 为材料修正系数,一般 $\eta_M = 0.7 \sim 1.0$;η_T 为轮盘几何形状的修正系数,一般 $\eta_T = 0.8 \sim 1.0$。要获得修正系数 η 值,需要进行很多破裂实验。

通常,当子午截面上的周向应力都达到屈服极限时,轮盘变形已很大,就认为轮盘破坏,此时方程式(3-60)变为

$$\omega_r = \sqrt{\frac{\int_{r_0}^{r_k} \sigma_b(r)h\,\mathrm{d}r}{\sigma_{rk}r_k h_k/\omega^2 + \rho I}} \tag{3-63}$$

(2)计算子午截面上平均周向应力值。轮盘半个子午截面上的平均周向应力为

$$\bar{\sigma}_t = \frac{\int_{A_1}^{A_m} \sigma_t\,\mathrm{d}A}{\int_{A_1}^{A_m} \mathrm{d}A} \tag{3-64}$$

式中,$A_1 \sim A_m$ 为各单元面积;σ_t 为相应各单元的周向应力。在有限元计算中应用此公式较为方便。

3.6.2 圆柱面破裂转速计算

(1)破裂转速计算公式。基本假设与用平均周向应力法计算子午截面破裂转速时相同。轮盘破裂瞬间,如图 3-17 所示,在破裂的圆柱面上(圆柱面所在半径 r_c)

即此时径向应力达到材料强度极限。在 Y 方向上的合力为 $2\sigma_{bc}h_c r_c$。在这瞬间,轮缘上的径向应力值为

$$\sigma_{rk}^* = \sigma_{rk}\frac{\omega_r^2}{\omega^2} \tag{3-65}$$

从 r_c 到外缘 r_k 之间半个轮盘质量离心力在 Y 方向上的合力为

$$F_G = 2\rho\,\omega_r^2 \int_{r_c}^{r_k} r^2 h\,\mathrm{d}r = 2\rho\omega_r^2 I_c \tag{3-66}$$

因此,作用在 r_c 到 r_k 之间半个轮盘上所有力在 Y 方向上平衡,有

$$2\sigma_{rk}\frac{\omega_r^2}{\omega^2}r_k h_k + 2\rho\ \omega_r^2 I = 2\int_{r_c}^{r_k}\sigma_b(r)h\,\mathrm{d}r + 2\sigma_{bc}h_c r_c \tag{3-67}$$

由此可得

$$\omega_p = \sqrt{\frac{\int_{r_c}^{r_k}\sigma_b(r)h\,\mathrm{d}r + \sigma_{bc}h_c r_c}{\sigma_{rk}r_k h_k/\omega^2 + \rho I_c}} \tag{3-68}$$

或

$$n_p = \frac{30}{\pi}\sqrt{\frac{\int_{r_c}^{r_k}\sigma_b(r)h\,\mathrm{d}r + \sigma_{bc}h_c r_c}{\sigma_{rk}r_k h_k/\omega^2 + \rho I_c}} \tag{3-69}$$

式中,σ_b 为材料极限拉伸强度;ρ 为材料密度;σ_{rk} 为轮缘径向应力;r_c, h_c, r_k, h_k 分别为轮盘破裂面半径、厚度、轮缘半径、厚度;r, h 为轮盘流动半径即相应厚度;$I_c = \int_{r_c}^{r_k}r^2 h\,\mathrm{d}r$ 为轮盘半个子午截面对称旋转轴线的惯性矩。

　　(2)最大离心径向应力计算。由最大离心径向应力的储备近似地判断圆柱面的破裂转速。作为轮盘初始设计的估算,这也是一种快捷的方法。

$$n_r = n_{\max}\sqrt{\frac{\sigma_b}{\sigma_{r\max}^{\omega}}} \tag{3-70}$$

式中,$\sigma_{r\max}^{\omega}$ 为盘上最大离心径向应力。

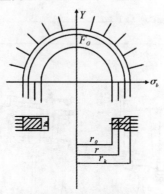

图 3-17　轮盘破裂圆柱面及应力分布

3.7　轮盘结构设计实例

　　T-Axi Disk 是由美国辛辛那提大学 Mark G. Turner 教授及其学生开发的用于燃气轮机和航空发动机轮盘二维结构设计和应力分析的软件,其应力分析方法在概念设计阶段采用的板壳理论及有限差分解。软件下载地址为:http://gtsl.ase.uc.edu/T-AXI/BD%20Suite%20Website/index.html。该软件可以考虑离心应力及温度应力和温度的影响,设计的轮盘满足径向应力、周向应力准则。T-Axi Disk 可以进行交互的设计,可给出详细的

应力分布图,采用了先进的结构优化策略,具有 4 种盘基本结构形式等特点。

以下以 E3 发动机高压压气机第三级盘为例,对比 E3 发动机轮盘和基于 T-Axi Disk 软件设计的轮盘的结构。图 3-18 给出了 E3 发动机高压压气机盘的结构剖面图。根据公开资料,可查到 E3 发动机高压压气机第三级盘的设计参数见表 3-1。

表 3-1　E3 发动机高压一级涡轮盘设计参数

盘材料	Inconel 718
叶片根部进口半径/m	0.255
叶片根部出口半径/m	0.255
轮缘厚度/m	0.026
最大允许的厚度/m	0.05
中心孔最小半径/m	0.09
叶片高度/m	0.072
叶片根部/叶高半径比	0.25
叶片数量/个	50
钛合金叶片材料密度/(kg/m³)	4 428.78
叶片最大厚度与弦长占比/(%)	0.25
发动机轴温度/℃	147
轮缘温度/℃	147
转速/(r/min)	12 300
屈服强度安全系数	1.25

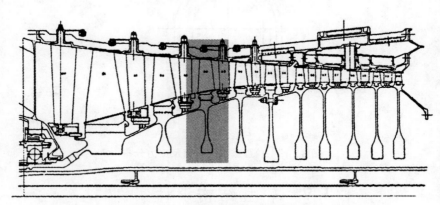

图 3-18　E3 发动机高压压气机第三级盘

打开 TAXI_DICK_V2_5.exe,弹出如图 3-19 所示对话框,并输入表 3-2 中的参数,从而弹出如图 3-20 所示界面。界面中给出了轮盘的子午面形状以及轮盘上径向应力、周向应力和 Mises 应力分布及其与屈服应力、断裂极限的相对关系。在如图 3-20 所示的界面下,单击右侧的 Paramatric Disks,弹出优化参数的范围,即可进入优化设计。待优化完成后,单击 Load session Best Design,载入最佳结果,从图 3-20 中可以看出,所设计的轮盘满足静强度要求。进一步单击 Save Tabular Results,可以输入一组数据(radius(m),thick-ness(m),u(m),sigma_r(pa),sigma_t(pa),E(pa),v),即包含了径向坐标,厚度,径向应力,周向应力,弹性模量和泊松比。利用其中的径向坐标与厚度关系,可以在有限元软件中进行仿真验算。

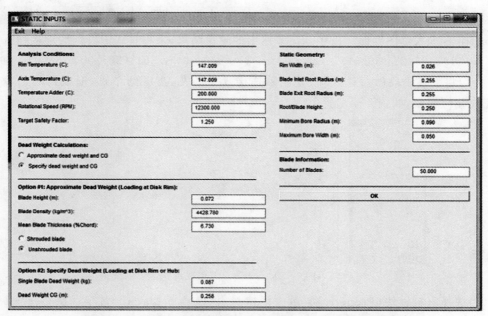

图 3 - 19　轮盘设计软件 TAXI_DICK_V2_5 的数据输入界面

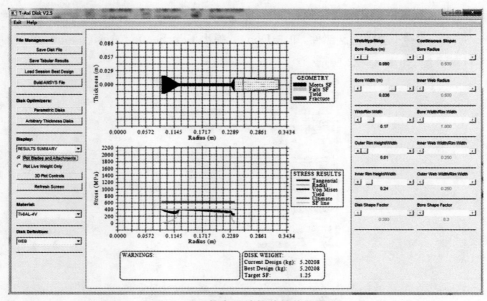

图 3 - 20　轮盘设计软件的优化界面

3.8　变截面轮盘的有限元分析

本节采用 Abaqus 商用有限元软件对 3.7 节 T-Axi Disk 软件输出的轮盘结构进行应力分析,具体步骤如下。

(1)几何建模。打开 Abaqus 软件,单击建立部件(create part ![]），选择轴对称(Axisymmetric),进入草图界面。按照 3.7 节输出的轮盘结果,采用直线工具依次连接输入坐标(90,36.31)、(96.28,36.31)、(124.00,4.35)、(230.00,4.35)、(237.00,26.00)。利用 X 轴(Y=0)将上述线段做对称处理(复制),连接盘中心孔、盘缘两个点,形成封闭轮盘轮廓线,完成几何建模,如图 3-21 所示。

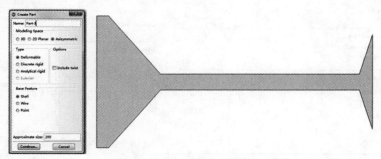

图 3-21　Abaqus 几何建模

(2)选择材料模块(Property)。单击创建材料(Greate Material, ![]),在 General 下拉菜单中选择密度(density),输入钛合金密度为 4.428E-9(t/mm^3)。在机械(Mechanical)下拉菜单中选择弹性 Elasticity->Elastic,采用默认的各向同性设置,输入弹性模量 93 000 (MPa)和泊松比 0.31。单击 Greate Section ![],选择默认,单击 Continue->OK;单击 Assign Section ![],选择轮盘部件,单击 Done。弹出 Edit Section Assignment,单击 OK 完成部件材料分配,如图 3-22 所示。

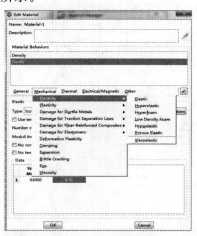

图 3-22　输入材料参数

(3)组装。选择 Assembly 模块,单击 Create Instance ![icon]->OK,选择默认设置。

(4)建立分析步。单击 Create Step ![icon],选择默认的 Static, General,单击 Continue ->OK。

(5)选择 Load 模块,以定义载荷(见图 3-23)。单击 Create Load ![icon],在 Mechanical 选项中选择 Pressure,单击 Continue,选择轮盘的轮缘(线),单击 Done,弹出 Edit Load 对话框,在 Magnitude(大小)处输入-43.6(MPa)。此处在 Abaqus 软件内,负号表示拉伸。继续在 Mechanical 选项中选择 Rotational body force,选择轮盘盘体,单击 Done,弹出 Edit Load,在 Angular Velocity 对话框中输入 1 288(rad/s)。此处 1 288 rad/s 与 12 300 rad/min 等效。

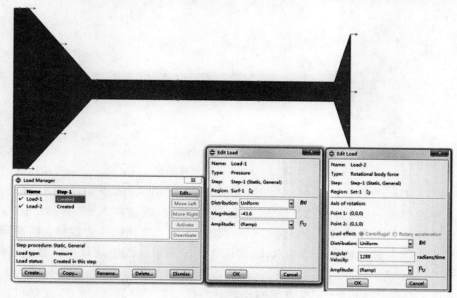

图 3-23　定义载荷边界条件

(6)网格划分。选择 Mesh 模块,选择 Part。单击 Assign mesh controls ![icon],选择 Quad ->Structured。选择 Seed part ![icon],Approximate global size 中输入 2,单击 Apply,完成网格节点设置。单击 Mesh part 按钮 ![icon],点击 Yes,完成结构化的四边形网格划分(见图 3-24)。

图 3-24　有限元网格

(7)提交计算。选择 Job,单击 Create 按钮,选择默认的设置,单击 OK,完成任务创建。单击 Submit 按钮,开始计算,待计算状态显示完成(Completed)。

(8)有限元后处理。选择 Visualization。为了便于分析,首先,创建一个柱坐标系。Tools—>Coordinate System Manager—>Create,选择 Cylindrical,单击 continue。设置 (0,0,0)为原点,单击鼠标中键继续,设置(1,0,0)为 R 轴,单击鼠标中键继续,设置(0,0,1)为 R-Theta 面内的点,完成坐标系创建。其次,将结果转换到柱坐标系下,打击 Result 菜单,选择 Options,单击 Transformation,选择 User-specified,选择所创建的柱坐标系,单击 Apply 完成。最后,创建路径。Tools—>Path—>Create—>Node list—>Continue—>Add Before...,依次选择如图 3-25 所示的路径上的所有节点。

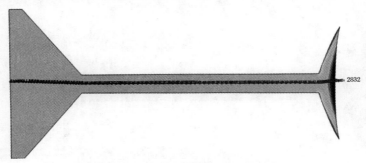

图 3-25　通过节点创建路径

Tools-XY Data—>Create...—>Path,在 XY Data from Path 中选择 Field Output 中选择 S11,单击 Save as 保存路径上的 S11 径向应力数据;继续在 XY Data from Path 中选择 Field Output 中选择 S22,单击 Save as 保存路径上的 S22 周向应力数据。将有限元分析结果与 T-Axi Disk 软件输出的结果对比,如图 3-26 所示。图中结果可以看到,有限元分析结果与 T-Axi Disk 软件结果很接近,同时可以看到,采用非等厚度盘,周向应力大小在各个径向位置上都较为接近,表明本方案的轮盘材料得到了充分利用,与 E3 发动机实际轮盘的几何构型也很接近。同时,图 3-26 中轮盘存在局部高应力区,通过细节局部的圆角过渡和几何尺寸调整可以改善,在轮盘的详细设计阶段将重点解决这类问题。

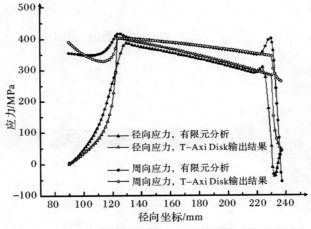

图 3-26　有限元分析与 T-Axi Disk 软件的计算结果对比

3.9 轮盘结构设计优化实例

3.9.1 轮盘结构尺寸优化

本节采用商用软件 ANSYS 参数化设计语言（ANSYS Parametric Design Language，APDL）与 ANSYS Workbench（2020R1）联合优化的方式来介绍轮盘结构尺寸优化。

在涡轮盘概念设计阶段，连接结构、榫槽等结构细节特征可以忽略，进而可将涡轮盘简化为 2 维轴对称模型。图 3 - 27 给出了某涡轮盘 2 维轴对称参数化模型，它由盘缘、辐板和盘心三部分组成，其中盘缘与辐板之间、辐板与盘心之间均采用圆弧线连接。该涡轮盘可由 10 个几何参数唯一确定，分别是：轮缘半径（R_1）、盘心半径（R_2）、辐板外侧半径（R_3）、辐板内侧半径（R_4）、轮缘厚度（H_1）、盘心厚度（H_2）、轮缘宽度（W_1）、盘心宽度（W_2）、辐板外侧宽度（W_3）和辐板内侧宽度（W_4）。根据涡轮盘与转子轴、转子叶片的连接关系，参数 H_1，W_1，R_1 和 R_2 在优化过程中始终保持不变，分别为 7.5mm、40mm、237mm 和 83mm。根据设计需求，选择 R_3，R_4，H_2，W_2，W_3，W_4 作为设计变量，选择涡轮盘最大 von-Mises 应力小于等于 9.3×10^8 Pa 作为约束条件，选择涡轮盘结构质量作为优化目标。对设计变量的变化范围和初值做如下规定：R_3 取值范围为 202～210 mm，初始值为 206 mm；R_4 取值范围为 150～180 mm，初始值为 165 mm；H_2 取值范围为 15～40 mm，初始值为 30 mm；W_2 取值范围为 80～100 mm，初始值为 90 mm；W_3 取值范围为 12～17 mm，初始值为 14 mm；W_4 取值范围为 15～19 mm，初始值为 17 mm。

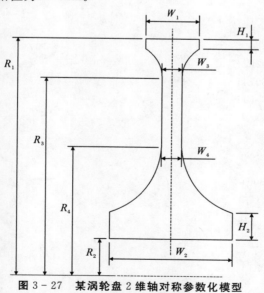

图 3 - 27 某涡轮盘 2 维轴对称参数化模型

涡轮盘温度场由以下经验公式确定：

$$T(R) = T(R_2) + (T(R_1) - T(R_2)) \times \frac{R^3 - R_2^3}{R_1^3 - R_1^3}$$

(3 - 71)

式中，$T(R)$ 表示半径 R 处的温度，盘缘温度 $T(R_1)$ 为 600℃，盘心温度 $T(R_2)$ 为 300℃。

轮盘材料为 GH4169，其泊松比为 0.3，密度为 8 240 kg/m³，热膨胀系数为 1×10^{-5}/℃，200℃时的弹性模量为 1.92×10^{11} Pa，400℃时的弹性模量为 1.80×10^{11} Pa，600℃时的弹性模量为 1.65×10^{11} Pa。轮盘盘缘处承受均布拉力载荷 1.3185×10^8 Pa，轮盘旋转速度为 12 885 r/min（可换算为 1 349.314 rad/s）。

（1）根据力学模型编写 APDL 文件，文件格式可为 TXT，Inp，Mac 等。APDL 程序如下，仅供参考。

！注：英文符号！后为注释语句。

```
FINISH
/CLEAR,NOSTART
/PREP7
! 设置单元类型
ET,1,PLANE183
KEYOPT,1,1,0
KEYOPT,1,3,1
KEYOPT,1,6,0
! 设置材料属性
MPTEMP,,,,,,,,
MPTEMP,1,0
MPDATA,DENS,1,,8240
MPTEMP,,,,,,,,
MPTEMP,1,200
MPTEMP,2,400
MPTEMP,3,600
MPDATA,EX,1,,1.92E11
MPDATA,EX,1,,1.80E11
MPDATA,EX,1,,1.65E11
MPDATA,PRXY,1,,0.3
MPDATA,PRXY,1,,0.3
MPDATA,PRXY,1,,0.3
MPTEMP,,,,,,,,
MPTEMP,1,0
UIMP,1,REFT,,,20
MPDATA,ALPX,1,,1E-5
! 设置参数名称
*SET,R1,0.237
*SET,R2,0.083
*SET,R3,0.206
*SET,R4,0.165
*SET,W1,0.040
*SET,W2,0.090
```

```
＊SET,W3,0.014
＊SET,W4,0.017
＊SET,H0, 0.020
＊SET,H1, 0.0075
＊SET,H2,0.030
```

$X1=R4$

$Y1=H0+(W2-W4)/2$

$X2=R3$

$Y2=H0+(W2-W3)/2$

$X3=R3$

$Y3=H0+(W2+W3)/2$

$X4=R4$

$Y4=H0+(W2+W4)/2$

$X5=R2+H2$

$Y5=H0+W2$

$X6=R2$

$Y6=H0+W2$

$X7=R2$

$Y7=H0$

$X8=R2+H2$

$Y8=H0$

$X9=R1-H1$

$Y9=H0+(W2-W1)/2$

$X10=R1$

$Y10=H0+(W2-W1)/2$

$X11=R1$

$Y11=H0+(W2+W1)/2$

$X12=R1-H1$

$Y12=H0+(W2+W1)/2$

$K1=-(X4-X5)/(Y4-Y5)$

$K2=-(X4-X3)/(Y4-Y3)$

$K3=-(X12-X3)/(Y12-Y3)$

$K4=-(X3-X4)/(Y3-Y4)$

$X0=(X4+X5)/2$

$Y0=(Y4+Y5)/2$

$XP=(X3+X12)/2$

$YP=(Y3+Y12)/2$

$X13=(K1*X0-K2*X4+Y4-Y0)/(K1-K2)$

$Y13=(K1*K2*X0-K1*K2*X4+K1*Y4-K2*Y0)/(K1-K2)$

$X14=(K3*XP-K4*X3+Y3-YP)/(K3-K4)$

$Y14=(K3*K4*XP-K3*K4*X3+K3*Y3-K4*YP)/(K3-K4)$

$X15=X14$

$Y15=2*H0+W2-Y14$

```
X16＝X13
Y16＝2＊H0＋W2－Y13
R1O＝SQRT((X13－X4)＊＊2＋(Y13－Y4)＊＊2)
R2O＝SQRT((X14－X3)＊＊2＋(Y14－Y3)＊＊2)
！几何建模
K,1,X1,Y1,0
K,2,X2,Y2,0
K,3,X3,Y3,0
K,4,X4,Y4,0
K,5,X5,Y5,0
K,6,X6,Y6,0
K,7,X7,Y7,0
K,8,X8,Y8,0
K,9,X9,Y9,0
K,10,X10,Y10,0
K,11,X11,Y11,0
K,12,X12,Y12,0
k,13,X13,Y13,0
k,14,X14,Y14,0
k,15,X15,Y15,0
k,16,X16,Y16,0
L,1,2
L,4,3
L,6,5
L,6,7
L,7,8
L,9,10
L,12,11
L,10,11
LARC,5,4,13,R1O,
LARC,12,3,14,R2O,
LARC,8,1,16,R1O,
LARC,9,2,15,R2O,
A,1,2,9,10,11,12,3,4,5,6,7,8
！划分网格
AESIZE,all,0.002,
MSHAPE,0,2D
MSHKEY,0
AMESH,all
！施加位移约束
DK,7,,0,,0,UY,,,,,,
！施加载荷
SFL,8,PRES,－1.3158e8
```

```
OMEGA,0,1349.314,0,
! 设置温度场
*DEL,_FNCNAME
*DEL,_FNCMTID
*DEL,_FNCCSYS
*SET,_FNCNAME,'TempFunc'
*SET,_FNCCSYS,0
! /INPUT,TempFunc.func,,,1
*DIM,%_FNCNAME%,TABLE,6,19,1,,,,%_FNCCSYS%
! Begin of equation: 300+300*(({X}^3-0.083^3)/(0.237^3-0.083^3)
%_FNCNAME%(0,0,1)= 0.0, -999
%_FNCNAME%(2,0,1)= 0.0
%_FNCNAME%(3,0,1)= 0.0
%_FNCNAME%(4,0,1)= 0.0
%_FNCNAME%(5,0,1)= 0.0
%_FNCNAME%(6,0,1)= 0.0
%_FNCNAME%(0,1,1)= 1.0, -1, 0, 3, 0, 0, 2
%_FNCNAME%(0,2,1)= 0.0, -2, 0, 1, 2, 17, -1
%_FNCNAME%(0,3,1)=    0, -1, 0, 0.083, 0, 0, 0
%_FNCNAME%(0,4,1)= 0.0, -3, 0, 3, 0, 0, -1
%_FNCNAME%(0,5,1)= 0.0, -4, 0, 1, -1, 17, -3
%_FNCNAME%(0,6,1)= 0.0, -1, 0, 1, -2, 2, -4
%_FNCNAME%(0,7,1)= 0.0, -2, 0, 300, 0, 0, -1
%_FNCNAME%(0,8,1)= 0.0, -3, 0, 1, -2, 3, -1
%_FNCNAME%(0,9,1)= 0.0, -1, 0, 0.237, 0, 0, 0
%_FNCNAME%(0,10,1)= 0.0, -2, 0, 3, 0, 0, -1
%_FNCNAME%(0,11,1)= 0.0, -4, 0, 1, -1, 17, -2
%_FNCNAME%(0,12,1)= 0.0, -1, 0, 0.083, 0, 0, 0
%_FNCNAME%(0,13,1)= 0.0, -2, 0, 3, 0, 0, -1
%_FNCNAME%(0,14,1)= 0.0, -5, 0, 1, -1, 17, -2
%_FNCNAME%(0,15,1)= 0.0, -1, 0, 1, -4, 2, -5
%_FNCNAME%(0,16,1)= 0.0, -2, 0, 1, -3, 4, -1
%_FNCNAME%(0,17,1)= 0.0, -1, 0, 300, 0, 0, -2
%_FNCNAME%(0,18,1)= 0.0, -3, 0, 1, -1, 1, -2
%_FNCNAME%(0,19,1)= 0.0, 99, 0, 1, -3, 0, 0
! End of equation: 300+300*(({X}^3-0.083^3)/(0.237^3-0.083^3)
! -->
ALLSEL,ALL
BF,ALL,TEMP,%TEMPFUNC%
FINISH
/SOL
/STATUS,SOLU
! 求解
```

```
SOLVE
FINISH
！进入后处理
/POST1
！提取最大径向应力
NSORT,S,X,0,1,all
＊get,SX_MAX,SORT,0,MAX
！提取最大周向应力
NSORT,S,Z,0,1,all
＊get,SZ_MAX,SORT,0,MAX
！提取最大等效应力
NSORT,S,EQV,0,1,all
＊get,SEQV_MAX,SORT,0,MAX
！计算轮盘质量
ALLSEL,ALL
ETABLE,,VOLU,
SSUM
＊GET,DISK_VOL,SSUM,0,ITEM,VOLU
DISK_MASS＝DISK_VOL＊8240
```

（2）在 Workbench 中添加 Mechanical APDL 模块,以便调用 APDL 文件。右键单击 Analysis,点击 Add Input File,单击 Browse... 找到并选择已经编写无误的 APDL 文件(本例文件名为:APDL－APDL&WB. TXT),如图 3-28 所示。

图 3-28   添加 Mechanical APDL 模块

（3）双击 Analysis 进入读取参数界面，选择 Process "APDL-APDL&WB. TXT"，读取 APDL 中定义的所有参数，并在 Input 复选框中勾选 R_3，R_4，H_2，W_2，W_3，W_4 作为设计变量，在 Output 复选框中勾选 SEQV_MAX 和 DISK_MASS 作为约束条件和优化目标，如图 3-29 所示。

	A	B	C	D
1		Step		
2	A Launch ANSYS	1		
3	Process "APDL-APDL&WB.txt"	2		

Properties: No data

	A	B	C	D
1	APDL Parameter	Initial Value	Input	Output
2	R1	0.237		
3	R2	0.083		
4	R3	0.206	✔	
5	R4	0.165	✔	
6	W1	0.04		
7	W2	0.09	✔	
8	W3	0.014	✔	
9	W4	0.017	✔	
10	H0	0.02		
11	H1	0.0075		
12	H2	0.03	✔	

图 3-29　选择设计变量、约束条件和优化目标

（4）将 Workbench 左栏中的 Direct Optimization 模块拖到 Mechanical APDL 模块下方，双击 Optimization，进入变量相关设置，如图 3-30 所示。

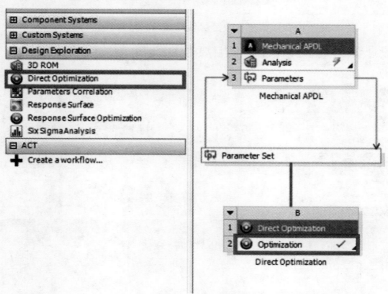

图 3-30　添加优化模块

(5)右键单击 Objectives and Constraints,添加 Insert Objective on 中的 P7 和 P8 号参数作为约束条件和优化目标,如图 3-31 所示。

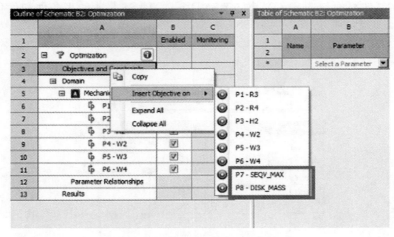

图 3-31　添加优化目标和约束条件

对约束条件(P7)和优化目标(P8)进行如图 3-32 所示设置,将 P7 的 No Constraint 改为 Values<=Upper Bound,并将上限设为 9.3×10^8 Pa,将 P8 的 No Objective 改为 Minimize。

	A	B	C	D	E	F	G
1	Name	Parameter	Objective			Constraint	
2			Type	Target	Type	Lower Bound	Upper Bound
3	P7 <= 9.3E+08	P7 - SEQV_MAX	No Objective		Values <= Upper Bound		9.3E+08
4	Minimize P8	P8 - DISK_MASS	Minimize		No Constraint		
*		Select a Parameter					

图 3-32　设置优化目标和约束条件

(6)设置设计变量取值范围。根据题目要求,按如图 3-33 所示设置范围(注意参数的单位换算为 m)。

Outline of Schematic B2: Optimization					Table of Schematic B2: Optimization			
	A	B	C			A	B	C
1		Enabled	Monitoring		1	Input Parameters		
2	Optimization				2	Name	Lower Bound	Upper Bound
3	Objectives and Constraints				3	P1 - R3	0.202	0.21
4	P7 <= 9.3E+08				4	P2 - R4	0.15	0.18
5	Minimize P8				5	P3 - H2	0.015	0.04
6	Domain				6	P4 - W2	0.08	0.1
7	Mechanical APDL (A1)				7	P5 - W3	0.012	0.017
8	P1 - R3	✓			8	P6 - W4	0.015	0.019
9	P2 - R4	✓			9	Parameter Relationshps		
10	P3 - H2	✓			10	Name	Left Expression	Operator
11	P4 - W2	✓			*	New Parameter Relationship	New Expression	<=
12	P5 - W3	✓						
13	P6 - W4	✓						
14	Parameter Relationships							

图 3-33　设置设计变量的范围

（7）点击 Optimization 进行优化设置，选择"Method Selection"为 Auto。Workbench 中提供了多种优化算法，例如 MOGA，NLPQL，MISQP 等，各算法优劣势及适用范围有所不同，也可选择 Manual 进行自定义设置。优化设置完毕后点击左上角 Update 开始优化（见图 3－34）。

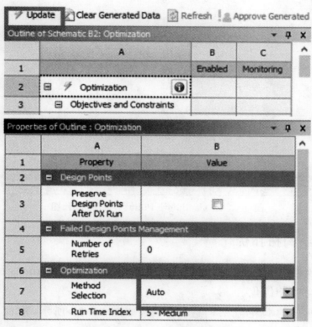

图 3－34　Update 优化设置

（8）查看结果。待优化结束后，点击 Candidate Points 即可查看系统推荐的优化结果（见图 3－35），除此之外也可查看优化目标、约束条件及各设计变量的变化趋势。将优化得到的参数值重新写入 APDL 代码，运行后便可得到最优的结构和应力云图（见图 3－36）。

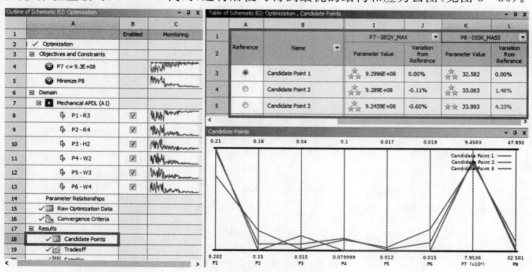

图 3－35　查看系统推荐的优化结果

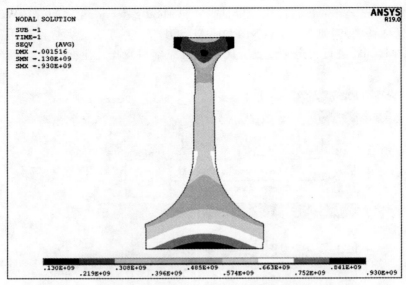

图 3 - 36 Candidate Points 1 的应力云图

3.9.2 轮盘结构拓扑优化

本节采用商用软件 Unigraphics NX(UG)与 ANSYS Workbench(2020R1)联合优化的方式来介绍轮盘结构拓扑优化。

对 3.9.1 节中所述的涡轮盘结构进行扩展,如图 3 - 37 所示,进而扩大拓扑优化设计域,以便提升拓扑优化效果。图中参数 H_1,W_1,R_1,H_2,W_2 和 R_2 分别设置为 7.5 mm,40 mm,237 mm,20.8 mm,91.8 mm 和 83 mm。考虑到拓扑优化对轮盘实际温度场分布影响较大,本节优化中,轮盘的温度按照 200℃ 均温近似处理。除此之外,轮盘的材料、载荷、约束均与 3.9.1 节保持一致。

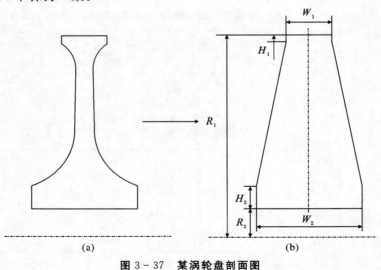

(a)   (b)

图 3 - 37 某涡轮盘剖面图

(a)扩展前;(b)扩展后

（1）几何建模。在 UG 软件中建立扩展后的涡轮盘 3 维模型，并截取得到扇区大小为 12°的涡轮盘扇区模型，完成几何建模，如图 3－38 所示，将扇区模型导出为 parasolid 文件，文件类型为 ＊.x_t 格式。

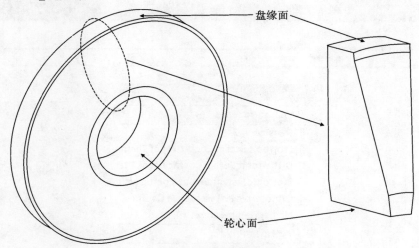

盘缘面

轮心面

图 3－38　涡轮盘扇区模型

（2）建立拓扑优化框架。启动 Workbench，选择 Analysis Systems 下的静态结构模块 Static Structural。选择优化模块 Topology Optimization，拖动到 Static Structural 模块下的 A6:Solution，完成拓扑优化框架的建立，如图 3－39 所示。

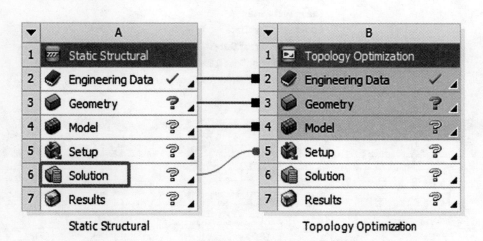

图 3－39　Workbench 拓扑优化框架

（3）设置材料性质。单击 A2:Engineering Data＞Edit＞Click here to add a new material，输入 turbin。在 Toolbox 设置材料的性质参数，如图 3－40 所示，选择 Density，输入材料密度 8240（kg/m³）；选择 Isotropic Secant Coefficient of Thermal Expansion＞Cofficient of Thermal Expansion，输入 1E-5（C^-1）；选择 Isotropic Elasticity＞Young's Modulus，输入 1.92E11（Pa）；选择 Poisson's Ratio，输入 0.3，关闭材料设置。

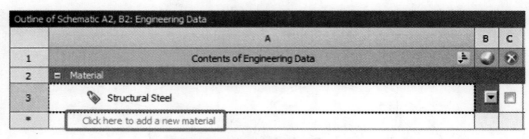

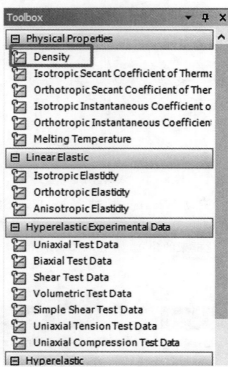

图 3-40 创建新材料和设置材料性质

（4）导入并分割涡轮盘模型。导入模型：右键 Geometry＞Import Geometry＞Browse，选择 UG 导出的 ＊.x_t 文件。分割模型：右键 Geometry＞DM，进入模型编辑界面。右键 Import1＞Generate，生成模型。点击 ZXPlane＞ ，在该平面上绘制草图 Sketch1。绘制草图,点击 Sketching＞Line,绘制 3 条直线,与 z 轴平行;点击 Dimensions＞Vertical＞选择直线和 z 轴＞分别建立 V1,V2,V3,设置 V1 值为 0.1 m,设置 V2 值为 0.145 m,设置 V3 值为 0.211 m;点击 Modeling＞Revolve＞Apply＞点击图中 Sketch1＞Axis＞Z 轴＞Apply＞Operation＞Slice Material＞Revolve1＞Generate,轮盘模型被划分为 4 个区域,如图 3－41 所示。同时选中 4 个区域＞右键＞From New Part,将 4 个区域组成一个部件,关闭模型编辑界面。

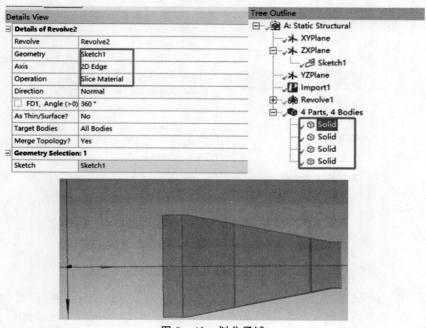

图 3－41　划分子域

(5)静态结构分析设置。右键 Model＞Edit,进入设置界面。

1)设置子域材料(见图 3－42):单击 Geometry＞Part＞Solid＞Material＞Assignment,选择指定的材料 turbin,每个子域材料都设置为 turbin。

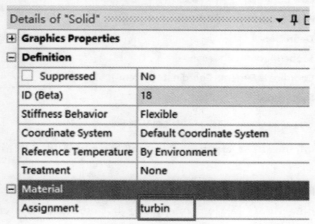

图 3－42　设置子域材料

2)建立圆柱坐标系（见图 3 - 43）：单击 Coordinate Systems＞Insert＞Coordinate System，在 Definition 中 Type 中选择 Cylindrical，在 Origin＞Define By，选择 Global Coordinates。

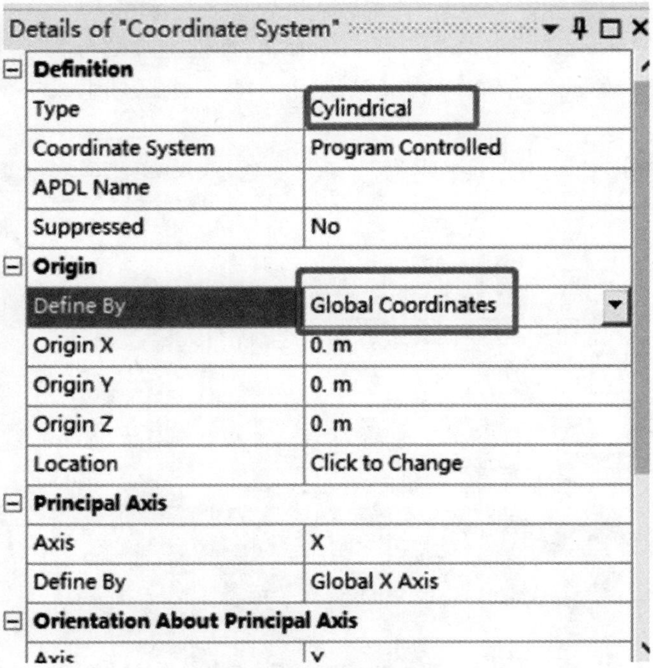

图 3 - 43　建立圆柱坐标系

3)设置循环对称边界（见图 3 - 44）：单击 Model＞Insert＞Symmetry＞Insert＞Cyclic Region；选择 Scope，点击循环对称面。在 Coordinate System 选择建立的 Coordinate System。

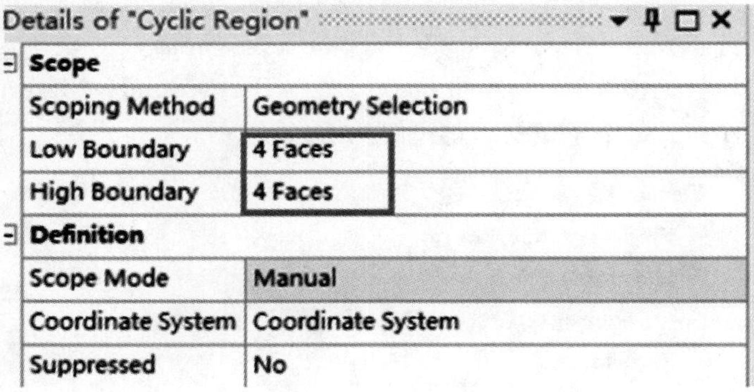

图 3 - 44　循环对称边界

4)划分网格：单击 mesh＞Defaults＞Element Size，设置单元网格尺寸为 3mm，右键 Mesh＞Update。

5)设置离心载荷（见图 3 - 45）：单击 Static Structural＞Insert＞Rotational Velocity＞Definition，点击 Define By，选择 Components，点击 Coordinate System，选择 Coordinate System，点击 Z Component，输入 1 349.3 rad/s。

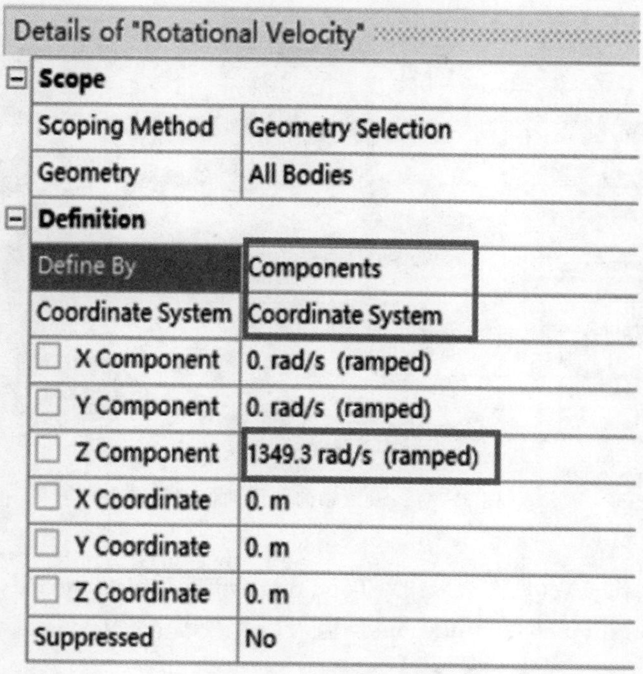

Details of "Rotational Velocity"	
Scope	
Scoping Method	Geometry Selection
Geometry	All Bodies
Definition	
Define By	Components
Coordinate System	Coordinate System
☐ X Component	0. rad/s (ramped)
☐ Y Component	0. rad/s (ramped)
☐ Z Component	1349.3 rad/s (ramped)
☐ X Coordinate	0. m
☐ Y Coordinate	0. m
☐ Z Coordinate	0. m
Suppressed	No

图 3 - 45　设置离心载荷

6)设置叶片等效载荷(见图 3 - 46):单击 Static Structural＞ Insert＞Pressure＞Scope＞Geometry＞选择盘缘面＞Apply＞Definition＞Magnitude＞输入 −1.318 5 E8Pa。

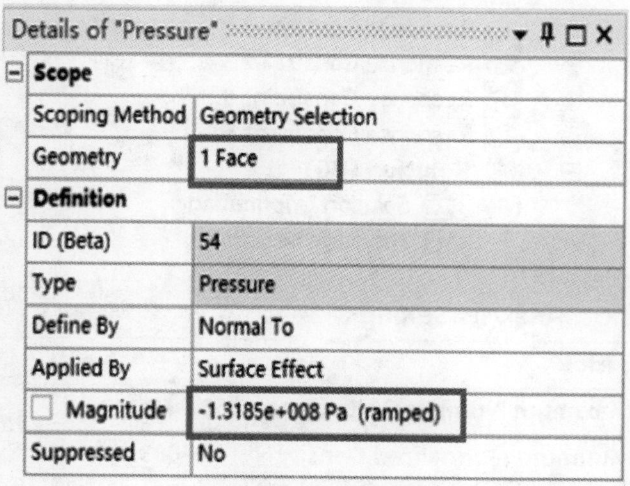

Details of "Pressure"	▼ 🗗 ☐ ✕
Scope	
Scoping Method	Geometry Selection
Geometry	1 Face
Definition	
ID (Beta)	54
Type	Pressure
Define By	Normal To
Applied By	Surface Effect
☐ Magnitude	-1.3185e+008 Pa (ramped)
Suppressed	No

图 3 - 46　设置叶片等效载荷

7)设置轴向和周向位移约束(见图 3 - 47):单击 Static Structural＞Insert＞Displacement＞Definition＞Gerometry＞选择轮心面＞Apply,单击 Define By,选择 Components,点击 Coordinate System,选择 Coordinate System,在 Y Componet,输入 0,在 Z Componet,输入 0。

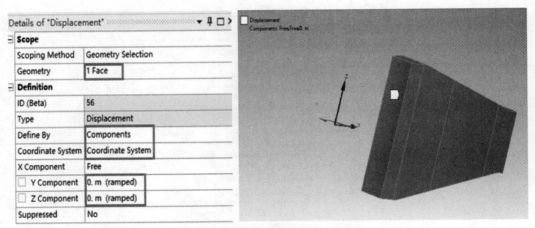

图 3 - 47　设置轴向和周向位移约束

（6）拓扑优化设置。

1）设置最大迭代步数（见图 3 - 48）：Topology Optimization＞Analysis Settings＞Definition＞Maximum Number Of Iterations＞输入最大迭代步数 50。

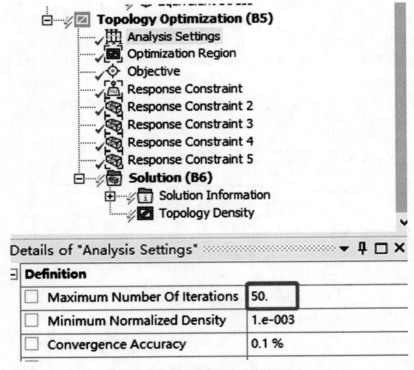

图 3 - 48　设置最大迭代步数

2）设置优化设计区域（见图 3 - 49）：Topology Optimization＞Optimization Region＞Exclusion Region＞选中盘内缘面和外缘面＞Apply。

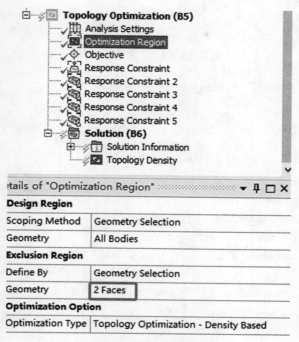

图 3 - 49　设置优化设计域

3）设置目标函数（见图 3 - 50）：Topology Optimization＞Objective＞Compliance（默认）。

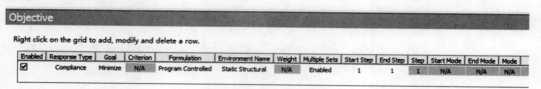

图 3 - 50　选择目标函数

4）设置质量约束（见图 3 - 51）：Topology Optimization＞Response Constraint＞Definition＞Define By＞选择 Range，设置（Min）20％，（Max）40％。

Details of "Response Constraint"	
Scope	
Scoping Method	Optimization Region
Optimization Region Selection	Optimization Region
Definition	
Type	Response Constraint
Response	Mass
Define By	Range
☐ Percent to Retain (Min)	20 %
☐ Percent to Retain (Max)	40 %
Suppressed	No

图 3 - 51　选择目标函数

5)设置局部应力约束(见图 3－52)：Topology Optimization＞Insert＞Local von-Mises Stress Constraint，点击 Local von－Mises Stress Constraint＞选择一个子域＞Apply＞Maximum＞8E8Pa。其他 3 个子域的局部最大应力约束同上设置。

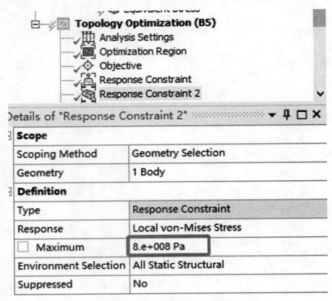

图 3－52　设置应力约束

(7)求解。Topology Optimization＞Solution＞Solve。优化结束后，得到的涡轮盘拓扑优化结果如图 3－53 所示。

3－53　涡轮盘拓扑优化结果

(8)优化模型重构。拓扑优化后的涡轮盘结构边界为锯齿状，边界不够光滑，需要对模型进行重构(边界光滑处理)，方可进行强度评估。可采用 Workbench 自带的 SpaceClaim 模块对结构进行重构，重构后模型如图 3－54(a)所示。采用 Static Structural 对重构后的模型进行应力分析，得到应力云图如图 3－54(b)所示。需要指出的是，优化过程中的最大应力约束设置为 800MPa，重构后的最大应力往往与设置的应力约束值不一致，且局部区域容易出现应力集中问题,往往需要对结构局部细节进行进一步的尺寸优化。

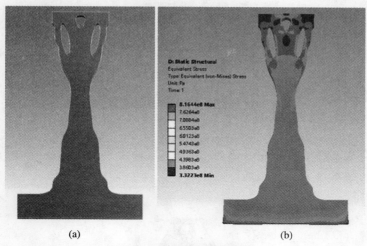

(a)　　　　　　　　　　　　(b)

图 3 - 54　涡轮盘模型图

(a)涡轮盘重构图;(b)和涡轮盘应力云图

课　后　习　题

1.某粉末高温合金 FGH95 等厚度实心轮盘,其密度为 8 300 kg/m³,外径为 400 mm,转速为 10 000 rad/min,泊松比为 0.3,轮缘等效应力为 240 MPa,请根据公式算出其周向和径向应力分布规律,盘心和盘缘上的周向应力分别为多少? 并与有限元模拟结果对比。(答案:455.4 MPa, 800.7 MPa)

2.某钛合金 TC4 等厚度空心轮盘,其密度为 4 500 kg/m³,外径为 300 mm,转速为 20 000 rad/min,泊松比为 0.3,轮缘等效应力为 200 MPa,请根据公式算出中心孔为 20 mm、40 mm、60 mm 时周向和径向应力分布规律,你能发现什么规律吗? 试用有限元方法模拟并比较两种方法得出的结果。

3.请用 T-Axi Disk 软件设计 E3 发动机高压压气机第三级轮盘(参阅表 3-1),请选用 Hyperbolic 或 Continuous Slope 形,并用有限元方法来验算。

第4章 连接结构的强度计算

一只画眉鸟从草坪上拉出一只虫的难度,并不取决于虫子的长度;拉出一只短的虫子和拉出一只长的虫子是一样难的。

——J.E·戈登 《结构是什么?》

4.1 连接结构概述

工程结构中的连接部分的主要功能是连接两个独立的子结构,通常是刚性连接。但是,在引入连接结构的同时,整个结构引入了连接部分的次要部分:与振幅相关的连接刚度和连接阻尼。随着技术的发展,现在研究人员已经可以很好地预测与振幅相关的连接刚度。然而,与振幅相关的阻尼仍然超出了预测能力。事实上,结构中的阻尼预测(不仅仅来自于连接结构)是结构动力学中研究最少的部分,尽管它对于预测和理解结构的行为至关重要。

连接结构的研究目标是开发出一种适合连接结构界面耗散和刚度的预测模型。这一目标的内在挑战在于缺乏对小尺度摩擦行为的理解。库伦摩擦模型是一种很好的启发式模型,但它事实上在很多情况下被证明是不正确的。

创建连接界面的预测模型需要结合实际情况考虑。例如,考虑已被装满水的玻璃杯,当玻璃杯被推过光滑的桌子,此时可以测量玻璃的摩擦系数。然而,随着时间的推移,冷凝会形成,这会影响连接界面的条件,从而极大地改变摩擦系数(玻璃杯在湿木和干木上滑动的摩擦系数大约相差两倍)。如果桌子一开始很粗糙,那么随着玻璃杯在表面上移动数百次,桌子就会变得光滑。这种磨损表面的过程展示了界面从具有许多尖锐粗糙的界面演变呈通过塑性变形和粗糙的断裂/重整形成的完全不同的微观结构。预测界面行为的挑战类似于预测这种玻璃的摩擦系数。随着表面磨损、冷凝形成、蒸发,所有这些问题都与结构内部发生的变化有关。当连接界面相互作用时,它们会磨损、氧化、发展或破坏润滑等。因此,摩擦是一个系统,而不是一个标量属性。

4.1.1　一般连接结构的描述

在本节中,会出现许多类型的连接结构,比如搭接结构、燕尾型连接结构和枞树型连接结构等,虽然有一些特定应用于某些机械结构[例如,航空发动机的燕尾型结构和枞树型结构,如图 4 - 1(a)(b)所示],但是其他一些结构在许多行业中都很常见。

搭接结构,是组合结构中最常见的界面类型。搭接结构定义为两个部件通过螺栓连接的结构,如图 4 - 1(c)所示。在这个简单的几何结构的基础上,有很多变型结构,如法兰、密封件等。在这些简单的搭接结构中,共同特征是在正常的压载荷下,将两个(或多个)表面通过一个(或多个)螺栓连接固定在一起。

一般来说,搭接结构具有足够高的压载荷,以防止两个部件的整体相对滑动(即宏观滑移)。但是,沿两个部件之间的界面的移动通常是孤立的,并且始终不完整,这叫作微滑移,这种滑移常常存在于两个界面之间的相对运动,它只发生在一部分界面上,而其余部分没有相对运动。微滑移首先发生在远离螺栓的位置,随着外激励幅值的增加,微滑移范围将增加,直到整个界面呈现相对运动,才会出线宏观滑移。

(a)　　　　　　(b)　　　　　　(c)

图 4 - 1　各种连接结构
(a)枞树型榫头;(b)燕尾型榫头;(c)螺栓连接

对于设计搭接结构时,主要是两个组件的连接,这项任务相对简单,并且有许多资料、手册详细说明了材料、螺栓预紧力的选择,以确保满足结构的主要功能。而研究的活跃领域和挑战都与结构的次要功能相关,如耗散行为和相关的非线性行为,这对结构的力学特性有重要影响。当结构运动时,总会不可避免地产生微滑移或不太频繁的宏观滑移,而能量总会通过这些摩擦过程耗散。正如我们所熟知的,影响能量耗散的因素有很多:表面粗糙度、几何形状、材料、预紧力等。我们能否通过一个模型来预测能量的耗散,这是需要急需解决的,并且得到了国际学术界的一致认可。

4.1.2　发展历史

由于开发摩擦预测模型所面临的巨大挑战,美国机械工程师学会(ASME)联合结构力学研究委员会成立了旨在推进结构建模技术发展的合作。作为合作的一部分,从 2007 年开始,该组织举办了一系列研讨会。在第一次研讨会中,确定了 3 个挑战,即连接结构特性的实验测量、界面的物理特性和多尺度建模。

连接结构特性的实验测量是建立"自上而下"的连接模型的第一步。这种方法需要对如何测量连接结构特性达成共识,这就会导致两个挑战:①循环多次地测量,包括多个实验室使用它们自己的系统测量同一组连接结构数据,然后建立一个基于实验数据的物理模型,该模型能够预测摩擦解除过程中迟滞曲线;②界面的物理本质,旨在建立一种从纳米尺度到微米尺度能够表达连接界面物理特性的模型,且最好能表达法向自由度和切向自由度的耦合。

在 2010 年 ASME 组织的第二次研讨会上,重新定义了 11 项新挑战,分别是迟滞曲线的测量,标准连接接头耗散的测量和预测,1 和 2 的可重复性、可变性以及区别,多尺度建模框架,不确定性和非线性,量化改进型连接结构设计成本效益的方法,普适应强的摩擦学理论,复杂的加载策略,关键物理参数的空间分布测量,如何包括表面化学以及该方法在商业数值代码中的最终实施。

这些挑战通常需要 3 年以上的时间来完成,尤其是第 7 项挑战。其他挑战,例如评估实验的可重复性和可变性,在过去几年中取得了重大进展。建模技术可以细分为 3 大类:多尺度建模、不确定性量化和传播、有效和准确地模拟连接系统的数值方法。这 3 个主题再次出现在第 3 次研讨会上提出的挑战中。

从 ASME 第三次研讨会开始,重新定义了 7 项挑战,分别是滞后测量、标准连接接头耗散的测量和预测、连接结构的经济性、摩擦机制的定义、建模和测量中的不确定性、基于物理参数的本构方程的推导以及有限元代码中的预测方法的最终实现和集成。

这 7 项挑战是真正的难题,任何一个问题都不可能在 3 到 4 年内解决,尤其是摩擦机制的定义,但是在许多情况下,对这些挑战的直接研究应该创建一个最终解决这些挑战的框架,同样地,这些远不是开发连接结构力学预测模型所面临的所有问题。

4.1.3 主要的挑战

针对上述挑战,可用图 4-2 来展示。第一个问题是:是否需要在系统中设计包含连接结构? 如果不是,则可以使用整体结构;否则,就需要连接结构。如果要引入连接结构,就涉及到一个核心问题(第 3 个挑战):连接结构的引入是否经济。一旦将连接结构引入到系统中,由于连接界面的存在,就会引入摩擦。此时,第 2 个问题出现(第 4 个挑战):如何定义摩擦机制,这是一个比连接结构更广泛的问题,但是它在剩余的挑战中无处不在。为了建立连接结构力学特性的预测模型,需要加深对摩擦的理解。

建立这样的模型并预测连接结构对整个系统的影响,可以使用实验或数值模拟,实验通常侧重于两个独立但相关的目标:迟滞曲线的测量以及刚度、阻尼特性的测量。这些是第 1 和第 2 项挑战的内容。这些挑战背后的原则是确保开发实验技术以准确测量感兴趣的数量,并确保在一个实验室测量的数量与在不同实验室测量的数量相同。从数值模拟的角度来看,建立连接结构模型存在两个独立的挑战:推导连接结构的本构模型以及有效和准确地模拟结构响应所需要的数值技术,这是挑战的第 6 项和第 7 项。最后一项挑战在连接结构的测量和模拟中普遍存在,即建模和测量中的不确定性。

这 7 项挑战组合在一起成为了一项更大的挑战,并且不同的挑战相互关联。虽然建模和测量连接结构的许多子挑战已经解决,但建立连接结构的预测模型仍存在许多重大障碍。

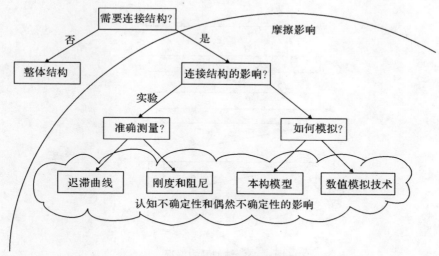

图 4 - 2　连接结构挑战的示意图

本章主要针对连接结构的强度问题进行阐述,尤其是轴、花键、球形联轴器和连接螺栓的强度进行计算和分析。

4.2　轴的强度计算

轴是一种旋转构件,通常具有圆形截面,用于传递动力。它提供了诸如齿轮、滑轮、飞轮、曲柄等元件的旋转轴,并控制它们运动的几何形状。

发动机的主轴,是保证压气机和涡轮两大部件正常工作的关键零件。它在发动机各种工作状态下所承受的载荷比较复杂。轴的结构形状和支承情况,必须根据发动机总体设计进行安排。目前在各类发动机中,有单转子、双转子和三转子等结构,其形式多种多样。主轴产生疲劳断裂的部分,常在局部高应力区,如台肩、圆角、齿槽、螺纹和小孔附近,是出现故障的常见区域;这些局部位置采用有限元法计算,能够获得准确的应力、应变数据。

4.2.1　涡轮轴的载荷

涡轮轴是发动机关键性受力零件,它所受的载荷随发动机的工作条件而改变。设计时经常考虑以下几种载荷:

(1)由涡轮传来的扭矩 M_T(见图 4 - 3A);

(2)轴向的拉力(由于涡轮叶片所受的气体力以及涡轮盘两面所受气体压力之差而引起的轴向力,传给涡轮轴,见图 4 - 3B);

(3)由于轴及盘的不平衡的离心力,轴-盘本身重量及过载时的惯性力,以及机动飞行时盘的陀螺力矩,三者均造成轴所受的弯矩(见图 4 - 3C,D,E)。

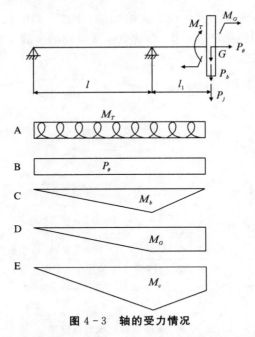

图 4-3　轴的受力情况

校核强度时,先选择飞行状态,在此状态下,轴的载荷最为严重。例如可对以下 3 种情况进行强度校核:①发动机在最大转速下,飞机低空飞行;②发动机最大转速下,飞机俯冲拉起;③冬季低空以最大速度飞行。对于①②是校核轴上的最大弯矩,对于③,是校核轴上的最大扭矩。

计算步骤如下:

(1)扭矩 M_T 按下式计算:

$$M_T = 71\,620\,\frac{N}{n}\,\text{kg} \cdot \text{cm} \tag{4-1}$$

式中,N 为轴传递的马力,n 为轴的转速(rad/min)。此时扭矩在全轴上都是一样的,如图4-3A。

(2)如果是在图 4-3 所示的支撑方案,则全轴上的轴向力是不变的(见图 4-3B)。

(3)因为盘的不平衡度比轴大,故可粗略地认为不平衡力作用于盘处。此不平衡力为

$$P_b = \frac{G_b R \omega^2}{g} \tag{4-2}$$

式中,$G_b R$ 为转子的不平衡度,ω 为转子转速(r/s)。

(4)机动飞行时,转子承受过载,设重量集中于盘上,则盘的惯性力为

$$P_j = KG \tag{4-3}$$

式中,G 为转子重量,K 为过载系数。K 取决于飞行情况,在水平转弯时为 2~4,俯冲拉起时可达 8~10。当俯冲退出时,(3)(4)两力方向一致,故可加在一起,这时就构成图 4-3C 所示的弯矩。

(5)机动飞行时,必同时伴有陀螺力矩,为

$$M_G = I_0 \Omega \omega \sin\alpha \tag{4-4}$$

式中，I_0 为转子的极惯性矩；Ω 为飞行机动飞行的角速度（rad/s）；α 为两个角速度 Ω、ω 方向间的夹角。计算时通常取 $\alpha = 90°$，即

$$M_G = I_0 \Omega \omega \tag{4-5}$$

陀螺力矩的方向与由 Ω 与 ω 形成面的平面垂直。仍考虑 M_G 作用在盘上，在全轴上引起的弯矩分布如图 4-5D。

由于图 4-3C 和图 4-3D 的弯矩方向相互垂直，它们的合成弯矩就是 M_C（图4-3E），为

$$M_c = \sqrt{M_b^2 + M_G^2} \tag{4-6}$$

有了弯矩和扭矩，可算出全轴各截面的最大正应力 σ 和切应力 τ。按照第三强度理论，求出当量应力 σ_i，则有

$$\sigma_i = \sqrt{\sigma^2 + 4\tau^2} \tag{4-7}$$

对于常用的合金钢，实际发动机中的 σ_i 为 2 500～5 000 kg/cm²，τ 约为 3 000～4 000 kg/cm²。

4.2.2　涡轮轴强度计算例

【例 4-1】 某发动机地面状态的涡轮功率为 52 800 hp，转速为 4 650 rad/min。轴的内、外直径各为 7.4 cm 和 13.5 cm。支承方案见图 4-3，$l = 118.5$ cm，$l_1 = 22.5$ cm。盘重 550 kg，极惯性矩 $I_0 = 450$ kg/cm²/s，不平衡度 $G_b R = 40$ g·cm。轴向拉力 $P_0 = 23\,000$ kg。试以此为基础，校核在飞行速度为 950 km/h、过载系数 $K = 5$ 情况下轴的强度。

解　扭矩　　$M_T = 71\,620 \dfrac{N}{n} = 71\,620 \dfrac{52\,800}{4\,650} = 813\,400$ kg·cm

转速　　　　$\omega = \dfrac{n\pi}{30} = \dfrac{4\,650 \times 3.14}{30} = 487$ rad/s

不平衡力　　$P_b = \dfrac{G_b R}{g} \omega^2 = \dfrac{40 \cdot 10^{-3}}{981} (487)^2 = 9.68$ kg

盘惯性力　　$P_j = KG = 5 \times 550 = 2\,750$ kg

机动角速度　$\Omega = \dfrac{Kg}{V} = \dfrac{5 \times 981}{950 \times \dfrac{1\,000}{3\,600}} = 0.186$ rad/s

陀螺力矩　　$M_G = I_0 \Omega \omega = 450 \times 0.186 \times 487 = 40\,762$ kg/cm

最大弯矩

$$M_{b\max} = (G + P_b + P_j) l_1 = (550 + 9.68 + 2\,750) \times 22.5 = 74\,468 \text{ kg·cm}$$

最大合成弯矩　$M_{c\max} = \sqrt{M_{b\max}^2 + M_G^2} = \sqrt{74\,468^2 + 40\,762^2} = 848\,00$ kg·cm

最大正应力　$\sigma_{\max} = \dfrac{M_{c\max}}{\dfrac{\pi}{32} d^3 (1 - \theta^4)} + \dfrac{P_0}{\dfrac{\pi}{4} d^2 (1 - \theta^2)} \left(\theta = \dfrac{\text{内径}}{\text{外径}}\right) =$

$$\dfrac{84\,800}{\dfrac{3.14}{32} 13.5^3 (1 - 0.55^4)} + \dfrac{3\,000}{\dfrac{3.14}{4} 13.5^2 (1 - 0.55^2)} =$$

$$387 + 230 = 617 \text{ kg/cm}^2$$

最大切应力　$\tau_{\max} = \dfrac{M_T}{\dfrac{\pi}{16} d^3 (1 - \theta^4)} = \dfrac{813\,400}{\dfrac{3.14}{16} 13.5^3 (1 - 0.55^4)} = 1\,852$ kg/cm²

按照第三强度理论的当量应力

$$\sigma_i = \sqrt{\sigma_{max}^2 + 4\tau_{max}^2} = \sqrt{617^2 + 4 \times (1\ 852)^2} = 3\ 760\ \text{kg/cm}^2$$

如果允许在$-40\ ℃$的海平面以$1\ 000\ \text{km/h}$的速度飞行,估计涡轮功率将达到$90\ 000\ \text{hp}$[①],此时扭矩M_T达$1\ 390\ 000\ \text{kg} \cdot \text{cm}$,切应力$\tau_{max}$约达$3\ 170\ \text{kg/cm}^2$。

不能设想把涡轮轴设计为等内、外径,不带边、角、槽及螺纹的简单形状,因此,应力集中现象几乎是不可避免的,会促使疲劳寿命降低。因而,如何尽可能减少应力集中,即在其他尺寸方面使应力集中影响得到适当的补偿,需要在设计时密切注意。例如在承力段内尽可能避免螺纹,所有过渡尺寸处仔细设计转接圆弧,并严格设计公差和表面光度,在不可避免的应力集中处适当增大轴的壁厚(见图4-4),严格规定所有工艺及检验过程等。

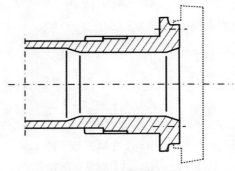

图4-4　涡轮轴的壁厚变化

4.3　花键强度计算

在航空发动机中,许多传递功率或运动的机构常采用花键连接,选用的花键主要有3种:①矩形花键,又分外径定心、齿侧定心和内径定心3种,如图4-5(a)所示;②渐开线花键,在传递功率较大时经常采用,如图4-5(b)所示;③三角形花键,在压气机盘或涡轮盘之间常用,如图4-5(c)所示。以上3种花键,均能保证在温差明显、或热膨胀系数相差较大时,具有可靠的定心作用。

花键传递功率时,主要承受挤压、弯曲和剪切应力,而挤压应力是主要的。当花键长度不大,定心准确,两轴线偏斜角很小,花键的刚性很大时,其挤压应力不难计算。

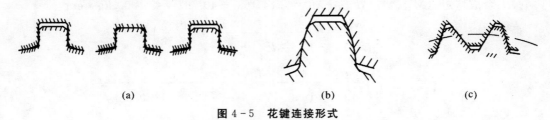

(a)　　　　　　　　　　　(b)　　　　　　　　　(c)

图4-5　花键连接形式

(a)矩形花键;(b)渐开线花键;(c)三角形花键

---

① 1 hp＝0.746 kW。

4.3.1　矩形花键

矩形花键均匀分布在同一直径上,其形状如图 4-6 所示,齿的长度方向与轴中心线平行,齿面承受的挤压应力只有周向应力,其应力为

$$\sigma_{\text{压}} = \frac{M_T}{hbZr_0\varphi} \tag{4-8}$$

式中,M_T 为花键传递的扭矩;h 为有效齿高;b 为有效齿长;Z 为齿数;r_0 为齿平均半径;φ 为花键上应力分布不均系数,通常取为 $0.6\sim0.7$。在现有结构中,材料为优质钢时,花键的挤压应力为 $120\sim200$ MN/m²。

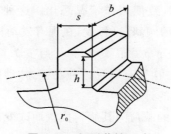

图 4-6　矩形花键尺寸

4.3.2　渐开线花键

渐开线花键的齿形为一般渐开线,它不仅使齿形接近等强度,并且当两轴心线出现不同心的情况时,仍具有良好的受力条件。因此,在传递功率很大的地方,如螺旋桨轴、直升机旋翼的主轴、压气机与涡轮部件相连的套齿,均采用这种形式。其受力形式如图 4-7 所示,除传递周向扭矩之外,还有径向分力 σ_r,一旦轴心线偏离,沿径向各分力 σ_r 不平衡时,它有自动趋于平衡的作用,即所谓自动定心的作用,径向应力的计算公式为

$$\sigma_r = \pm\frac{2M_T\tan\theta}{\pi d_1^2 L} \tag{4-9}$$

式中,M_T 是轴上的扭矩;θ 是花键压力角;d_1 是齿形节圆直径;L 是花键啮合长度。式(4-9)中的正负号为应力方向,正号表示应力向外,为内花键的应力,负号为外花键的应力方向。

花键的周向应力为

$$\sigma_\theta = \pm\frac{2M_T\tan\theta}{\pi d_1 L(D-d)} \tag{4-10}$$

式中,D 为花键处轴的外径;d 为轴的内径。式(4-10)中的正负号也表示为应力的方向,正号对内花键而言,表示周向力为拉伸,负号对外花键而言,表示周向力为压缩。

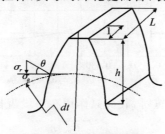

图 4-7　渐开线花键

渐开线节圆发现方向的合成应力为

$$\sigma_c = \sqrt{\sigma_r^2 + \sigma_\theta^2} \qquad (4-11)$$

三角形花键常用于轮盘的端面齿形及附件传动的套齿之中。它的特点是加工比渐开线齿容易,受力及定心不及渐开线齿形,但优于矩形花键,应力的计算类似渐开线齿。

4.3.3 轴的倾斜问题

涡轮轴上的花键的工作情况较恶劣。它不仅要承受大的扭矩,而且轴与套齿的中心线之间有一定的倾斜(由于制造上的误差、使用期间的变形,以及飞机在机动飞行时发动机承受大的过载而造成机匣的变形),致使工作情况恶化。这种花键连接必须留有一定的间隙 Δ,且 $\Delta \geqslant \varphi b$,$\varphi$ 为二轴线间允许的倾斜角(弧度,在现有发动机中,φ 为 0.026~0.035)。

当轴线偏斜时,齿面的压力分布就很不均匀,而且变为交替变化的疲劳载荷(循环次数很多,发动机每转一圈,就变化一次),有时称这种花键为"动配合"花键。动配合花键的应力计算很复杂,目前尚无详细可靠的计算方法。

当轴线偏斜时,每一个齿上的载荷随其旋转位置而改变。在旋转一周的位置中,有一处的载荷达到最大值,为

$$P_{\max} = KP_m \qquad (4-12)$$

式中,$P_m = \dfrac{M_T}{r_0 Z}$ 为每个齿的平均载荷;K 为载荷分布不均系数,它是参数 Q 的函数,Q 为

$$Q = \frac{32\pi m r_0}{0.111 E b^3 \varphi} \qquad (4-13)$$

式中,m 为齿的模数;E 为材料的弹性模量。系数 K 与 Q 的关系如图 4-8 所示。从图中曲线可知,Q 值越大,则各齿上载荷分布越趋于均匀。由式(4-12)可知,采用短齿可使 Q 值增大很快。

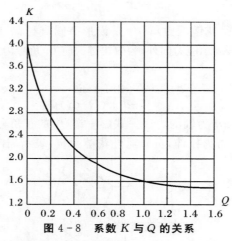

图 4-8 系数 K 与 Q 的关系

此外,每个齿在最大载荷位置时,载荷只作用在一段齿长 l 上(见图 4-9),则有

$$l = 2\sqrt[3]{\frac{P_{\max} m}{0.111 E \varphi}} \qquad (4-14)$$

在这段齿长上的平均挤压应力为

$$\sigma_{\text{压max}} = 3\sigma_{\text{压}} = \frac{3P_{\max}}{lh} \tag{4-15}$$

此挤压压力比轴线无倾斜时的挤压压力 $\frac{M_T}{hbZr_0\varphi}$ 要大许多倍。但是这个最大挤压压力集中在一个小局部区域,其允许值也相对大些。在现在的发动机中,按此公式计算的应力为 $3\,500 \sim 6\,000\ \text{kg/cm}^2$。

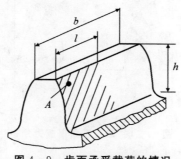

图4-9　齿面承受载荷的情况

4.4　球形联轴器承压计算

发动机上的压气机和涡轮转子,往往采用各种形式的球形连接,用以传递两转子之间的轴向载荷,并可起到转子定心和支承的作用。图4-10为一个典型的球形结构,由短花键1(套齿)传递扭矩,用球形联轴器2定心并承受轴向拉力。

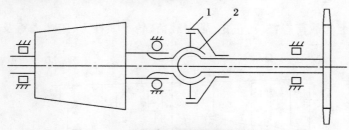

图4-10　采用球形联轴器承受轴向拉力

在验算球头表面所承受的压力时,只考虑轴向载荷所引起的单位压力。通常假定球头表面的压力按正弦规律分布,即

$$\sigma = \sigma_0 \sin\alpha \tag{4-16}$$

式中,σ_0 为 $\alpha = \frac{\pi}{2}$ 处的压应力(见图4-11),压力 σ 随着 α 而变化。

设实际的工作表面是 α_1 与 α_2 之间的环形区域,在这个工作面上,各处受力的轴向分离之和等于总轴向力 P,设 P 为已知,则

$$P = \int_{\alpha_1}^{\alpha_2} 2\pi r^2 \sigma_0\ \sin^2\alpha\cos\alpha\,\mathrm{d}\alpha = \frac{2}{3}\pi r^2 \sigma_0 (\sin^3\alpha_2 - \sin^3\alpha_1) \tag{4-17}$$

或

$$\sigma_0 = \frac{3P}{2\pi r^2 (\sin^3\alpha_2 - \sin^3\alpha_1)} \qquad (4-18)$$

最大压应力在 $\alpha = \alpha_2$ 处，即

$$\sigma_{\max} = \sigma_0 \sin\alpha_2 \qquad (4-19)$$

球头都用合金钢制造,在现有发动机中,$\sigma_{\max}$ 在 $300\sim750$ kg/cm^2。

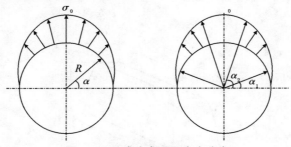

图 4-11 球头表面压应力分布

4.5 连接螺栓的强度计算

在发动机的转子和静子中,广泛采用螺栓连接。例如静子机匣的连接几乎都采用螺栓连接;压气机盘或涡轮盘之间也可采用螺栓连接。在这些构造中,螺栓的尺寸及螺栓之间的间距不但取决于螺栓的强度,还与构造上的特殊要求(例如气密性、防止脱开和松动等)有关。现以短螺栓连接的盘鼓混合式转子为例,说明短螺栓上的载荷分布及其强度计算法,如图 4-12 所示。

作用在转子上的载荷有:气动扭矩、轴向载荷、转子惯性力、陀螺力矩及转子重力等。

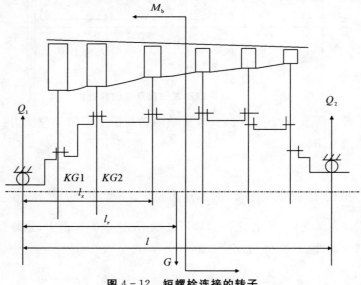

图 4-12 短螺栓连接的转子

4.5.1　弯矩引起的载荷

发动机工作时,转子的惯性力 Q_1,可以视为集中载荷 KG 作用于转子重心上(K 为过载系数),也可视为各级轮盘的分布载荷 KG_i 作用于各级轮盘的中心。若为简单计,把集中载荷作用在支点 1,2 上的反作用力(见图 4－12)表示为

$$Q_{p1} = KG \frac{l-l_r}{l} \left.\right\}$$
$$Q_{p2} = KG \frac{l_r}{l} \qquad\qquad (4-20)$$

式中,K 为过载系数;l_r 为左支点到转子重心的距离;l 为两支点间的距离。

由陀螺力矩 M_b 作用在两支点 1、2 上的反作用力为

$$Q_{b1} = Q_{b2} = \frac{M_b}{l} \qquad\qquad (4-21)$$

通常这两个反作用力不在同一个平面内,因此,各支点上的总反作用力,应由几何相加来求,例如在 1 支点的总作用力为 $Q_1 = Q_{p1} + Q_{b1}$。故作用在距支点 l_x 界面上的弯曲力矩为

$$M_x = Q_1 l_x = Q_2 (l - l_x) \qquad\qquad (4-22)$$

若假定各级盘的连接是刚性的,则此力矩 M_x 将在此截面上产生正应力。应力的分布在合成弯矩的作用下如图 4－13 所示,短螺栓均匀作用于环形截面上。

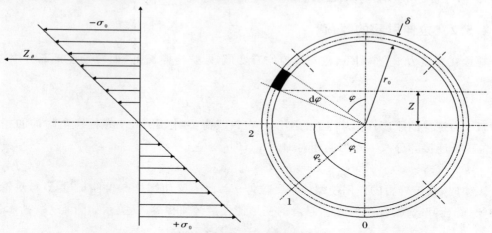

图 4－13　弯曲力矩作用下横截面上应力的分布

若取环形的微元面积为分析对象,在此段面积($\delta r \mathrm{d}\varphi$)上作用的总载荷为

$$\mathrm{d}Z_\theta = \sigma_\varphi \delta r \mathrm{d}\varphi \qquad\qquad (4-23)$$

式中,σ_φ 为此段内的平均应力;σ_φ 为平均半径 r 和 φ 角的函数;δ 为接合面的宽度。作用在转子半个截面上的总力为

$$Z_\theta = 2 \int_0^{\frac{\pi}{2}} \mathrm{d}Z_\theta = 2 \int_0^{\frac{\pi}{2}} \sigma_\varphi \delta r \mathrm{d}\varphi \qquad\qquad (4-24)$$

如前所述,在横切面上的做大弯曲应力为 σ_0,横切面上的任意截面上的平均应力 $\sigma_\varphi = \sigma_0 \cos\varphi$,按照余弦规律分布,因此,式(4－24)为

$$Z_\theta = 2 \int_{\theta}^{\frac{\pi}{\theta}} \sigma_0 \delta r \cos\varphi \mathrm{d}\varphi = 2\delta r \sigma_0 \tag{4-25}$$

若横截面的上半部受压缩,下半部受拉伸,为了保证接合面不致分开,必须使下半部界面上各螺栓的总拉紧力大于 Z_θ。假设各螺栓的分布为左右对称,下半部的最小拉紧力为

$$P_0 + 2P_1 + 2P_2 + \cdots + 2P_n \geqslant Z_\theta \tag{4-26}$$

注意到每个螺栓只能在其附近小范围内,能够将转子的载荷传递给另一部分,则作用在第 i 个螺栓上的力为

$$P_i = \sigma_{\varphi i} f_0 = \sigma_0 f_0 \cos\varphi_i \tag{4-27}$$

式中,f_0 为一个螺栓作用于转子的有效接合面积。

在下半部最下面的一个螺栓受力最大,但转子是旋转的,所有的螺栓都要经过这个位置,所以全部螺栓的预拉紧力是一样的,即

$$P_a = m\sigma_0 f_0 = mP_0 \tag{4-28}$$

式中,m 为螺栓的安全系数。将 σ_0 代入式(4-28),可得

$$P_a = m\sigma_0 \frac{\pi}{4} \frac{M_x}{(r_0+\delta)^3 (1-a^4)} \tag{4-29}$$

为安全计,或加大为

$$P_a \approx 10 m\sigma_0 \frac{\pi}{4} \frac{M_x}{(r_0+\delta)^3 (1-a^4)} \tag{4-30}$$

式中,$a = r_0/(r_0+\delta)$,r_0 为圆环的内半径。

4.5.2 拉伸引起的载荷

螺栓在预紧力 P_a 作用下,盘与螺栓均有变形,即螺栓伸长 λ_p,而转子连接部分缩短 λ_b,则有

$$\lambda_p = P_a/C_p \qquad \lambda_b = P_a/C_b \tag{4-31}$$

式中,C_p 为螺栓的刚度;C_b 为转子的刚度。在热载荷 P_t 作用下,使螺栓产生附加的相对伸长 λ_{pt},转子连接部分产生附加的相对缩短 λ_{bt},即

$$\lambda_{pt} = P_t/C_p \qquad \lambda_{bt} = P_t/C_b \tag{4-32}$$

工作时,由于外力的作用使螺栓承受拉伸 P_0,此力又使螺栓产生伸长量 $\Delta\lambda_p$,使轮盘产生伸长(螺栓卸载荷)变形为 $\Delta\lambda_b$,二者的变形伸长量必须相等,其关系如图 4-14 所示。

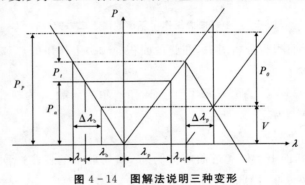

图 4-14　图解法说明三种变形

在工作时,螺栓实际最大拉伸载荷为

$$P_p = P_0 + V \tag{4-33}$$

式中,V 为工作状态时在转子接合面上的反作用力。并且螺栓与转子的最终变形为

$$\left.\begin{array}{l} \dfrac{P_0+V}{C_p} = \dfrac{P_a+P_t}{C_p} + \Delta\lambda_p \\[3mm] \dfrac{P_a+P_t}{C_b} = \dfrac{V}{C_b} + \Delta\lambda_b \end{array}\right\} \tag{4-34}$$

由于 $\Delta\lambda_p = \Delta\lambda_b$,所以式(4-34)可写成

$$\frac{P_0+V}{C_p} = \frac{P_a+P_t}{C_p} + \frac{P_a+P_t}{C_b} - \frac{V}{C_b} \tag{4-35}$$

整理,得

$$\left(\frac{1}{C_p}+\frac{1}{C_b}\right)V = \frac{P_a+P_t}{C_p} + \frac{P_a+P_t}{C_b} - \frac{P_0}{C_p} \tag{4-36}$$

故有

$$V = P_a + P_t - \frac{P_0 C_b}{C_p+C_b} \tag{4-37}$$

由于 $P_a = mP_0$,代入后,得

$$V = P_t + P_0\left(m - \frac{C_b}{C_p+C_b}\right) \tag{4-38}$$

为了保证工作时转子的接合面仍然有一定的压缩力,必须要求式(4-38)中的 $m > C_b/(C_P+C_b)$,所以 m 的选择与转子刚度 C_b 和螺栓刚度 C_P 有关。转子刚度 C_b 越大,m 数值也越大,反之则较小。在一般情况下可取($m > C_b/(C_P+C_b)$)=0.2~0.5,由此关系可求出 m 值;因此,在工作时螺栓的最大载荷 P_p 可由式(4-33)和式(4-38)求出:

$$P_p = P_0 + V = P_t + P_0\left(1 + m - \frac{C_b}{C_p+C_b}\right) \tag{4-39}$$

4.5.3　螺栓的强度校核

求出螺栓的实际最大载荷以后,可认为它是在交变载荷下工作,其安全系数可按下式求出:

$$n_\sigma = \frac{\sigma_{-1}}{\dfrac{K_\sigma}{\varepsilon_\sigma}\sigma_a + \sigma_m} \tag{4-40}$$

式中,σ_{-1} 为螺栓材料的疲劳强度极限;K_σ 为考虑应力集中的影响系数;ε_σ 为考虑零件尺寸的影响系数;σ_a,σ_m 分别为交变应力幅和平均应力。注意到,$\sigma_a = \frac{1}{2}(\sigma_{\max}-\sigma_{\min})$ 和 $\sigma_m = \frac{1}{2}(\sigma_{\max}+\sigma_{\min})$,以及关系式

$$\left.\begin{array}{l} \sigma_{\max} = \dfrac{P_p}{S_{p\min}} \\[3mm] \sigma_{\min} = \dfrac{P_a'}{S_{p\min}} \end{array}\right\} \tag{4-41}$$

式中，S_{pmin} 为螺栓的最小截面面积。一般求出的安全系数为 $n_\sigma \geqslant 1.5$。

对于连接销钉的强度计算，其外载荷的分布，在性质上与短螺栓是相同的。求出销钉的最大工作载荷之后，因其受剪状态，故应按照纯剪条件验算应力。

4.5.4 螺栓预紧力的简单确定方法

考虑图 4-13 所示转子系统，每级盘的过载力为 $KG_1,KG_2,\cdots$，这些力将造成转子的每个横截面上的弯矩，如图 4-15 所示。

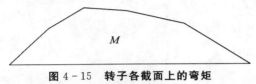

$$\text{图 } 4-15 \quad \textbf{转子各截面上的弯矩}$$

求出各截面的合成弯矩后，即可确定安装边上的压力分布。因为安装边是一个窄面积，可以不考虑环面上沿径向的压力变化，而以平均半径 r 上的压力为代表。在无弯矩作用时，环面上有均匀的顶压应力 p_0（由于螺栓预紧力的作用）；在有弯矩 M 存在时，半径 r 处的压应力按下式来计算（见图 4-15），即

$$p = p_0 + ay = p_0 + ar\sin\alpha \tag{4-42}$$

式中，r 为环的平均半径；α 为自 O-O 直径始量的角。合成弯矩 $M_合$ 是沿 O-O 作用的，α 是待定常数。

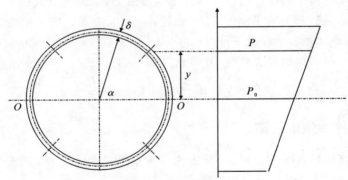

$$\text{图 } 4-16 \quad \textbf{安装边上的压力分布}$$

上述压应力对 O-O 轴的力矩等于作用于该环面的合成弯矩 $M_合$，即

$$\int_0^{2\pi} (p_0 + ar\sin\alpha)r\sin\alpha\,\delta r\,d\alpha = M_合 \tag{4-43}$$

式中，δ 为环面的宽度（见图 4-16），整理后，得

$$a\delta r^3\pi = M_合 \tag{4-44}$$

$$a = \frac{M_合}{\delta r^3\pi} \tag{4-45}$$

可见，环面上最大压应力在 $\alpha = \dfrac{\pi}{2}$ 处，其值为 $p_0 + ay = p_0 + \dfrac{M_合}{\delta r^3\pi}r\sin\dfrac{\pi}{2} = p_0 + \dfrac{M_合}{\delta r^2\pi}$；最小压应力在 $\alpha = \dfrac{3\pi}{2}$ 处，其值为 $p_0 - \dfrac{M_合}{\delta r^2\pi}$。显而易见，此值不能为负，否则接合面将分离，即

p_0 必须大于 $\dfrac{M_合}{\delta r^2 \pi}$，这个 p_0 应由螺栓预紧力来保证。

本章所介绍的 4 种连接件都具有一个特点，即它们所承受的载荷都是交变的疲劳载荷。其损坏情况也常属于疲劳性质。除球面压力一项可划归低周循环范围，其他 3 种零件：轴、花键和连接螺栓，都属于双频载荷性质，即低周循环(发动机的起动-停车)和高周循环(发动机转子旋转一周)的叠加。目前对于这种载荷的计算还不够成熟，而且要涉及复杂的塑性范围内的应变计算，所以常常只做静强度校核。

课 后 习 题

1. 通过查阅资料，请列举航空发动机中 5 种不同的连接结构、连接结构的作用/载荷特征及其失效破坏模式。

2. 请分析 AL-31F 低压转子联轴器的结构特征、工作原理。

第5章 叶片振动

航空发动机振动问题是发动机疲劳损伤故障的常见原因。我国发动机故障的统计中,发动机的结构强度故障,约占发动机总故障的 $60\%\sim70\%$,是构成发动机安全的主要威胁。在结构强度故障中,又以疲劳损伤故障为主,据统计它占结构强度故障的 $70\%\sim80\%$,约占发动机总故障的 $50\%\sim60\%$。可见结构强度故障类型中以疲劳损伤最为危害和严重。

——宋兆泓 《航空发动机典型故障分析》

自从蒸汽轮机的出现及其在各个工业领域的应用以来,叶片故障是这些机器故障的一个主要原因。叶片是弹性结构件,因此在发动机的激励频率范围内叶片有大量的固有频率。通常情况下,发动机在稳定的运行速度下可以避免共振,但是在启动和停车的过程中会发生多次共振。所有的发动机在研制和使用过程中,几乎都发生过叶片振动问题,据有关资料表明,叶片振动故障大约占发动机结构故障的 1/3,例如裂纹、断裂等叶片故障,叶片疲劳失效主要与振动有关,因此长期以来叶片振动问题一直是发动机的一个普遍而又严重的问题,必须引起足够重视。

在小型发动机中,可以使叶片从可能的共振中失谐,从而避免疲劳失效。而在大型发动机中,由于可能会有近千个具有不同特性的叶片,无法避免叶片产生共振。因此,在进行发动机整机以及叶片设计、制造、装配过程中,需要充分考虑叶片的振动特性、外激振力特性、叶片频率和弹性线以及响应稳定性的计算,研究叶片的排故和防振减振措施,以及必备的实验研究方法等。

对叶片振动特性进行分析的方法可以分为两类:传统分析方法及有限元方法。对于诸如平板叶片、等截面叶片、无扭角或扭角很小的简单叶片,采用基于材料力学梁理论的传统分析方法可以达到简单快捷的效果,因此在方案设计阶段可以用该方法进行简单估算。随着计算分析手段的发展,有限元方法已经成为分析叶片振动问题的强有力的工具,各种通用的国内外有限元分析软件均可用于叶片振动分析。

叶片振动问题十分复杂,难以在本书中进行系统全面地分析和叙述,本章重点介绍计算固有频率、振型的解析方法。解析方法的优点是物理概念清晰、方法简便,便于多参数的编程研究,对于叶片初始设计以及某些参数的优化设计,都有简单、方便和适用的优点。

5.1　叶片振动概述

　　振动是指物体在平衡位置附近来回往复的运动或系统的物理量在其平均值附近的来回变动，与一般的非往复单调运动相比，振动的显著特点就是振荡性。

　　叶片作为发动机的核心部件，在发动机工作过程中，会受到自身高速旋转产生的离心载荷、高温环境产生的温度载荷、高温高压燃气产生的气动载荷，以及由于气流扰动和结构振动产生的叶片振动载荷。这种复杂而严酷的工作环境会使得叶片的应力状态十分复杂，也对叶片的安全使用和可靠性带来巨大的挑战。叶片振动分析是叶片结构强度设计的重要组成部分。在航空发动机中，振动故障率占发动机总故障率的 60％ 以上，而叶片故障又占振动故障的 70％ 以上。叶片振动产生的故障导致的危害非常严重，如果产生断裂、掉块可能会打伤其他叶片，击穿机匣，造成二次损伤，甚至切开油路导致起火，发生严重事故。因此，对叶片进行静强度分析和振动分析都是非常必要的。

　　叶片工作过程中受到离心力、气动力、振动以及热载荷的共同作用，如图 5-1 所示，由于气流扰动、气流激振产生的振动载荷，会和叶片旋转产生的离心力进行叠加，所以叶片是在一个很高的应力水平下进行高频振动。

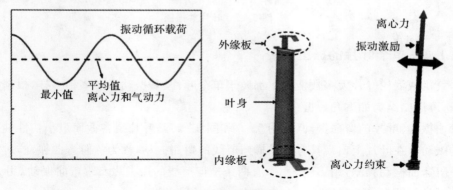

图 5-1　叶片振动载荷

5.1.1　振动的主要参数

　　通过实验方法，对叶片进行激振使叶片产生共振，如图 5-2 所示。可以观察到叶片上的振动现象有振幅、节线、频率以及表现出来的不同振型等。这些都是叶片的主要振动参数。

　　(1)振幅：振动时，叶片各截面上的质点距原平衡位置的最大距离称为振幅，如叶尖振幅以 A 表示。在一种振动状态下，叶片各截面上的振幅并不相等，例如一阶振型，叶尖振幅最大，叶根振幅为零。振幅的大小可以反映叶片振动的强弱程度，振幅大，变形大，叶片上的振动应力也就越大，叶片容易产生疲劳损伤和破坏。

　　近年来，发动机上曾用叶尖振幅 A 与其自振频率 f 相乘积，即 Af 值作为衡量叶片振动强度的标量。此值为叶片振动速度,表征着叶片振动应力的大小。

(2)频率:频率用 f 表示,即叶片每秒钟内振动的次数,单位为 Hz。频率也称为自振频率或者固有频率,是叶片的一种固有振动特性。对于确定的叶片结构,其频率也是确定的。由于叶片本身是个连续的弹性体,所以叶片具有无穷阶振型和无穷阶自振频率。

(3)节线:共振时,叶片截面上振幅为零的点的连线称为节线。由于叶片具有多种振动形态,叶片上就有不同的节线数目和节线分布规律。利用这种现象,可以判断出叶片的振型。

(4)振型:振型是指叶片的振动形态,是叶片自由振动或共振时各处振幅的相对大小关系,它也是叶片振动的固有属性。由于叶片是连续弹性体结构,因此具有无限多个振动形态。

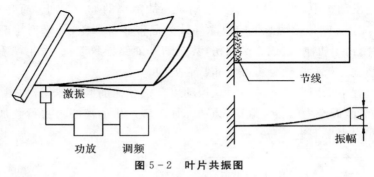

图 5-2　叶片共振图

5.1.2　单个叶片的振型

压气机或涡轮叶片大多数情况下都属于单个叶片,其振动形态多种多样,根据振动规律与特点,可以归结为如下几种振型。

弯曲振动:叶片的弯曲振动(见图5-3和图5-4)是叶片绕各截面最小惯性轴产生弯曲变形的振动。在叶片上出现具有一条横向节线的弯曲振动,称为一阶弯曲振动,对应的频率称为一阶弯曲振动频率,用 $B1$ 表示。有两条横向节线的振型为二阶弯曲振动,用 $B2$ 表示。各高阶振型与频率依此类推。

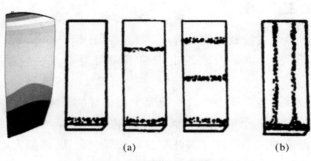

(a)　　　　　　　　　　　　(b)

图 5-3　叶片的弯曲振动

(a)弯曲振动;(b)弦向弯曲振动

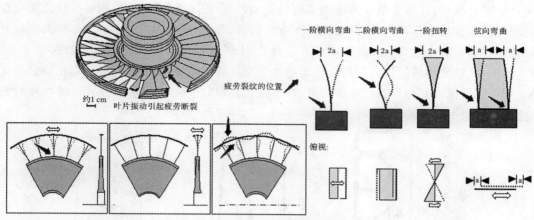

图 5 - 4 叶片弯曲振动示意图

一阶弯曲振动也被称为基本阶振动,特点是叶片节线靠近叶根,叶尖振幅最大,靠近叶根部位振动应力最大。一阶弯曲振动频率是所有弯曲振动频率中的最低者,发动机叶片极易出现一阶弯曲振动。许多叶片振动疲劳故障为一阶弯曲振动造成的。

(2)扭转振动:叶片扭转振动(见图 5 - 5)是叶片绕着扭心线出现带有一条纵向节线振动形式的振动。一条纵向节线和一条靠近根部横向节线组成的振动,称为一阶扭转振动,对应的频率为一阶扭转振动频率,用 $T1$ 表示。二阶扭转振动为具有一条纵向节线和两条横向节线组成的振型;三阶扭转振动为具有一条纵向节线和三条横向节线组成的振型,依此类推。这种扭转振动的组合形式是根据平板叶片标准解所对应的振型推论所得,它不属于复合振型。

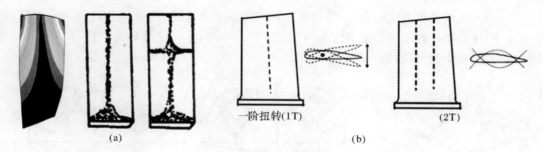

(a)   (b)

图 5 - 5 叶片扭转振动示意图

(a)扭转振动;(b)示意图

一阶扭转振动频率值在所有扭转频率值中为最低,叶尖两边缘处的振幅最大,接近叶片根部处为最大振动应力区。一阶扭转振动也最容易出现,也较为危险。

对于中等长度叶片,通常一扭固有频率高于一弯固有频率。对于细长叶片,一扭固有频率往往还高于二弯固有频率。

(3)弦向弯曲振动:叶片上沿叶高在弦线方向出现具有两条或两条以上的纯纵向节线的振型称为弦向弯曲振动[见图 5 - 3(b)]。对于薄而宽的叶片,曾出现过这种振型的颤振现象。

(4)复合振动:它通常是弯曲振动和扭转振动所形成的合成振型(见图5-6)。复合振动比较复杂,振动频率较高,有时还呈现不规则的振型。对于长叶片和宽叶片,叶尖出现复合振型,将伴随着有较高的局部振动应力。因此,出现高频的复合振型也比较危险。

目前,航空发动机压气机叶片或风扇叶片为宽弦的薄叶片,振动时都属于弯扭耦合的振动。弯扭耦合振动其振型是以弯曲为主、弯中带扭;或以扭为主、扭中带弯。这时叶片的振动应力分布情况与纯弯、纯扭不相同。

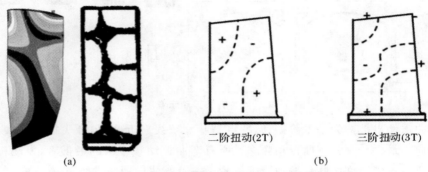

二阶扭动(2T)　　　　　三阶扭动(3T)

(a)　　　　　　　　　　　　　　(b)

图 5-6　叶片弯扭耦合振动示意图

(a) 叶片弯扭耦合振动;(b)示意图

5.1.3　成组叶片的振动

航空发动机有些工作叶片叶身带拉筋、凸肩和带冠结构,以及部分静子叶片,会产生成组叶片的振动,如图5-7所示。成组叶片为叶片之间、叶片与连接件之间的相互耦合作用形成的耦合振动。通常有如下几种典型情况:

(1)环或连接件无节点的振动:导向器叶片的外环刚性极强,内环无固定,振动时内环做自由运动,环下叶片组成同一振型的振动,如图5-7(a)所示。这种振型,叶片的相位相同振幅相近,频率一致,但频率为最低。

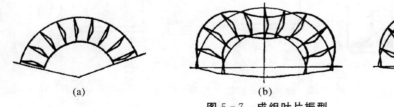

(a)　　　　　　　　　(b)　　　　　　　　　(c)

图 5-7　成组叶片振型

(2)环上有节点的振动:振动时内外环(拉筋或凸肩)上出现节点,节点数目少于叶片数目,按圆周均布。叶片间可出现同一振型的同相位振动,如图5-7(b)所示。或者出现反相位的振动,如图5-7(c)所示。反相位振型的频率高于同相位频率。

环上有节点的振动,使叶片组出现耦合振型,由于节点数目略有增减,可使叶片具有同一振型而频率不等,但相差不多。出现叶片组固有频率比较密集的现象,造成叶片频谱极广,容易在较窄的工况范围内出现多振峰的共振,这种现象是不利的。

(3)成组叶片的振动:具有内外环的叶片,环上出现节点时,其数目通常少于叶片数,叶片被环上节点分隔成若干组。此时同组叶片出现同一振型,相位相同,频率相同,但振幅可相近。环上节点处振幅为最小,节点间振动最大。相邻叶片组间的相位可相同或相反,一般相反情况居多。这种耦合振动的频率也十分密集,且随环上节点数目的增多而增高。

(4)整体叶轮的振动:有些发动机转子,叶片与轮盘做成一体,形成整体式叶轮。振动时发现,叶片出现同一振型的振动,叶轮外缘处出现节点(实为轮盘上的径向节线),节点数目多为偶数,沿圆周均匀分布。位于节点处叶片振幅最小,节点中间叶片振动最大。节点将叶片分成若干组,同组叶片为同一振型同相位,相邻组叶片可同相位或反相位。

轮盘外缘上出现节点(线),如同有一个波在盘面传播,致使两节点间有较大的能量聚集,叶片振动强烈。共振又因能量聚集现象,更加剧了少数叶片因能量过大,出现强烈振动而迅速损坏的现象。

5.2　机械振动基础

按系统特性参数的分布特点,振动系统模型可分为离散系统(或称为集中参数系统)和连续系统(分布参数系统)两大类。

(1)离散系统由集中参数元件组成,基本的集中参数元件有质量、弹簧和阻尼器。质量(包括平动质量和转动惯量)模型只具有惯性;弹簧模型只具有弹性,其本身质量可以忽略不计;阻尼器模型既不具有惯性,也不具有弹性,它是耗能元件,在有相对运动时产生阻力。离散系统的运动,在数学上用常微分方程描述,分析其振动问题时,可简化为有限自由度系统。

(2)连续系统是由弹性体元件组成的,典型的弹性体元件有弦、杆、轴、梁、板、壳等,弹性体元件的惯性、弹性和阻力是连续分布的。工程中许多振动系统可取为连续系统模型。例如,涡轮盘通常简化为变厚度的圆板,涡轮叶片可以简化为变截面的梁。连续系统的振动,在数学上用偏微分方程描述,需要按无限自由度去分析计算其振动特性。

本章将航空发动机叶片简化为梁弹性体,介绍叶片的弯曲、扭转振动特性,其分析步骤为:建立运动微分方程,通过分离变量将偏微分方程转化为常微分方程,由边界条件得出固有振动频率方程,最后计算得到固有振动频率、振型以及振动应力分布特征。

对于多自由度振动系统或连续弹性体,其存在多阶或无穷多阶固有频率和振型,其各阶振动/主振型之间满足正交条件。正交条件的基本原理为:在弹性体的振动系统中,任一阶振型的惯性力与另一阶振型位移的相乘积为零。振型函数正交性的物理意义表示各主振型之间的能量不能传递,即对于主振型 U_n 振动时的惯性力不会激起主振型 U_m 的振动。振型的正交性条件对于求解高阶振动特性具有重要作用。

5.3　等截面叶片的弯曲振动

航空发动机中的叶片都是变截面、有扭向的叶片,但是为了简化研究叶片的振动特性,寻求叶片振动的基本规律和特征,将叶片按照等截面长梁理论来处理,研究等截面叶片的基本振动特征。因此,应用等截面梁理论推导的频率、振型和应力等结果,应当作为认知叶片振动特性、影响规律,以及叶片设计优化方向的指导,而不能直接应用到真实叶片上。对于真实叶片的振动特性计算,将有多种工程计算方法。

5.3.1　弯曲振动微分方程

在进行等截面叶片的弯曲振动分析时,要基于以下前提假设:叶片可以看作是一个细长梁,即叶片的截面尺寸远小于叶片的长度;叶片作单纯的弯曲振动,振动只发生在一个平面内,仅有关于最小惯性轴的弯曲变形,没有扭转变形;不考虑剪切变形的影响,当叶片的截面尺寸远小于其长度时,剪切变形对弯曲振动的影响可以忽略不计;忽略阻尼、转动惯量等对弯曲振动的影响。认为振动时,叶片上仅有横向弹性分布载荷作用。

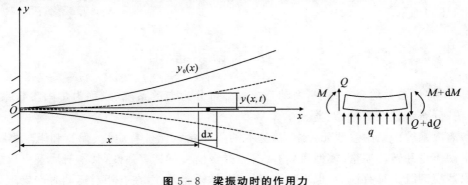

图 5 - 8　梁振动时的作用力

如图 5 - 8 所示,沿叶片长度方向取一微元体进行受力分析,叶片微元体受到剪力、弯矩以及惯性分布力,并且在这些力的作用下达到平衡状态,因此可以得到微元体的力平衡、力矩平衡方程为

$$-\frac{\partial Q}{\partial x}\mathrm{d}x + q\mathrm{d}x = 0 \Rightarrow \frac{\partial Q}{\partial x} = q \tag{5-1}$$

$$\frac{\partial M}{\partial x}\mathrm{d}x - (Q+\frac{\partial Q}{\partial x}\mathrm{d}x)\mathrm{d}x + \frac{1}{2}q\mathrm{d}x \cdot \mathrm{d}x = 0 \Rightarrow \frac{\partial M}{\partial x} = Q \tag{5-2}$$

根据力、力矩平衡方程可知,惯性分布力 q 是引起叶片剪力 Q 发生变化的原因,剪力 Q 是引起叶片弯矩 M 发生变化的原因。q 为叶片振动过程中的惯性分布力,即单位长度的弹性恢复力,其大小为分布质量与振动加速度的乘积,即

$$q = -\rho A \frac{\partial^2 y}{\partial t^2} \tag{5-3}$$

由材料力学可知,长梁所受到的弯矩大小与长梁的挠曲线有关,即

$$M = EI \frac{\partial^2 y}{\partial x^2} \tag{5-4}$$

联立以上方程,可以得到叶片的弯曲振动微分方程为

$$\frac{\partial^2}{\partial x^2}\left(EI \frac{\partial^2 y}{\partial x^2}\right) + \rho A \frac{\partial^2 y}{\partial t^2} = 0 \tag{5-5}$$

式中,A 为叶片的横截面积;I 为叶片截面的弯曲惯性矩;E 为叶片材料的弹性模量;ρ 为叶片材料的密度。

假设叶片的弯曲振动为简谐振动,令

$$y(x,t) = y_0(x)\cos\omega t \qquad (5-6)$$

将式(5-6)带入式(5-5),并分离时间变量 t,有

$$\frac{\mathrm{d}^4 y_0}{\mathrm{d}x^4} - a^4 y_0 = 0 \qquad (5-7)$$

式中,$a^4 = \dfrac{\rho\omega^2 A}{EI}$。式(5-7)为四次线性微分方程,其通解为

$$y_0(x) = C_1\sin ax + C_2\cos ax + C_3\,\mathrm{sh}\,ax + C_4\,\mathrm{ch}\,ax \qquad (5-8)$$

式中,C_1,C_2,C_3,C_4 为任意常数,根据叶片的边界条件来确定。

5.3.2　悬臂叶片的频率方程

对于悬臂叶片,叶片的一端为固支,一端自由,其边界条件为

$$x = 0, y_0 = 0, y_0' = \frac{\mathrm{d}y_0}{\mathrm{d}x} = 0 \ (\theta = 0) \qquad (5-9)$$

$$x = l, \ M = 0 \ (y_0''(l) = 0); \ Q = 0 \ (y_0'''(l) = 0) \qquad (5-10)$$

将上述边界条件代入通解表达式(5-8)可得

当 $x = 0$ 时,$y_0 = 0$,则 $C_2 = -C_4$;

$y_0' = 0$,则 $C_1 = -C_3$;

当 $x = l$ 时,$y_0'' = 0$,$C_1(\sin al + \mathrm{sh}\,al) + C_2(\cos al + \mathrm{ch}\,al) = 0$;

$y_0''' = 0$,$-C_1(\cos al + \mathrm{ch}\,al) + C_2(\sin al - \mathrm{sh}\,al) = 0$。

上述两个公式可以视为关于自变量 C_1,C_2 的方程组,当 C_1,C_2 均为零时,方程组成立,但是 C_1,C_2,C_3,C_4 均为零,叶片为静止状态。如果 C_1,C_2 有非零解,则需要其系数行列式等于零,即

$$\begin{vmatrix} \mathrm{sh}\,al + \sin al & \mathrm{ch}\,al + \cos al \\ \mathrm{ch}\,al + \cos al & \mathrm{sh}\,al - \sin al \end{vmatrix} = 0 \qquad (5-11)$$

经展开整理可得

$$\cos al = -\frac{1}{\mathrm{ch}\,al} \qquad (5-12)$$

式(5-12)为频率方程,对于该超越方程可以采用作图法求出对应的解,如图5-9所示。图中两条曲线的交点即为频率方程的根,根的数值见表5-1。

表 5-1　频率方程根的数值

阶次	$(al)_1$	$(al)_2$	$(al)_3$	$(al)_4$	⋯
根值	1.875	4.694	7.855	10.996	⋯

由图5-9可知,当阶次大于3时,余弦函数与横坐标的交点就等于频率方程的解,因此当 $i > 3$ 时,$(al)_i = \left(i - \dfrac{1}{2}\right)\pi$。根据 $a^4 = \dfrac{\rho\omega^2 A}{EI}$,化简可得 $\omega_i = \dfrac{(al)_i^2}{l^2}\sqrt{\dfrac{EI}{\rho A}}$。因此,$\omega_1 = \dfrac{3.515}{l^2}$ $\sqrt{\dfrac{EI}{\rho A}}$,$\omega_2 = \dfrac{22.03}{l^2}\sqrt{\dfrac{EI}{\rho A}}$,$\omega_3 = \dfrac{61.70}{l^2}\sqrt{\dfrac{EI}{\rho A}}$。各阶频率与一阶频率之间的比值为:$f_1:f_2:f_3\cdots =$

$$\omega_1 : \omega_2 : \omega_3 : \cdots = 1 : 6.26 : 17.5 : \cdots$$

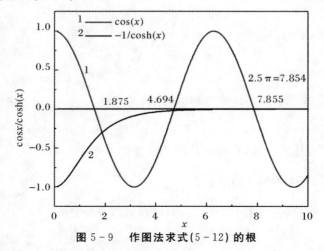

图 5-9 作图法求式(5-12)的根

由频率方程解的表达式可以看出,频率与叶片长度的平方成反比,叶片越长频率越低;与叶片的材料特性 $\sqrt{\dfrac{E}{\rho}}$,几何型面参数 I,A 有关。

5.3.3 弹性线、振型与振动应力

根据式(5-8)可以求出悬臂叶片的振动弹性线和振型,则有

$$y_0(x) = C_1(\sin ax - \mathrm{sh}ax) + C_2(\cos ax - \mathrm{ch}ax) \tag{5-13}$$

由 $y_0''' = 0$,可得

$$y_0(x) = C_1\left[(\sin ax - \mathrm{sh}ax) - \frac{\sin al + \mathrm{sh}al}{\cos al + \mathrm{ch}al}(\cos ax - \mathrm{ch}ax)\right] \tag{5-14}$$

对上式进行变形,将叶片长度进行归一化处理,可得

$$y_0(x) = C_1\left[\left(\sin al\frac{x}{l} - \mathrm{sh}al\frac{x}{l}\right) - \frac{\sin al + \mathrm{sh}al}{\cos al + \mathrm{ch}al}\left(\cos al\frac{x}{l} - \mathrm{ch}al\frac{x}{l}\right)\right] \tag{5-15}$$

式中,al 为方程式(5-12)的根,对于不同的振动阶次,al 为确定的已知数。$\dfrac{x}{l}$ 表示归一化的叶片位置,其范围在 $0 \sim 1$ 之间。由上式可计算出叶片各点处的振幅 y_0,将各点 y_0 连成线,便为悬臂叶片的振动弹性线。图 5-10(a) 为一阶、二阶、三阶弯曲振动的弹性线/振型曲线。

进一步地,根据振动应力的弯矩表达式,振动应力等于 EJy_0'',可求得振动应力相对大小的分布图,如图 5-10(b) 所示。

由图 5-10 可知,对于一阶弯曲振动,节线在悬臂叶片根部位置,并且在节线处振动应力最大。二阶振型,叶片根部和叶身 0.77 位置各有一根节线,而振动应力的最大位置,一处位于叶片根部,另一处位于叶身节线偏下的部位,并不与节线完全重合。这是因为叶身最大应力在叶身弹性变形最大处,而节线为振动幅值为零的点的连线,两者并不完全相同。并且对于高阶振型也符合这一规律。

叶片共振疲劳断裂部位,与叶片最大应力部位直接相关,通常叶片一阶共振时,多在叶片近根部区域产生裂纹。而高阶共振时,由于最大振动应力点向叶尖处上移,最大振动应力

也上移,故多在叶身部位产生裂纹。

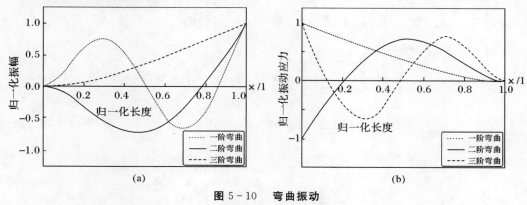

图 5-10 弯曲振动

(a) 弹性线;(b) 归一化振动应力

5.3.4 能量法

上述弯曲振动方程的推导及结果仅适用于等截面叶片,对于横截面发生变化的叶片,需要采用基于能量守恒的能量法进行求解。瑞利-里兹(Rayleigh-Ritz)能量法是计算叶片振动特性较为成熟的一种工程计算方法。能量法是根据能量守恒原理,在保守系统中,物体动能和势能的总和为一常数,或者最大动能等于最大势能,即

$$K + U = C \tag{5-16}$$

或

$$U_{\max} = K_{\max} \tag{5-17}$$

式中,K 为振动时的动能;U 为振动时的势能。

瑞利建立了能量法的基本计算公式,所以能量法也称瑞利法。叶片振动时,取一微元体 $\mathrm{d}x$,如图 5-11 所示。

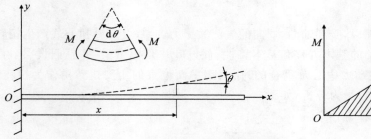

图 5-11 叶片振动示意图

若设振动为简谐振动,则有

$$y(x,t) = y_0(x)\cos\omega t \tag{5-18}$$

微元上的动能为

$$\mathrm{d}K = \frac{1}{2}\dot{y}^2 \mathrm{d}m = \frac{1}{2}\rho A \omega^2 y_0{}^2(x)\sin^2\omega t\,\mathrm{d}x \tag{5-19}$$

$$K = \frac{1}{2}\rho\omega^2 \int_0^l A y_0{}^2(x)\sin^2\omega t\,\mathrm{d}x \tag{5-20}$$

最大动能为

$$K_{\max} = \frac{1}{2}\rho\omega^2 \int_0^l A{y_0}^2(x)\,\mathrm{d}x$$

叶片的变形势能为

$$\mathrm{d}U = \frac{1}{2}M\mathrm{d}\theta = \frac{M^2}{2EI}\mathrm{d}x = \frac{EI}{2}\left(\frac{\mathrm{d}^2 y_0}{\mathrm{d}x^2}\right)^2 \cos^2\omega t\,\mathrm{d}x \tag{5-21}$$

$$U = \int_0^l \frac{EI}{2}\left(\frac{\mathrm{d}^2 y_0}{\mathrm{d}x^2}\right)^2 \cos^2\omega t\,\mathrm{d}x \tag{5-22}$$

最大势能为

$$U_{\max} = \int_0^l \frac{EI}{2}\left(\frac{d^2 y_0}{\mathrm{d}x^2}\right)^2 \mathrm{d}x$$

由 $K_{\max} = U_{\max}$，则有

$$\rho\omega^2 \int_0^l A{y_0}^2(x)\,\mathrm{d}x = E\int_0^l I\left(\frac{\mathrm{d}^2 y_0}{\mathrm{d}x^2}\right)^2 \mathrm{d}x \tag{5-23}$$

故得

$$\omega^2 = \frac{E}{\rho}\frac{\displaystyle\int_0^l I\left(\frac{\mathrm{d}^2 y_0}{\mathrm{d}x^2}\right)^2 \mathrm{d}x}{\displaystyle\int_0^l A{y_0}^2(x)\,\mathrm{d}x} \tag{5-24}$$

式（5-24）为瑞利法的基本计算公式，计算时需要先给出弹性线 $y_0(x)$ 的表达式，弹性线表达式应当满足叶片的边界条件。能量法对于弹性线的选取不敏感，在一定范围内选取不同的弹性线计算自振频率，得到的频率变化并不大，只要弹性线 $y_0(x)$ 满足边界条件，在一定范围内，用不同的 $y_0(x)$，都能获得较为准确的自振频率。另外，瑞利法仅能计算叶片的一阶振动频率，对于高阶自振频率，可以采用里兹法（也称改进的瑞利法）进行求解计算。

5.4　叶片扭转振动

叶片在工作过程中，受到轴向、周向的气流激振力，叶片会绕其扭心线产生扭转振动。为了便于分析扭转振动的基本方程和基本特性，假设叶片是一个梁，并且假设梁（叶片）截面的重心、扭心以及气动力中心是重合的。用偏离平衡位置的角度扭转角作为扭转变性的参量，取叶片微元体进行受力分析，如图 5-12 所示。

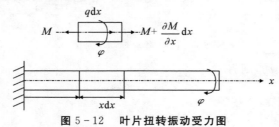

图 5-12　叶片扭转振动受力图

根据叶片微元力矩平衡可得

$$M = M + \frac{\partial M}{\partial x}\mathrm{d}x + q\mathrm{d}x, \text{即} \frac{\partial M}{\partial x} + q = 0 \tag{5-25}$$

式中, q 为惯性力矩, $q = -\rho J_p \dfrac{\partial^2 \varphi}{\partial t^2}$; J_p 为叶片截面的抗扭几何刚度。

由材料力学可知,梁的扭转角与扭矩的关系为

$$\frac{\partial \varphi}{\partial x} = \frac{M}{G J_k} \qquad (5-26)$$

式中, G 是材料的剪切模量, J_k 是梁截面的抗扭几何刚度,也称为极惯性矩。式(5-26)也称为几何方程。

联立上述公式,可得等截面叶片扭转振动的微分方程为

$$\frac{\mathrm{d}^2 \varphi_0}{\mathrm{d} x^2} = -\frac{\rho \omega^2 J_p}{G J_k} \varphi_0 = -a^2 \varphi_0 \qquad (5-27)$$

式中,

$$a^2 = \frac{\rho \omega^2 J_p}{G J_k}$$

对于等截面叶片, J_p, J_k 都是常数,所以 a 也是常数,则式(5-27)的解为

$$\varphi_0(x) = C_1 \sin ax + C_2 \cos ax \qquad (5-28)$$

对于悬臂叶片,其边界条件:

(1) 固定端 $x = 0$ 时, $\varphi_0 = 0$,则 $C_2 = 0$;

(2) 自由端 $x = l$ 时, $M = 0 = \dfrac{\mathrm{d} \varphi_0}{\partial x}\bigg|_{x=l}$,则可得: $C_1 a \cos al = 0$。

由于 C_1 不能为零,因此 $\cos al = 0$,由此可得通解的根为

$$(al)_i = \frac{i\pi}{2}, i = 1,3,5,7\cdots \qquad (5-29)$$

进而扭转振动的自振频率为

$$\omega_i = \frac{(al)_i}{l} \sqrt{\frac{G J_k}{\rho J_p}} = \frac{i\pi}{2l} \sqrt{\frac{G J_k}{\rho J_p}} \qquad (5-30)$$

将通解的根带入通解表达式,可得扭转振动的弹性线(见图5-13)方程为

$$\varphi_{0,i} = \varphi_{0,l} \sin ax = \varphi_{0,l} \sin (al)_i \left(\frac{x}{l} \right) \qquad (5-31)$$

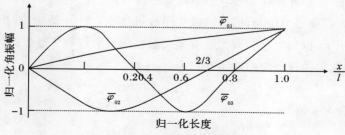

图 5-13　扭转振动弹性线

各阶自振频率与基本阶振频的比值为

$$\omega_1 : \omega_2 : \omega_3 : \cdots = 1:3:5:\cdots$$

叶片的前三阶扭转振动振型如图 5-14 所示。

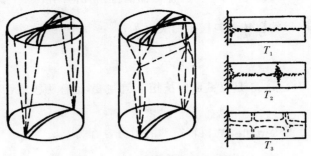

图 5-14　叶片扭转振动振型

5.5　旋转叶片的弯曲振动

压气机与涡轮的工作叶片,都处在高速旋转状态下工作,高速旋转使叶片产生很大的质量离心力。质量离心力通常以拉力的形式作用在叶身上,迫使振动弯曲的叶片有恢复到原平衡位置的趋势,增强叶身的刚性,使叶片的自振频率增高。因此,旋转状态下叶片的自振频率随转速的增大而增高。通常转动下叶片的自振频率称为动频,用 f_D 表示;不转动时叶片的自振频率称为静频,用 f 表示。

经验表明,对于转速近万转的发动机,中等长度的压气机叶片,其一阶弯曲自振频率,动频较静频可增高 $30\% \sim 80\%$,二阶弯曲自振频率,动频可提高 $5\% \sim 30\%$。而涡轮叶片可提高 $5\% \sim 20\%$。

转动下叶片上产生的振动应力将与其他负荷产生的应力相叠加,形成综合应力,这是对叶片由静强度和静振动所得到的叶片最大应力截面和最大应力点都会发生改变。叶片动频和动应力多用实验方法在发动机上直接测得,测量动应力还可作为控制叶片振动强度的一种手段,称为应力监诊技术。

5.5.1　动频的基本计算方法

对于保守系统,工作叶片在旋转状态下振动的过程中满足能量守恒,叶片在弯曲振动/弯曲变形时需要克服离心力做功,因此可以应用能量法建立叶片动频 ω_D 的计算公式。叶片在离心力场的作用下,振动时任一截面除有最大振幅的最大弯曲变形势能外,还有克服离心力场所作的功,因此振动过程中的能量守恒为

$$K_{\max} = U_{\max} + U_{\omega,\max}$$
(5-32)

假设振动方程为

$$y(x,t) = y_0(x)\cos\omega t$$

同前述,叶片振动的最大动能为

$$K_{\max} = \frac{1}{2}\rho\omega_D{}^2 \int_0^l A y_0{}^2(x)\mathrm{d}x$$

叶片振动的最大弯曲变形势能为

$$U_{\max} = \int_0^l \frac{EI}{2}\left(\frac{\mathrm{d}^2 y_0}{\mathrm{d}x^2}\right)^2 \mathrm{d}x$$

叶片在振动过程中,平衡位置和振动极限位置如图 5 - 15 所示。

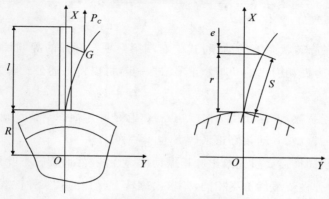

图 5 - 15　旋转叶片受离心力作用图

当叶片振动到最大位置时,叶片微元在离心力场下所作的功等于离心力 $\mathrm{d}P_c$ 和微元重心径向位移 e 的乘积,由图 5 - 15 可知,微元重心径向位移为

$$e = s - r \tag{5-33}$$

式中,s 为叶片弯曲前 / 后弹性线实际长度;r 为距离叶根的径向距离。

由高等数学相关知识可知:

$$s = \int_0^r \sqrt{1 + \left(\frac{\mathrm{d}y_0}{\mathrm{d}x}\right)^2}\,\mathrm{d}x$$

将积分号内的函数进行泰勒展开,并略去高次项,可得

$$s = \int_0^r \left[1 + \frac{1}{2}\left(\frac{\mathrm{d}y_0}{\mathrm{d}x}\right)^2\right]\mathrm{d}x = \frac{1}{2}\int_0^r \left(\frac{\mathrm{d}y_0}{\mathrm{d}x}\right)^2 \mathrm{d}x + r \tag{5-34}$$

因此

$$e = s - r = \frac{1}{2}\int_0^r \left(\frac{\mathrm{d}y_0}{\mathrm{d}x}\right)^2 \mathrm{d}x$$

叶片微元的离心力为

$$\mathrm{d}P_c = \frac{\rho\,\Omega^2}{2}A(r + r_0)\mathrm{d}r$$

整个叶片在弹性线位置时,克服离心力场所作的功为

$$U_{\omega,\max} = \frac{\rho\,\Omega^2}{2}\int_0^l A(r + R_0)\left[\int_0^r \left(\frac{\mathrm{d}y_0}{\mathrm{d}x}\right)^2 \mathrm{d}x\right]\mathrm{d}x = C_1\Omega^2 \tag{5-35}$$

式中,$C_1 = \dfrac{\rho}{2}\displaystyle\int_0^l A(r + R_0)\left[\int_0^r \left(\frac{\mathrm{d}y_0}{\mathrm{d}x}\right)^2 \mathrm{d}x\right]\mathrm{d}x$,是弹性线 y_0、几何尺寸和材料密度的函数,当 y_0 确定后,C_1 即可求出。

进一步,将上述最大动能、最大势能以及克服离心力做的功代入能量守恒公式中,得到

$$\frac{1}{2}\int_0^l \rho A \omega_D{}^2 y_0^2 \, dx = \frac{1}{2}\int_0^l EI\left(\frac{d^2 y_0}{dx^2}\right)^2 dx + C_1\Omega^2 \qquad (5-36)$$

$$\omega_D^2 = \frac{E}{\rho} \frac{\int_0^l I\left(\frac{d^2 y_0}{dx^2}\right)^2 dx}{\int_0^l A y_0^2 \, dx} + \frac{\Omega^2 \int_0^l A(r+R_0)\left[\int_0^r \left(\frac{dy_0}{dr}\right)^2 dr\right] dr}{\int_0^l A y_0^2 \, dr} \qquad (5-37)$$

ω_D 即为叶片在旋转状态下的动频。式中右端第一项与叶片的静频计算相同,第二项是考虑叶片克服离心力做功引入的动频修正项。进一步,可以将上述公式写为

$$f_D^2 = f_0^2 + f_\Omega^2 = f_0^2 + Bn^2 \qquad (5-38)$$

式中,B 为动频修正系数,也称叶片结构影响系数,它是叶片面积与弹性线变化的函数,不同的面积规律、不同的振型,其动频修正系数 B 也不一样。

计算叶片动频,同样需要事先给出叶片振动的弹性线。然而旋转下叶片振动的弹性线与不旋转时叶片的静弹性线显然不尽相同,要求出旋转下叶片的真实弹性线十分困难,因此选取弹性线会带来一定的误差。

由式(5-38)可以看出,叶片的动频为叶片的静频加上一个与转速有关的旋转效应。在叶片结构确定(B 确定)之后,转速一定的情况下,叶片的静频越低,旋转效应的影响就越大;静频越高,则旋转效应的影响就越小。所以对于静频很低的长叶片,其动频将比静频高很多。动频随转速平方的关系增长变化。

5.6　影响叶片自振频率的因素

叶片的自振频率是叶片本身的固有属性,叶片材料、叶片尺寸确定后,其自振频率就已确定。但是随着叶片的工作状态及所受温度环境和根部安装形式的不同,叶片的自振频率也会发生改变。

5.6.1　离心力的影响

叶片在旋转状态下的自振频率为叶片的动频,叶片动频随转速的平方关系而增高。表5-1、表5-2和图5-16分别为某压气机叶片弯扭振动的动频值。

表 5-1　某压气机叶片前三阶弯曲振动动频的计算值

转速	Bn^2	$f_1 = 146$		$f_2 = 480$		$f_3 = 1\,293$	
r/min	$1/s^2$	f_C^{21}	f_D^1	f_C^{22}	f_D^2	f_C^{23}	f_D^3
$n = 3\,000$	9 000	21 316	174	230 400	489	1 671 849	1 296
$n = 6\,000$	36 000	21 316	216	230 400	516	1 671 849	1 306
$n = 9\,000$	81 000	21 316	319	230 400	558	1 671 849	132 2
$n = 12\,000$	144 000	21 316	406	230 400	574	1 671 849	1 347

表 5-2　有限元法计算的动频

频率 f_D	$n = 0$	$n = 5\,000$		$n = 10\,000$	
	f_C	f_D	提高率 /%	f_D	提高率 /%
f_1	105	165	57	269	156
f_2	355	418	15	560	57
f_3	839	911	8.5	1097	30
T_1	660	671	1.6	702	6.3
T_2	1 361	1 379	1.3	1 422	4.4
F_1	1 531	1 549	1.1	1 599	4.4

注：T_1，T_2 为扭转振型，F_1 为弦向弯曲振型。

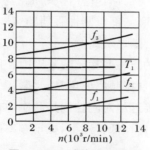

图 5-16　叶片动频曲线

　　从以上图表提供的数据可以看出，转速 n 对叶片的弯曲振动频率影响较大，对扭转振动和弦向弯曲振动频率影响不大。对于叶片频率较低的影响较大，对频率较高的影响较小。所以在计算叶片频率和振动应力时，对那些频率值较低的长叶片，仅计算其静频和静振动应力是不够准确的，因为它不能反映叶片在高速旋转下的振动特性。

　　目前计算旋转叶状态下叶片的振动特性，以应用有限元法较为准确。

5.6.2　温度的影响

　　涡轮叶片和压气机后几级叶片都处于高温状态下工作。由于温度升高，材料的弹性模量 E 会下降，叶片的自振频率便会降低。

　　由前述推导可知，叶片的振动频率与材料弹性模量的平方根成正比，因此一般应用下式计算温度对频率的影响，即

$$f_t = f_{t0} \sqrt{\frac{E_t}{E_{t0}}} \qquad\qquad (5-39)$$

式中，f_t 为高温下叶片的振动频率；f_{t0} 为叶片在正常温度 / 参考温度 t_0 下的振动频率；E_t 为高温下叶片材料的弹性模量；E_{t0} 为常度 / 参考温度 t_0 下的弹性模量。

　　对于压气机叶片，温度沿叶高可认为是均匀分布的，只要按上式将 E_t 代入便可求得频率 f_t 的值。

对于涡轮叶片,如果温度沿叶高是非均匀分布,应当首先找出温度沿叶高的变化规律,$t = \varphi_1(x)$,然后再求出弹性系统随温度的变化规律,$E = \varphi_2(x)$。这时计算频率时,可应用前面介绍的工程计算方法,将 $E(x)$ 作为变量代入计算公式。此外,对于有复杂气流通道的空冷涡轮叶片,叶片截面的温度分布也是不均匀的,这时可以借助有限元方法进行振动特性的计算。涡轮叶片温度通常使频率降低,而转速又使频率增高,有时两者升降率相差不大,使得叶片的动频率没有多大变化。

5.6.3 根部固持刚性的影响

前面研究叶片的振动特性时,都认为叶片根部与轮盘是完全固定联结的。实际上叶片和轮盘通过榫头、榫连结构相联结,当转速较小时,叶片和榫槽是"半固接"的状态,叶片根部并不是完全固定的;另外,叶片是弹性体,叶片榫头和轮盘榫槽的联结部位也都有一定的弹性。因此,叶片的振动频率就受到联结部位刚性强弱的影响。联结刚性又随转速变化而改变,转速高刚性强,叶片振动频率也会随之增高。

图 5-17 为燕尾形榫头叶片的自振频率 f 随紧固力 P 的变化曲线。当侧向紧固力 P 增大时,相当于根部刚性增强,叶片的自振频率便增高;当紧固力 P 大到一定程度后,振动频率增加就十分缓慢,这时叶根也十分接近绝对刚性固持状态,自振频率也就接近于绝对刚性固持状态下的自振频率。由此可见,叶片在低转速下,振动频率随根部刚性变化的影响较大,而在高转速时则影响较小。

叶片根部刚性的改变仅是改变了叶片的边界条件,因而对频率有影响。实际上在转速的影响下,叶片不仅根部刚性随之改变,叶片本身的刚性也会增大(离心力对叶片刚性的影响),这时叶片的自振频率如图 5-17 中曲线 B 所示,随发动机转速的增加不断增大。

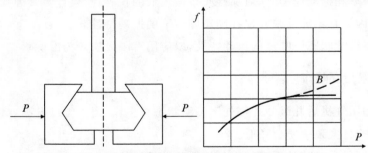

图 5-17 燕尾槽榫头频率随紧固力 P 的变化曲线

5.6.4 盘的影响

前面分析的叶片振动,都假定固定叶片的轮盘为绝对刚性轮盘,叶片的振动不受轮盘的影响。对于早期的航空发动机和地面燃机,轮盘具有较厚的尺寸,这种假设是合理的。但近年来航空发动机设计力求重量轻,因此不论压气机盘或涡轮盘都设计得比较薄,一级叶片与轮盘的质量相差不大,这时轮盘对叶片振动的影响就不可忽略。

轮盘对叶片振动的影响可分为薄盘部分质量参与振动和盘叶形成一个耦合振动体。

图 5-18 为薄盘部分质量参与振动的情况。对于刚性轮盘，叶片装在轮盘上，轮盘不振，叶片仅是叶片自身振动。而薄盘叶片在振动时，盘面部分质量（或全部质量）将参与振动，这时叶片根部就有一定位移，相当于改变了叶片根部的边界条件，同时也改变了叶片的运动质量，因此叶片的振动频率、振型、弹性线都将有所改变。薄盘参与振动，通常使叶片各低阶振型的自振频率降低，还将改变同级叶片的振动特性，使之形成具有成组叶片振动的特点。

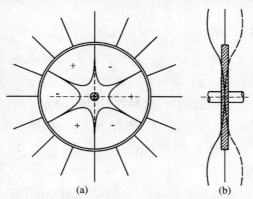

图 5-18　薄盘部分质量参与振动情况

（a）节径振型影响；（b）节圆振型影响

另一种情况是盘叶耦合振动。这时轮盘和叶片形成一个整体，盘与叶片以一个新的振动系统、新的振动形态出现，盘上的周向节线与径向节线都直接影响到叶片的振型，使叶片出现耦合振型和耦合振动频率。实际上盘叶耦合振动是一个新的振动系统，其振动特性不能单纯用叶片的振动特性来表示。目前盘叶耦合振动已形成一项专门的研究课题。

5.7　激振力与共振特性

发动机工作时，存在多种形式的机械力和气动力，其中有一部分形成周期性或近于周期性变化的力，这些周期性作用力构成迫使叶片振动的激振力，如果激振力的频率等于叶片的某阶振型的自振频率，叶片便产生共振。因此，了解、明确叶片的激振源，才能为叶片的振动设计提供依据，为叶片的振动分析、振动故障的排除提供依据和方向。

周期性变化的激振力主要有机械激振力、气体尾流激振力和叶片旋转失速激振等。

5.7.1　机械激振力

发动机中由于转动零件或传动零件产生的交变力和力矩，称为机械激振力。例如转子不平衡、齿轮传动啮合不均匀、油泵输油传出的高频交变力等。这些激振力通过与叶片相联结的轮盘与轴等零件传给叶片并激励其振动，其激振频率为

$$f_B = K_m n \qquad\qquad (5-40)$$

式中，K_m 为结构系数，由不同的振源零件确定；n 为发动机的转速。

转子不平衡力、不平衡力矩引起的激振，是发动机中主要的机械激振源，转子系统每旋

转一周,其转子不平衡力、不平衡力矩经历一个周期,因此转子不平衡力/力矩的激振频率等于发动机的转速。通常认为是 $K_m = 1$ 的激振源。

机械激振力往往不是直接作用于叶片上,而是经过与叶片相连接的中间零件传递而来,其激振能量随着传递路程将有所消耗。因此一般机械激振力只有在较大的能量下才较为严重。

5.7.2 尾流激振

尾流激振主要是由气体力造成。气流流过发动机各部件通道,由于通道间有静子叶片、支柱或幅板等零件阻隔,造成流场周向分布不均匀,在气流通道中形成"气流柱",导致静子部件后方气体的压力、流速与通道间的气流参数不相等,如图 5-19 所示。因此下一级动叶每经过一个静叶通道,便受到一次冲击,形成了气动激振力。如果激振力的频率等于叶片的自振频率,叶片便产生共振。尾流激振力的频率为

$$f_B = Kn \tag{5-41}$$

式中,K 为发动机静子结构的构造系数,如导向叶片、支柱、幅板等。

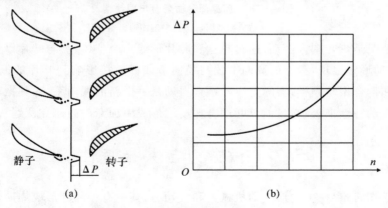

静子 ΔP 转子

(a)

(b)

图 5-19 尾流激振力形成图

(a)尾流压力图;(b)压差随转速变化曲线

构造系数取决于发动机的结构形式。其中以静子叶片形成的尾流激振力对叶片的作用最为直接,影响也最大,是动叶的主要激振源。

静子叶片形成的尾流激振力主要影响到下一级转子叶片,但由于亚音速气流的特性,后级叶片尾流激振力也会影响到前级叶片,只不过激振的能量将减弱。目前涡轮叶片尾流激振是主要的激振源。发动机中还存在着个别静子叶片由于加工装配误差,造成该通道间尺寸过大或过小,使其通道间气流流场与其他叶片间不相同,形成低频的激振源。

某型发动机压气机三级铝叶片,曾发生过叶片振动疲劳断裂故障。经过分析判断是在慢车工作转速时,叶片产生一阶扭转振型的共振。在发动机台架试车中测得慢车转速下,叶片有较大的振动应力,此时叶片的一阶扭转自振频率为 $T_1 = 1\,465\,\text{Hz}$。经分析其激振源,发现恰好是二级静子叶片造成的尾流激振。其尾流激振频率为

$$f_B = Kn = 22 \times \frac{4\ 000}{60} = 1\ 451\ \text{Hz} \tag{5-42}$$

因此,为排除这一故障,曾提出增加或减少二级导向器叶片的数目,以改变激振力频率。由此可见,叶片的自振频率不仅不能等于激振源的频率,而且要离激振源频率有一定的距离,否则也可能导致叶片产生振动故障或破坏。

叶片旋转失速振动,是由于气流在叶片槽道间产生分离造成的一种气动激振力,使叶片受强迫振动而产生的共振现象。

发动机在使用中曾发现在慢车转速或接近压气机喘振工作线时,叶片出现强烈的振动现象,经分析判定为叶片旋转失速造成的共振。

发动机偏离设计状态工作,流经叶片的气流进气攻角就会发生变化,当进气攻角增大到一定程度后,使转子上某一个叶片或几个叶片的气流产生分离,进入失速状态。如图 5-20 中 A、B 叶片的攻角增大,气流在叶背上产生分离失速,并造成叶片通道间的气流堵塞,形成一个低流区。气流出现堵塞之后,反过来使叶片 A 的进气攻角减小,恢复正常。但使 B 叶片的攻角增大,这时 B 叶片便出现同样的分离失速现象。由于这个因果关系的连续作用,使得分离失速现象逐次地由 A 叶片传播到 B 叶片、C 叶片等,以至于继续传播下去。这种失速现象由一个叶片的叶盆向叶背方向连续传播,相对于叶盆来说,如同旋转一样,故称为旋转失速。

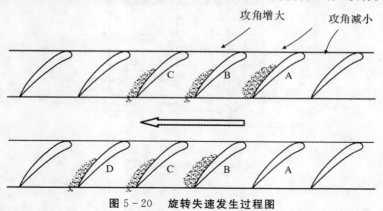

图 5-20　旋转失速发生过程图

叶片的旋转失速共振,是叶片失速造成的气动力不稳定现象。失速共振时,叶片的自振频率与转子转速一般没有明显的整数比关系,这是判别叶片失速共振与叶片机械激励共振的主要方法。

5.7.3　共振图与共振转速

叶片时刻处于强迫振动下工作,其中处于共振时最为危险。叶片共振时具有很大的振幅和振动应力,容易造成高周或低周疲劳断裂。叶片共振是叶片在固有振型情况下的"软化",并不断从激振源中吸取能量,使得叶片系统的耗散能与供给能达到瞬态平衡,叶片保持等幅共振。因此叶片产生共振,需要激振力频率和叶片自振频率相等、足够的激振能量和恰当的激振方式。

大量的振动实验表明,当激振力的频率等于叶片自振频率的整分倍数时,也会引起叶片"共振",这时的共振称为谐共振,即

$$f_B = \frac{1}{K} f_c \qquad\qquad (5-43)$$

式中,f_c 为叶片的自振频率;$K = 1, 2, \cdots, n$,为正整数。

这样就使得激振力的频谱更加复杂和广泛。谐共振激起叶片的振动不如共振那样同步,同样的激振力幅的情况下,谐共振下叶片的振幅会小一些。如果谐共振激励频率 K 的阶次很高,叶片的振动就更小,甚至不起作用。

叶片的共振转速图,是较为常用的一种判断叶片工作时是否存在共振和共振转速的工程图解法,如图 5-21 所示,也称为 Compbell 图。利用共振转速图还可以找出共振时,叶片的自振频率与激振频率值,作为排除叶片振动故障的依据。在叶片设计阶段利用共振转速图可事先了解叶片的共振点。但是有些情况,如叶片的旋转失速共振和叶片颤振,往往无法利用共振图来判明情况和进行分析。

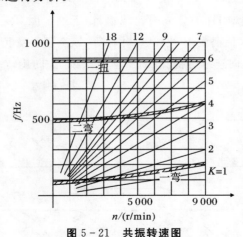

图 5-21 共振转速图

共振转速图中,横坐标表示发动机的转速,通常取 r/min。纵坐标表示叶片的振动频率(静频或动频),单位为 Hz,即 1/s。从坐标原点引出的每条射线都是发动机转速 n 的整倍数,称为激振频率射线,或发动机的倍转速线。

在共振转速图上,叶片的动频曲线与发动机倍转速线的交点即为叶片的共振点。从交点向下作垂线与横坐标的交点为叶片共振时对应的发动机转速,称为共振转速,如果发动机在该转速下工作,叶片便会发生共振;从交点向左作水平线与纵坐标的交点即为叶片发生共振的振动频率。

由于叶片有许多阶次的共振和共振点,发动机的共振转速也不止一个。尤其是航空发动机转速范围很广,又时常停车、开车,所以对一个叶片来说,在发动机转速发生变化的过程中,就有较多的机会产生共振。因此严格来说,叶片的共振现象是不可避免的,这就是航空发动机叶片振动的特点之一。但是,只要叶片共振转速不落在工作转速范围内,或者工作转速在叶片共振转速下停留的时间不长,都能够满足叶片工作要求,不会对叶片造成危害。

实际上,同一级轮盘上所装的叶片,由于叶片制造公差,叶片的几何外形、叶片重量、装配条件并不完全相同,造成各个叶片的同阶自振频率不完全相等,而是分布在一个较窄的范围,形成了自振频率差值 Δf,称为频率分散度。从共振角度看,我们总是希望分散度越小越好,这样叶片共振转速区就相应会小一些。

由于叶片存在频率分散度,叶片的任一阶次的频率都形成两条包线,上面一条包线表示高频的动频线,下面一条包线表示低频的动频线,共振转速图中叶片的动频曲线也表现为动频条带。动频条带与发动机倍转速线相交的区域称为共振转速区。

5.8 振 动 阻 尼

叶片疲劳失效在叶轮机械中非常常见。经过静子级和转子级通道的气流发生干扰,激发产生振动频率及其谐波,当这些谐波中的任何一个的频率与任何一个固有频率重合时,就会发生共振。共振时的高应力导致疲劳问题。控制共振应力的唯一方法是通过振动能量的耗散。因此,阻尼成为叶片设计的一个重要方面。

对于涡轮叶片来说,这种振动能量的耗散方式主要通过材料阻尼、界面库仑阻尼(干摩擦阻尼)、气动阻尼以及可能的冲击阻尼。这些阻尼本质上是复杂的非线性的。气动阻尼一般很低,当没有冲击阻尼时,材料阻尼和界面滑移面间的库仑阻尼是能量耗散的主要来源。其中干摩擦阻尼具有阻尼效果好、不受温度限制、容易实施、成本低等优点,是目前叶片减振较为有效的方法,因此叶冠、凸肩等具有干摩擦阻尼的结构形式在叶片中被广泛采用。设计者通常根据过去的经验和测试结果来估计限制共振应力的可用阻尼。

5.8.1 材料阻尼

材料阻尼是材料本身所具有的基本属性之一,是阻尼的一种主要形式,它代表了依靠材料本身的阻尼特性消耗机械振动能的能力,其取值大小直接影响到结构动力分析结果的可靠性。材料阻尼在材料学中又称内耗、材料的内摩擦,是指材料在振动时由于材料的晶粒相互摩擦等内部原因引起的机械振动能量损耗的现象,通常用损耗因子或阻尼比来表示该材料的阻尼大小。材料阻尼特性与材料的内部组织和结构有关,在很大程度上受周围环境如磁场、辐射等的影响,与温度和振动频率有很大关系(见图 5-22)。不同的材料阻尼因子存在较大的差异,表 5-3 列举了一些常用材料的材料阻尼系数。

表 5-3 常见材料阻尼系数

材料	纯铝	钢	铅	铸铁
阻尼因子	0.000 02~0.002	0.001~0.008	0.008~0.014	0.003~0.03
材料	天然橡胶	硬橡胶	玻璃	混凝土
阻尼因子	0.1~0.3	1.0	0.006~0.002	0.01~0.06

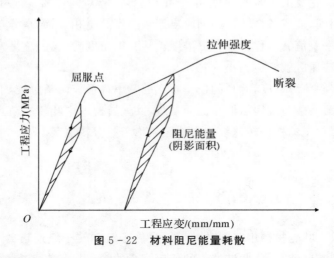

图 5-22　材料阻尼能量耗散

　　高阻尼材料是指阻尼因子较高的材料(阻尼因子一般大于 0.1),主要分为两大类,有机材料系统和金属材料系统。有机材料系统阻尼因子较大,且对电磁场不敏感,在室温条件下应用较多,但力学性能较差,不能作为结构材料使用,且易老化、使用周期短,应用范围有限;金属材料系统具有足够的强度和韧性,对温度依赖性较低,可直接用于制造承受振动的结构件,如镁合金、Zn-AL 合金、Mn-Cu 合金以及形状记忆合金等。

　　材料的阻尼作用并不是按单一机制进行,但将结构件的振动弹性能在阻尼材料的内部转变成热能释放出去,在这一点上是相同的。目前,材料的阻尼机制可分为以下 5 种类型:

　　(1)复合型。复合型阻尼材料一般具有两相或两相以上复合组织,通常在基体中分布较软的第二相。在外界作用下,基体组织发生弹性变形,第二相在界面处发生塑性流动,使振动能转化为热能而消耗。

　　(2)孪晶型或界面型。在外加应力下,通过界面的运动而耗散能量。界面阻尼对温度十分敏感,随温度的上升,阻尼能力增强,但在高温下,材料的力学性能较差。所以该类阻尼机制适用的温度较低。

　　(3)位错型。由析出物和杂质原子引起的位错,在外加振动应力作用下松开后,由表观的位移增大而引起静态滞后,从而产生能力损耗。如 Mg 系合金等。其特点是阻尼本领高,密度低,主要缺点是强度偏低,耐腐蚀性以及压力和切削加工性能较差。

　　(4)铁磁性型。该机制主要适用于铁基合金,伴随着由变形引起的磁畴的非可逆运动而产生磁力学的静态滞后,产生能量损耗,从而形成阻尼。该类合金的优点是成本低,加工性能好,具有一定的耐磨性和耐腐蚀性,受频率的影响较小,使用极限温度高,性能稳定,并且可以用合金化和表面处理来提高性能;缺点是受应变振幅的影响较大,要求的热处理温度较高。

　　(5)表面裂纹型。由于裂纹面的相对滑动摩擦而产生的弹性能的损耗,使振动能量衰减发生于材料内部。

5.8.2　干摩擦阻尼

干摩擦阻尼也称库仑阻尼,是一种工程上常见的阻尼,在航空发动机减振结构中使用较多。干摩擦阻尼来源于两个相互摩擦的平面,其阻尼的大小等于相互摩擦的两个平面上的正压力乘以其摩擦系数。一旦两个平面发生了相对运动,干摩擦阻尼与摩擦平面的相对速度无关,即阻尼力和运动质量块的速度无关,干摩擦阻尼力的方向与物体运动的方向相反,计算公式为

$$f = -\mu N sgn(v) \tag{5-44}$$

式中,μ 为摩擦系数;N 为正压力;$sgn(v)=v/|v|$,表示速度 v 的符号。

根据摩擦学理论,当两物体摩擦接触时,接触面之间会产生切向摩擦力,方向与接触面相对运动或相对运动趋势方向相反。在接触面相对运动过程中,摩擦力总是做负功,将物体的动能转化为热能。摩擦运动过程中,接触面会出现黏滞、滑动及分离等状态,因此接触面摩擦力具有高度非线性。由于叶片系统自身的复杂性和摩擦力的非线性,叶片系统干摩擦阻尼减振方面的研究存在很多困难,包括摩擦力模型的建立,含摩擦阻尼结构振动系统非线性响应的求解方法,以及摩擦阻尼结构的优化设计等。

目前应用于实际航空发动机叶片的干摩擦阻尼结构大致可分为叶冠、拉筋、凸肩、平台阻尼、燕尾形叶根等类型。这几种阻尼结构,可以单独采用,也可以根据需求同时使用两种及以上类型。

(1)叶冠。叶冠是发动机叶片最常用的一种干摩擦阻尼结构,根据形状可分为梯形、W形、V形、Z形。装配好的叶片,静态时相邻叶冠间有初始间隙,工作时由于离心力作用发生叶片扭转,使得相邻叶冠接触面相互贴紧。叶片振动时,叶冠接触面发生相对滑移耗散振动能量,降低叶片振动应力,从而延长叶片寿命和提高叶片运行的安全可靠性(见图 5-23)。叶冠的优点是:阻尼效果好,且能减小叶顶漏气损失,提高气动效率。其缺点是会给叶片带来附加质量,增加叶片的离心应力。

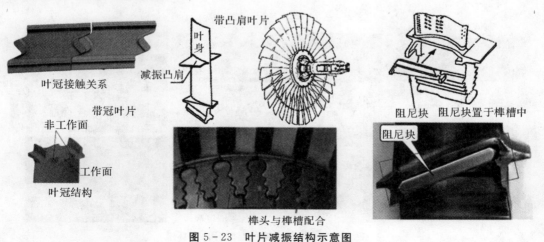

图 5-23　叶片减振结构示意图

（2）拉筋。为了降低叶片的振动,在叶型上钻孔,然后用一条拉筋穿过该孔将叶片连接成组或成圈。在离心力作用下,拉筋与拉筋孔之间产生接触正压力。转速较低时,接触正压力较小,拉筋与拉筋孔之间相互摩擦,消耗振动能量。转速较高时,接触正压力变得很大,使得拉筋与拉筋孔之间很难发生摩擦。因此,多认为拉筋在启动或停机过程对叶片的减振效果较好。其缺点是拉筋会对流场造成扰动,降低气动效率;拉筋孔的存在会产生应力集中,降低叶片的强度性能。

（3）凸肩。凸肩的位置一般在叶型的中间偏叶顶处,其工作原理与叶冠相似。凸肩除了具有减振作用外,还可以增加叶片的刚性,提高叶片的颤振稳定性。凸肩的缺点也是会对流动产生干扰,降低叶片的气动效率。

（4）缘板阻尼块。缘板阻尼块安装在叶片缘板下面,其形状有平板形、楔形等多种形式,可以通过改变阻尼块的质量来调节接触正压力,降低叶片的振动响应。其基本工作原理是将阻尼块置于叶片缘板与伸根之间的空腔中,当发动机工作时,缘板阻尼块随叶片一起转动,其自身产生的离心力提供阻尼块与叶片之间摩擦接触的正压力。由于缘板阻尼块安装方便,又不影响叶片的气动效率,所以近年来在航空发动机上被广泛采用,比如 CFM56-3 发动机的第一级风扇叶片和 RB211-524G/H 发动机的低压涡轮叶片均使用了平台阻尼器。

（5）燕尾形叶根。具有燕尾形叶根的叶片通常采用松装的方式,具有结构简单、拆装方便、不影响气动性能、无附加质量等优点。在启动、停机过程中,叶片自身的离心力比较小,叶片发生振动时,叶根与榫槽接触面发生摩擦,消耗振动能量。但在正常工作时,由于离心力非常大,会使叶根和榫槽接触面处于粘死状态,不能消耗振动能量。因此,叶根阻尼主要在发动机启停过程中对叶片的减振作用贡献较大,而在正常工况下对叶片的减振作用较小。

摩擦阻尼具有较好的减振效果,但是摩擦副之间发生干摩擦、异常磨损也会导致叶片裂纹或断裂,出现叶冠掉角、凸肩开裂、缘板磨损、叶片断裂等失效破坏(见图5-24)。叶片榫头与轮盘榫槽发生微动磨损、挤压变形,甚至造成榫头断裂。

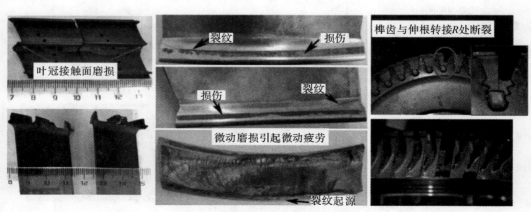

图 5-24　接触摩擦引起的叶片破坏

5.9　排除叶片振动故障

排除叶片振动故障的方法,对于叶片强迫振动的共振和叶片颤振两者是不同的,总地来说有三类方法,即:①解决叶片振动的外因,改变激振频率或气动力特性,称为调激振力法,以避开共振;②解决叶片振动的内因,改变叶片固有特性自振频率,称为调频法,以避开共振;③提高叶片的抗振强度或采用减振结构。对于排除共振故障,上述三类方法都有效;而对于排除颤振故障,单纯调整叶片频率往往起不到显著效果。

5.9.1　改变激振条件

发动机中激振力的形成比较复杂,激振力的频谱也比较广泛,因此要改变激振力必须正确地判断激振源,然后采用相应的措施。

由前可知,激振频率 $f_B = Kn$,改变激振力频率需要通过改变发动机转速 n 或改变结构系数 K。改变激振频率对于排除机械激振力和尾流激振力造成的叶片共振极为有效,而对于旋转失速共振和失速颤振则需要从改变气动力特性的方面着手。

(1)改变发动机转速 n。改变发动机转速,对于改变激振力频率较为显著,但实现起来非常困难。因为发动机转速的改变,会导致发动机的工作特性、工作状态发生变化,除非在十分必要的情况下,或者属于一种临时性措施,方被采用。

(2)改变结构系数 K。根据不同性质、源头的激振力,用改变相对应的结构系数 K 的方法,改变激振频率是十分有效的。结构系数跟发动机结构(例如放气窗、放气孔)、零部件(例如支柱、燃烧室、叶片)的数量有关,通过改变相关结构的数量可以改变构造系数。但是这种结构的改变引起的激振力频率的变化,可能会引起其他叶片、其他模态的振动。结构上的改变是牵一发而动全身的,改变一处结构,可能要把发动机每一个相关的零部件都要计算一遍,所以从计算、分析的角度,改变结构的工作量是十分巨大的。发动机一旦使用,改变结构往往是不可能的。

发动机中为了减弱激流激振力的强度,使静叶片的数目与动叶片的数目互为质数。现有发动机上多采用这种方法。由于压气机机匣为对开式的,所以一般使静子叶片做成偶数安装,转子叶片则为奇数。

5.9.2　叶片的调频法

叶片的调频法是改变叶片的自振频率,以避开共振。叶片调频可以使叶片频率增高,也可以使其频率降低,只要不产生共振就可以。一般使叶片频率增高为好,因为在同样的激振力作用下,频率高,意味着刚性强,振动就小,振动应力相应较小。根据叶片自振频率的表达式,即

$$f \propto \sqrt{E/\rho} \cdot \sqrt{I/A} \qquad\qquad (5-45)$$

调频就是改变叶片上述参数以改变自振频率。

(1)调换材料。通过更换叶片材料,就改变了公式中的 E 和 ρ,就能起到调整频率的作用。对于常见的金属合金,虽然材料的弹性模量 E 和密度 ρ 有一定差异,但是材料的比刚 E/ρ 相差不多,采用常见的金属合金调换叶片的材料,叶片自振频率的变化并不显著。当然,采用复合材料叶片,自振频率会有大幅度的改变。

(2)改变叶片型面。改变型面就是改变叶片的几何形状,这些都是改变了叶片的几何参数,进而改变了公式中的惯性矩 I 和面积 A。改变叶片型面常用的两种方法为,一是对叶片的某些截面进行加厚或者减薄,二是在叶身或叶尖局部去掉部分材料(见图 5-25)。叶片型面的改变应以不影响叶片的气动性能为原则,同时还要考虑到叶片强度和工艺要求。

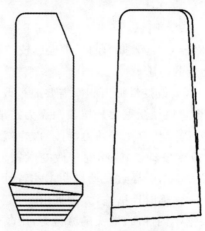

图 5-25　叶片的切角和修边

5.9.3　提高叶片的抗振性能

目前在生产中还广泛地采用提高叶片的抗振性能,以减弱振动或防止振动,尤其是对于振动应力不太大的共振、非稳定振动以及随机振动的强迫振动等,这种方法更为有效。

提高叶片的抗振性,主要从叶片设计与选材上增加叶片的阻尼或耗散能,从工艺上对叶片表面进行强化处理等。

(1)叶片的阻尼与衰减。增加叶片振动中的阻尼,就是增大叶片振动中的能量衰减率。叶片每振动一周,阻尼就会消耗一定能量,使之转变为热能或声能等耗散能。阻尼越大,消耗的能量就越大,叶片振幅和振动应力就会减小,甚至起到阻止振动的作用。

形成叶片的阻尼与衰减的形式有 3 种:材料的衰减、叶片根部榫头联结部的衰减和空气对叶片的衰减。

1)材料的衰减产生于材料的内阻,从图 5-26 中可以看出,非金属材料与复合材料的衰减率最大,钢、钛合金次之,铝合金最小。材料内阻与温度有关。低温内阻小;高温内阻大,衰减率强。

材料内阻还与振动应力有关,振动应力大,振动循环区就大,能量消耗与衰减率都随之增大,以不锈钢材料的衰减率增大得最快。

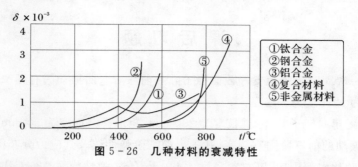

图 5 - 26 几种材料的衰减特性

2) 叶片榫头的衰减。叶片榫头的衰减性能取决于叶片减振结构的形式。图 5 - 27 为三种典型的叶片榫头结构的衰减率随转速变化的情况。其中以活动销钉式榫头结构减振性能最好。斯贝发动机压气机叶片在燕尾榫头头部的结合表面上涂有银层,由于银层较软,也增加了减振性。有些叶片涂有二硫化钼以利于减振。

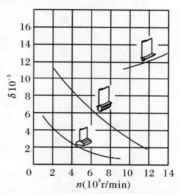

图 5 - 27 叶片榫头的减振特性

3) 气体衰减率。通常气体衰减率(气动阻尼)与叶片振动速度的平方成正比,这种振动阻尼具有非线性的振动特性。气动阻尼与气流的流动状态有关,在一般情况下,气体对叶片都会形成阻振力,每一振动循环中,气体从中消耗叶片的振动能量,使振幅减小。如果每次振动循环中,气体相对于叶片形成增加能量,便称为激振力,即叶片颤振发作的现象。

由于气动衰减率与振动速度的平方成正比,当叶片产生高频振动时,其衰减性能加强,也就是说叶片高频振动时,气动阻尼将起到主要的衰减作用。

(2) 叶片的表面强化处理。大量的事实表明,叶片表面质量的好坏对叶片的振动疲劳出现的早晚有显著影响。叶片的疲劳裂纹往往产生于表面有缺陷的地方。因此,提高叶片表面质量或者进行表面强化处理,可以有效提高叶片抵抗振动破坏的能力,增加叶片的使用寿命。表面强化常采用的方法有表面抛光、喷丸强化和表面涂层等。

此外,通过表面局部强化的方法(例如局部激光冲击强化、局部喷丸强化),能够在叶片局部引起残余应力和晶粒细化,导致局部刚度发生改变,对于控制、选择叶片振动的模态、改变叶片的固有频率有较好的作用,为叶片设计,特别是造型后叶片的改进设计提供了一种更加灵活的方法。

课 后 习 题

1. 试推导一端固定一端简支等截面静子叶片前三阶弯曲振动固有频率表达式。已知叶片横截面宽度为 b,高度为 h。

2. 等截面无扭向转子叶片,其长度为 200 mm、矩形横截面宽为 50 mm、厚为 3 mm。试求其横向弯曲振动的前三阶固有频率,并画出前三阶弹性线及其应力分布图。

3. 某转子叶片根部固定,其材料密度 4 440 kg/m³,弹性模量 120 GPa,泊松比为 0.3。假设叶片为等截面叶片,叶根半径 320 mm,叶片高度 44 mm,叶片厚度为 6 mm,宽 30 mm。试利用有限元分析软件,作出该叶片的共振转速图/Campbell 图,并对仿真结果进行分析。

第6章　轮盘和壳体的振动

我们先要弄清事实,然后再去寻找原因。

——亚里士多德

6.1　轮盘的振动

6.1.1　圆盘振动的形式

在航空涡轮发动机上,为了减轻重量,无论压气机盘或涡轮盘都做得很薄,因而容易引起振动,在实际发动机上也曾出现过由于振动而造成的盘损坏事故。

圆盘振动和其他弹性体振动一样,也有各种振动形式。圆盘的弯曲振动可分成以下三类。

(1)第一类振动:振动形式对称于中心,全部节线都是同心圆,又称为伞形振动。它有许多振型,每一振型对应于一个确定的节圆数,节圆数比振型阶次数少1。其中最简单的是中心固定的零节圆的一阶振动,如图6-1所示;图6-2是中心固定的二阶振动,三阶以上的振动形式可以此类推,如图6-3所示。

这类振型可以通过简单的实验观察到,图6-4为一圆盘振动试验装置,该装置用压电晶体激振,当激振力频率与自振频率相近时,盘上出现有规则的沙子分布形状。对应每一种沙形,有一个确定的自振频率。

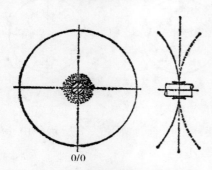

图6-1　中心固定圆盘的伞形振动

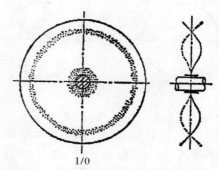

图6-2　带一个节圆、中心固定的圆盘振动

· 123 ·

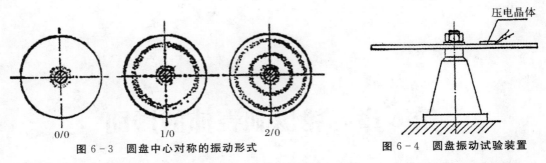

图 6-3　圆盘中心对称的振动形式

图 6-4　圆盘振动试验装置

对于边缘固定的圆盘,振动时没有中心节点,节圆情况与中心固定的类似,如图 6-5 所示。

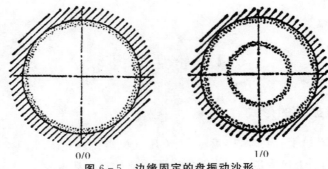

图 6-5　边缘固定的盘振动沙形

这类振动在航空涡轮发动机上可能产生,由于涡轮联轴器的制造或安装不准确,在工作时轴向力发生周期性变化,可引起上述振动。但根据经验,这种振动一般不会导致盘的损坏。

(2)第二类振动:扇形振动,全部振动节线都是沿圆盘面径向分布的直线,这些线称为节径,其形式和标记如图 6-6 所示,其中"＋""－"号代表振动时的位移方向,记为 0/1, 0/2,…

这类振动无论是中心固定或边缘固定的圆盘都可能产生。在实际发动机上,这类振动最容易引起轮盘损坏。

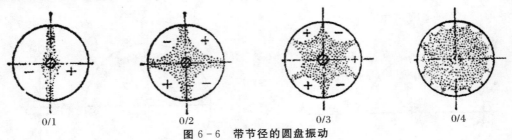

图 6-6　带节径的圆盘振动

(3)第三类振动:复合振动,即伞形振动和扇形振动的组合,如图 6-7 所示。由于其自振频率很高,故在实际发动机上,这些振动的危险性较小。

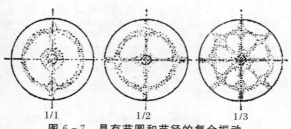

1/1　　　　　　1/2　　　　　　1/3

图 6-7　具有节圆和节径的复合振动

在前面的叙述中为了方便起见,将圆盘振动类型用统一符号进行标记,如 0/0,1/0,2/0,…,分别对应表示零节圆/零节径,一节圆/零节径,二节圆/零节径,…

6.1.2　薄等厚圆盘的自振频率

当盘的厚度远小于其直径(半径>5×厚度)时,称为薄盘。类似于等截面无扭向叶片自振频率的计算方法和步骤,对于薄等厚圆盘,也可以得到各阶振型的自振频率,现直接给出结果如下:

$$p = \frac{\alpha}{r_a^2} \sqrt{\frac{D}{\rho h}} \tag{6-1}$$

式中,p 为薄等厚圆盘的自振角频率(rad/s);r_a 为圆盘半径;ρ 为轮盘材料的密度;h 为盘的厚度;D 为盘的抗挠刚度,与轮盘材料的弹性模量 E 和泊松比 ν 相关,$D = \frac{Eh^3}{12(1-\nu^2)}$;$\alpha$ 值随振动形式而异,见表 6-1,表中 i 为节圆数,j 为节径数。

表 6-1　各种等厚圆盘振动形式的 α 值

中心固定		边缘固装				
	$j=0$		$j=0$	$j=1$	$j=2$	$j=3$
$i=0$	3.75	$i=0$	10.21	21.26	34.88	51.04
$i=1$	20.91	$i=1$	39.78	60.82	84.58	111.00
$i=2$	60.68	$i=2$	89.10	120.07	153.81	190.30
$i=3$	119.70	$i=3$	158.13	199.07	242.73	289.17

6.1.3　影响轮盘自振频率的因素

1.叶片对盘自振频率的影响

实际的压气机盘,除了具有中心孔、变厚度等特点外,外缘还装有叶片、带加强边或其他特殊结构,它们对盘的自振频率都有一定的影响,其中以叶片的影响最大。对于带叶片的薄盘的振动,实际是盘和叶片的耦合振动,其振动特性和单个盘的振动特性是不一样的。表 6-2 列出对固装有 10 片等厚叶片的中心固定的等厚度铝质薄圆盘结构,用有限元法计算的前几阶自振频率,图 6-8 为对应的振型。由表 6-2 可知,当盘片耦合振动时,出现新的频率和振型,它们均不同于单个叶片或单个轮盘的振动情况,振动的节圆可能移到轮盘之外,此时,盘和叶片作为一个振动体来考虑。这种振动的计算比较复杂,本书不再详细叙述。

表 6 - 2   盘片结构的自振频率

振动体	各阶自振频率/Hz							
	f_1	f_2	f_3	f_4	f_5	f_6	f_7	f_8
盘片结构	111.0	120.0	127.8	176.3	205.5	214.0	539.0	555.0

2. 离心力的影响

当发动机旋转时,压气机及涡轮盘承受很大的离心力(叶片和盘本身的惯性力)。对于轮盘振动边界条件是中心固装的情况(即盘和轴的连接在盘心附近且只考虑轮盘振动的情况下),轮盘在离心力场中振动时,要克服离心力而做功,故轮盘上的势能除变形能外,还有离心力场的势能,这样相当于增加了盘的刚性,因此自振频率随转速的增加而升高。为区别二者起见,称角速度等于零时的振动频率为"静频",旋转盘的频率为"动频"。"动频"的计算,可采用能量法,计算公式(其推导类似"叶片振动"相关章节中的叙述)为

$$f_d^2 = f_0^2 + B \left(\frac{n}{60} \right)^2 \qquad (6-2)$$

式中,f_d 为动频(Hz);f_0 为静频(Hz);n 为转速(r/min);B 为离心力影响系数,对于不同的边界和阶次,B 值是不同的。

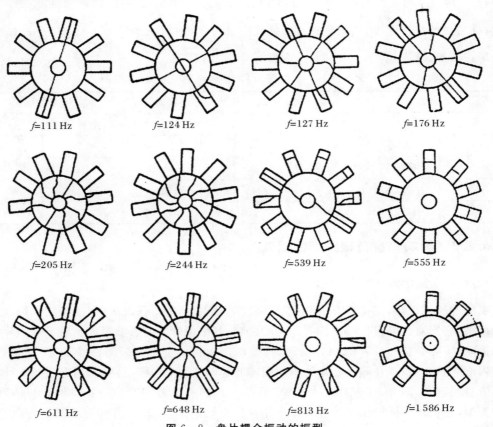

图 6 - 8   盘片耦合振动的振型

3. 温度对轮盘自振频率的影响

发动机工作时,由于涡轮盘温度很高,而弹性模量 E 则随温度升高而下降。此外,温度沿径向分布不均,从而产生内应力。因此,温度的影响可使盘的自振频率改变。通常,对轮心温度低、轮缘温度高的盘,其自振频率比常温下温度均布的盘要低。

4. 动 波

第二类振动(节径振动)在实际发动机中最常见,以下再详细分析这类振动,并讨论"动波"和"临界转速"的概念。

建立等厚薄圆盘振动计算分析的圆柱坐标系,如图 6 - 9 所示,圆盘厚度方向为 x 坐标,也即轮盘的振动方向(还是发动机的轴线方向,排气方向为正);取轮盘的半径方向为 r 轴,圆心指向外缘为正;轮盘的旋转方向为 θ 轴。三个坐标轴交于轮盘盘心(坐标原点)。

设想该等厚薄轮盘由无限多的微元体 $\mathrm{d}r\mathrm{d}\theta$ 组成。盘在振动过程中,各微元之间的截面上存在力的作用。假想盘上的任一微元体 $\mathrm{d}r\mathrm{d}\theta$ 都沿着轴向 x 做周期性的振动,则它们具有下列特点:

(1)每一微元都是简谐振动;

(2)所有微元都以相同的频率振动;

(3)在振动时各微元的相位相同,就是它们同时达到最高、平衡和最低位置。

对于以上 3 种情况可以用下式表明:

$$x(r,\theta,t)=x_0(r,\theta)\cos pt \tag{6-3}$$

式中,$x(r,\theta,t)$ 为盘上坐标为 (r,θ) 处在时间 t 时的 x 方向(轴向)的振动位移;$x_0(r,\theta)$ 为微元 $\mathrm{d}r\mathrm{d}\theta$ 在 x 方向(轴向)上的振幅;用 $\cos pt$ 表示简谐振动。

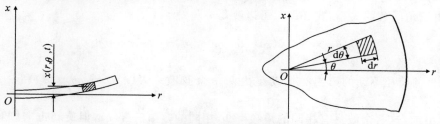

图 6 - 9　等厚薄圆盘振动分析的圆柱坐标系

下述以图 6 - 10 为例来研究振幅 $x_0(r,\theta)$。图 6 - 10 代表边缘固装,一节径的圆盘节径振动。在节径 FOH 上振幅为零,在相隔 90° 的 OE、OG 线上振幅最大。任意圆周 E′F′G′H′ 的展开如图 6 - 10(b)所示,可以认为 E′F′G′H′ 是余弦曲线,则

$$x_0(r,\theta)=X(r)\cos\theta \tag{6-4}$$

式中,$X(r)$ 的意义如图 6 - 10(b)所示,它代表在一定半径 r 的圆周上的最大振幅。对于边缘固装的圆盘,在外圆周 EFGH 和节径 FOH 上 $X(r)$ 均为零,在某一半径 r 处,$X(r)$ 值最大。

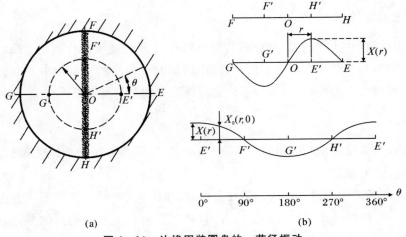

(a)   (b)

图 6-10　边缘固装圆盘的一节径振动

对于有 m 个节径的振动则写为

$$x_0(r,\theta)=X(r)\cos m\theta \tag{6-5}$$

将式(6-5)代入式(6-3),可得

$$x(r,\theta,t)=X(r)\cos m\theta \cos pt \tag{6-6}$$

(1)可以利用式(6-6)寻找圆盘振动节径的位置。由于振动时,节径上的位移 $x(r,\theta,t)$ 为零,代入式(6-6)可得 $m\theta=\dfrac{i\pi}{2}(i=1,3,5\cdots)$,或 $\theta=\dfrac{i\pi}{2m}$。而 θ 是从圆盘节径振动时振幅最大的半径(如图 6-10(a)中的半径 OE)开始逆时针旋转度量的角度,对于 $m=1$(一节径振动)的情况 $\theta=\dfrac{i\pi}{2}(i=1,3,5\cdots)$,也就是节径 $OF(i=1)$ 和节径 $OH(i=3)$ 与 OE 之间的夹角。同时还可以发现用 θ 描述的节径位置与时间 t 无关,即节径在盘上的位置是不变的。

(2)由三角函数的关系,式(6-6)可以改写为

$$x(r,\theta,t)=\frac{1}{2}X(r)\left[\cos(m\theta-pt)+\cos(m\theta+pt)\right] \tag{6-7}$$

即圆盘的节径不动的第二类振动是由两个余弦波 $\dfrac{1}{2}X(r)\cos(m\theta-pt)$ 和 $\dfrac{1}{2}X(r)\cos(m\theta+pt)$ 组成,这两个波具有相同的角频率 p,相同的幅值 $\dfrac{1}{2}X(r)$,但旋转方向则相反。一般把这两个余弦波都称为"动波",其具有下述特性:

1)在全圆周上任何时间都有 $2m$ 个节点和 $2m$ 个极大值或极小值。

2)这些节点(和其他点一起)随时间以一定角速度在圆周上旋转,如图 6-11 所示。

由式(6-7),满足位移为零的条件为

$$\cos(m\theta\pm pt)=0 \tag{6-8}$$

或

$$m\theta\pm pt=\frac{i\pi}{2},\ i=1,3,\cdots \tag{6-9}$$

由此得到两个"动波"的节径相对于盘的运动方程为

$$\theta = \frac{i\pi}{2m} \pm \frac{pt}{m} \qquad\qquad (6-10)$$

对应的角速度为

$$\frac{\mathrm{d}\theta}{\mathrm{d}t} = \pm \frac{p}{m} \qquad\qquad (6-11)$$

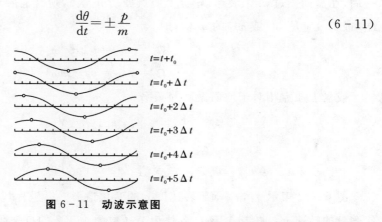

图 6-11　动波示意图

可见,这两个余弦波的节径(波形)以大小相等,方向相反的角速度在盘上旋转,波形随时间变化,故把这两个余弦波都称为"动波"。

在实际圆盘上,还可以分别出现任一个单独的动波。对于圆盘上的任一质点,在 $m=1$ 的情况下,当某个单独的"动波"相对于轮盘旋转一周时,该质点振动一次;在节径数目较多、即 $m>1$ 的情况下,当某个单独的"动波"相对于轮盘旋转一周(2π)时,该质点振动 m 次。则动波的角速度可用 $\frac{2\pi}{\Delta t}$(rad/s)表示,同时质点振动频率就是 $\frac{m}{\Delta t}$(Hz)。而轮盘上质点振动的角频率始终是 p,由频率和角频率的关系 $\frac{p}{2\pi} = \frac{m}{\Delta t}$,推出 $\Delta t = \frac{2\pi m}{p}$,由此动波的角速度就是 $\frac{p}{m}$,与式(6-11)得到的结论相同。

以上讨论的盘是不动的,即 $\omega = 0$。当盘以角速度 ω 旋转时,则任一"动波"相对于地面移动的角速度 ω_1,ω_2 为

$$\left. \begin{array}{l} \omega_1 = \dfrac{p}{m} + \omega \\[2mm] \omega_2 = \dfrac{p}{m} - \omega \end{array} \right\} \qquad\qquad (6-12)$$

必须注意,当盘旋转时,其自振角频率 p 较不转情况的自振角频率为高(盘和轴的连接靠近盘心的情况)。为区别起见,旋转情况下的自振角频率写为 p_d,则有

$$\left. \begin{array}{l} \omega_1 = \dfrac{p_d}{m} + \omega \\[2mm] \omega_2 = \dfrac{p_d}{m} - \omega \end{array} \right\} \qquad\qquad (6-13)$$

式中,以角速度 ω_1 旋转的"动波",其旋转方向和盘旋转方向一致,称"顺动波";以角速度 ω_2 旋转的"动波",其旋转方向和盘的旋转方向相反,称"逆动波"。

对地面上的观察者而言,动波的旋转速度就是 ω_1 和 ω_2。当任一"动波"相对地面旋转一周,在盘面扫过 m 个波形(轮盘上质点振动 m 次),则盘上质点相对于地面振动的角频率 Ω_1(或 Ω_2)应是 ω_1(或 ω_2)的 m 倍,即

$$\left.\begin{aligned}\Omega_1 = m\omega_1 = p_d + m\omega\\\Omega_2 = m\omega_2 = p_d - m\omega\end{aligned}\right\} \tag{6-14}$$

或盘上质点相对于地面振动的频率

$$\left.\begin{aligned}f_1 = f_d + m\left(\frac{n}{60}\right)\\f_2 = f_d - m\left(\frac{n}{60}\right)\end{aligned}\right\} \tag{6-15}$$

图 6-12 表示 f_1,f_2 随旋转速度 n 的变化情形。纵坐标代表频率 f_1,f_2 或 f_d,横坐标代表盘的转速 n。曲线 A,B,C 各代表节径数为 4,3,2 的自振频率 f_d;曲线 A_1,B_1,C_1 为相应节径数的顺动波振动频率 f_1;曲线 A_2,B_2,C_2 则相应于逆动波振动频率 f_2。

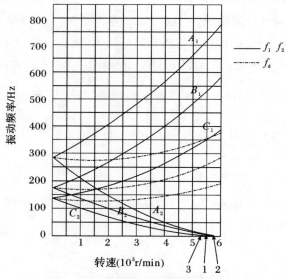

图 6-12　振动频率与旋转速度的关系

由式(6-13)可见,当 $p_d = m\omega$ 时,$\omega_2 = 0$;或 $n/60 = f_d/m$ 时,$f_2 = 0$。这种情况对应于图 6-12 上的 1,2,3 三点。这表示"逆动波"节径相对于盘的转动速度,其大小等于盘的转动速度,而方向则相反。节径将在空间停止不动,即波形不动,称为"驻波"。而盘上的各点仍以转速 n 向前转动,其运动情况见图 6-13,图 6-13 中 $0,1,2\cdots$ 代表盘上的各点。

上述的驻波现象,具有重要的实际意义。由经验得知,这种现象是盘损坏的最重要原因。在图 6-13 上,例如在 A 区域附近,任何时刻,盘的轴向振动永远是向上的,如果此处

作用有不变的气动力,则凡经此区域的盘上各点,都可以从这个气动力得到某些能量。于是盘的振动得以维持和扩大。在实际的盘上,只要沿圆周的某区域的气体压力不均匀,就会引起上述的振动,而这种压力不均匀现象几乎是不可避免的。

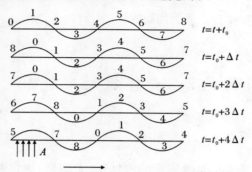

图 6－13　出现空间静止动波时,盘的各点运动情况

发生上述"驻波"现象时,其转速 n_{cr} 称为"临界转速",即

$$\frac{n_{cr}}{60} = \frac{f_d}{m} \qquad\qquad (6-16)$$

或

$$n_{cr} = \frac{60 f_d}{m} \qquad\qquad (6-17)$$

由经验得知,对于多节径的振动(如 $m=4$),由于频率较高,在临界转速下,振动不会很激烈。此外,由于曲线斜度的关系,一节径振动的临界转速不存在(见图 6－12 上,相当于 $m=1$ 的"逆动波"曲线与横坐标无交点)。在设计圆盘时,应计算 $m=2,3,4$ 的临界转速,注意它是否可能与工作转速重合。

变厚度盘的振动,性质上和等厚盘相同,但计算繁琐,常借助于实验和经验。

5. 盘振动的激振力

引起盘振动的激振力大致有以下 3 种来源。

(1)其他零件的力通过连接环或轴传给盘。

(2)盘面气体压力不均,或有周期性变化。

(3)叶片受到的周期性气体力传给盘。

盘面的气体压力的变化不但能引起盘的共振,而且还可以引起盘的自激振动,其机理类似于叶片的颤振。

从叶片传来的激振力,大多为周向通道内的气体压力不均而引起的。例如全部火焰筒中,有一个气流情况特殊,致使其有不同的总压损失,而造成周向流场不均匀,则旋转通过此火焰筒出口处的涡轮叶片都会突然承受一个比平均值较大或较小的气体轴向力,这种力对观察者来说是不动的,但是对于旋转的涡轮叶盘,这正是造成"驻波"的激振力(见图 6－13 所示的 A 区)。当 $n=n_{cr}=60 f_d/m$ 时,出现"驻波"现象,有可能引起盘的破坏。凡是气流通道中的局部障碍,导向叶栅面积不均匀,燃烧不均,涡轮盘面冷却空气流通不均等原因,都能造成上述的激振力。

多转子发动机涡轮叶片之间,有复杂的干扰力,由于各级转子之间的转速有变化,将带来频谱广泛的激振力,使叶片与盘都受到影响。

6.2　壳体振动概述

6.2.1　壳体振动概述

在航空发动机上,许多薄壳如燃烧室的内外壳、火焰筒、加力燃烧室等都会发生振动。以往经验说明:在试制的或生产的发动机上,上述各件的振动损坏是常见的。

引起壳体振动的主要原因是气流的压力脉动。例如,由于压气机转动,同时由于末级工作叶片后的气流压力不均(即叶栅后的压力不均,特别在发生气流分离现象时最为严重),在主燃烧室进口处就会造成气流压力脉动。譬如发动机转速 $n=6\,000$ r/min,叶片数为 60,则将产生 $\dfrac{6\,000}{60}\times 60=6\,000$ Hz 的激振力。

在主燃烧室和加力燃烧室中,产生气流压力脉动的另一个原因是"燃烧不均"。在正常情况下,燃烧室的压力也有少量脉动,而在不正常情况下,燃烧室会发生强烈的振荡(振荡燃烧),其压力有大幅度的变化(可达 70%)。在使用柱塞泵供油的燃烧室及加力燃烧室中,由于供油压力的脉动,也会产生气流压力脉动。强烈的压力脉动常是伴随壳体内气流共振而产生的。强烈的压力脉动可使壳体在极短时间内毁坏。

在超音速的进气道中也会发生气流振荡。在冲压发动机中,燃烧室紧接于进气道之后,因而受到影响,致使燃烧室也产生振荡。

6.2.2　圆柱壳体振动形式及自振频率计算

1.圆柱壳体的振动形式

在航空涡轮发动机和冲压发动机中,多数壳体都可当作圆柱壳体处理,一些局部的锥度可以忽略不计。对于较长、锥度不大的壳体,可取用其平均直径,作为圆柱壳体。

图 6-14(a)的振动对称于壳体的轴线,在任一横截面上,仍旧保持圆形,但随轴向位置不同,圆的直径大小有变化。即,振动时圆柱母线发生随时间的弯曲变形,圆柱壳体振动的节线是垂直于轴线的圆。

图 6-14(b)的振动是横截面的圆发生规则的几何形状改变,沿圆柱面母线有 4,6,…条节线。

图 6-14(c)表示一阶和二阶横向弯曲振动,与梁的弯曲振动类型相似,但截面没有转动。

图 6-14 表示可能产生的圆柱壳体振动形式。

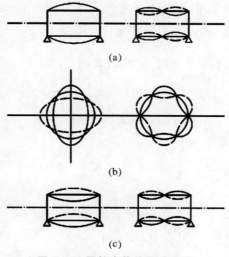

(a)

(b)

(c)

图 6-14 圆柱壳体的振动形式

(a)壳体轴线对称的振动；(b)横截面上轴对称的振动；(c)纵向弯曲振动

2.自振频率计算

对于圆柱壳体振动，用能量法求自振频率比较方便。本节主要分析壳体轴线对称的振动，以及其自振频率计算。

(1)壳体轴线对称的振动位移描述。对于壳体轴线对称的振动[图 6-14(a)]可以认为形成线按正弦曲线变化。图 6-15 中 $R(x,t)$ 代表径向位移，于是

$$R(x,t) = R_0(x)\cos pt = R_{0\max}\sin\frac{n\pi x}{l}\cos pt \qquad (6-18)$$

式中，$R_0(x) = R_{0\max}\sin n\pi x/l$ 为形成线的振动形式，或称为振动弹性线；n 为振动阶次；p 为自振角频率(rad/s)。

式(6-18)的弹性线相对于两端简支的情况，即在支点截面上，$d^2 R_0(x)/dx^2 = 0$。进一步的分析或实验均可证明：对于固装端也可以采用上述条件来计算自振频率。由于壳体的刚性很小，其固装端的影响只在很接近支点截面的位置才比较显著，因而可以看做是简支端。

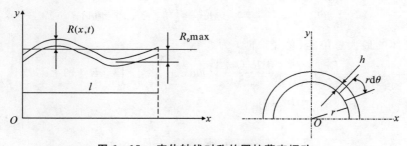

图 6-15　壳体轴线对称的圆柱薄壳振动

（2）壳体轴线对称振动的固有频率计算。

1）最大动能的计算。振动时，壳体上任意微元体 $hr\mathrm{d}\theta\mathrm{d}x$ 的动能为

$$\frac{1}{2}\mathrm{d}m\left(\frac{\partial R}{\partial t}\right)^2 = \frac{1}{2}\rho hr\mathrm{d}\theta\mathrm{d}x\left(\frac{\partial R}{\partial t}\right)^2 = \frac{1}{2}\rho hr\mathrm{d}\theta\mathrm{d}x\left(-pR_0(x)\sin pt\right)^2 \qquad (6-19)$$

则当微元体 $hr\mathrm{d}\theta\mathrm{d}x$ 振动到平衡位置时，它的动能最大，为

$$\frac{1}{2}\mathrm{d}m\left(\frac{\partial R}{\partial t}\right)^2 = \frac{1}{2}\rho hr\mathrm{d}\theta\mathrm{d}x\left(\frac{\partial R}{\partial t}\right)^2 = \frac{1}{2}\rho p^2 hrR_0^2(x)\mathrm{d}\theta\mathrm{d}x \qquad (6-20)$$

式（6-19）和式（6-20）中符号的意义如图 6-15 所示。

于是全壳体的最大动能为

$$T_{\max} = \frac{1}{2}\rho p^2 hr\int_0^l\int_0^{2\pi}R_0^2(x)\mathrm{d}\theta\mathrm{d}x =$$

$$\frac{1}{2}\rho p^2 hr\int_0^l\int_0^{2\pi}R_{0\max}^2\sin^2\frac{n\pi x}{l}\mathrm{d}\theta\mathrm{d}x =$$

$$\frac{1}{2}\rho p^2 hrR_{0\max}^2\int_0^l\int_0^{2\pi}\sin^2\frac{n\pi x}{l}\mathrm{d}\theta\mathrm{d}x =$$

$$\frac{1}{2}\rho p^2 hrR_{0\max}^2 l\pi \qquad (6-21)$$

2）最大变形能的计算。当壳体振动到边缘位置（即振动弹性线位置）时，其位能（变形能）最大。壳体的位能（变形能）由两部分组成。

① 沿振动弹性线方向的弯曲变形能，其值为

$$\mathrm{d}U_{1\max} = \frac{EI}{2(1-v^2)}\left(\frac{\mathrm{d}^2R_0(x)}{\mathrm{d}x^2}\right)^2 r\mathrm{d}\theta\mathrm{d}x \qquad (6-22)$$

定义 $D = \dfrac{EI}{1-v^2}$，则

$$\mathrm{d}U_{1\max} = \frac{Dr}{2}\left(\frac{\mathrm{d}^2R_0(x)}{\mathrm{d}x^2}\right)^2\mathrm{d}\theta\mathrm{d}x \qquad (6-23)$$

由于 $I = \dfrac{Eh^3}{12}$，则 $D = \dfrac{EI}{1-v^2} = \dfrac{E^2h^3}{12(1-v^2)}$。

② 沿圆周方向的拉伸变形能，其值为

$$\mathrm{d}U_{2\max} = \frac{Eh\varepsilon_{t\max}^2}{2}r\mathrm{d}\theta\mathrm{d}x \qquad (6-24)$$

式中，$\varepsilon_{t\max}$ 为圆周方向的最大拉伸应变，$\varepsilon_{t\max} = \dfrac{2\pi[R_0(x)+r]-2\pi r}{2\pi r} = \dfrac{R_0(x)}{r}$，则

$$\mathrm{d}U_{2\max} = \frac{Eh\varepsilon_{t\max}^2}{2}r\mathrm{d}\theta\mathrm{d}x = \frac{Eh}{2r}[R_0(x)]^2\mathrm{d}\theta\mathrm{d}x \qquad (6-25)$$

③ 全壳体的最大总位能（总变形能）为

$$U_{\max} = \frac{Dr}{2}\int_0^l\int_0^{2\pi}\left[\frac{\mathrm{d}^2R_0(x)}{\mathrm{d}x^2}\right]^2\mathrm{d}\theta\mathrm{d}x + \frac{Eh}{2r}\int_0^l\int_0^{2\pi}[R_0(x)]^2\mathrm{d}\theta\mathrm{d}x \qquad (6-26)$$

代入 $R_0(x) = R_{0\max}\sin\dfrac{n\pi x}{l}$，则得

$$U_{\max} = \frac{\pi^5}{2l^3}Dn^4rR_{0\max}^2 + \frac{\pi}{2r}EhlR_{0\max}^2 \qquad (6-27)$$

3）能量法得到固有频率并讨论。

令 $T_{max} = U_{max}$，得

$$\frac{1}{2}\rho p^2 hrR_{0max}^2 l\pi = \frac{\pi^5}{2l^3}Dn^4rR_{0max}^2 + \frac{\pi}{2r}EhlR_{0max}^2 \tag{6-28}$$

化简得到

$$p^2 = \frac{\pi^4 Dn^4r^2 + Ehl^4}{\rho hr^2 l^4} = \frac{1}{\rho h}\left[\left(\frac{n\pi}{l}\right)^4 D + \frac{Eh}{r^2}\right] \tag{6-29}$$

研究式（6-29），对于不太短的圆柱壳体，括号中的第一项远比第二项小。

例如，若设 $l = r$，则

$$p^2 = \frac{1}{\rho}\frac{E}{r^2}\left[\frac{E\pi^4 n^4}{12(1-v^2)}\left(\frac{h}{r}\right)^2 + 1\right] \tag{6-30}$$

若 $\frac{h}{r}$ 很小，则 $p^2 \approx \frac{1}{\rho}\frac{E}{r^2}$，即 p 与阶次 n 几乎无关。由此可见，对于这类振动，许多阶次的自振频率都相差很小。实验证明，薄壳的自振频率谱很密集，与式（6-30）结果相符。

经验说明，这类振动最危险。

3.其他两种形式振动的固有频率

图 6-14(b) 所示的振动（横截面上轴对称的振动），其固有频率可按下式计算，即

$$p^2 = \frac{Eh^2m^2(m^2-1)^2}{12\rho r^4(1-v^2)(m^2+1)} \tag{6-31}$$

式中，m 为振型的波数。

图 6-14(c)所示的振动（纵向弯曲振动），其固有频率计算比较复杂，此处不做介绍。

6.2.3　如何消除壳体振动

当发生较严重的壳体振动时，必须设法消除或减弱它。其措施可分为以下几点。

(1)消除或减弱激振力，例如设法消除或减弱气流脉动。

(2)改变壳体构造尺寸，采用加强环或较强的安装边，改变焊缝的位置和方向，适当增加钣材厚度等。这些措施不但可以改变其自振频率，还可以提高抗振能力。

至于特殊的减振装置，曾有过许多研究，但实际使用的尚少。

6.3　等厚度轮盘振动的有限元分析

本节采用 Abaqus 商用有限元软件对等厚度轮盘结构进行振动分析，获得不同转速下轮盘振动模态及其振动特性，具体步骤如下。

(1)几何建模。打开 Abaqus 软件，单击建立部件（create part 📦），选择 3D 模型，形状为 Solid，类型为 Extrusion（拉伸）。进入草图界面。连续绘制圆心位置为(0,0)，半径分别为 30 mm、100 mm 的两个同心圆。单击完成，并设置厚度为 20 mm，完成几何建模（见图

6-16)。

图 6-16　Abaqus 几何建模

（2）选择材料模块（Property）。单击创建材料（Greate Material，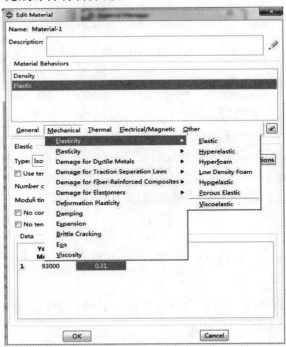），在 General 下拉菜单中选择密度（density），输入钛合金密度为 $4.428×10^{-9}$（t/mm³）。在机械（Mechanical）下拉菜单中选择弹性 Elasticity-＞Elastic，采用默认的各向同性设置，输入弹性模量 93 000（MPa）和泊松比 0.31，如图 6-17 所示。单击 Greate Section，选择默认，单击 Continue-＞OK；单击 Assign Section，选择轮盘部件，单击 Done。弹出 Edit Section Assignment，单击 OK 完成部件材料分配。

图 6-17　输入材料参数

（3）组装。选择 Assembly 模块，单击 Create Instance -＞OK，选择默认设置。

（4）建立分析步，需要建立 2 个分析步骤，第一个步骤计算轮盘的在离心载荷下的应力，

第二个分析部则基于第一个步骤的结果进行频率分析。第一个分析步骤定义：单击 Create Step ⬤➡▢，选择默认的 Static，General，单击 Continue—>OK；第二个分析步骤定义：单击 Create Step ⬤➡▢，选择 Frequency，弹出 Step 编辑对话框。在对话框中选择 Lanczos，并在特征值数量处输入 10，即关心前 10 阶的固有频率。需要注意的是，由于数值分析中有平凡解，因此实际输出结果通常会少于 10 阶。最后，将 Step manager 中 Nlgeom 的几何非线性打开，设置为 ON。相关步骤如图 6−18 所示。

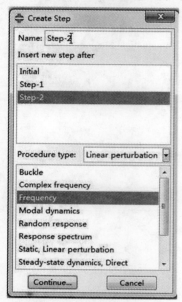
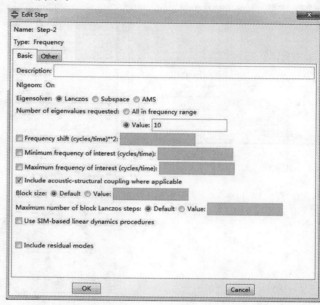
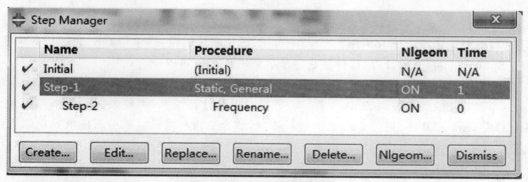

图 6−18　振动分析步的定义

（5）选择 Load 模块，在 Step1 下以定义载荷（见图 6−19）。单击 Create Load ⬛⬛，在 Mechanical 选项中选择 Rotational body force，单击 Continue，选择轮盘，输入 z 轴方向的 2 个坐标点，单击 Done，弹出 Edit Load 对话框，在 angular velocity 处输入转速大小（单位为 rad/s），如 0.1，100，500，1 000。在 boundary 选项下，设置轮盘内壁的轴向位移为 0。

（6）网格划分。选择 Mesh 模块，选择 Part。单击 Assign mesh controls ⬛⬛，选择 Quad —>Structured。选择 Seed part ⬛⬛，Approximate global size 中输入 5，单击 Apply，完成网

格节点设置。单击 Mesh part 按钮�oﬁ，点击 Yes，完成非结构化六面体为主的三维模型网格划分（见图 6 - 20）。

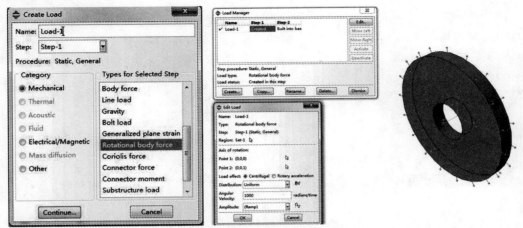

图 6 - 19 定义载荷边界条件

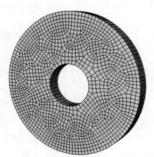

图 6 - 20 有限元网格

（7）提交计算。选择 Job，单击 Create 按钮，选择默认的设置，单击 OK，完成任务创建。单击 Submit 按钮，开始计算，待计算状态显示完成（Completed）。

（8）有限元后处理。图 6 - 21 为计算得到的 4 个振动模态图，分别对应着伞形振动（0/0）和带节径的圆盘振动（0/1，0/2，0/3）。通过提取计算结果，将轮盘振动频率与转速关系绘制成 Cambpell 图（见图 6 - 22）。进一步地，结合结构与激励力的分析能够确定结构可能产生共振的转速及对应的模态与振动频率。

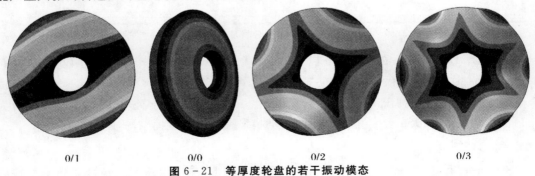

|0/1|0/0|0/2|0/3|

图 6 - 21 等厚度轮盘的若干振动模态

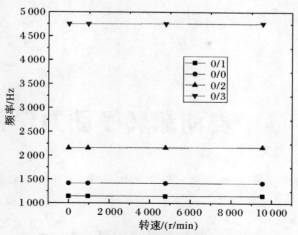

图 6 - 22　不同转速下等厚轮盘的振动特性

课 后 习 题

1. 利用有限元软件计算薄等厚圆盘自由振动的固有频率和振型。
2. 搜集资料,了解和梳理航空发动机壳体结构容易出现的故障情形。

第7章 发动机转子动力学初步

使自己像一个嗡嗡地响着的陀螺一样急速地旋转,使外物不能侵入。

——彼埃尔·居里

在航空、船舶、电力、石油化工等部门,甚至一般工厂中的许多机器都带有旋转部件——转子(Rotor)。例如,航空涡轮发动机、蒸汽轮机、燃气轮机以及鼓风机、泵等都是以转子为主体的机器,所有这些机器统称为旋转机械,机器在运转时常常发生振动,产生噪声,降低工作效率;严重时振动会使元件疲劳断裂而造成事故。如何减少转子系统的振动是设计和制造的重要课题,到现在已经发展成为一门专门的学科——转子动力学(Rotor Dynamics)。

旋转机械有一种特有的现象:虽然转子经过静、动平衡,但当转子升速(或降速)到某个转速时,转子的挠度会明显增大。此时,它的每一部分都围绕着轴线作圆周运动,当转速远离这个该转速时,转子挠度又明显减小。因此,将这种特定的转速称为"临界转速"。

如果航空发动机的转子在这种转速附近工作,会引起整个发动机的强烈振动,并导致转子寿命下降,甚至突然破坏,静子的振动不但会损坏其本身,还会造成叶片尖端与机匣相碰,导致叶片的损坏;此外,密封装置也可能受损,严重时造成发动机不能正常工作;当飞机发生振动时,驾驶员工作也会受到影响,容易疲劳,仪表形象不清,严重时飞机不能正常工作。因此,旋转机械在临界转速下运行是危险的,必须予以调整,使临界转速适当远离工作转速,对于一些变转速机械有时不可能将所有的临界转速移出工作范围,也应尽量使那些留在工作范围内的临界转速仅仅处在加速通过的某个转速上,而不宜停留。因此,对转子系统的临界转速的分析计算是转子动力学的重要内容之一。

旋转机械振动的一个主要激振源是与转子转速同步的转子偏心质量引起的不平衡力。不平衡力引起的振动属于强迫振动,其振幅、应力等称为不平衡响应。由于种种原因,转子的不平衡量不可能完全消除,为了了解转子系统的振动大小,必须进行不平衡响应的计算。利用不平衡响应分析,确定各转速下转子和支承系统的变形和载荷,还可确定转子系统振动对不平衡量的敏感程度,以设计出一个在工作时径向间隙变化小、轴承载荷小,以及对不平衡量不敏感的转子—支承系统。利用不平衡响应分析还为动平衡时平衡面位置以及轴间阻尼器轴向位置的选择提供依据。

本章从最简单的转子系统 Jeffcott 转子出发,提出临界转速的概念,并总结出转子系统临界转速的基本特性;然后在此基础上,讨论黏性阻尼、重力、轴质量、陀螺力矩、支承弹性等因素对转子系统动力特性的影响;最后,从工程实际出发,简述发动机转子临界转速的调节方法。

7.1　无阻尼的 Jeffcott 转子系统

现以最简单最基础的转子模型——Jeffcott 转子(见图 7-1)为对象,该模型最早是由 Jeffcott 在他 1919 年发表的一篇论文中提出,其中,转轴直径为 d,铰支于两刚性支座 A、B 上,支座跨距为 l,轴的质量比轮盘质量小得多而忽略不计,只考虑轴的弹性;两支座的中央位置处有一轮盘,质量为 m,不考虑其弹性。转轴变形时,圆盘平面的方向保持不变,忽略静变形对转子运动的影响以及转子系统的阻尼。

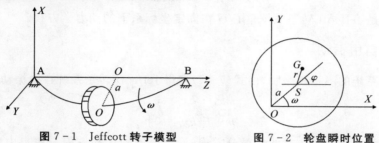

图 7-1　Jeffcott 转子模型　　　　图 7-2　轮盘瞬时位置

空间固定坐标系 $OXYZ$ 如图 7-2 所示,其中,点 O 为支点 A,B 连线的中点,Z 轴表示未变形前的轴线方向,其他两根轴线位于轮盘的中心平面上(见图 7-1)。S 点为轮盘所在平面的形心,该点与轴截面的形心重合。点 G 为轮盘的重心,由于轮盘材料的不均匀、加工误差、叶片安装不对称等因素,轮盘的中心 G 与形心 S 必然会存在一个偏心距 e,偏心距与轮盘质量的乘积称为不平衡量,即

$$U = me \tag{7-1}$$

7.1.1　动力方程

假设转子系统绕形心 S 自转,角速度为 ω,此时轮盘在瞬时 t 的状态如图 7-2 所示,此时形心 S 的坐标为 (x_C, y_C),重心 G 的坐标为 (x_G, y_G),弹性轴因有弯曲变形而产生弹性恢复力,该力作用在轮盘形心上,并指向坐标原点,在坐标轴上的分量为 $-kx_C$ 和 $-ky_C$,其中 k 为轴在轮盘处的刚度系数。

对于整个 Jeffcott 转子系统,根据牛顿第二定律,作用力与加速度之间的关系为

$$\left.\begin{array}{l} m\ddot{x}_G = -kx_C \\ m\ddot{y}_G = -ky_C \end{array}\right\} \tag{7-2}$$

由图 7-2 的几何关系可知重心 G 坐标与形心 S 坐标之间的关系为

$$\left.\begin{array}{l} x_G = x_C + e\cos(\omega t + \varphi) \\ y_G = y_C + e\sin(\omega t + \varphi) \end{array}\right\} \tag{7-3}$$

根据式(7-1)~式(7-3),得到 Jeffcott 转子系统在固定坐标系下的动力学方程为

$$\left.\begin{array}{l} m\ddot{x}_C + kx_C = me\omega^2\cos(\omega t + \varphi) \\ m\ddot{y}_C + ky_C = me\omega^2\sin(\omega t + \varphi) \end{array}\right\} \tag{7-4}$$

这是两个相互不耦合的非齐次线性微分方程,右端项可看作激励力旋转矢量

$me\omega^2 e^{i(\omega t+\varphi)}$ 在 x 和 y 方向上的投影,这个旋转矢量作用在 G 点,方向沿着 SG 延长线的方向。

如果将重心 G 的坐标 (x_G, y_G) 当作广义坐标,由式(7-3),可得

$$\left.\begin{array}{l} x_C = x_G - e\cos(\omega t+\varphi) \\ y_C = y_G - e\sin(\omega t+\varphi) \end{array}\right\} \tag{7-5}$$

将式(7-5)代入式(7-2),可得

$$\left.\begin{array}{l} m\ddot{x}_G + kx_G = ke\cos(\omega t+\varphi) \\ m\ddot{y}_G + ky_G = ke\sin(\omega t+\varphi) \end{array}\right\} \tag{7-6}$$

式(7-6)是 Jeffcott 转子系统重心 G 在固定坐标系下的动力学方程。

7.1.2 自由振动

忽略转子系统的不平衡激励,由式(7-4)可得 Jeffcott 转子系统自由振动的方程为

$$\left.\begin{array}{l} m\ddot{x}_C + kx_C = 0 \\ m\ddot{y}_C + ky_C = 0 \end{array}\right\} \tag{7-7}$$

这是两个相互解耦的齐次线性微分方程,沿每个轴的运动方程与单自由度系统的自由振动方程一致,假设方程的通解为

$$\left.\begin{array}{l} x_C = x_0 e^{st} \\ y_C = y_0 e^{st} \end{array}\right\} \tag{7-8}$$

代入式(7-7),可得

$$\left.\begin{array}{l} (ms^2+k)x_0 e^{st} = 0 \\ (ms^2+k)y_0 e^{st} = 0 \end{array}\right\} \tag{7-9}$$

由于 $x_0, y_0, e^{st} \neq 0$,上式简化为

$$\left.\begin{array}{l} ms^2+k = 0 \\ ms^2+k = 0 \end{array}\right\} \tag{7-10}$$

可得

$$s = \pm i\omega_n \tag{7-11}$$

式中,$\omega_n = \sqrt{\dfrac{k}{m}}$ 是无阻尼的单盘转子不旋转时横向弯曲振动的固有圆频率,由于系统的保守性,四个解(实际上是两个解,每个解的重数是2)均是虚数。

该系统关于 x 轴和 y 轴对称,所以系统的运动是由两个谐波运动的组合而成,这两个运动分别沿着 x 轴和 y 轴,频率为 ω_n,可表示为

$$\left.\begin{array}{l} x_C = X_1\cos(\omega_n t) + X_2\sin(\omega_n t) \\ y_C = Y_1\cos(\omega_n t) + Y_2\sin(\omega_n t) \end{array}\right\} \tag{7-12}$$

式中,X_1, X_2, Y_1, Y_2 的大小跟系统的初始条件有关。将式(7-12)用幅值和相位角的形式表示,为

$$\left.\begin{array}{l} x_C = X\cos(\omega_n t - \varphi_x) \\ y_C = Y\cos(\omega_n t - \varphi_y) \end{array}\right. \tag{7-13}$$

由式(7-13)表示的运动方程可以用图 7-3 表示,其中,形心 S 的轨迹可以看成是向量 $r_C = x_C + ij_C$ 的轨迹,式中 x_C, y_C 是由幅值 X 和 Y、相位角 φ_x 和 φ_y 的谐波函数确定,它们还可看成是旋转向量 $\vec{A}$ 和 $\vec{B}$ 在图 7-3 中的辅助轴 x 和 y 轴的投影。

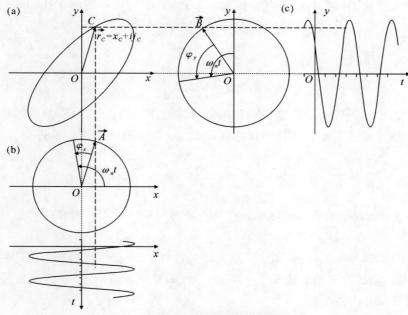

图 7-3　Jeffcott 转子的自由振动形式

由图 7-3 可知,根据初始条件,形心 S 的轨迹在 xy 平面的振动形式可能是椭圆、直线或圆形。在向量平面中,旋转向量 $\vec{A}$ 和 $\vec{B}$ 以恒定的角速度 ω_n 旋转,但是在物理的 xy 平面中,向量 $\overline{O-C}$ 以非恒定的角速度旋转,但周期等于 $2\pi/\omega_n$。

在这里,一定要区分转子系统固有频率与临界转速这两个概念。Jeffcott 转子系统的固有频率为 ω_n,与转子的转速 Ω 无关;而转子系统的弯曲临界转速,定义为旋转频率与固有频率相等时的转速,与非旋转系统的固有频率在数值上相等,为

$$\Omega_{cr} = \omega_n = \sqrt{\frac{k}{m}} \tag{7-14}$$

7.1.3　不平衡响应

式(7-4)与单自由度无阻尼系统强迫振动的微分方程在数学形式上完全相同,因此可用稳态强迫振动理论求解出轮盘形心 S 的运动。假设轮盘形心 S 的振动形式(即微分方程的特解)为

$$\left.\begin{array}{l} x_C = X\cos(\omega t + \varphi) \\ y_C = Y\sin(\omega t + \varphi) = Y\cos(\omega t + \varphi + \pi/2) \end{array}\right\} \tag{7-15}$$

式中,X,Y 分别表示轮盘形心 S 在 x,y 方向振动的振幅,将式(7-15)代入式(7-4)中,

可得

$$X = Y = \frac{e\omega^2}{\omega_n^2 - \omega^2} \qquad (7-16)$$

这表明轮盘形心 S 在 x 和 y 方向同时以相同的频率和振幅作简谐振动,但彼此之间的相位角差为 $\frac{\pi}{2}$,其振动频率与转子自转频率 ω 一致,振幅与偏心距成正比,并与旋转频率 ω 有关。

由式(7-15)可得

$$x_C^2 + y_C^2 = \left(\frac{e\omega^2}{\omega_n^2 - \omega^2} \right)^2 \qquad (7-17)$$

可见,轮盘形心 S 的运动轨迹是一个圆,绕固定坐标系的 OZ 轴作圆周运动,这种运动叫作进动,其角速度 Ω 等于转子自转角速度 ω,$\Omega = \omega$ 的进动叫作正同步进动。此时轴的动挠度为

$$r = \sqrt{x^2 + y^2} = \left| \frac{e\omega^2}{\omega_n^2 - \omega^2} \right| = e \left| \frac{\lambda^2}{1 - \lambda^2} \right| \qquad (7-18)$$

式中,频率比 $\lambda = \omega_n / \omega$。若将动挠度也看作一个旋转矢量 $Ae^{i(\omega t + \varphi)}$,则式(7-15)的两个右端项是这个矢量在 x 和 y 方向上的投影。

激励力旋转矢量 $me\omega^2 e^{i(\omega t + \varphi)}$ 和动挠度旋转矢量 $Ae^{i(\omega t + \varphi)}$ 分别代表着前述的两种转动,由此可见这两种转动的方向及转速都是一样的,因此圆盘饶铅垂轴 AOB 作定轴转动,轴呈弓状变形,这种转动称为弓形回旋。

把式(7-15)代入(7-13),得到轮盘重心的强迫运动为

$$\left. \begin{array}{l} x_G = \dfrac{e\omega_n^2}{\omega_n^2 - \omega^2} \cos(\omega t + \varphi) \\[3mm] y_G = \dfrac{e\omega_n^2}{\omega_n^2 - \omega^2} \sin(\omega t + \varphi) \end{array} \right\} \qquad (7-19)$$

轮盘重心 G 与形心 S 一样作圆周运动,角速度 $\Omega = \omega$,其半径为

$$r_G = \sqrt{x_G^2 + y_G^2} = e \left| \frac{\omega_n^2}{\omega_n^2 - \omega^2} \right| = r + e \qquad (7-20)$$

可见重心 G、形心 S 与转子旋转中心同在一径向线上。由此可知转子的振动就是进动,进动的角速度 Ω 就是其振动圆频率,轮盘形心进动时的圆半径就是振幅,而转子的不平衡力则是引起这种强迫振动的激振力。转子不平衡力激起的振动都是正同步进动。

根据式(7-18)和式(7-20),图 7-4 表示形心 S 位移和重心 G 位移与频率比 $\lambda(\lambda = \omega/\omega_n)$ 的关系。从图 7-4 中可以看出:

(1)当轮盘形心 S 位移(轴的挠度)和重心 G 位移趋于无限时,对应的转速为 $\omega_{cr} = \omega_n$,且与偏心距 e 的大小无关。所以,将该值表示的转速称为转子系统的临界转速。不难发现,临界转速 ω_{cr} 与该系统横向弯曲振动的固有圆频率 ω_n 在数值上是一致的。因此,常用测定与计算横向弯曲振动的固有频率来当作该系统的临界转速。当然这是在小阻尼、不计陀螺力矩时才成立。

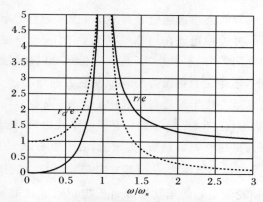

图 7-4　形心位移和重心位移与频率比关系曲线

应该指出，转子的临界转速与弯曲振动固有频率在实质上是不同的。临界转速是指旋转的转子在该转速下，其本身挠度明显增大，转子出现失稳现象；而固有频率则是指不转的转子作弯曲振动，其挠度发生交变变化。所以，仅就受力而言，两者的情况已截然不同。

(2)当 $\omega < \omega_n$ 时，也就是亚临界状态，形心位移(轴的挠度)大于 0，重心位移大于形心位移，且随转速的增加而增加，这意味着挠度 r 与偏心距 e 是同向的，即轮盘的重心位于轴挠曲线的外侧，随着转速的增大，在轮盘的不平衡离心力的作用下，轴的挠度将逐渐增大。

由图还可以看出，偏心距 e 越小，则在同样的转速下，挠度将成比例地减小，说明此时转子平衡得好。因此，良好的平衡能够减小振动，甚至当 $e = 0$ 时，可以看作不产生挠度和振动。

(3)当 $\omega > \omega_n$ 时，也就是超临界状态，轴的挠度小于 0，重心位移小于形心位移，且随转速增大，其绝对值变小，这意味着挠度 r 与偏心距 e 是反向的，即轮盘的重心位于轴挠曲线的内侧。这种现象称为重心转向，在试验中转子通过临界转速时容易观察到。当转子转速越高，即 $\omega > \omega_n$ 时，$r_G \to 0$ 就表示转子的重心越接近支承中心的连线。这种现象称为转子的自对中，或称自动定心。此时转子运转平稳，这就是柔性转子能可靠运行的道理。转子过临界转速前后重心转向现象也就是振动系统过共振后与共振前的反相位现象，所有振动系统都有这种现象。图 7-5 表示不同转速时形心和重心的相对位置。

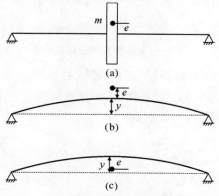

图 7-5　质心、轴心、旋转中心间的相对位置

(a)静止时重心的位置；(b)重心位于轴挠曲线的外侧；(c)旋转时重心位于轴挠曲线的内侧

　　应该知道,转子由亚临界状态增速通过临界状态,进入超临界状态时,轮盘重心相对于轴的挠曲线自动发生转向,并能稳定地在超临界状态下工作,这种现象已由试验所证实。但是,仅从离心力与弹性力之间的"稳态平衡"关系来分析是难以理解的,必须认识到高速旋转件在不稳定的过渡状态下,还存在着哥氏力与其他惯性力的作用。

　　在超临界状态下,轮盘重心位于形心与旋转中心之间,离心力与弹性力的作用点似乎使轮盘处于不稳定的平衡状态(见图 7-6)。当受有横向干扰力时,轮盘重心以速度 v_1 偏离平衡状态,致使它有被离心力甩向外侧的趋势,实际上,由于重心以 v_1 运动而形成哥氏加速度 a_{k1}(即 $\overline{a}_{k1} = 2\overline{\omega} \times \overline{v}_1$),并受有哥氏惯性力 P_{k1}(其方向与 a_{k1} 相反)的作用,从而引起使轴挠度增加的速度 v_2,这样,又使轮盘重心的运动形成哥氏加速度 a_{k2}(即 $\overline{a}_{k2} = 2\overline{\omega} \times \overline{v}_2$),以及受有哥氏惯性力 P_{k2}(其方向与 a_{k2} 相反)的作用,因此,轮盘被重新推向原来的平衡位置。可见,轮盘在超临界时的位置是稳定的。

　　当转子越过临界转速时,由于挠度要明显加大,轮盘重心的切线速度得到相应提高,致使转子的动能提高很多。而这部分动能的增量是由外力矩做功获得的,因为旋转的轮盘在挠度增加时,要受到哥氏惯性力的作用,由其形成的阻力矩需由外力矩来克服,所以,外力矩消耗的功是用于转变成挠度增加所需要的动能。可见挠度增加是一种能量的累积过程,转子增速的快慢,将直接影响能量的累积时间,从而影响挠度的增加以及对应于挠度峰值的转速。如果提高转子增速的速率,使越过临界状态的时间相应缩短,那么,临界转速的挠度就会变小,其峰值也会滞后出现;同理,由超临界向亚临界降速时,也会有类似的现象出现,这对工程实际很有意义。

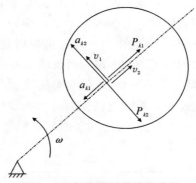

图 7-6　超临界时的稳定分析

　　【例 7-1】　为了避开过大的振动,常规定机器不得在临界转速附近停留。试从式(7-18)计算,在 r/e 不超过 $10,5,2$ 的条件下,不准停留的转速范围是多少?

　　解　在亚临界状态,利用式(7-18),得

$$\frac{r}{e} = \frac{\omega^2}{\omega_n^2 - \omega^2} < 10, 则 \frac{\omega}{\omega_n} < \sqrt{\frac{10}{11}} = 0.953$$

在超临界状态,即 $\omega > \omega_n$,则有

$$\frac{r}{e} = \frac{\omega^2}{\omega^2 - \omega_n^2} < 10, 则 \frac{\omega}{\omega_n} > \sqrt{\frac{10}{9}} = 1.054$$

可知,对于 $r/e<10$ 的条件,不准停留的转速范围为 $0.953<\omega/\omega_n<1.054$。

同理可得,对于 $r/e<5$,不准停留的范围为 $0.91<\omega/\omega_n<1.12$;对于 $r/e<2$,不准停留的范围为 $0.82<\omega/\omega_n<1.054$。

7.1.4　动坐标系下的动力方程

下面讨论在以转速 ω 旋转的动坐标系 $O\zeta\eta z$ 中 Jeffcott 转子在不平衡力作用下的运动。首先,介绍固定坐标系和动坐标系的关系。如图 7-7 所示,$OXYZ$ 为固定坐标系,$O\zeta\eta z$ 为动坐标系,在一定的时间内 t 内,动坐标系相对于静止空间坐标旋转一个角度 ωt,形心 S 在动坐标系与固定坐标系中的关系有

$$\left.\begin{aligned} x &= \zeta\cos\omega t - \eta\sin\omega t \\ y &= \zeta\sin\omega t + \eta\cos\omega t \end{aligned}\right\} \tag{7-21}$$

式中,ω 为旋转角速度,t 是时间。写成矩阵形式为

$$[Z] = \boldsymbol{R}[\xi] \tag{7-22}$$

式中,$[Z] = \begin{bmatrix} x \\ y \end{bmatrix}$,$[\xi] = \begin{bmatrix} \zeta \\ \eta \end{bmatrix}$,$\boldsymbol{R} = \begin{bmatrix} \cos\omega t & -\sin\omega t \\ \sin\omega t & \cos\omega t \end{bmatrix}$,$\boldsymbol{R}$ 是变换矩阵。

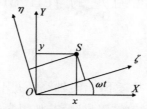

图 7-7　固定坐标系和动坐标系

现在将方程式(7-4)变换到动坐标系中去,为此需将式(7-22)对时间求二次导数,得

$$\left.\begin{aligned} [\dot{Z}] &= \dot{\boldsymbol{R}}[\xi] + \boldsymbol{R}[\dot{\xi}] \\ [\ddot{Z}] &= \ddot{\boldsymbol{R}}[\xi] + 2\dot{\boldsymbol{R}}[\dot{\xi}] + \boldsymbol{R}[\ddot{\xi}] \end{aligned}\right\} \tag{7-23}$$

将式(7-23)代入式(7-4),同时两边左乘 $[R]^{\mathrm{T}}$,得

$$\begin{bmatrix} 1 & 0 \\ 0 & 1 \end{bmatrix}\begin{bmatrix} \ddot{\zeta} \\ \ddot{\eta} \end{bmatrix} + 2\omega\begin{bmatrix} 0 & -1 \\ 1 & 0 \end{bmatrix}\begin{bmatrix} \dot{\zeta} \\ \dot{\eta} \end{bmatrix} - \omega^2\begin{bmatrix} 1 & 0 \\ 0 & 1 \end{bmatrix}\begin{bmatrix} \zeta \\ \eta \end{bmatrix} + \begin{bmatrix} \omega_n^2 & 0 \\ 0 & \omega_n^2 \end{bmatrix}\begin{bmatrix} \zeta \\ \eta \end{bmatrix} = e\omega^2\begin{bmatrix} \cos\varphi \\ \sin\varphi \end{bmatrix} \tag{7-24}$$

展开得

$$\left.\begin{aligned} \ddot{\zeta} - 2\omega\dot{\eta} + (\omega_n^2 - \omega^2)\zeta &= e\omega^2\cos\varphi \\ \ddot{\eta} + 2\omega\dot{\zeta} + (\omega_n^2 - \omega^2)\eta &= e\omega^2\sin\varphi \end{aligned}\right\} \tag{7-25}$$

可见偏心引起的不平衡力在动坐标系中如同一个静力,只能引起相对静挠度 ζ 和 η,而

$$\dot{\zeta} = \dot{\eta} = \ddot{\zeta} = \ddot{\eta} \tag{7-26}$$

解方程式(7-25)得到

$$\left.\begin{aligned} \zeta &= \frac{e\omega^2\cos\varphi}{\omega_n^2 - \omega^2} \\ \eta &= \frac{e\omega^2\sin\varphi}{\omega_n^2 - \omega^2} \end{aligned}\right\} \tag{7-27}$$

动坐标系中总挠度为

$$\rho = \sqrt{\zeta^2 + \eta^2} = e\left|\frac{\omega^2}{\omega_n^2 - \omega^2}\right| \qquad (7-28)$$

由式(7-28)看到,转子轴内并不产生交变应力,而是由于不平衡力作用使转子弯曲成弓形。在固定坐标系中观察,被弯曲成弓形的轴绕固定轴线 OZ 旋转,这种运动称为涡动。在固定坐标系中不平衡力是交变的,对支承施加交变力而传递到机座或机匣上引起整个机组的振动。

所以,弓形回旋时轴内并不产生交变应力,不属于振动现象,但转子上的离心惯性力却对轴承产生交变力。在临界转速时,支承系统会产生剧烈振动,这种现象与轴作横向弯曲振动时的共振是性质不同的,后一种情况轴内产生交变应力,但工程上对它们常不加区别,而将引起支承系统剧烈振动的转速称为临界转速。实际的转子由于受回转效应等其他因素的影响,ω_{cr} 并不等于 ω_n 而有所偏离。

7.2 带黏性阻尼的 Jeffcott 转子系统

7.2.1 动力方程

实际情况中,转子系统在临界状态下工作,轴挠度并不会无限增大,只是相对地明显增大,而挠度增大多少? 这取决于系统的"阻尼"及其他因素。一般情况下,为了简单起见,将转子系统的阻尼简化为黏性阻尼,可分为两部分,跟机器的静子部分相关的叫非旋转阻尼,也叫外阻尼,是由转子系统与封严装置、外部介质(气体或液体)等之间的摩擦、滑动轴承的油膜阻尼等引起。在固定坐标系中,非旋转阻尼力与速度成正比,即

$$\left.\begin{array}{l} F_{nx} = -c_n \dot{x}_C \\ F_{ny} = -c_n \dot{y}_C \end{array}\right\} \qquad (7-29)$$

式中,c_n 为非旋转阻尼系数。

跟机器的转子部分相关的叫旋转阻尼,也叫内阻尼,其与轴振动的变形有关,当轴的纤维受到交变应力时就会产生材料内摩擦。转子作正同步进动时,轴上纤维没有交变应力也就无内阻,所以旋转阻尼力不像非旋转阻尼力那样在固定坐标系中处理,旋转阻尼力与同步旋转的动坐标系中的速度 ζ、η 成正比,即

$$\left.\begin{array}{l} F_{r\zeta} = -c_r \dot{\zeta}_C \\ F_{r\eta} = -c_r \dot{\eta}_C \end{array}\right\} \qquad (7-30)$$

式中,c_r 为旋转阻尼系数。

根据图 7-7,旋转坐标系中形心 S 的坐标可以表示为固定坐标系中同一坐标的函数,为

$$\begin{bmatrix} \zeta_C \\ \eta_C \end{bmatrix} = \boldsymbol{R} \begin{bmatrix} x_C \\ y_C \end{bmatrix} \tag{7-31}$$

式中变换矩阵 $\boldsymbol{R}$ 为

$$\boldsymbol{R} = \begin{bmatrix} \cos\omega t & \sin\omega t \\ -\sin\omega t & \cos\omega t \end{bmatrix} \tag{7-32}$$

对式(7-31)进行微分,为

$$\begin{bmatrix} \dot{\zeta}_C \\ \dot{\eta}_C \end{bmatrix} = \boldsymbol{R} \begin{bmatrix} \dot{x}_C \\ \dot{y}_C \end{bmatrix} + \dot{\boldsymbol{R}} \begin{bmatrix} x_C \\ y_C \end{bmatrix} \tag{7-33}$$

式中

$$\dot{\boldsymbol{R}} = \omega \begin{bmatrix} -\sin\omega t & \cos\omega t \\ -\cos\omega t & -\sin\omega t \end{bmatrix} \tag{7-34}$$

根据式(7-30)、式(7-32)、式(7-33)和式(7-34),可得固定坐标系下,旋转阻尼力为

$$\left. \begin{array}{l} F_{rx} = -c_r(\dot{x}_C + \omega y_C) \\ F_{ry} = -c_r(\dot{y}_C - \omega x_C) \end{array} \right\} \tag{7-35}$$

所以在式(7-4)加入非旋转阻尼力式(7-29)和旋转阻尼力式(7-35),可得到在固定坐标系下,考虑黏性阻尼时 Jeffcott 转子系统的动力学方程,即

$$\left. \begin{array}{l} m\ddot{x}_C + (c_r + c_n)\dot{x}_C + kx_C + c_r\omega y_C = me\omega^2\cos(\omega t + \varphi) \\ m\ddot{y}_C + (c_r + c_n)\dot{y}_C + ky_C - c_r\omega x_C = me\omega^2\sin(\omega t + \varphi) \end{array} \right\} \tag{7-36}$$

将式(7-36)写成矩阵的形式,为

$$\begin{bmatrix} m & \\ & m \end{bmatrix} \begin{bmatrix} \ddot{x}_C \\ \ddot{y}_C \end{bmatrix} + \begin{bmatrix} c_r + c_n & \\ & c_r + c_n \end{bmatrix} \begin{bmatrix} \dot{x}_C \\ \dot{y}_C \end{bmatrix} +$$

$$\left\{ \begin{bmatrix} k & \\ & k \end{bmatrix} + \omega \begin{bmatrix} & c_r \\ -c_r & \end{bmatrix} \right\} \begin{bmatrix} x_C \\ y_C \end{bmatrix} = \begin{bmatrix} me\omega^2\cos(\omega t + \varphi) \\ me\omega^2\sin(\omega t + \varphi) \end{bmatrix} \tag{7-37}$$

可知,旋转阻尼使得方程存在斜对称项,称为循环矩阵,从而与无阻尼的 Jeffcott 转子系统相比,这是两个相互耦合的非齐次线性微分方程。当转速 ω 趋于 0 时,循环矩阵消失。

在这种情况下,还可以引入复数坐标,将式(7-36)的第二个方程乘以 $i = \sqrt{-1}$ 后与第一个方程相加,并令 $r_C = x_C + iy_C$,可得

$$m\ddot{r}_C + (c_r + c_n)\dot{R}_C + (k - ic_r\omega)r_C = me\omega^2 e^{i(\omega t + \varphi)} \tag{7-38}$$

式(7-38)形式上等同于质量为 m 的质量块悬挂于具有复刚度 $k - ic_r\omega$ 和阻尼系数 $c_n + c_r$ 的黏性阻尼弹簧上,受到频率为 ω、幅值式 $me\omega^2$ 的谐波载荷作用。

7.2.2　自由振动

忽略转子系统的不平衡激励,方程(7-38)的通解为

$$r_C = r_0 e^{st} \tag{7-39}$$

式中,幅值 r_C 和频率 $s = \sigma + i\omega$ 均是复数,将式(7-39)代入式(7-38),得到特征方程为

$$ms^2 + (c_r + c_n)s + k - i\omega c_r = 0 \tag{7-40}$$

该方程的根为

$$s = \sigma + i\omega = -\frac{c_r + c_n}{2m} \pm \sqrt{\frac{(c_r + c_n)^2 - 4m(k - i\omega c_r)}{4m^2}} \tag{7-41}$$

该复频率的实部和虚部可以用通过下面的公式来分离,即

$$\pm\sqrt{a + ib} = \pm\left[\sqrt{\frac{\sqrt{a^2 + b^2} + a}{2}} + i\,\mathrm{sgn}(b)\sqrt{\frac{\sqrt{a^2 + b^2} - a}{2}}\right] \tag{7-42}$$

式中,$\mathrm{sgn}(b)$ 表示的是虚部的符号。根据式(7-41),可得特征根 s 的实部和虚部分别为

$$\left.\begin{aligned}
\sigma_{1,2} &= -\frac{c_r + c_n}{2m} \pm \frac{1}{\sqrt{2}}\sqrt{\sqrt{\Gamma^2 + \left(\frac{\omega c_r}{m}\right)^2} - \Gamma} \\
\omega_{1,2} &= \pm\frac{\mathrm{sgn}(\omega)}{\sqrt{2}}\sqrt{\sqrt{\Gamma^2 + \left(\frac{\omega c_r}{m}\right)^2} + \Gamma}
\end{aligned}\right\} \tag{7-43}$$

式中

$$\Gamma = \frac{k}{m} - \frac{(c_r + c_n)^2}{4m^2} \tag{7-44}$$

对于每个转速 ω,特征方程(7-40)都会有两个解,它们不是共轭的。该齐次方程的通解为

$$r_C = R_1 e^{(\sigma_1 + i\omega_1)t} + R_2 e^{(\sigma_2 + i\omega_2)t} \tag{7-45}$$

式中,复常数 R_1 和 R_2 由初始条件确定。

由于 $\sigma_{1,2}$ 式非零的,所以形心 S 的运动具有随时间呈指数变化的趋势。通过式(7-43)的两个解的符号,可以对形心运动的稳定性和涡动方向进行分析。如果 σ 为负数,则幅值随时间衰减并且点 S 趋向于点 O,转子系统此时具有稳定的运动;如果 σ 为正数,幅值呈指数增长,运动中,任何小的扰动都可能触发这种自激旋转。

解 $\sigma_1 + i\omega_1$:

式(7-43)中 ω_1 的符号始终与 ω 一致,则对应的运动是正向,而 σ_1 的符号可能是正或负,分别导致自激运动或者阻尼运动。通过简单的计算,可得到稳定运动的条件为

$$\omega < \sqrt{\frac{k}{m}\left(1 + \frac{c_n}{c_r}\right)} \tag{7-46}$$

由式(7-46)可知,转子系统在亚临界范围内是稳定的,即当速度低于无阻尼系统的临界转速 $\sqrt{k/m}$;在超临界范围中,稳定性取决于非旋转阻尼和旋转阻尼之间的比值 c_n/c_r。如果没有非旋转阻尼($c_n = 0$),则运动在整个超临界范围内都是不稳定的,增加非旋转阻尼,不稳定的阈值会变得更高。

解 $\sigma_2 + i\omega_2$:

如果式(7-43)中 ω_2 的符号与 ω 相反,此时,σ_2 一直为负数,则对应的运动是反向的,并且是稳定的。通常这种运动会很快衰减,但这种解几乎没有实际意义。

7.2.3　不平衡响应

根据式(7－38),方程的特解(即不平衡响应)为

$$r_C = r_{C_0} \mathrm{e}^{i(\omega t + \varphi)} \qquad (7-47)$$

把式(7－47)代入式(7－38),得

$$r_{C_0}(-m\omega^2 + i\omega c_n + k) = me\omega^2 \qquad (7-48)$$

可见,旋转阻尼在方程中消失了,不平衡产生正向同步的激励,即在 xy 平面内以和转子相同的速度旋转的激励,转子在偏转平面内旋转,但不受时间变化引起的变形的约束。振幅 r_{C_0} 用复数表示,分离出实部和虚部,可得

$$r_{C_0} = x_c + i y_c = \frac{me\omega^2}{-m\omega^2 + i\omega c_n + k}$$

$$= \frac{e\omega^2}{\sqrt{(\omega_n^2 - \omega^2)^2 + \left(\dfrac{c_n}{m}\omega\right)^2}} \left[\cos(\omega t + \varphi - \psi) + i\sin(\omega t + \varphi - \psi)\right] \qquad (7-49)$$

式中

$$\left. \begin{array}{l} x_C = \dfrac{e\omega^2}{\sqrt{(\omega_n^2 - \omega^2)^2 + \left(\dfrac{c_n}{m}\omega\right)^2}} \cos(\omega t + \varphi - \psi) \\[20pt] y_C = \dfrac{e\omega^2}{\sqrt{(\omega_n^2 - \omega^2)^2 + \left(\dfrac{c_n}{m}\omega\right)^2}} \sin(\omega t + \varphi - \psi) \end{array} \right\} \qquad (7-50)$$

$$\psi = \arctan \frac{\dfrac{c_n}{m}\omega}{\omega_n^2 - \omega^2} \qquad (7-51)$$

由式(7－50)知,形心 S 点绕固定坐做系 OZ 轴作圆周运动,半径就是轴的振幅,即

$$|r_{C_0}| = \frac{e\omega^2}{\sqrt{(\omega_n^2 - \omega^2)^2 + \left(\dfrac{c_n}{m}\omega\right)^2}} = \frac{e\omega^2}{\sqrt{(\omega_n^2 - \omega^2)^2 + (2\zeta\omega\omega_n)^2}} \qquad (7-52)$$

式中,$\zeta = \dfrac{c_n}{2\sqrt{km}}$ 为阻尼比。

角速度等于轴的自转角速度 ω,因为有阻尼,振动向量 r_{C_0} 与偏心距之间存在相位角 ψ。根据式(7－51)和式(7－52)可以画出在不同的 ζ 值时,$|r_{C_0}|$ 和 ψ 随转速 ω 变化的曲线,分别如图 7－8 和图 7－9 所示,习惯上称此为该系统的幅频特性和相频特性。

由幅频特性曲线可以看出:①有阻尼的振幅曲线峰值为有限值,阻尼越大,峰值越小;②峰值都在 $\omega = \omega_n$ 线的右边,阻尼越大,偏离越多;③当 ω/ω_n 趋近于 0 时,转子形心的振幅为零,表明此时没有外激励;④当 ω/ω_n 趋近于正无穷的时候,转子形心的振幅为偏心距,说明此时转子振动非常稳定。

由相频特性曲线可以看出:①阻尼不一样,频响特性曲线也不一样;②不管阻尼多大,在

$\omega = \omega_n$ 时相位角 ψ 总是 $\pi/2$,故可以利用这个特点来测定转子系统的临界转速;③阻尼越小时,ψ 在 $\pi/2$ 附近突变得越快,阻尼越大时,ψ 在 $\pi/2$ 附近突变得越慢。

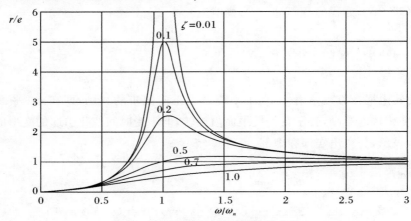

图 7-8 转子系统的幅频特性曲线

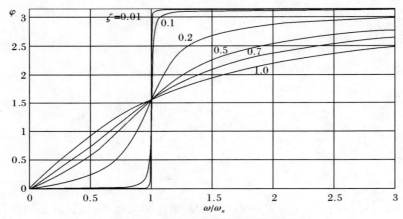

图 7-9 转子系统的相频特性曲线

有阻尼的振幅曲线峰值为有限值且都偏在 $\omega = \omega_n$ 线的右边,阻尼越大,偏离越多。这可以用使振幅 $|r|$ 取得极限值时的转速来证明,即

$$\frac{\mathrm{d}\,|\,r_{C_0}\,|}{\mathrm{d}\omega} = 0 \tag{7-53}$$

将式(7-52)代入式(7-53),得

$$\frac{2e\omega\left[\,(\omega_n^2 - \omega^2)\,\omega_n^2 + 2\zeta^2\,\omega^2\,\omega_n^2\,\right]}{\left[\,(\omega_n^2 - \omega^2)^2 + (2\zeta\omega\omega_n)^2\,\right]^{3/2}} = 0 \tag{7-54}$$

由此解得振幅峰值时的角速度为

$$\omega_f = \omega_n\sqrt{\frac{1}{1-\zeta^2}} \tag{7-55}$$

因此,有阻尼时的振幅峰值对应的转速大于无阻尼转子固有频率或临界转速。根据国际标准(ISO),临界转速定义为:系统共振时发生主响应的特征转速,则 ω_f 可定义为临界转

速。这样转子的临界转速还与阻尼有关,结构已定的转子其阻尼系数是难以确定的,且与工作情况、环境等有关,因而难以求出转子的临界转速,应用不便。而不考虑阻尼时临界转速等于转子的固有频率,结构确定时,临界转速就是确定值,可以由分析计算求出,应用方便。

从能量角度来看,在轴每转一周时,阻尼力必然会做负功,即

$$W_{阻} = br\omega 2\pi r = 2\pi br^2 \omega \tag{7-56}$$

在临界转速附近时,由于挠度明显增大,阻尼功 $W_{阻}$ 增加显著,所以需要相应地增加外力矩。可见,周向摩擦形成的阻尼功可以抑制转子的横向挠度。只要阻尼功不太大,不同形式的摩擦力(例如轴承摩擦和材料内耗,后者在非协调进动时较显著),其效果大致是一样的。即同一数值的阻尼功,对轴的挠度将起同样的一致效果。

航空发动机中最常用而有效的方法是采用挤压油膜法(见图 7-10)。滚动轴承的外环 a 与轴承座 b 之间有一小间隙(通常为 $0.001 \sim 0.003D, D$ 为外环直径,图 7-10 中特意放大),其间通以滑油。由于轴的推动,外环在间隙的范围内做圆周运动,从而使间隙内的滑油被迫形成流动。由于巨大的黏性阻力,形成能量消耗(阻尼功),抑制轴的挠度。目前,对于挤压油膜的机理还未彻底明朗,有待进一步的研究。通常用于设计的参数是合理选择油膜厚度(即径向间隙)、承载长度和供油压力。

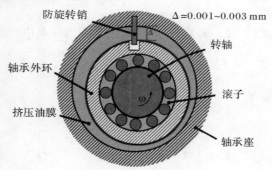

图 7-10　挤压油膜轴承示意图

应当注意,在转轴运动中,并不是摩擦都能抑制转轴的挠动,由于某些特殊原因,摩擦阻力可能反而会引起额外的不稳定现象,即在一定范围内,转子挠度反而会明显增大。因为在旋转系统中,摩擦阻力有两种表现形式,转轴与外部介质(例如空气、液体和轴承等)间的摩擦称为外摩擦,它往往与转轴旋转的绝对速度 ω 有关;而由转轴本身变形(包括转子材料内耗、联轴器,例如套齿之类)引起的摩擦称为内摩擦,它往往取决于轴本身变形的相对速度,即进动转速与自转转速之差 $|\Omega - \omega|$。例如,若在同步正涡动时,$\Omega = \omega$,则 $|\Omega - \omega| = 0$,因此转轴的摩擦主要取决于外摩擦,但在同步反涡动时,$\Omega = -\omega$,则 $|\Omega - \omega| = 2\omega$,转轴本身纤维的受力大小与方向均发生变化,因此内摩擦就大得多,它的大小方向经常发生变化,由此可能产生一种特殊的影响,当内摩擦功与外摩擦功之比大到一定程度后,开始出现不稳定的自激现象,它的范围发生在超临界区域内,如果摩擦功之比越大,自激现象的范围就越大,值得注意。

7.3 考虑重力的 Jeffcott 转子系统

7.3.1 副临界转速

上面的假设和分析,严格地说只适用于一个直立轴。对于水平支承的转子系统,忽略了重力引起的静变形对转子运动的影响。因此,本节将考虑轮盘自重的影响。仍以如图 7-1 所示的 Jeffcott 转子模型为例,考虑轮盘自重影响时只需在式(7-4)的第二个方程右边补充一项 $-mg$,因此考虑轮盘自重的 Jeffcott 转子模型在固定坐标系下的动力学方程为

$$\left.\begin{aligned} m\ddot{x}_C + kx_C &= me\omega^2\cos(\omega t+\varphi) \\ m\ddot{y}_C + ky_C &= me\omega^2\sin(\omega t+\varphi) - mg \end{aligned}\right\} \tag{7-57}$$

忽略不平衡力,可得

$$\left.\begin{aligned} m\ddot{x}_C + kx_C &= 0 \\ m\ddot{y}_C + ky_C &= -mg \end{aligned}\right\} \tag{7-58}$$

由此可见,在固定坐标系中,重力只引起一个静挠度,则有

$$y_C = -\frac{g}{\omega_n^2} = -\frac{mg}{k} = -\delta_g \tag{7-59}$$

利用式(7-22)和式(7-23)将式(7-58)化成动态坐标系中的运动方程,则有

$$\left\{\begin{aligned} \ddot{\zeta} - 2\omega\dot{\eta} + (\omega_n^2 - \omega^2)\zeta &= -g\sin\omega t \\ \ddot{\eta} + 2\omega\dot{\zeta} + (\omega_n^2 - \omega^2)\eta &= -g\cos\omega t \end{aligned}\right. \tag{7-60}$$

方程式(7-60)的特解为

$$\left.\begin{aligned} \zeta &= A\sin\omega t \\ \eta &= B\cos\omega t \end{aligned}\right\} \tag{7-61}$$

将式(7-61)代入式(7-60)得 $A = B = -\delta_g$,则

$$\left.\begin{aligned} \zeta &= -\delta_g\sin\omega t \\ \eta &= -\delta_g\cos\omega t \end{aligned}\right\} \tag{7-62}$$

由此看到,重力使转子轴内产生交变应力。当圆盘存在偏心时,不仅偏心引起的离心力(不平衡力)作用在转子上,而且由于偏心力臂的存在使转子的自重对自转轴线有一个力矩 $mge\cos\omega t$,如图 7-11 所示。这个力矩会引起转子旋转角速度的波动。重心提高时重力将减慢速度,而重心下降将加速转动,使转子取得角加速度。

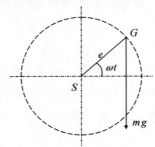

图 7-11 作用在水平转子上的重力

设盘的极转动惯量为 $I_P = m\rho^2$,其中 ρ 是盘的回转半径,则角加速度为 $ge\cos\omega t/\rho^2$,相应地圆盘重心具有切向线加速度为 $ge^2\cos\omega t/\rho^2$,必然有一个切向惯性力 $mge^2\cos\omega t/\rho^2$ 作用在重心上。可见这个力的大小和方向在旋转中都是变的,它的垂直分量为

$$mg\,\frac{e^2}{\rho^2}\cos^2\omega t = \frac{1}{2}mg\,\frac{e^2}{\rho^2}(1+\cos 2\omega t) \tag{7-63}$$

式中交变部分使转子的动挠度在垂直方向的投影作简谐变化,频率是 2ω。当转速 $\omega = \omega_n/2$ 时,使动挠度达到极值,通常这种现象称为副临界转速,即在 $1/2$ 临界转速时发生频率为 ω_n 的振动峰值。

7.3.2 转轴刚度不对称的 Jeffcott 转子系统

1.动力方程

副临界转速现象在非圆截面轴的转子中更为明显。由于设计和加工误差的关系,"圆轴"可在不同方向出现不同的截面惯性矩,这都会引起两个弯曲平面刚度不对称,如图7-12所示。由材料力学得知,可在这种截面上找到两个互相垂直的主轴 $O\zeta$ 和 $O\eta$ 以及两个对称平面,在两个互相垂直方向上具有不同的刚度。

刚度不对称转子如果在固定坐标系中建立运动微分方程,仍可得到线性微分方程,但是刚度是周期变化的,即与时间 t 有关。在与转子旋转同步的动坐标系中,刚度是不随时间变化的。因此我们用动坐标系来建立运动微分方程。如图 7-13 所示,$O\zeta$ 和 $O\eta$ 轴平行于转轴截面的主轴线,偏心距为 e,ζ 方向的刚度为 k_ζ,η 方向的刚度为 k_η,并令

$$\omega_\zeta = \sqrt{\frac{k_\zeta}{m}}, \quad \omega_\eta = \sqrt{\frac{k_\eta}{m}} \tag{7-64}$$

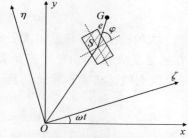

图 7-13 刚度不对称转子坐标系

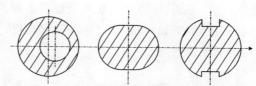

图 7-12 不同截面惯性矩的转轴截面

前面推导了圆形轴转子在动坐标系中的运动方程式(7-25)和式(7-60),引用到非圆截面轴转子,只要把第一个方程中以 ω_ζ 代替 ω_n,第二个方程中以 ω_η 代替 ω_n。于是非圆截面轴转子系统在动坐标系中的运动微分方程为

$$\left.\begin{array}{l} \ddot{\zeta} - 2\omega\dot{\eta} + (\omega_\zeta^2 - \omega^2)\zeta = e\omega^2\cos\varphi - g\sin\omega t \\ \ddot{\eta} + 2\omega\dot{\zeta} + (\omega_\eta^2 - \omega^2)\eta = e\omega^2\sin\varphi - g\cos\omega t \end{array}\right\} \tag{7-65}$$

显然,这是两个相互耦合的方程。由于方程是线性的,可以分别讨论非圆截面轴转子系统的临界转速,以及不平衡力、重力的作用。

2. 自由振动

首先讨论非圆截面轴转子系统的临界转速。若令方程(7-65)中 $e=0$ 且不考虑重力的影响,则方程变为

$$\left.\begin{array}{l}\ddot{\zeta}-2\omega\dot{\eta}+(\omega_\zeta^2-\omega^2)\zeta=0\\ \ddot{\eta}+2\omega\dot{\zeta}+(\omega_\eta^2-\omega^2)\eta=0\end{array}\right\} \tag{7-66}$$

方程式(7-66)的解为 $\zeta=A_1e^{\lambda t}$,$\eta=A_2e^{\lambda t}$,代入式(7-66),得

$$\left.\begin{array}{l}A_1\lambda^2-2\omega A_2\lambda+(\omega_\zeta^2-\omega^2)A_1=0\\ A_2\lambda^2+2\omega A_1\lambda+(\omega_\eta^2-\omega^2)A_2=0\end{array}\right\} \tag{7-67}$$

若 A_1,A_2 不同时为零,则下列行列式应为 0

$$\begin{vmatrix}\lambda^2+\omega_\zeta^2-\omega^2 & -2\omega\lambda\\ 2\omega\lambda & \lambda^2+\omega_\eta^2-\omega^2\end{vmatrix}=0 \tag{7-68}$$

展开得

$$\lambda^4+\lambda^2(\omega_\zeta^2+\omega_\eta^2+2\omega^2)\lambda^2+(\omega_\zeta^2-\omega^2)(\omega_\eta^2-\omega^2)=0 \tag{7-69}$$

解之得

$$\lambda^2=-\frac{\omega_\zeta^2+\omega_\eta^2+2\omega^2}{2}\pm\frac{1}{2}\sqrt{(\omega_\zeta^2-\omega_\eta^2)^2+8\omega^2(\omega_\zeta^2+\omega_\eta^2)} \tag{7-70}$$

要使 λ 为正值,则应有

$$\frac{1}{2}\sqrt{(\omega_\zeta^2-\omega_\eta^2)^2+8\omega^2(\omega_\zeta^2+\omega_\eta^2)}>\frac{\omega_\zeta^2+\omega_\eta^2+2\omega^2}{2} \tag{7-71}$$

整理,可得

$$(\omega^2-\omega_\zeta^2)(\omega^2-\omega_\eta^2)<0 \tag{7-72}$$

那么

$$\omega_\zeta<\omega<\omega_\eta \tag{7-73}$$

即在 ω_ζ 和 ω_η 之间,转轴的运动是不稳定的,可能产生大的挠度。这样就扩大了临界转速的范围,造成不利,这种情况在地面设备上常发现。在航空发动机上,由于工艺要求高,且设计上加以注意(例如控制内、外圆的不同心度,采用三个以上的键槽等),故此问题不很严重,但应随时予以注意。

3. 重力的影响

讨论重力作用,则方程式(7-65)变为

$$\left.\begin{array}{l}\ddot{\zeta}-2\omega\dot{\eta}+(\omega_\zeta^2-\omega^2)\zeta=-g\sin\omega t\\ \ddot{\eta}+2\omega\dot{\zeta}+(\omega_\eta^2-\omega^2)\eta=-g\cos\omega t\end{array}\right. \tag{7-74}$$

其特解为

$$\zeta=B_1\sin\quad\eta=B_2\cos\omega t \tag{7-75}$$

将其代入式(7-74),得

$$\left.\begin{array}{l}(\omega_\zeta^2-2\omega^2)B_1+2\omega^2B_2=-g\\ 2\omega^2B_1+(\omega_\eta^2-2\omega^2)B_2=-g\end{array}\right\} \tag{7-76}$$

由式 $(7-76)$，解得

$$B_1 = -\frac{g}{\Delta}(\omega_\eta^2 - 4\omega^2) \left.\right\}$$
$$B_2 = -\frac{g}{\Delta}(\omega_\zeta^2 - 4\omega^2) \left.\right\} \tag{7-77}$$

式中，Δ 为方程 $(7-76)$ 的系数行列式的值，即

$$\Delta = (\omega_\zeta^2 - 2\omega^2)(\omega_\eta^2 - 2\omega^2) - 4\omega^2 \tag{7-78}$$

式 $(7-75)$ 表示简谐振动，在动坐标系中以 B_1 和 B_2 为半轴作椭圆轨迹运动。将式 $(7-75)$ 转换成固定坐标系，由 $[Z] = \boldsymbol{R}[\xi]$，得

$$x_C = \frac{B_1 - B_2}{2}\sin 2\omega t \qquad y_C = \frac{B_1 + B_2}{2} - \frac{B_1 - B_2}{2}\cos 2\omega t \tag{7-79}$$

把 B_1，B_2 值代入上式，得

$$x_C = -\frac{g}{2\Delta}(\omega_\eta^2 - \omega_\zeta^2)\sin\omega t \left.\right\}$$
$$y_C = -\frac{g}{2\Delta}(\omega_\eta^2 + \omega_\zeta^2 - 8\omega^2) + \frac{g}{2\Delta}(\omega_\eta^2 - \omega_\zeta^2)\sin\omega t \left.\right\} \tag{7-80}$$

这是一个圆方程，如图 $7-14$ 所示，半径为 r_c，为

$$r_c = \left| \frac{g}{2\Delta}(\omega_\eta^2 - \omega_\zeta^2) \right| \tag{7-81}$$

圆的中心在 y 轴上向下移动一个距离 y_0，其式为 $y_0 = -\frac{g}{2\Delta}(\omega_\eta^2 + \omega_\zeta^2 - 8\omega^2)$。

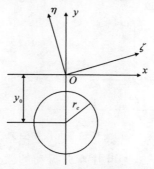

图 7-14　刚度不对称转子形心运动轨迹

由此表明，非圆截面轴转子系统在重力影响下，将作圆频率为 2ω 的强迫振动，振幅 r_c 和 y_0 决定于转速。当

$$\Delta = (\omega_\zeta^2 - 2\omega^2)(\omega_\eta^2 - 2\omega^2) - 4\omega^2 = 0 \tag{7-82}$$

时，轴挠度在重力作用下无限大，由此可见，在

$$\omega = \sqrt{\frac{k_\zeta k_\eta}{2m(k_\zeta + k_\eta)}} \tag{7-83}$$

时为临界转速。令 $k = \frac{1}{2}(k_\zeta + k_\eta)$，$\Delta k = \frac{1}{2}(k_\zeta - k_\eta)$，则式 $(7-83)$ 变为

$$\omega = \frac{1}{2}\sqrt{\frac{k}{m}\left[1 - \left(\frac{\Delta k}{k}\right)^2\right]} \tag{7-84}$$

通常 $\Delta k / k \ll 1$，则

$$\omega = \frac{1}{2}\sqrt{\frac{k}{m}} = \frac{1}{2}\omega_n = \frac{1}{2}\omega_0 \qquad (7-85)$$

即共振转速是临界转速的一半。这说明了轴刚度不对称转子在重力作用下产生的副临界现象。这种临界转速是否危险，将取决于实际结构。在实际应用中，有时通过测出副临界转速来判定转子的临界转速。因此此时转速较低，避免了通过较高临界转速时可能带来的危险和设备方面的困难。

7.4　轴质量对临界转速的影响

在 Jeffcott 转子系统中，忽略了转子轴的质量的影响。当轴质量远比轮盘质量小时，不考虑轴质量的假设是完全合理的，这样可以使计算简化。但是，当"轴-盘质量比"较大，或只有轴没有盘的情况下，轴的质量就必须考虑。

7.4.1　光轴转子系统的临界转速

光轴旋转时，在某一微元段上的离心力为 $m_1 y \omega^2 \mathrm{d}x$（$m_1$ 为单位轴长度的质量，y 为该为微元段处的挠度，且偏心距 $e=0$）。若把离心力作为分布载荷 q（见图 7-15），则由材料力学的平衡方程式，有

$$\frac{\mathrm{d}^2}{\mathrm{d}x^2}\left(EI\frac{\mathrm{d}^2 y}{\mathrm{d}x^2}\right) = q = m_1 \omega^2 y \qquad (7-86)$$

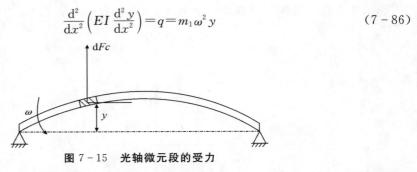

图 7-15　光轴微元段的受力

从方程式（7-86）可以看出，该式与叶片弯曲振动的微分方程式完全一致，求解步骤也完全一样。对于等截面的均质轴，EI 为常数，故得

$$\left. \begin{aligned} &\frac{\mathrm{d}^4 y}{\mathrm{d}x^4} = \frac{m_1 \omega^2}{EI} y = a^4 y \\ &a^4 = \frac{m_1 \omega^2}{EI} \end{aligned} \right\} \qquad (7-87)$$

求解过程与叶片振动模态求解相似，参考 5.3 节等截面叶片的弯曲振动相关内容。根据边界条件，可以定出一个特征方程。对于双简支轴，它的特征方程为

$$\sin al = 0 \qquad (7-88)$$

则可确定光轴的临界转速。虽然该式建立的条件是轴的挠度为任意值，但是，各点的挠度之间却存在着一定的关系，即形成一条挠曲线。可见，该式所确定的是对应于某一条挠曲线的临界转速。

由式(7-88)可得出一系列(al)值,即$(al)_i = \pi、2\pi、3\pi\cdots\cdots$,由于$a^4 = \dfrac{m_1\omega^2}{EI}$,故得到一系列的临界转速值为

$$\omega_{cr,i} = a_i^2\sqrt{\dfrac{EI}{m_1}} = \dfrac{(al)_i^2}{l^2}\sqrt{\dfrac{EI}{A\rho}} \tag{7-89}$$

此处,A 为轴横截面面积,ρ 为材料密度。代入各$(al)_i$值,可得

$$\left.\begin{aligned}\omega_{cr,1} &= \dfrac{\pi^2}{l^2}\sqrt{\dfrac{EI}{A\rho}}\\[2mm]\omega_{cr,2} &= \dfrac{4\pi^2}{l^2}\sqrt{\dfrac{EI}{A\rho}}\\\cdots\end{aligned}\right\} \tag{7-90}$$

对于钢材料,$\sqrt{\dfrac{E}{\rho}} \approx 5.0 \times 10^5$ cm/s;对于空心圆轴(外径 d_2、内径 d_1),

$$\sqrt{\dfrac{I}{A}} = \sqrt{\dfrac{d_2^2 + d_1^2}{16}} = \dfrac{1}{4}\sqrt{d_2^2 + d_1^2} \tag{7-91}$$

并利用$f = \dfrac{\omega}{2\pi}$,得下列简明公式:

$$\left.\begin{aligned}f_{cr,1} &= 2.00 \times 10^5\,\dfrac{\sqrt{d_2^2 + d_1^2}}{l^2}\\[2mm]f_{cr,2} &= 8.00 \times 10^5\,\dfrac{\sqrt{d_2^2 + d_1^2}}{l^2}\\[2mm]f_{cr,3} &= 18.00 \times 10^5\,\dfrac{\sqrt{d_2^2 + d_1^2}}{l^2}\\\cdots\end{aligned}\right\} \tag{7-92}$$

$$f_{cr,1} : f_{cr,2} : f_{cr,3} : \cdots = 1^2 : 2^2 : 3^2 : \cdots \tag{7-93}$$

7.4.2　考虑轴质量的 Jeffcott 转子系统的临界转速

现在讨论考虑轴质量的单盘转子的临界转速。设轮盘装于双筒支轴的中央,如果设轴的质量集中于轴的中央,且其临界转速与分布质量的光轴一样。由于分布质量光轴的第一阶临界转速 $\omega_{cr,1}$ 为

$$\omega_{cr,1} = \dfrac{\pi^2}{l^2}\sqrt{\dfrac{EI}{A\rho}} \tag{7-94}$$

如图 7-16(a)所示,则折合成中央带集中质量 $m_{折}$ 的无重轴如图 7-16(b)所示。在该处,轴的刚性系数为

$$c = 48EI/l^3 \tag{7-95}$$

假定它的临界转速仍然保持不变,即

$$\omega_{cr轴} = \sqrt{\dfrac{c}{m_{折}}} = \dfrac{\pi^2}{l^2}\sqrt{\dfrac{EI}{A\rho}} \tag{7-96}$$

于是得

$$m_{折} = \frac{cA\rho l^4}{\pi^4 EI} \qquad\qquad (7-97)$$

再考虑到在轴中央还装有盘(其质量为 $m_{盘}$),则与 $m_{折}$ 合并在一起,可得

$$\omega_{cr,1} = \sqrt{\frac{c}{m_{折}+m_{盘}}} \qquad\qquad (7-98)$$

经过变换得

$$\frac{1}{\omega_{cr,1}^2} = \frac{m_{折}+m_{盘}}{c} = \frac{m_{折}}{c} + \frac{m_{盘}}{c} = \frac{1}{\dfrac{c}{m_{折}}} + \frac{1}{\dfrac{c}{m_{盘}}} = \frac{1}{\omega_{cr 轴}^2} + \frac{1}{\omega_{cr 盘}^2} \qquad (7-99)$$

或简写为

$$\frac{1}{\omega^2} = \frac{1}{\omega_0^2} + \frac{1}{\omega_1^2} \qquad\qquad (7-100)$$

此处 $\omega(=\omega_{cr})$ 是该系统一阶临界转速,$\omega_0(=\omega_{cr 轴})$、$\omega_1(=\omega_{cr 轴})$ 分别为光轴(无盘)和单盘无重轴的临界转速,这个公式称为顿克(Dunkerley)公式。

使用顿克公式时应注意下列各点:①只能用于一阶临界转速;②不考虑陀螺力矩的影响;③此公式是近似的,当盘位置接近支承时,误差较大,对于悬臂转子误差更大;④计算值低于精确值。

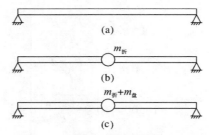

图 7-16 光轴与折和质量的无重轴

$(a)\,\omega_{cr 轴} = \dfrac{\pi l^2}{4}\sqrt{\dfrac{EI}{A\rho}}\,;\ (b)\,\omega_{cr 折} = \sqrt{\dfrac{c}{m_{折}}}\,;\ (c)\,\omega_{cr} = \sqrt{\dfrac{c}{m_{折}+m_{盘}}}$

7.5 陀螺力矩的影响

对于 Jeffcott 转子系统,其临界转速在数值上等于该转子横向弯曲振动的固有频率,但实质上两者是不同的。临界转速现象揭示了在不平衡离心力作用下转子进行涡动运动的规律,它表明了转轴既要绕其本身轴线旋转,同时,该轴又带着轮盘绕两轴承中心的连线旋转,这种复合运动的总称为涡动,如图 7-17 所示。

因此,转轴在作涡动时,必须呈"弓形",同时又是回旋的。轮盘绕轴旋转称为自转,挠曲的轴线绕轴承连线旋转称为公转或进动。它们对应的角速度分别用自转角速度 ω 与进动角速度 Ω 表示。ω 与 Ω 的转向相同的涡动称为正涡动,这种进动又称为正进动;反之,ω 与 Ω 转向相反的称为反涡动,对应的进动称为反进动。如果 ω 与 Ω 的大小与转向均相同的涡动,称为同步正涡动,对应的进动称为协调正进动;如果它们的大小相等,但转向相反的称为同步反涡动,对应的进动称为协调反进动。

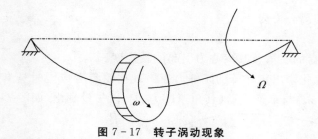

图 7-17　转子涡动现象

上述分析严格地说只适用于轮盘质量集中在一点上,或轮盘在转子弯曲时不发生偏斜(处于转轴中间)的情况。但在实际转子中,由于设计上的要求,转子并不对称,轮盘也并不安装在中间。此时,轮盘的运动便不再是仅作自转与横向的平面运动,还要产生摆动,如图7-18所示。

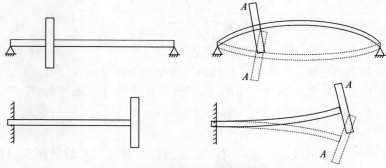

图 7-18　振动时转子轮盘的倾斜状态

轴振动时,变形弹性线在盘处的倾角不为零,当不旋转的转子作横向振动时,由于盘的转动惯性(盘在振动平面内来回摆动)将产生转动惯性力矩,这种力矩称为陀螺力矩。对于由离心惯性力形成的陀螺力矩,其作用效果相当于改变了转轴的弯曲刚性,如图7-19所示。因此,使得转子的临界转速在数值上与不计陀螺力矩的不同。通常把由于高速旋转的轮盘的偏摆运动使临界转速发生变化的现象称为陀螺效应。

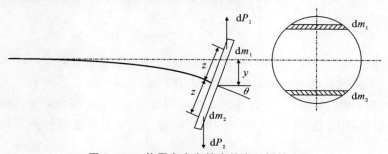

图 7-19　偏置盘在自转中的离心惯性力

7.5.1　陀螺力矩的计算

首先来阐述陀螺力矩的计算过程。假设转子模型是呈悬臂式的单盘无重轴转子,而且轮盘没有偏心距,因此,轮盘自转不产生不平衡的离心力和力矩,而是仅有公转时才产生离

心力与力矩。轮盘的离心力为

$$P_c = m\Omega^2\delta \qquad (7-101)$$

式中，m,δ 分别为轮盘的质量及其离心力引起的轴挠度。

根据动量矩的变化来求定转子的陀螺力矩。现把轮盘看成同时具有两种旋转运动：相对运动（其角速度为 ω_p）与牵连运动（其角速度为 Ω），以矢量画出，如图 7-20 所示。

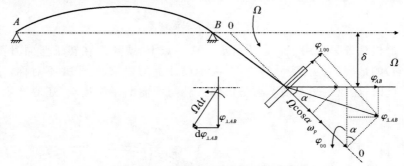

图 7-20　涡动时作用力与力矩分析

将矢量 Ω 分解为 00 方向及其垂直方向的两个矢量，并与 ω_p 合成后，再将这两方向上各自的总矢量与相应的轮盘转动惯量相乘，求得该两方向上的动量矩 Φ_{00} 与 $\Phi_{\perp 00}$ 为

$$\left.\begin{array}{l}\Phi_{00}=I_0(\omega_P+\Omega\cos\alpha)\\ \Phi_{\perp 00}=I_d\Omega\sin\alpha\end{array}\right\} \qquad (7-102)$$

式中，I_0 与 I_d 分别为轮盘的转动惯量与直径转动惯量。把这两矢量分别在 AB 方向（两支承中心连线的方向）及其垂直方向上投影，可得

$$\Phi_{\perp AB}=\Phi_{00}\sin\alpha-\Phi_{\perp 00}\cos\alpha \qquad (7-103)$$

在稳态运动时，Φ_{AB} 的大小、方向均不变；而 $\Phi_{\perp AB}$ 的大小虽然不变，但其转向却以 Ω 不断地旋转，其变化速率为（见图 7-20）

$$\frac{\mathrm{d}\Phi_{\perp AB}}{\mathrm{d}t}=\Phi_{\perp AB}\cdot\Omega \qquad (7-104)$$

按理论力学中的动量矩定理，得陀螺力矩为

$$M_G=-\frac{\mathrm{d}\Phi_{\perp AB}}{\mathrm{d}t}=-\Phi_{\perp AB}\cdot\Omega \qquad (7-105)$$

式中，取"－"号表示惯性力与加速度方向相反。现以 $\Phi_{\perp AB}$ 值代入，得

$$M_G=-I_0\omega_p\Omega\sin\alpha-(I_0-I_d)\Omega^2\sin\alpha\cdot\cos\alpha \qquad (7-106)$$

式中，等号右边第一项含有 $\omega_p\Omega$，则该项代表哥氏惯性力矩；第二项含有 Ω^2，则表示离心惯性力矩。在一般情况下，它们的方向是一致的。陀螺力矩就是哥氏惯性力矩与离心惯性力矩之和。

由于转子作涡动运动时，轮盘的偏转角 α 很小，故可认为

$$\sin\alpha\approx\alpha \quad \cos\alpha\approx 1 \qquad (7-107)$$

则得

$$M_G=-\left[I_0(\omega_p+\Omega)-I_d\Omega\right]\Omega\alpha \qquad (7-108)$$

以 $\omega_p=\omega-\Omega$ 代入得（ω 为轮盘自转的绝对角速度）

$$M_G = -\left(\frac{I_0}{I_d} \cdot \frac{\omega}{\Omega} - 1\right) I_d \Omega^2 \alpha \qquad (7-109)$$

现令

$$A = -\left(\frac{I_0}{I_d} \cdot \frac{\omega}{\Omega} - 1\right) I_d \qquad (7-110)$$

可得

$$M_G = A\Omega^2 \alpha \qquad (7-111)$$

对于薄盘(平均厚度与半径之比小于 0.2),$I_0 = 2I_d$,因此,同步正涡动时,即 $\omega = \Omega(\omega_p = 0)$,则 $A = -I_d$,$M_G = -I_d \Omega^2 \alpha$,此时的陀螺力矩就是离心惯性力矩;同步反涡动时,即 $\omega = -\Omega$,则 $A = 3I_d$,$M_G = 3I_d \Omega^2 \alpha$。

陀螺力矩的方向可由矢量 $-d\Phi_{\perp AB}$ 的方向看出,也可由 M_G 的正负号判断。同步正涡动时,陀螺力矩为负值,使挠角 α 减小,相当于增大了轴的刚性,因此导致临界转速的升高;当同步反滑动时,陀螺力矩使挠角 α 增大,相当于削弱了轴的刚性,致使临界转速降低。

陀螺力矩对于临界转速的影响程度将随转子的具体结构而异。对于悬臂式支承结构的影响显然要比简支结构的大,对于形状特殊的轮盘,由于可能出现 $I_0 < I_d$ 的情况(如某些离心压气机的叶轮),使得 A 在同步正涡动时变成正值,因此陀螺力矩的效果不是提高,而是降低了临界转速。

7.5.2　考虑陀螺力矩的转子系统的动力学方程

由于陀螺力矩的影响,使得转子的临界转速计算与它的特性复杂化。现在仍以单盘转子为例,此时轮盘不安装在中点。为了突出陀螺力矩的影响,假定不计自重和阻尼的影响。以前讨论的转子系统运动方程只列出横向力平衡方程,由于存在陀螺力矩,必须写出力矩的平衡方程,此时轴的位移和倾角是耦合的。

首先要确定在盘形心 S 处的轴截面刚度。在轮盘处作用着力和力矩,分析两端简支梁在某截面上受到力和力矩联合作用时的平面弯曲,如图 7-21(a)所示。规定振动、力和力矩矢量沿坐标轴正方向为正,转角按图 7-21 中所示为正。由材料力学知识,S 点出的位移 x 和转角 θ_y 的计算公式分别为

$$\left. \begin{array}{l} x = \dfrac{P_x a^2 b^2}{3EIl} - \dfrac{M_y ab(a-b)}{3EIl} \\[4mm] \theta_y = \dfrac{P_x ab(a-b)}{3EIl} + \dfrac{M_y(a^2 - ab + b^2)}{3EIl} \end{array} \right\} \qquad (7-112)$$

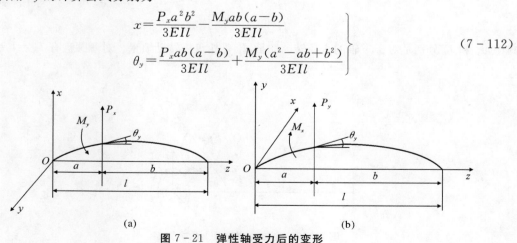

图 7-21　弹性轴受力后的变形

由式(7-112)可解出

$$P_x = 3EIl\left(\frac{a^2-ab+b^2}{a^3b^3}x + \frac{a-b}{a^2b^2}\theta_y\right) = k_{11}x + k_{12}\theta_y$$
$$M_y = 3EIl\left(\frac{a-b}{a^2b^2}x + \frac{1}{ab}\theta_y\right) = k_{21}x + k_{22}\theta_y$$
$$(7-113)$$

式中，$k_{11} = 3EIl\left(\frac{a^2-ab+b^2}{a^3b^3}\right)$，$k_{12} = k_{21} = 3EIl\left(\frac{a-b}{a^2b^2}\right)$，$k_{22} = \frac{3EIl}{ab}$。

同样，在 Oyz 平面内也可以建立类似的公式，如图 7-21(b)所示，于是可以得到

$$P_y = k_{11}y + k_{12}\theta_x$$
$$M_x = -k_{21}y - k_{22}\theta_x$$
$$(7-114)$$

在 x,y 方向上的惯性力分别为 $m\ddot{x}$ 和 $m\ddot{y}$，因此可得到 S 点的横向运动微分方程为

$$m\ddot{x} + k_{11}x + k_{12}\theta_y = 0$$
$$m\ddot{y} + k_{11}y + k_{12}\theta_x = 0$$
$$(7-115)$$

为了求得轮盘绕 S 点的转动运动方程，可用动量矩定理：即物体上全部外力所产生的力矩等于动量矩对时间的变化率。假如一个旋转轮盘是相对主轴系转动，则它的动量矩是容易求得的。沿主轴方向的动量矩分量显然等于对主轴的转动惯量与绕主轴角速度的乘积。

假设轮盘是轴对称的，引入坐标系 $Sx'y'z'$，其原点在 S 上。z' 轴与轮盘旋转轴线相重合其他两个轴位于轮盘中间平面上，如图 7-22 所示。轮盘绕 x、y 轴的转角为 θ_y 和 θ_x，绕 z' 轴的转角为 θ_z，由图 7-22 看出 x' 轴与 x 轴夹角为 θ_y，y' 轴与 y 轴夹角为 θ_x。考虑到 θ_y 和 θ_x 都是小量，因此可认为

$$\sin\theta_y = \theta_y \quad \cos\theta_y = 1$$
$$\sin\theta_x = \theta_x \quad \cos\theta_x = 1$$
$$(7-116)$$

因此动量矩分量为

$$H_x' = -I_x\dot{\theta}_x$$
$$H_y' = I_y\dot{\theta}_y$$
$$H_z' = I_p\dot{\theta}_z$$
$$(7-117)$$

式中，I_x 和 I_y 分别是对 x、y 轴的直径转动惯量，I_p 是轮盘极转动惯量。对薄圆盘有 $I_x = I_y = I_d$，$I_p = 2I_d$。

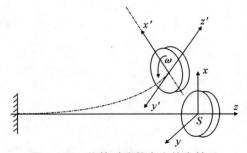

图 7-22　旋转对称轮盘上的主轴系

在建立运动方程时,动量矩在固定坐标系 $Sxyz$ 上投影按图 7-23 所示计算,并考虑到 θ_x、θ_y 角度是小量,于是

$$
\left.\begin{aligned}
H_x &= H_x{'} + H_z{'}\theta_y \\
H_y &= H_y{'} + H_z{'}\theta_x \\
H_z &= H_z{'}
\end{aligned}\right\} \tag{7-118}
$$

轮盘绕 z' 的角速度就是转子自转角速度,即 $\dot{\theta}_z = \omega$,则上式成为

$$
\left.\begin{aligned}
H_x &= -I_d\dot{\theta}_x + I_p\omega\theta_y \\
H_y &= I_d\dot{\theta}_y + I_p\omega\theta_x \\
H_z &= I_p\omega
\end{aligned}\right\} \tag{7-119}
$$

假如作用在盘上所有外力对 z' 轴的力矩等于零,则 ω 为常数,即转子作稳定运转。

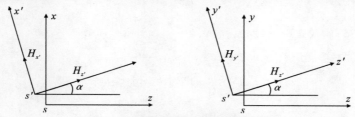

图 7-23　固定坐标系中的动量矩分量

根据动量矩定理,动量矩对时间 t 的一阶导数等于外力矩。这个力矩实际上是惯性力矩,它与作用在轴上的反作用力力矩——弹性力矩 M_x,M_y 平衡,即

$$
\left.\begin{aligned}
\frac{\mathrm{d}H_x}{\mathrm{d}t} &= -I_d\ddot{\theta}_x + I_p\omega\dot{\theta}_y = -M_x = M_{gx} \\
\frac{\mathrm{d}H_y}{\mathrm{d}t} &= I_d\ddot{\theta}_y + I_p\omega\dot{\theta}_x = -M_y = M_{gy}
\end{aligned}\right\} \tag{7-120}
$$

将式(7-113)和式(7-114)代入式(7-120),得到圆盘的偏摆运动方程为

$$
\left.\begin{aligned}
k_{21}x + k_{22}\theta_y + I_d\ddot{\theta}_y + I_p\omega\dot{\theta}_x &= 0 \\
k_{21}y + k_{22}\theta_x + I_d\ddot{\theta}_x - I_p\omega\dot{\theta}_y &= 0
\end{aligned}\right\} \tag{7-121}
$$

将式(7-115)和式(7-121)写成矩阵形式,有

$$
\begin{bmatrix} m & 0 & 0 & 0 \\ 0 & I_d & 0 & 0 \\ 0 & 0 & m & 0 \\ 0 & 0 & 0 & I_d \end{bmatrix}
\begin{bmatrix} \ddot{x} \\ \ddot{\theta}_y \\ \ddot{y} \\ \ddot{\theta}_x \end{bmatrix}
+
\begin{bmatrix} 0 & 0 & 0 & 0 \\ 0 & 0 & 0 & I_p\omega \\ 0 & 0 & 0 & 0 \\ 0 & 0 & -I_p\omega & 0 \end{bmatrix}
\begin{bmatrix} \dot{x} \\ \dot{\theta}_y \\ \dot{y} \\ \dot{\theta}_x \end{bmatrix}
+
$$

$$
\begin{bmatrix} k_{11} & k_{12} & 0 & 0 \\ k_{21} & k_{22} & 0 & 0 \\ 0 & 0 & k_{11} & k_{12} \\ 0 & 0 & k_{21} & k_{22} \end{bmatrix}
\begin{bmatrix} x \\ \theta_y \\ y \\ \theta_x \end{bmatrix}
= 0 \tag{7-122}
$$

这就是考虑圆盘陀螺效应的自由振动方程,式中第一个矩阵为质量矩阵,第二个矩阵为陀螺矩阵,第三个矩阵是刚度矩阵。由于有陀螺矩阵,方程是耦合的。

7.5.3　陀螺力矩的影响规律

为了得到陀螺力矩对转子系统动力学特性的影响规律,需要对式(7-122)进一步分析,位移和转角用复数来表示

$$r = x + iy \qquad \theta = \theta_y + i\theta_x \tag{7-123}$$

方程式(7-122)可改写成复数形式

$$\begin{bmatrix} m & 0 \\ 0 & I_d \end{bmatrix} \begin{bmatrix} \ddot{r} \\ \ddot{\theta} \end{bmatrix} + \begin{bmatrix} 0 & 0 \\ 0 & -iI_p\omega \end{bmatrix} \begin{bmatrix} \dot{R} \\ \dot{\theta} \end{bmatrix} + \begin{bmatrix} k_{11} & k_{12} \\ k_{21} & k_{22} \end{bmatrix} \begin{bmatrix} r \\ \theta \end{bmatrix} = 0 \tag{7-124}$$

转子处于自然振动状态,即作稳态进动,则解的形式有

$$\begin{bmatrix} r \\ \theta \end{bmatrix} = \begin{bmatrix} \overline{r} \\ \overline{\theta} \end{bmatrix} e^{i\Omega t} \tag{7-125}$$

将式(7-125)代入式(7-124)得

$$\left. \begin{aligned} -m\Omega^2 \overline{r} + k_{11}\overline{r} + k_{12}\overline{\theta} = 0 \\ -I_d\Omega^2\overline{\theta} + I_p\overline{\omega\Omega\theta} + k_{21}\overline{r} + k_{22}\overline{\theta} = 0 \end{aligned} \right\}$$

或

$$\left. \begin{aligned} (k_{11} - m\Omega^2)\overline{r} + k_{12}\overline{\theta} = 0 \\ (I_p\omega\Omega - I_d\Omega^2)\overline{\theta} + k_{22}\overline{\theta} + k_{21}\overline{r} = 0 \end{aligned} \right\} \tag{7-126}$$

由此可见,使弹性轴发生弯曲的不仅有惯性力,而且还有陀螺力矩$\left(I_p\dfrac{\omega}{\Omega} - I_d\right)\Omega^2\overline{\theta}$,它相当于改变轴的刚度。

要使齐次线性方程式(7-126)有非零解,要求

$$\begin{vmatrix} k_{11} - m\Omega^2 & k_{12} \\ k_{21} & I_p\omega\Omega - I_d\Omega^2 + k_{22} \end{vmatrix} = 0 \tag{7-127}$$

展开行列式后得特征方程,有

$$(k_{11} - m\Omega^2)\left[k_{22} - \left(I_d - I_p\frac{\omega}{\Omega} \right)\Omega^2 \right] - k_{12}k_{21} = 0 \tag{7-128}$$

即

$$mI_d\Omega^4 - mI_p\omega\Omega^3 - (I_dk_{11} + mk_{22})\Omega^2 + I_pk_{11}\omega\Omega + k_{11}k_{22} - k_{12}k_{21} = 0 \tag{7-129}$$

方程式(7-129)可得四个实数根Ω_i,这就是固有频率。由式(7-129)可知,固有频率除了决定于系统参数m、I_d、I_p、k_{ij}外,还决定于轴的转速ω。

图7-24表明了式(7-129)的根随转速ω的变化情况。对应每个转速有两个正的Ω和两个负的Ω,因此有四条曲线,用三条水平渐近线分开,中间一条水平线为横坐标轴。最上面与最下面的两条曲线有斜的渐近线,并通过原点。当$\omega \to \infty$,得到水平渐近线,即

$$k_{11} - m\Omega^2 = 0 \Rightarrow \Omega^* = \pm\sqrt{\frac{k_{11}}{m}} \tag{7-130}$$

用Ω^4除以式(7-129)的各项,当$\omega \to \infty$时,得到斜渐近线的斜率

$$\tan\alpha = \frac{\Omega}{\omega} = \frac{I_p}{I_d} \qquad (7-131)$$

说明这条渐近线的斜率随极转动惯量与直径转动惯量之比而变化。对于一个半径为 R 和厚度为 h 的圆柱体状轮盘,有

$$I_p = \frac{m}{2}R^2 \qquad I_d = \frac{m}{12}(3R^2 + h^2) \qquad (7-132)$$

若是薄盘($h \leqslant R$),$I_p = 2I_d$,则 $\tan\alpha = 2$,$\alpha = 63.5°$。对于厚一点的轮盘,斜率就小一点。当 $I_p = I_d$ 时,$\alpha = 45°$。对于长圆柱体,如果盘鼓转子结构,此比值可能小于 1。图中曲线对原点对称的。第一、三象限对应于正进动,第二、四象限对应于反进动。

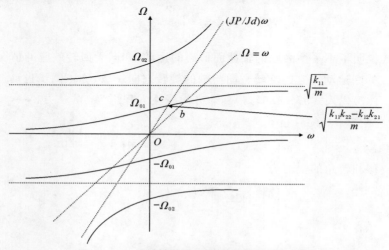

图 7-24 旋转轴的固有频率与轴转速的关系

下述讨论某些特殊情况:

斜渐近线与曲线交点 c,对应于

$$\frac{\Omega}{\omega} = \frac{I_p}{I_d} \qquad (7-133)$$

此时式(7-128)中的

$$\left(I_d - \frac{I_p}{\Omega}\omega\right)\Omega^2 = 0 \qquad (7-134)$$

表明陀螺力矩消失。因此得到

$$(k_{11} - m\Omega^2)k_{22} - k_{12}k_{21} = 0$$

$$\Rightarrow \Omega^2 = \frac{1}{m}\left(k_{11} - \frac{k_{12}k_{21}}{k_{22}}\right)$$

$$\Rightarrow \Omega = \pm\sqrt{\frac{k_{11}k_{22} - k_{12}k_{21}}{mk_{22}}} \qquad (7-135)$$

这也对应于不旋转的转子,将盘作为点质量时的固有频率。特别要说明一点,前面讨论的对称单盘转子,即轮盘处转角为零时的固有频率 $\Omega = \sqrt{k/m}$($\sqrt{k_{11}/m}$)要区别开来,现在是横向位移和转动耦合后的固有频率。

当 $\omega=0$ 时,转子不旋转,四个根对应于四条曲线与纵坐标的交点。此时回转效应的影响消失,然而转动惯量 I_d 的影响还存在。从图中看到,固有频率显然低于将盘作为点质量时的固有频率。

当 $\omega=\Omega$ 时,为正同步进动,正同步进动的频率由斜率等于 1 的斜线与曲线交点 b 定出。不平衡力激励的转子运动就属于这种情况。将不平衡力加到方程式(7-124)中,得

$$\begin{bmatrix} m & 0 \\ 0 & I_d \end{bmatrix}\begin{bmatrix} \ddot{r} \\ \ddot{\theta} \end{bmatrix}+\begin{bmatrix} 0 & 0 \\ 0 & -iI_p\omega \end{bmatrix}\begin{bmatrix} \dot{R} \\ \dot{\theta} \end{bmatrix}+\begin{bmatrix} k_{11} & k_{12} \\ k_{21} & k_{22} \end{bmatrix}=\begin{bmatrix} me\omega^2 e^{i(\omega t+\varphi)} \\ 0 \end{bmatrix} \tag{7-136}$$

微分方程组(7-136)的非齐次解的形式写成

$$\begin{bmatrix} r \\ \theta \end{bmatrix}=\begin{bmatrix} r \\ \bar{\theta} \end{bmatrix}e^{i(\omega t+\varphi)} \tag{7-137}$$

这个公式说明了不平衡激励的轴截面形心的运动,如同无回转效应的情况一样,是一个以角速度为 ω 的圆运动。它的旋转方向与轴的旋转方向一致,称正同步进动。

将式(7-137)代入式(7-136),得到非齐次线性方程组为

$$\begin{bmatrix} k_{11}-m\Omega^2 & k_{12} \\ k_{21} & (I_p-I_d)\omega^2+k_{22} \end{bmatrix}\begin{bmatrix} r \\ \bar{\theta} \end{bmatrix}=me\omega^2\begin{bmatrix} 1 \\ 0 \end{bmatrix} \tag{7-138}$$

可得到位移和转角的幅值为

$$\begin{bmatrix} r \\ \bar{\theta} \end{bmatrix}=\frac{me\omega^2}{\Delta}\begin{bmatrix} (I_p-I_d)\omega^2+k_{22} \\ -k_{21} \end{bmatrix} \tag{7-139}$$

式中

$$\Delta=\begin{bmatrix} k_{11}-m\Omega^2 & k_{12} \\ k_{21} & (I_p-I_d)\omega^2+k_{22} \end{bmatrix} \tag{7-140}$$

若这个行列式等于零,则挠度将区域无穷大。因此当 $\Delta=0$ 的某些转速 ω 就是转子的临界转速。

$\Delta=0$ 的方程可从式(7-140)得到

$$m(I_p-I_d)\omega^4-[(I_p-I_d)k_{11}-mk_{22}]\omega^2-(k_{11}k_{22}-k_{12}k_{21})=0 \tag{7-141}$$

用 ω_c 表示这个临界转速,解方程(7-141)得

$$\omega_c=\pm\sqrt{\frac{1}{2}\left[\frac{k_{11}}{m}-\frac{k_{22}}{I_p-I_d}\pm\sqrt{\left(\frac{k_{11}}{m}-\frac{k_{22}}{I_p-I_d}\right)^2+\frac{4(k_{11}k_{22}-k_{12}k_{21})}{m(I_p-I_d)}}\right]} \tag{7-142}$$

即是正同步进动时的临界转速。大根号前的正负号只表明正转和反转时的同步进动临界转速。

对于薄盘($I_p>I_d$),第二个根号的数值大于前面项,因此大根号里就有一个是负数,导致一个负数解,这在物理上没有意义;只有取正号才能得出一个实数,如图 7-24 中 b 点表示,只能得出一个临界转速。这一临界转速始终大于不考虑陀螺效应时的临界转速 ω_0。

已经说明了在正同步进动时,当 $I_p>I_d$ 时只有一个临界转速,因此只要分析第一象限就足够了,如图 7-25 所示。$\Omega=\omega$ 是一条倾角等于 45°的斜线,称为升速线。轴升速时,激

振频率沿着这条直线移动。从图 7-25 中可看出，Ω_2 曲线的斜渐近线的斜率大于升速线的斜率，因此升速线只能与 Ω_1 曲线相交，只能得到一个临界转速 ω_{c1}。

对于厚盘（$I_p < I_d$），就有两个临界转速。从式（7-142）可看到，它有两个解。从图 7-26 中可看出，斜渐近线的斜率小于 1，即 $\alpha < 45°$，使升速线与 Ω_2 曲线也有交点。值得注意的是，第一个临界转速小于没有考虑陀螺效应的临界转速。

当 $I_p = I_d$ 时，如前所述，陀螺力矩消失，临界转速等于不考虑回转效应的临界转速。此外，升速线与渐近线一致。这意味着在高转速时，激励频率与固有频率 Ω_2 很靠近。因此在较高转速时转子处在共振区运行，在甚高转速时，几乎处在临界转速上，这种情况是危险的，除非允许在临界转速上可以运行。

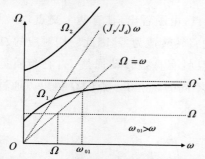

图 7-25　$I_p > I_d$ 时正同步进动临界转速

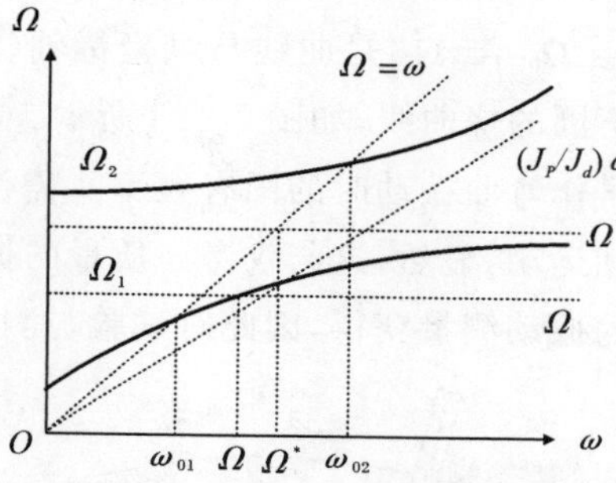

图 7-26　$I_p < I_d$ 时正同步进动临界转速

当 $\Omega = -\omega$ 时，转子作同步反进动，即转子作角速度为 ω 的圆轨迹运动，但与转子自转方向相反，方程式（7-129）变为

$$m(I_d + I_p)\omega^4 - [(I_d + I_p)k_{11} + mk_{22}]\omega^2 + (k_{11}k_{22} - k_{12}k_{21}) = 0 \qquad (7-143)$$

它的根为

$$\omega_c = \sqrt{\frac{1}{2}\left[\frac{k_{11}}{m} + \frac{k_{22}}{I_p + I_d} \pm \sqrt{\left(\frac{k_{11}}{m} + \frac{k_{22}}{I_p + I_d}\right)^2 - \frac{4(k_{11}k_{22} - k_{12}k_{21})}{m(I_p + I_d)}}\right]} \qquad (7-144)$$

式（7-144）与式（7-142）不同之处仅在于 I_p 的符号。如果考虑陀螺效应，正同步进动临界转速与同步反进动临界转速在数值上时一样的。同时看到，不论 I_p 和 I_d 的比值如何，始终存在两个临界转速，此时只要分析第四象限，如图 7-27 所示。值得注意的是，若不考虑陀螺效应，正同步进动与同步反进动的临界转速是一样的。

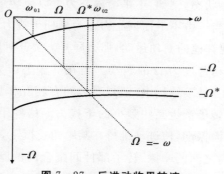

图 7-27　反进动临界转速

综上所述,如图 7-28 所示,分别对不同情况进行下述总结。

(1)b 点图示曲线与 $\Omega=\omega$ 直线(斜率为 1)的交点,它处于同步正涡动状态。由于在一般情况下,转子都具有一定程度的偏心,因此在不平衡离心力作用下,转子的运动都属于同步正涡动。b 点对应的 Ω 就是常用的旋转转子的临界转速。

(2)c 点是曲线与斜渐近线(斜率为 I_p/I_d)的交点,它处于陀螺力矩为零的状态。因此,对应的 Ω 是仅带质量(轮盘质量)、不计陀螺力矩的临界转速,这与把轮盘作为集中质量处理的轴的弯曲振动固有频率是一致的,因此用于简化计算较为方便。在 $\Omega>(I_p/I_d)\omega$ 的区域,陀螺力矩为正,使得临界转速减小;在 $\Omega<(I_p/I_d)\omega$ 的区域,陀螺力矩为负,故而临界转速增加,所以曲线变化呈左低右高。

(3)$\pm\Omega_{01}$,$\pm\Omega_{02}$ 是曲线与纵坐标轴($\omega=0$)的交点,由图看出,其有两个交点,分别对应着两个不同的挠曲线,如图 7-28 所示。由于它们的自转转速为零,因此它们对应的 Ω 就是不转转子作弯曲振动时的固有频率。需注意到,轮盘具有直径转动惯量 I_d,它与质量一起参与振动运动,显然,这与仅考虑质量的振动运动是不同的。由于 c 点的 Ω 值可以通过对静止转子的振动测量获得,因此对试验与测量较为方便。

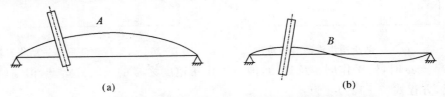

图 7-28 单盘双支点转子在临界转速时的挠曲线

(a)低 Ω 挠曲线;(b)高 Ω 挠曲线

由于图 7-28 所示的曲线是指没有偏心距的单盘转子在临界状态下获得的,它代表了该转子的固有特性。在临界状态下,它的进动角速度 Ω 与自转角速度 ω 是对应着的,不同的曲线对应着不同的挠曲线,这与叶片振动中的共振图具有类似的性质,不仅叶片动频与转速对应,而且不同的曲线对应着不同的振型。所以,转子的临界转速可以理解为旋转转子的固有频率。

在实际转子中,进动角速度往往取决于转子的具体结构,而不完全由 ω 决定,它们的涡轮动运动不一定都处于临界状态,例如,不平衡离心力可以使转子在未达到临界转速以前就出现同步正涡动现象,这相当于由不平衡离心力作为周期干扰力,激励旋转转子作以频率为 Ω 的强迫振动。如果要实现其他的涡动运动,那么同样需要某种特定的条件,以提供一定的周期外力,使轴能维持进动角速度为 Ω 的涡动。当在叶栅上产生旋转失速时,转子就受有明显的干扰力;在双转子或三转子结构中,轴与套之间有相互作用的干扰力;静子与转子叶片数有某种配合下,也会对转子产生某些频率的干扰力。这些干扰力都可能导致涡动。此外,在某些条件下会造成自激振动,使进动维持在某一角速度下,这方面机理目前还在研究。内摩擦(包括材料内耗、套齿之间的摩擦、转子部件间配合面的摩擦等)、油膜、密封结构、非圆截面轴、叶片与机匣间的间隙不均等,在一定条件下能导致自激振动现象的产生,还有非线性的弹性构件，例如滚珠轴承等也是产生涡动的原因。

在发动机上，如无特殊原因，通常以由不平衡离心力引起的同步正涡动为基本形式，其对应的临界状态的进动角速度称为临界转速；而对于其他涡动的临界状态，由于必须提供一个频率与其对应的周期外力，才能维持这种状态，所以有时把这种临界的进动角速度称为共振转速，以示区别。

考虑陀螺力矩计算临界转速的常用方法之——是效应系数法，因为效应系数（又称柔性系数）适于试验与测量，也便于计算。当一个带盘的转子旋转时，盘的挠度与挠角关系将为

$$\left.\begin{aligned} y&=a_{11}P_0+a_{12}M_G \\ \theta&=a_{21}P_0+a_{22}M_G \end{aligned}\right\} \tag{7-145}$$

式中，α_{ij} 为效应系数，注脚 i、j 的含义同于刚性系数 c_{ji}，效应系数的物理意义如图 7-29 所示。他们与刚性系数的关系式为

$$c_{11}=\frac{a_{22}}{\Delta}\quad c_{22}=\frac{a_{11}}{\Delta}\quad c_{12}=\frac{a_{12}}{\Delta}\quad \Delta=a_{11}a_{22}-a_{12}^2 \tag{7-146}$$

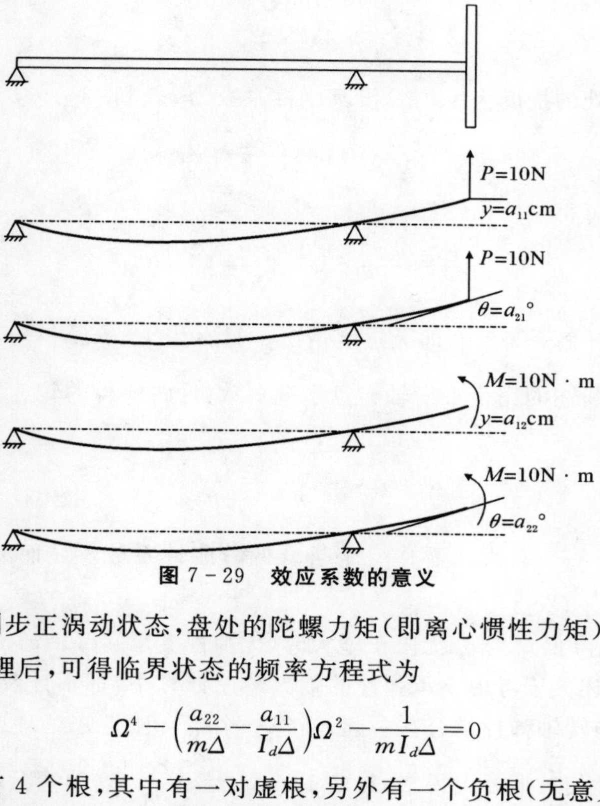
P=10N
y=a11cm
P=10N
θ=a21°
M=10N · m
y=a12cm
M=10N · m
θ=a22°

图 7-29　效应系数的意义

如果转子处于同步正涡动状态，盘处的陀螺力矩（即离心惯性力矩），将其与式(7-146)代入式(7-145)，整理后，可得临界状态的频率方程式为

$$\Omega^4-\left(\frac{a_{22}}{m\Delta}-\frac{a_{11}}{I_d\Delta}\right)\Omega^2-\frac{1}{mI_d\Delta}=0 \tag{7-147}$$

式(7-147)共有 4 个根，其中有一对虚根，另外有一个负根（无意义）和一个有用的正根，这个正根就代表了同步正涡动时的临界转速。由式(7-147)，得

$$\omega_{cr}=\Omega=\sqrt{\frac{a_{22}I_d-a_{11}m}{2I_dm\Delta}+\sqrt{\left(\frac{a_{22}I_d-a_{11}m}{2I_dm\Delta}\right)^2+\frac{1}{I_dm\Delta}}} \tag{7-148}$$

7.6 支承弹性的影响

前面讨论的转子都是支承在理想刚性的支承上,实际情况并非如此,它们的支承都不是刚性的;而是具有一定的弹性。尤其对于航空燃气轮机,由于追求尺寸小、重量轻、整个发动机都采用了轻型结构,并且又装在质量不大的机翼或机身上,这样,转子承在这些结构上,显然是不能看作理想的刚性支承。所以,在分析转子系统时,必须考虑支承弹性的影响。

支承弹性的分析是比较复杂的,考虑的因素较多,为了能说明基本现象,设想一个简化的模型,即一个没有偏心的单盘无重轴简支在无质量的弹性支承上,如图 7-30 所示。轮盘置于转轴中央,轴与盘均围绕轴线 O_1-O_2 旋转。如果支承是刚性的,轴的挠曲线为 O_1aO_2,盘处的挠度为 y_1;如果支承是弹性的,则轮盘的质量离心力还会使两个支承产生挠度 δ_1,因而盘处将产生附加挠度 y_2,其总挠度为 $y_1+y_2=y$(注意 $y_2 \neq \delta_1$)。此时盘的离心力为 $my\omega^2$(即 $m(y_1+y_2)\omega^2$),作用在每个支承上的力为 $\frac{1}{2}my\omega^2$。设两个支承的刚性系数均为 c_1,则

$$\delta_1=\frac{my\omega^2}{2c_1} \tag{7-149}$$

对于轴而言,盘处的挠度为 $y-\delta_1$,没其刚性系数为 c。则

$$y-\delta_1=\frac{my\omega^2}{c} \tag{7-150}$$

联解以上两式,可得

$$y\left[1-m\omega^2\left(\frac{1}{c}+\frac{1}{2c_1}\right)\right]=0 \tag{7-151}$$

显而易见,其中一解是 $y=0$,即无挠度情况。只有当 $1-m\omega^2\left(\frac{1}{c}+\frac{1}{2c_1}\right)=0$ 时,挠度才可为任意值,情况与前述的完全平衡轴-盘系统一致,这时所得的转速就是临界转速。即

$$\omega_{cr}^2=\frac{\frac{2cc_1}{2c_1+c}}{m}=\frac{c_折}{m} \tag{7-152}$$

式中,$c_折=\frac{2cc_1}{2c_1+c}=\frac{c}{1+\frac{c}{2c_1}}$,可以看作一个折合的总刚性系数。显而易见,$c_1$ 的存在,总使 $c_折$ 减小,使临界转速降低。当 c_1 无限于增大时(无弹性支承),$c_折=c$。

应该注意到,上述关于考虑支承弹性的临界转速计算中,都不计及支承的质量,因此可以直接将支承弹性与转轴弹性耦合在一起,当作一个折合刚性来处理。若弹性支承的刚性很小,这时,轴的刚性相对地要大得多,忽略 $1/c$,则 $\omega_{ce}^2\approx\frac{2c_1}{m}$,这种情况的转轴基本上不发生挠曲,但仍 O_1-O_2 绕做圆周运动(见图 7-30),故习惯称此为刚轴临界转速。

下述运用动刚度法的基本概念来进一步阐明带有质量的支承弹性对临界转速的影响。动刚度法是解决复杂结构系统动力问题的常用方法,随着电子计算机的发展与运用,动刚度法的优越性愈来愈明显。

动刚度法是把复杂的结构系统分解成若干个彼此独立的元件,每个元件被看成一个弹性体,分别对它们进行振动分析;然后,再把它们按一定的约束条件连接起来,按各元件间的动刚度进行耦合,这样建立的弹性振动系统,可以认为与原有的复杂系统具有相同的振动特性,从而为研究复杂振动系统提供了一种有效的方法。

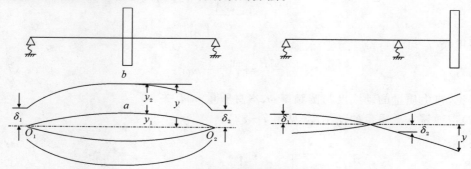

图 7 - 30　支承弹性对挠度的影响

动刚度法是在使用刚度系数的基础上,从动力平衡的角度出发而导出的。动刚度的概念与强迫振动有关。若某一弹性元件受到一个简谐力 P(其幅值为 A,频率为 ω)的激振,即

$$P = A\sin\omega t \tag{7-153}$$

那么,将会引起相同频率的强迫振动,若它的变形位移 y(其幅值为 Y)为

$$y = Y\sin\omega t \tag{7-154}$$

则该元件的动刚度 k_d 为

$$k_d = \frac{P}{y} = \frac{A\sin\omega t}{Y\sin\omega t} = \frac{A}{Y} \tag{7-155}$$

也就是说,动刚度是系统内一点上的简谐力和由该力产生的在作用力方向上的位移的比值。由于强迫振动的频率与激振力的频率是一致的,于是动刚度就定义为激振力幅与强迫振动振幅之比(此处,动刚度的定义仅对单频简谐振动情况而言)。显然,该两幅值都与频率有关,因此,动刚度不仅取决于系统的结构、力的作用点,而且还与激振力的频率有关。常用的元件形式有以下几种。

(1)自由质量的动刚度(见图 7 - 31)。

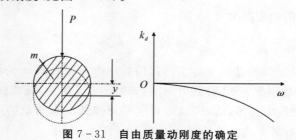

图 7 - 31　自由质量动刚度的确定

若在自由质量 m 上作用有简谐力 $P = A\sin\omega t$,相应产生的位移将为 $y = Y\sin\omega t$,根据力平衡原理可得

$$P - m\frac{\mathrm{d}^2 y}{\mathrm{d}t^2} = 0 \tag{7-156}$$

由于 $\dfrac{\mathrm{d}^2 y}{\mathrm{d}t^2} = -Y\omega^2 \sin\omega t$ 和 P，代入上式，消去 $\sin\omega t$，可得

$$A + mY\omega^2 = 0 \tag{7-157}$$

则

$$Y = -\frac{A}{m\omega^2} \tag{7-158}$$

利用式 $(7-155)$，得

$$k_d = \frac{P}{y} = \frac{A}{Y} = -m\omega^2 \tag{7-159}$$

可见，自由质量的动刚度与圆频率 ω、本身质量 m 有关。

(2) 带弹簧支承质量的动刚度(见图 $7-32$)。

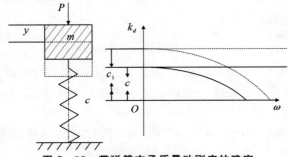

图 $7-32$　带弹簧支承质量动刚度的确定

在带弹簧支承的质量上，外力有简谐力 $P = A\sin\omega t$，随之产生位移 $y = Y\sin\omega t$，由力平衡得

$$P - m\frac{\mathrm{d}^2 y}{\mathrm{d}t^2} - cy = 0 \tag{7-160}$$

式中，c 为弹簧的刚度系数。将 P 和 y 代入得

$$A + mY\omega^2 - cY = 0 \tag{7-161}$$

则

$$Y = \frac{A}{c - m\omega^2} \tag{7-162}$$

静弹簧支承质量的动刚度为

$$k_d = \frac{A}{Y} = c - m\omega^2 \tag{7-163}$$

可见，带弹簧支承质量的动刚度等于弹簧的静刚度 c 与质量 m 的动刚度之和。它随频率 ω 而变化。低频时动刚度为正，高频时为负，如图 $7-32$ 所示，在曲线与横坐标的支点 P_0 处，$k_d = 0$，这意味着激振力为零，所以，该点对应着带弹簧支承质量的固有的自振状态。由式 $(7-163)$ 可得其固有频率为

$$\omega = p_0 = \sqrt{c/m} \tag{7-164}$$

由此可见，动刚度等于零，意味着系统的频率等于其固有频率。如果改变弹簧的静刚度系数，由 c 增加到 c'，曲线形状并不发生变化，仅作向上平移，对应的固有频率由 p_0 变到 $p_0{}'$。

（3）简谐力通过弹簧作用的质量元件的动刚度（见图 7 - 33）。

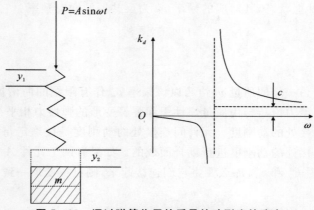

图 7 - 33　通过弹簧作用的质量的动刚度的确定

这种弹簧质量元件属于自由体。在简谐力 $P = A\sin\omega t$ 的作用下，弹簧两端分别产生位移为

$$\left.\begin{array}{l} y_1 = Y_1\sin\omega t \\ y_2 = Y_2\sin\omega t \end{array}\right\} \tag{7 - 165}$$

弹簧的变形等于它们的差值，因此，在 1 点处（上端）的力平衡方程式为

$$P = c(y_1 - y_2) \tag{7 - 166}$$

将式（7 - 165）与 P 代入后消去 $\sin\omega t$，得

$$A = c(Y_1 - Y_2)$$
$$Y_1 = Y_2 - A/c \tag{7 - 167}$$

在 2 点处（下端），作用在质量 m 上的力平衡方程式为

$$-m\frac{\mathrm{d}^2 y_2}{\mathrm{d}t^2} + c(y_1 - y_2) = 0 \tag{7 - 168}$$

将 $\dfrac{\mathrm{d}^2 y_2}{\mathrm{d}t^2} = -Y_2\omega^2\sin\omega t$ 与式（7 - 165）代入后，得

$$mY_2\omega^2 + c(Y_1 - Y_2) = 0 \tag{7 - 169}$$

则得

$$Y_2 = \frac{cY_1}{c - m\omega^2} \tag{7 - 170}$$

并代入式（7 - 167）

$$Y_1 = \frac{A}{c}\frac{m\omega^2 - c}{m\omega^2} \tag{7 - 171}$$

可得，通过弹簧作用的质量元件体动刚度为

$$k_d = \frac{A}{Y_1} = \frac{cm\omega^2}{m\omega^2 - c} \tag{7 - 172}$$

由图 7 - 33 中表示的动刚度与频率的变化关系可以看出，当 $\omega = 0$ 时，$k_d = 0$，称为零频共振，意味着在一定恒力作用下会产生无限大位移，元件仅作刚体运动，不发生变形；随着 ω 值逐渐增力时，在 $m\omega^2 < c$ 时，动刚度为负，在 $m\omega^2 > c$ 时，动刚度为正，而在 $m\omega^2 = c$ 处，动刚

度为无限[可由式(7-172)分母为零得知],这意味着激振力作用到弹簧端点 1 处的位移为零这种现象称为反共振状态,其对应的频率 p_0 为反共振的固有频率。它可由下式确定,即

$$m\omega^2 - c = 0 \qquad (7-173)$$

则

$$\omega = \sqrt{c/m} = p_0 \qquad (7-174)$$

注意,此时弹簧另一端的质量 m 恰巧以该频率 p_0 作有限幅的简谐振动。可见,在反共振状态时,激振的简谐力恰巧与由质量惯性引起弹簧变形的弹性力相平衡。

(4)在元件间连接处的动刚度。元件间连接处的动刚度是在确定每个元件振动特性的基础上,将它们在连接处的动刚度进行耦合而成的。如果有两个元件 A 和 B(见图 7-34),它们的动刚度分别为 k_d^A 和 k_d^B,那么要将它们连接起来,则可按变形一致条件,得

$$u_A = u_B = u_{AB} \qquad (7-175)$$

又由力平衡条件,得

$$f_{AB} = f_A + f_B \qquad (7-176)$$

式中,u 为位移,f 为简谐激振力,注脚 A,B 和 AB 分别代表各元件和组合体。

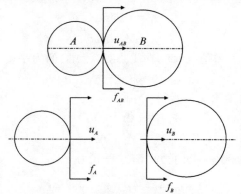

图 7-34　动刚度的耦合关系

把式(7-175)除以式(7-176),可得

$$\frac{f_{AB}}{u_{AB}} = \frac{f_A}{u_A} + \frac{f_R}{u_B} \qquad (7-177)$$

或者

$$k_d^{AB} = k_d^A + k_d^B \qquad (7-178)$$

这就是并联耦合的刚度表达式,即在连接处,并联耦合后的动刚度等于各元件的动刚度之和。需要指出,元件的动刚度是和激振力作用点以及产生的位移点相对应的。如果力作用点与位移点重合,则这种动刚度称为定点动刚度,显然,由式(7-178)表示的耦合关系是针对定点动刚度而言的。如果力作用点与位移点不重合,则称为跨点动刚度。例如,对于图 7-33 所示的通过弹簧作用的质量元件,如果简谐力作用在 1 点,而位移点在 2 点则可得跨点动刚度 $k_d{}'$ 为

$$k_d{}' = \frac{A}{Y_2} = -m\omega^2 \qquad (7-179)$$

与式(7-172)比较看出,元件的定点动刚度与跨点动刚度是不同的。

　　(5)考虑支承弹性的临界转速。为了确定带弹性支承的转轴系统的临界转速,现将整个系统分解成两个元件,如图 7 - 35(b)(c)所示,一个是由盘轴构成的通过弹簧作用的质量元件[见图 7 - 35(b)],另一个是由轴承与支承构成的带弹簧支承的质量元件[见图 7 - 35(c)],并利用轴端与轴承连接起来。

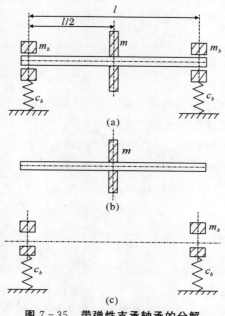

图 7 - 35　带弹性支承轴承的分解

　　求解第一个元件质量的动刚度时需得出其静刚度值。支承的力通过轴长为$\frac{l}{2}$的悬臂梁作用在盘质量上,$\frac{l}{2}$轴长悬臂梁的静刚度为$\frac{3EJ}{(l/2)^3}$,由于该质量通过左右二段$\frac{l}{2}$长的轴与盘质量连接,所以其静刚度为二者之和,可表示为

$$2\frac{3EJ}{\left(\frac{l}{2}\right)^3}=\frac{48EJ}{l^3}=c \tag{7-180}$$

　　所得之结果即为盘质量位于轴中央的静刚度 c。按照式(7 - 172),可得动刚度为

$$k_d^{\mathrm{I}}=\frac{cm\omega^2}{m\omega^2-c} \tag{7-181}$$

另一元件质量(支承质量)的动刚度按式(7 - 163),为

$$k_d^{\mathrm{II}}=c_d-m_b\omega^2 \tag{7-182}$$

　　由于支承有两个,所以动刚度为 $2k_d^{\mathrm{II}}$。再根据式(7 - 178)得轴端与轴承连接处的耦合后的动刚度为

$$k_d^0=k_d^{\mathrm{I}}+2k_d^{\mathrm{II}}=\frac{cm\omega^2}{m\omega^2-c}+2(c_b-m_b\omega^2) \tag{7-183}$$

式中,注脚 0、I 和 II 分别表示耦合后组合体、转子及支承在连接处的动刚度。在求出整个系统的动刚度以后,令 $k_d^0=0$,则可求得临界转速。由式(7 - 183)得

$$2mm_b\omega_{cr}^4-[c(m+2m_b)+2c_bm]\omega_{cr}^2+2c_bc=0 \qquad (7-184)$$

该式是考虑支承弹性与质量的临界转速表达式,它是 ω_{cr}^2 的一元二次方程式。由于 ω_{cr}^4 项的系数与常数项为正,ω_{cr}^4 项的系数为负,因此 ω_{cr}^2 必然有两个正实根。这表明当考虑支承的弹性后,单盘转子的临界转速将出现两种情况,为说明这一点,现分别讨论这两种极限情况。

(1)如果支承刚性很大,即 $c_b\gg c$,那么,支承的振幅几乎不发生,则由式(7-184)化简后,得

$$c-m\omega_{cr}^2=0$$
$$\Rightarrow\omega_{cr}=\sqrt{c/m} \qquad (7-185)$$

这与刚性支承转子系统的临界转速结果相同,说明此时转轴发生弯曲挠度,所以这种转子称为挠性转子,对应的 ω_{cr} 就是挠性转子的临界转速。当考虑支承弹性的影响时,则将出现以挠性转子涡动为主的临界转速,习惯地称为"挠轴临界转速"。由理论与实践证明,弹性支承的挠轴临界转速恒大于刚性支承的转子临界转速。

(2)如果转子刚性远大于支承刚性,即 $c_b\ll c$,则由式(7-184)化简,得

$$2c_b-(m+2m_b)\omega_{cr}^2=0$$
$$\Rightarrow\omega_{cr}=\sqrt{\dfrac{2c_b}{m+2m_b}} \qquad (7-186)$$

由于此时转轴不发生变形,仅有支承发生振动,故这种转子称为刚性转子,对应的 ω_{cr} 就是刚性转子的临界转速。这是以支承振动为主、转轴挠曲很小的临界转速,习惯地称为"刚轴临界转速"。可以证明,它将恒小于刚性支承的临界转速。

在实际发动机中,由于转子的质量分布不对称,旋转轴线将是偏斜的,因此,将会出现两阶涡轴临界转速,第一阶以刚体移动为主,第二阶以刚体斜动为主。随后出现的才是以转轴弯曲为主的挠轴临界转速,如图7-36和图7-37所示。请注意不要把这种命名与前面各节所述一、二、……阶临界转速混淆,因为前面所述的都是指刚性支承的情况,轴本身必有弯曲,如按本节的提法,都应看作挠轴临界转速。

为了更清楚地阐明支承弹性,对临界转速的影响,根据图7-38所示的是 k_d^0,k_d^{I} 以及 k_d^{II} 与频率间的变化关系。可以看出 $\omega_{cr1},\omega_{cr2}$ 分别代表刚轴临界转速与挠轴临界转速;ω_{cra} 代表反共振频率,其相当于刚性支点的临界转速。并由图获知 $\omega_{cr1},\omega_{cr2},\omega_{cra}$ 三者间的关系。如果支承刚性减小(即支承弹性增大),意味着支承动刚度曲线向下平移,从而使各阶临界转速都降低,同样,支承质量的变化也会带来影响,读者可以自行分析。

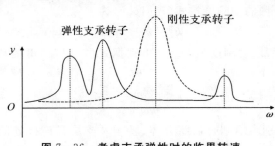

图7-36 考虑支承弹性时的临界转速

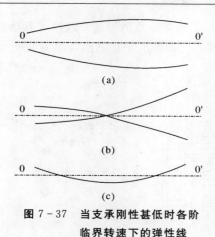

**图 7-37　当支承刚性甚低时各阶
临界转速下的弹性线**

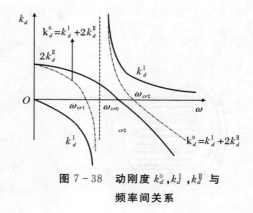

**图 7-38　动刚度 k_d^0，k_d^I，k_d^{II} 与
频率间关系**

7.7　处理临界转速问题的方法

　　发动机振动的主要振源是转子,而转子振动的核心问题是临界转速问题。因此,研究临界转速的目的应该着眼于减小发动机的振动现象和延长整个发动机的寿命。所以,对于转子临界转速的研究不仅仅是为了能较准确地知道它的数值大小,而且还必须分析转轴变形与支点的作用力,以提高转轴和轴承的寿命,以及减小其他零件的振动。

　　发动机是很复杂的,理论计算只能给出大概的转子临界转速值。在实际工作中,对于发动机转子和静子上各部件的振幅,以及它们之间的关系,很难事先准确预料。因此,在设计时,通常采用使临界转速避开工作转速的办法,具体应采用以下措施:

　　(1)把转子临界转速调到发动机的最大转速以上。这一措施应用很广。目前在压气机上广泛采用的盘-鼓结构,由于刚性很强,它们的临界转速都能高于最大工作转速。对于其他结构形式或是涡轮,如果要提高其临界转速,通常采用加大直径与缩短长度的办法。可是,对于双转子(或三转子等)发动机的低压转子,由于该转轴细而长,因此可通过增设新支承的办法来提高临界转速。不过要注意,由于多支承的同轴度与轴承的间隙,将给轴的临界转速带来重要影响。

　　一般认为临界转速应高于工作转速的 25%~30%,才能使转轴避开过大振动具有足够的裕度。

　　(2)把转子的低阶临界转速调到发动机工作转速以下。在设计转子时,实现本措施的途经有两条可供选择:

　　1)设法降低转轴的抗弯刚性(包括减小轴的直径),使转子临界转速下降,不但能解决临界转速问题,在降低发动机重量方面也有好处。但是,航空发动机要在很大的转速范围内工作,把临界转速避开工作转速区域,甚至移到最小工作转速范围以外,常要求降低轴的刚性与强度到不能允许的程度;并且当轴在高于临界转速一定范围以外工作时,由于转轴产生内摩擦而可能会出现自激振动现象,所以应用时要慎重。

　　2)在不改变转子结构的情况下,加装弹性支承。它不仅可以把临界转速降到合适的数值;而且降低了转轴的挠度与支承的作用力,从而延长了轴与轴承的寿命并改善了其他静子零件的振动。航空上常用的是鼠笼式弹性支承,如图 7-39 所示。它的刚性系数可近似用下式计算:

$$c_1 = \frac{ZEh^2b^2}{l^3} \tag{7-187}$$

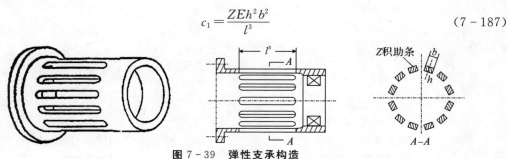

图 7-39　弹性支承构造

加装弹性支承不仅具有上述的优点,而且实施起来也不困难。由于它能使转子出现的一阶和二阶刚轴临界转速的数值较低,常把它们设计在工作转速以下,而挠轴临界转速则易于调到工作转速以上,因此,在工作转速范围内,不仅可以把轴看成刚性的,而且还可以充分利用转轴在超临界情况下的"目位"效应。

加装弹性支承后,不宜使其刚性太低,致使转子受大的重量过载时发生转子与静子相碰的情况,包括叶片尖端与机匣相碰以及密封齿相碰等。

(3)增加阻尼器或挠度限制器。在有外部阻尼存在的情况下,转子通过临界转速时,其挠度为一有限值。但是在实际情况下,空气摩擦的阻尼系数值较小,轴承和其他零件的机械阻尼效果也不大。这样就促使设计者考虑另加阻尼器,其中挤压油膜阻尼器应用最广。如图 7-10 所示阻尼器构造简单,几乎不需要另加其他零件,也不会带来其他不良影响。由于对其机理还不够掌握,主要依靠经验设计,其效果范围还不很明确。经验表明,这种阻尼器在通过临界转速时,有很好的抑制振动效果,加装它之后,可使挠曲线的幅值减小 50% 以上,有得甚至减小到原幅值的 10% 以下。

目前,运用最广的是挤压油膜阻尼器与弹性支承联合使用的装置。图 7-40 为典型的弹性阻尼支承。当转轴在越过临界转速时,它的挠度幅值会明显减小,这对转轴寿命十分有利,由于阻尼比增大(即使阻尼系数不变),效果更佳。

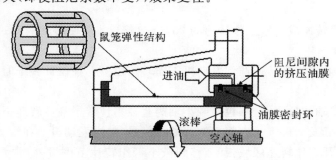

图 7-40　鼠笼弹性支承及挤压油膜装置

(4)利用非线性作用。利用某些弹性结构的载荷与变形的非线性关系,可使振动特性得到本质性的改变——没有明显的共振点,而且振动受到限制。目前,在航空涡轮发动机方

面,还存在着一些困难,因此很少使用,故不详述

(5)改善转子的平衡。在研究单盘无重轴转子的旋转运动时,已经知道,在全部转速下,轴挠度 δ 与偏心距 e 成正比。所以改善平衡(即减小 e)将是全部工作范围内的振动成比例地下降。对于一些地面转动机械,良好的平衡甚至可达到使用简单的仪器测不出明显的临界转速的存在。航空发动机由于使用条件差,随着运动时间的增加,平衡情况总是趋向恶化。所以在发动机的全部使用过程中,总希望得到并保持良好的平衡状态。出厂的新发动机应保证合理的平衡度,使用中的发动机,通过振动监视,也能估算其平衡状况,超过规定时,即设法加以改善或返修。

课后习题

1. 作出有阻尼转子系统的幅频特性曲线和相频特性曲线,并解释其含义。

2. 有一转子,两端刚性简支,不计轴质量,不考虑阻尼。等截面轴的长度为 0.4 m,惯性矩为 2×10^{-8} m⁴,弹性模量为 220 GPa,盘质量为 3 kg,转速为 9 000 r/min,试回答以下问题:

(1)盘位于轴中间,转子能否安全工作?

(2)如果考虑阻尼,临界转速将如何变化?

(3)如果计及轴的质量 m_a,临界转速如何求解,试写出估算公式。

第8章 发动机整机振动与平衡

平衡是检测以及在必要时矫正转子质量分布的程序,以保证在工作转速下轴颈运转时产生的振动和轴承力在规定范围内。

——国际标准化组织(ISO)

8.1 发动机整机振动概述

航空发动机在运行过程中的振动是一种随机振动现象,很难用理论计算分析清楚,通常要有试验测量相配合;而且不同类型的发动机,其表现形式也不相同。

在实际发动机上,整机振动现象往往是通过静子机匣的振动来感受与传递的,因此,静子机匣的振动特性可以表征整机振动的特点,而静子振动主要有以下特性。

(1)无论是压气机转子还是涡轮转子,它们作用在前、后支承上的力的大小不一定相等,这样,发动机静子前后的运动轨迹的半径也就不一定相等,因此,静子不再是做单纯的平动。

(2)发动机安装节的各向刚性不一致,各段静子的运动轨迹也不再是圆,简单的可设想为椭圆,因此在静子前后两端的椭圆上,其长、短轴大小和方向均有可能不同。

(3)更复杂的是静子本身的问题。静子不是一个刚体,而是具有分布质量和分布刚性的弹性体,并且零件间的连接,有的紧固、有的松动,在静子的各个位置上,振动情况都可能不相同。有的位置对某处作用的某些频率的激振力特别敏感,有的则情况大不相同,因此,即使在同一转速下,放在不同位置的拾振器,获得的振动信号也是不一致的。

8.1.1 振源分析

引起发动机振动的原因很多,且很复杂,通常可以看成两种情况。

(1)与转子转速有关的规律性振动。最直接的就是由旋转转子不平衡力激起的振动;此外,还与由转子带动的其他结构(如传动齿轮系,燃、滑油泵中的旋转零件,主发电机转子,叶栅尾流等)而引起的规律性激振;它们通常都与转子转速呈谐波关系。

(2)与转速无关的非规律性激振力激起的振动。它们的振源比较复杂,出现的形式与概率也不一样,例如振荡燃烧、压气机喘振等,它们引起的频率极广,激振力大小不一,很难估算。

在大多数情况下,这些振动的激振力都是周期性的,有些还是简谐的,也有的是脉冲的或不规律的冲击力等,因此它们的频谱,有的是离散的,有的是连续的。

在实际发动机上,通常对于转子不平衡力引起的静子振动应予以特别重视。为了能够清楚地进行观察,必须去除其他振源的干扰,这种技术称为"滤波";如果在任何转速下,仪器自动滤去本转速之外的其他振动,则称为"跟踪滤波"。图 8-1 为一种示意图,说明了经跟踪滤波后,静子某处的振动情况,注意图上有好几处明显的峰值,这是由于转子的不平衡力(不包括高阶力)引起的振动。根据理论分析与实测经验,跟踪滤波的振动图能清楚地反映转子工作时的不平衡情况;改变滤波频率,还可以发现其他旋转件(例如某一齿轮或泵)的故障。

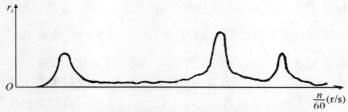

图 8-1　经跟踪滤波后静子某处振幅随转速的变化

虽然在同一台发动机的静子上,各处的振动信号是不同的,但是作为代表发动机振动水平的指标,仍可以利用在规定位置上测出的振动参数来表示。常用测定振幅,并换算成"过载系数 K"来衡量发动机的振动水平。

设静子某处的振动可写为

$$r(t) = r_a \cos \omega t \tag{8-1}$$

式中,r_a 为半振幅,ω 为振动角频率,则

$$\mathrm{d}r/\mathrm{d}t = -r_a \omega \sin \omega t \tag{8-2}$$

$$\mathrm{d}^2 r/\mathrm{d}t^2 = -r_a \omega^2 \cos \omega t \tag{8-3}$$

如果不考虑其正负号的关系,振动时的最大加速度为 $r_a \omega^2$,该值与重力加速度 g 之比定义为过载系数 K,即

$$K = r_a \omega^2 / g \tag{8-4}$$

如果认为振动角频率 ω 就是发动机的转速,有

$$\omega = 2\pi n/60 = 2\pi f \tag{8-5}$$

f 为发动机转速,单位是转每秒;如果认为发动机转子每转动 1 周对静子激振 1 次,则 f 的单位就是 Hz。

令 a 为全振幅,即 $a = 2r_a$,那么

$$K = \frac{4\pi^2 f^2 r_a}{g} \approx \frac{r_a f^2}{250} = \frac{a f^2}{500} \tag{8-6}$$

这样的 K 是工厂常用的检测振动指标,其形式简单、使用方便。但是,它把未经滤波的许多不同频率的振幅叠加在一起,当作一个单频率(即转速)的振动来处理,因此,上述公式并不十分恰当。

8.1.2　频谱分析

为了研究发动机的整机振动,并进而在使用过程中对发动机振动进行监视控制、诊断识

别振动故障,已广泛采用频谱分析的方法,也就是把在静子上某处测得的振动信号,通过"频谱分析仪"进行数据处理,可得到一张"频谱图",从而显示出各个频率下的振动。

图 8-2 所示(所用速度式拾振器装在压气机机匣上)表示了某发动机在转速 $n=4\,300$, $8\,350$,$10\,400$,$11\,150$ r/min 下的频谱。横坐标代表频率,纵坐标代表"功率谱密度",它说明在某个频率范围内的振动能量,功率越大则说明振幅越大(对于一定的振动频率而言)。从图 8-2 中可看出:

(1)在 4 个转速下,频率为 f($f=n/60$,单位 Hz)的振动很明显,它代表压气机-涡轮转子(包括与此同转速的其他转动部件)不平衡力造成的振动。

(2)可能由于机匣刚性各向不均或其他原因,出现了 $2f$、$3f$ 等高倍频的振动。

(3)可能由于支承弹性非线性或其他原因,出现了 $-\frac{1}{2}f$ 的低频振动。

(4)可能由于附件转子(与主轴的传动比为 0.8)的不平衡力,出现了 $0.8f$ 频率的振动。

(5)s,3 s,5 s 是居民用电 50 Hz 及其谐波 150 Hz,250 Hz 频率的干扰讯号。

图 8-2 只是一张代表性的频谱图。实际工作中,还要在不同的拾振位置,更多的转速,更广的频率范围进行大量的频谱分析,才能更明确地了解发动机整机的振动情况。

例如附件传动系统的齿轮每啮合一次,两个齿轮都受到一次冲击力,冲击力传到齿轮的轴承,并传到机匣,引起静子各处的振动。但是,一般只有在接近该齿轮的位置处振动才比较明显;由于冲击频率等于每秒钟啮合的齿数(或称啮合频率),因此这种振动频率较高,例如转速为 9 000 r/min,齿数为 36 的齿轮,啮合频率就为 5 400 Hz。如果齿轮制造或者使用过程中有缺陷或故障,则齿轮每转一周,冲击力大小成周期性改变,可在频谱图上显示出来。

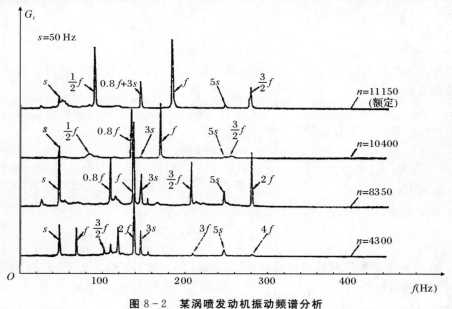

图 8-2 某涡喷发动机振动频谱分析

频谱分析是诊断发动机故障,预测故障发生,估计寿命,制定规范和新机制的有力工具。根据理论分析和长期实测经验,可以制定出一套"诊断标准",并积累"诊断经验"。根据这些标准和经验,对发动机工作进行监视,可以有效减少故障,并在很大程度上延长发动机寿命。

8.2　发动机转子平衡

发动机振动的主要振源是转子,从上一章我们知道,改善转子的平衡、或在发动机的全部使用过程中,保持转子良好的平衡状态,可以有效减小全转速范围内转子的径向扰度、从而减轻发动机振动。因此,改善与维持转子的平衡状态,对于减小转子在运转时的支承作用力及减轻发动机振动是非常必要的。

8.2.1　不平衡的表现形式与修正

1. 静不平衡与静平衡修正

转子的静不平衡是指由静不平衡力引起的转子受力不平衡,如图 8-3 所示的转子,如果把它前后支撑放在同一高度、且水平的相互平行的两个刀架上[见图 8-4(a)],重心将会自动落于最低位置[见图 8-4(b)]。

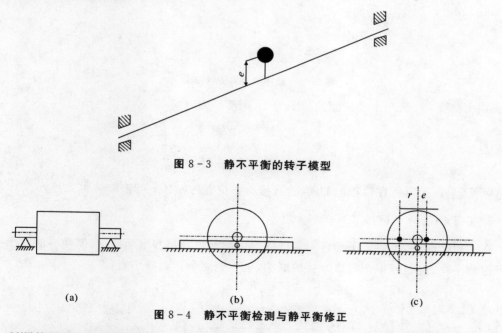

图 8-3　静不平衡的转子模型

(a)　　　　　　　　(b)　　　　　　　　(c)

图 8-4　静不平衡检测与静平衡修正

所谓静平衡,就是使转子在刀架上实现所谓的"随遇平衡"。因此,必须在重心的同侧、半径 r 处去除质量为 m_b 的材料(平衡配重),或者在重心的对侧、半径 r 处加上质量为 m_b 的配重,使得

$$me = m_b r \qquad\qquad (8-7)$$

则转子的静平衡即可达成,此时转子在刀架上不再滚动,并可静止在任一周向位置,如图 8-4(c)所示。将式中转子质量与偏心距的乘积 me 称为"静不平衡度",常用单位为 g·cm。

这种静平衡的方法适用于径向尺寸较大、轴向尺寸较短的转子。平衡配重所在的修正面只需要一个,基于转子质量变化越小越好的原则,配重所在位置半径 r 的选取应越大越好。

2. 动不平衡与动平衡修正

转子的动不平衡是由不平衡力矩引起的,如图 8-5 所示的转子,虽然静平衡时能实现所谓的"随遇平衡",但是在旋转运动时,由于转子轴向长度较长,在相距为 l 的两平面上,存在着相对的不平衡质量,从而形成不平衡力矩 $me\omega^2 l$。

所谓动平衡就是把转子放在动平衡机床上进行旋转,通过在指定位置(修正面上某半径位置)上添加配重,从而消除不平衡力矩(可在动平衡机床上的两个支点轴承处测得支反力乘以支点距离得到)。显然,平衡配重所在的修正面至少需要有两个。

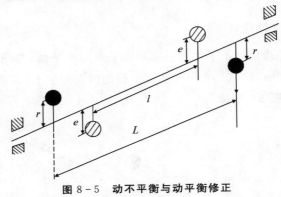

图 8-5 动不平衡与动平衡修正

在图 8-5 中,设两个修正面的间距为 L,则动平衡时应有

$$m_b r\omega^2 L = me\omega^2 \tag{8-8}$$

或者

$$m_b r L = mel \tag{8-9}$$

可见,平衡配重所在修正面的间距 L、与所在位置的半径 r 的选取应越大越好。

3. 实际转子的平衡修正

在一般情况下,组成转子的各个零部件不可能绝对满足静平衡要求,即使有的转子部件进行过静平衡,但因静平衡刀口摩擦的影响,也不能完全达到静平衡。

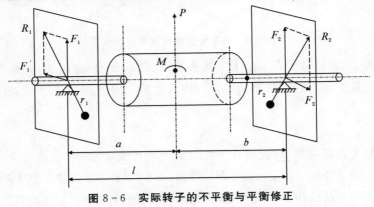

图 8-6 实际转子的不平衡与平衡修正

因此高速旋转时,在转子上不仅作用有不平衡力矩,同时还作用有不平衡力,两者又不在一个平面内,如图 8-6 所示,在支承上作用的负荷不仅有不平衡力 P 产生的 F_1,F_2,而且有不平衡力矩 M 产生的 F_1',F_2',它们分别在支点上的合力

$$\boldsymbol{R}_1 = \boldsymbol{F}_1 + \boldsymbol{F}_1' \tag{8-10}$$

$$\boldsymbol{R}_2 = \boldsymbol{F}_2 + \boldsymbol{F}_2' \tag{8-11}$$

可见,R_1,R_2 的大小、方向均是不相同的。

为平衡这两个合力,需加两个平衡配重 m_{b1} 和 m_{b2},使

$$m_{b1} r_1 \omega^2 = R_1 \tag{8-12}$$

$$m_{b2} r_2 \omega^2 = R_2 \tag{8-13}$$

令 $\delta_1 = m_{b1} r_1$,$\delta_2 = m_{b2} r_2$,δ_1,δ_2 分别为两个支承平面内未平衡质量的动不平衡度,其单位仍为 g·cm。

通常经过动平衡后,也不可能达到完全绝对的平衡,在两个支点上仍然存在着剩余的不平衡力及不平衡力矩所产生的合力 R_1 及 R_2,因此常规定允许的动不平衡度上限 δ_{a1},δ_{a2},以保证支点上受到的力,即

$$R_1 \leqslant \delta_{a1} \omega^2 \tag{8-14}$$

$$R_2 \leqslant \delta_{a2} \omega^2 \tag{8-15}$$

然而,由于在平衡时,不便在通过支点的两个平面内添加配重或去除重量,通常都在转子的前、后端面(选为平衡修正面)上进行,比如民用高涵道比涡扇发动机的低压转子,通常选取靠近风扇转子的进气整流锥后锥后缘的横截面、低压涡轮最后一级转子的旋转面为外场维护时的平衡修正面,上述表达式只要通过简单换算,仍同样适用。

4. 不平衡度的选择

从理论上看,不平衡度越小,则发动机工作时转子作用在支承上的力也就越小,因此要求转子平衡得越精确越好。但实际上,达到一定的平衡度后,更高的要求已无实际意义,因为提高转子平衡精度要花费很长时间,同时也受到平衡机精度和灵敏度的限制,再者随着转子运转时间的增长,不平衡度会大大超出规定范围。

如何选择允许的不平衡度的上限值,这是一个复杂的问题。根据对成批生产的发动机进行统计,有一些估算方法可以参考。

(1)按照作用在轴承上的不平衡力 R_n 与转子重量 G 之比作为依据,有

$$R_n/G = 0.015/0.02 \tag{8-16}$$

式中,R_n 与 G 的单位均为牛顿(N)。

因为

$$R_n = \delta_{an} \omega^2 \times 10^{-5} \, (\text{N}) \tag{8-17}$$

故得

$$\delta_{an} = (0.015/0.02) \times 10^5 \cdot G/\omega^2 \, (\text{g·cm}) \tag{8-18}$$

比如:一个质量 $m=300$ kg 的转子,其重量 $G=mg=2\,940$ N;工作转速 $n=10\,000$ r/min,$\omega=$

$2\pi n/60 = 1\ 046.67\mathrm{rad/s}$；计算得到 $\delta_{an} = 4.03 \sim 5.37\ \mathrm{g \cdot cm}$。

（2）按照发动机转子的总不平衡度的总和 Δ（包括压气机和涡轮的不平衡度）与发动机质量之比进行统计，有

$$\Delta/m = 0.18/0.30\ \mu\mathrm{m} \tag{8-19}$$

式中，$\Delta = \delta_{a压} + \delta_{a涡}$，确定 Δ 后，再分别确定 $\delta_{a压}$ 和 $\delta_{a涡}$。

因涡轮位置距主安装节较远，常允许 $\delta_{a涡}$ 略大一些，可认为 $\delta_{a涡}/\delta_{a压} = 1.0/1.6$ 左右。

比如：转子质量 $m = 300\ \mathrm{kg}$ 时，$\Delta = (0.18/0.30) \times 30\ \mathrm{g \cdot cm} = 5.4/9\ \mathrm{g \cdot cm}$；若 $\delta_{a涡}/\delta_{a压} = 1.0$，则 $\delta_{a涡} = \delta_{a压} = 2.7/4.5\ \mathrm{g \cdot cm}$；若 $\delta_{a涡}/\delta_{a压} = 1.6$，则 $\delta_{a涡} = 3.32/5.54\ \mathrm{g \cdot cm}$，$\delta_{a压} = 2.08/3.46\ \mathrm{g \cdot cm}$。

5.平衡配重的形式

对发动机转子进行平衡修正时，可在规定的修正面内增加配重或者去除材料。去除材料一般用于不可分解的组合转动件的平衡、或者不经常分解、或在工作期间不平衡度变化不大的组合转动件。由于去除材料的重量不易控制，因此常用平衡配重，图 8-7 中给出了常见的螺钉式平衡配重；图 8-8(a)中是高涵道比涡扇发动机风扇盘前法兰上的块状配重，最多可安装 12 块，在发动机大修时进行调整；图 8-8(b)是可安装于低压涡轮最后 1 级转子叶片叶冠内表面的配平夹，配平夹质量一定，每个叶片能安装 1 个，可通过在连续几个叶片安装配平夹来调整配平质量，改变低压转子的质量分布。

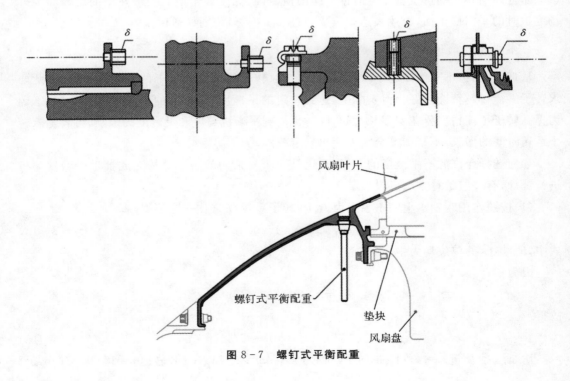

图 8-7　螺钉式平衡配重

(a)

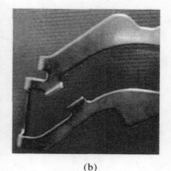
(b)

图 8-8　块状平衡配重

8.2.2　保证发动机转子平衡性的方法

影响发动机转子平衡性的因素很多,也很复杂,下面仅从结构设计、装配工艺及平衡工艺等方面进行论述。

1.结构设计方面

高速旋转的零部件,在设计时力求其形状对称于旋转轴线,同时保持必要的制造装配精度和较小的形状误差;转子上轴颈及支撑轴承对转子的平衡影响较大,因此对其要求更应该高些。

组成转子的各零件之间的连接应能保证各零件之间相互定心,并能使各零件在装配时、高速旋转时、处于较高工作温度的条件下都能保持良好的定心。盘与盘、鼓筒与盘的定位面(通常采用圆柱面)不仅要求有高的同心度,而且要用紧度配合,以保证在工作条件下盘与盘、鼓筒与盘仍能良好地定心。

转子上的其他附属零件也应该相互对称布置,比如一个四级压气机转子,其周向燕尾型榫头榫槽叶-盘(叶-鼓筒)连接中用到的锁块,相邻两级应互隔90°周向夹角布置。

另外,在制造装配设计中应考虑整机装配时尽可能不再分解已平衡好的转子,以免破坏其平衡精度。

2.装配工艺方面

在装配叶片时,同一级叶片的质量差不应超过一定数值,例如某发动机涡轮转子叶片之间的质量差不超过 5 g;同一级相对180°位置的叶片重量差的上限值应更小一些,比如 1 g。

对于长叶片,仅要求其质量差在限制范围内是不够合理的,因为一个叶片离心力等于 $m(r_a+r)\omega^2$,如图 8-9(a)所示,它不仅与叶片质量 m 有关,还与质心到旋转中心的距离 (r_a+r) 有关。通常认为轮盘外缘半径 r_a 是常数,但由于叶身尺寸的加工误差较大,所以不同叶片的质心位置不同、不同叶片的 r 也就不同,在一定范围内变化,因此,如果需要控制叶片离心力的数值,应该要求 mr 值不超过一定范围,比如某民用涡扇发动机风扇转子叶片之间 mr 值的差值不超过 50 g·in[①]。

---

① 1 g·in＝2.54 g·cm。

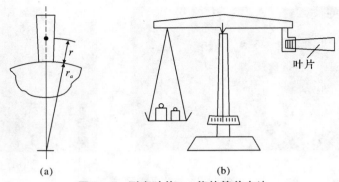

图 8-9　测定叶片 mr 值的简单方法

可用图 8-9(b)中的天平来简单测定长叶片的 mr 值:假设砝码的质量为 m_w,平衡时,左右两边托盘在天平臂上着力点到天平支点的距离均为 r_a,将叶片质量集中到质点上,则有

$$m_w g r_a = mg(r_a + r) \tag{8-20}$$

可得

$$mr = (m_w - m)r_a \tag{8-21}$$

3.平衡工艺方面

转子的平衡是发动机整机装配前的工艺步骤,不同的平衡方法对转子的平衡效果有较大影响。一般转子的动平衡在普通的动平衡机上进行,普通动平衡机的转速较低,大致在 600～1 000 r/min 之间;实际发动机转子的工作转速较高(比如 CFM56 发动机,高压转子工作转速大致在 9 000～15 000 r/min 之间,小型涡轴/涡桨发动机的燃气发生器转子转速高达 60 000 r/min,甚至更高),作用在转子上的离心力、力矩比其在动平衡时的值要大得多。

动平衡后的转子与其他部件装配成整机、经厂家试车后,仍需再一次进行动平衡,有时甚至还要进行第三次平衡。即使如此,在发动机长期、多次运转后,由于温度、塑性变形、质量缺失以及各零件间相互错位,会使转子的动不平衡度明显增大。发动机长期服役后,有的转子的动不平衡度竟比装配时的值增大了 50 倍,因此,为延长发动机的在翼时间、提高发动机的可维修性,在对发动机振动进行在翼实时监控之外,在可见可达的低压转子的前、后两端选取两个配平修正面,提供可行方法,允许在外场、在翼执行低压转子的动平衡工作。这种在本机上用实际转速对发动机转子进行平衡的方法也称为"本机平衡法"。

在发动机转子的装配、平衡工艺中,主要有两种方法:"一步平衡"法和"多步平衡"法。"一步平衡"法是将整个转子装配完成后再进行动平衡的方法;"多步平衡"法是在装配过程中,转子的各个组合部件每组合一步就进行一次平衡的方法,旨在消除转子每个截面上的不平衡力、以及每段上的不平衡力矩。两种方法相较而言,"多步平衡"法可有效减小转子变形以及作用在转子内部的弯矩,但是其生产工序多,平衡工作量大。

图 8-10(a)为"一步平衡"法示意图,4 个工作叶轮轴向完成装配后,统一在 A,D 两个修正面添加配重,平衡后作用在转子内部的弯矩如图 8-10(c)所示。图 8-10(b)为"多步平衡"法示意图,左端的两个工作叶轮轴向完成装配后,在 A,B 两个修正面添加配重;右端的两个工作叶轮轴向完成装配后,在 C,D 两个修正面添加配重;如果考虑左、右两组件轴向

装配后形成的新的不平衡度,则还可以将整个转子再作一次平衡(图 8-10 上没有示出),这时作用在转子上的弯矩图如图 8-10(d)所示。对比分析看出,"多步平衡"后,作用在转子上的弯矩要比"一步平衡"后的弯矩小得多。

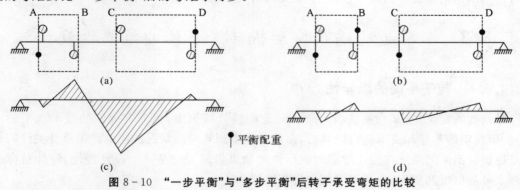

图 8-10 "一步平衡"与"多步平衡"后转子承受弯矩的比较

8.2.3 刚性转子与柔性转子的平衡

以上讨论的平衡方法基本都认为在平衡过程中,转子不发生挠曲变形,也就是说,放置平衡配重的修正面可只需要两个,平衡效果的好坏与转速无关。如果转子轴的抗弯刚度较大,工作转速又不太高,则产生的少量不平衡弯矩不会导致轴的明显挠曲,因此只需要图 8-11(c)所示的平衡方法就可以达到减振目的。这种不考虑转子轴挠曲变形影响的平衡方法称为"刚性转子平衡"。对于航空发动机的某些转子形式(例如鼓式转子结构),只要工作转速低于临界转速,转子轴就不至于产生明显挠度而引起新的不平衡,这样就能在低转速平衡机上对转子执行平衡工作,代替实际转速下的平衡。

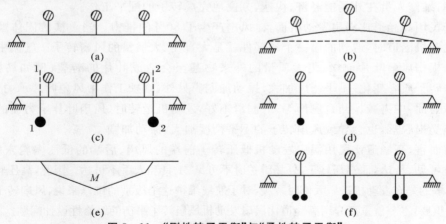

图 8-11 "刚性转子平衡"与"柔性转子平衡"

对于实际转子在某一转速下进行的平衡,只能消除轴承支点上的动反力,而转子轴内部还存在着可能引起挠曲的弯矩,当转速改变时,转子轴上的弯矩也将发生变化。为了得到更大范围内的良好平衡,有必要研究一下如何使转子轴产生尽可能小的挠度,为了区别于"刚性转子平衡",这里称为"柔性转子平衡",如图 8-11(d)(f)所示。

"柔性转子平衡"比较复杂,它不但要考虑转子轴产生挠度对平衡的影响,还要考虑在某一转速下,以不同程度出现的各阶挠曲线对平衡带来的影响。实际发动机上,通常只有少数几个配平修正面可以用来添加、减少配重进行平衡。如何利用少数修正面,来求得转子在某一转速范围内的最优平衡方案,是一个重要的研究课题。

8.3 高涵道比涡扇发动机转子平衡的维修性设计

8.3.1 转子平衡的维修性

维修性的定义是:某一系统(产品)在预定的维修级别上,由具有规定的技术水平的人员,利用规定的程序和资源进行维修时,保持或恢复到规定的状况的能力。维修性关注的重点是使设计出来的系统在发生故障时能尽快地加以修复。它是一个设计特性,设计目标是维修人员能以低的费用,快速而方便地进行维修。

航空发动机的维修性是指对发动机维修的难易程度。由于航空发动机的结构日益复杂,在设计中考虑维修的方便性和经济性,已成为保证发动机使用的可靠性、提高发动机的出勤率、以及降低总寿命周期费用的重要手段。

高涵道比涡扇发动机的高、低压转子,随着运转时间增长,由于叶片表面附着物、叶尖磨损、部件移位等,其不平衡度都会增加,导致转子高振动,轻则造成发动机性能衰退加快,在翼时间大大缩短;重则造成轴承、叶片损坏,发动机运营事故或提前更换发动机,增加航空公司运营成本。因此,如何将在翼发动机的振动维持在一个较低的水平,保证发动机具有较高可靠性、良好经济性、较低维修成本和较低客舱噪声,是发动机维护人员所要面对的重要课题。发动机转子结构平衡的维修性就是:为保证发动机使用可靠性、提高发动机出勤率和航班准点率,维修人员在外场能经济、快速、方便地完成转子的配平工作。

对于民用高涵道比涡扇发动机而言,风扇产生了80%的推力。当裹挟着固体颗粒的气流进入发动机涵道时,遇到的第一个动部件就是大直径、大惯量的风扇转子。气流中的固体颗粒容易损伤风扇叶片前缘,更大质量的外来物甚至会造成叶片的断裂(例如鸟撞,冰雹等),风扇转子质心变化、不平衡度加大、振动加剧。另外,维护工作中风扇叶片承力面(燕尾形榫头承力面,中央减振凸台侧面等)的润滑不好,发动机运转时、风扇叶片承力面的等离子涂层可能受损脱落,也会导致风扇转子的不平衡度加大、振动加剧。

相对而言,高涵道比民用涡扇发动机低压转子前端的风扇、后端的低压涡轮末级,在外场维护时可见、可达,而高压转子,外场维护时不可见、工具和人手不可达。因此,高压转子的平衡问题更多的是在发动机进厂大修时解决,对于航线维护这个级别的维修来说,风扇转子的平衡问题更为重要,本节就重点介绍高涵道比涡扇发动机风扇转子平衡的维修性设计问题。

8.3.2 结构上保证初始平衡性的措施

为尽量维持转子的初始平衡,一般有三方面的措施:比较长的转子由分段零件连接而成,而不是分半零件;前后零部件的连接采用紧配合的方式,且要保证前后零部件的定心;前后零部件的连接,要求在周向位置上具有唯一性。

高涵道比涡扇发动机的风扇转子一般由进气整流锥前锥、进气整流锥后锥、若干风扇叶片、风扇轮盘、风扇轴、增压级鼓筒等组成,如图 8－12～图 8－14 所示,它们都是转动部件,需要考虑它们在连接时的定心和平衡性问题。

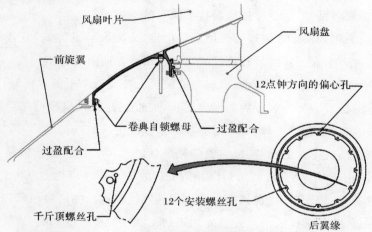

图 8－12　CFM56－5B 发动机风扇转子子午面截图

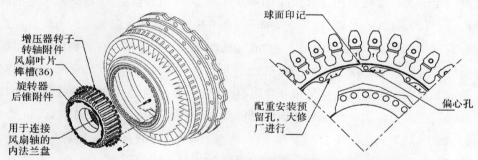

图 8－13　CFM56－5B 发动机风扇轮盘及其前表面

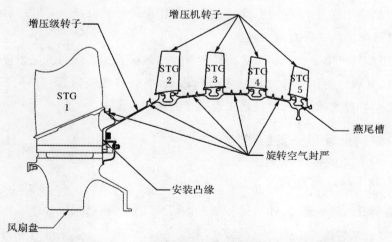

图 8－14　CFM56－5B 发动机风扇和增压器转子的子午面截图

　　航线维护中,风扇叶片的维护保养工作(比如叶片承力面的润滑工作)或者更换有损伤的风扇叶片,需反复拆、装前锥、后锥和风扇叶片,结构设计必须能让维护人员方便地原位装回风扇叶片、后锥和前锥,以尽量维持风扇转子原有的平衡。

　　前锥到后锥、后锥到风扇盘的连接采用圆柱面定心、紧配合的方式,且连接位置在圆周方向上具有唯一性。为保证前后旋转部件的连接在圆周方向上具有唯一性,采用的办法是:连接螺钉周向非均布,即在前锥、后锥、风扇盘前法兰上各设计一个偏置螺钉孔,并用压痕来标记偏置螺钉孔的位置。完成装配后的风扇转子,前锥、后锥、风扇盘前法兰上的偏置螺钉孔与1号风扇叶片(风扇盘的1号榫槽)对齐在一条直线上。

　　为了说明前后旋转部件的拆装,以后锥到风扇盘的连接为例:拆卸时,将后锥到风扇盘的连接螺钉拆掉,由于是紧配合,需用周向相隔120°的3个顶丝将后锥从风扇盘上顶下,顶下时要防止后锥掉落;装配时,先在风扇盘前法兰的连接螺钉孔中周向相隔120°拧入3个导向销,然后用电热风枪将后锥后法兰连接处加热到飞机维护手册要求的温度(可用红外测温枪测量),即等待定心用的两个圆柱面中的外圆柱面扩大后,将后锥后法兰偏置螺钉孔对准风扇盘前法兰上的偏置螺钉孔、沿着导向销将后锥推向风扇盘前法兰,冷却到环境温度后即形成紧配合;最后,拧入连接螺钉、拆下导向销,交错拧紧连接螺钉到规定的力矩值。进气整流锥前锥到后锥的连接,也采用类似上述方法进行拆装,具体步骤可查看相应维护手册。

　　风扇叶片的拆装也影响到了转子的平衡。为了不破坏风扇转子的原有平衡,在完成风扇叶片的润滑工作后需原位装回风扇叶片,这样就需要对风扇盘外缘的榫槽和装入其中的风扇叶片进行编号。风扇盘外缘榫槽的编号由厂家设定,压印在风扇盘前表面,如图8-13所示,两个数字"1"之间的榫槽就是1号榫槽,两个数字"5"之间的榫槽就是5号榫槽,其他榫槽的编号就从1号榫槽起、沿着1~5的方向进行编号。而风扇叶片本身没有编号,在将风扇叶片拆下之前,需用水性笔在风扇叶片表面写上编号:叶片编号同榫槽编号,比如安装在1号榫槽中的叶片就是1号叶片,安装在5号榫槽中的叶片就是5号叶片,保证了风扇叶片与风扇盘外缘榫槽的一一对应关系。

　　另外,低压压气机第2级到第5级的转子叶片与鼓筒采用了周向燕尾型榫头、榫槽的连接方式,需用锁紧螺钉防止叶片在榫槽中周向移动,而且各级锁紧螺钉周向逐一相隔90°,保证了叶片周向位置的唯一性,以及增压器转子的初步静平衡。

8.3.3　结构上配平修正的措施

1.结构上配平修正的位置

为保证整个低压转子前端(即风扇和增压器转子)的平衡,可采取如下措施。

(1)可调整进气整流锥后锥后部外缘(见图8-12)周向均布的若干个配平螺钉安装孔中的配平螺钉的安装方案。

(2)风扇轮盘前表面连接进气整流锥后锥的法兰上也预留了配重安装位置(铆接配重块、松配合),如图 8 - 13 所示。

(3)可在第 5 级转子叶片平台下、榫槽中安装修正配重,如图 8 - 14 所示。

如果低压转子前端的平衡遭到了破坏,可在上述 3 个位置添加配重实现良好动平衡。但对于航线维护实际来说,主要还是在①的位置处(进气整流锥后锥后部外缘)调整配平螺钉安装方案来实现转子平衡、降低发动机振动水平;②和③位置处的配重只能在发动机大修时调整。

配平螺钉安装孔的数目依发动机型号而定,有的机型上等于风扇叶片的数量,比如 CFM56 - 3 发动机进气整流锥后锥后部外缘有 38 个配平螺钉安装孔,与风扇转子叶片数目相同;而且配平螺钉安装孔、配平螺钉与风扇盘外缘榫槽、风扇叶片一一对应、编号相同;可认为相同编号的配平螺钉与风扇叶片在发动机正前方视图上的周向位置一致,如图8 - 15 所示。

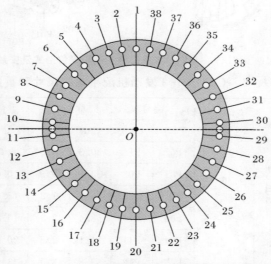

图 8 - 15　CFM56 - 3 发动机配平螺钉与风扇叶片的对应关系

2.配重形式

配平螺钉起到了高涵道比涡扇发动机风扇转子平衡配重的作用。有两套构型编号不一致的配平螺钉可在执行风扇转子平衡程序时使用:一套是 P07,P01~P06 共 7 种构型,另一套是 P14,P08~P13 共 7 种构型,由不同厂商生产,构型编号压印在配平螺钉头部平面,如图 8 - 16 所示。构型编号不同,配平螺钉的长度、重量就不同,重量矩也就不同,见表 8 - 1。

配平螺钉 P07 只有螺纹段,重量最轻、重量矩最小,用作配平螺钉安装孔的堵头,即如果在进气整流锥后锥后部外缘的配平螺钉安装孔中不需要安装配平螺钉时,就安装一颗 P07 螺钉起到堵头作用。因此,其他构型配平螺钉的有效重量矩就等于自身重量矩减去构型 P07 的重量矩的差值,且从 P01 到 P06,有效重量矩依次增加,列于表 8 - 1 的最右列。

另一套由另一厂家提供的、P14,P08～P13 的配平螺钉中,P14 的重量矩等于 P07 的重量矩,同样用作配平螺钉安装孔的堵头;P08 的有效重量矩等于 P01 的有效重量矩,P09 的有效重量矩等于 P02 的有效重量矩,依次类推;不管是由哪个厂家生产提供的,重量矩相同的配平螺钉可以相互替换。

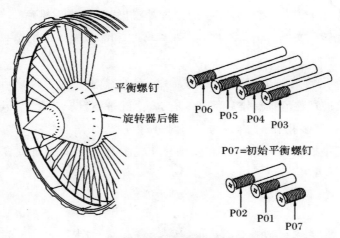

图 8-16　CFM56-3 发动机风扇转子配平螺钉形式及安装位置

表 8-1　CFM56-3 发动机配平螺钉尺寸和重量

编号		总长度		重量	有效重量矩	
P0#	P0#	mm	in.	g	g·cm	g·in
P07	P14	20.3	0.8	6.6	0	0
P01	P08	33.0	1.3	10.0	79.00	31.00
P02	P09	45.7	1.8	13.4	152.00	60.00
P03	P10	58.4	2.3	16.6	224.00	88.00
P04	P11	71.1	2.8	20.2	290.00	114.00
P05	P12	83.8	3.3	23.6	350.00	137.80
P06	P13	96.5	3.8	27.4	408.00	161.00

注:(1)有效重量矩是各构型螺钉重量矩减去 P07 螺钉重量矩的差值。

(2)可能 CFM56-3,-5B,-7B 发动机风扇转子相同构型编号配平螺钉的长度、重量一致,但是旋转半径不一致,导致相同构型编号配平螺钉的重量矩不一致。

对于高涵道比涡扇发动机,如下两种情况下需要用到配平螺钉:

(1)风扇叶片更换后的转子静态配平(不需要开车)。比如遭遇 FOD、叶片损伤超限,叶片更换后的风扇转子静态再平衡;

(2)风扇转子的动态配平,当风扇转子的振动水平高于上限时。

由于单一配平螺钉的有效重量矩大小往往不能满足配平需求,因此还需将表 8-1 中构型 P01～P06(P08～P13)配平螺钉进行有机组合。

以 CFM56 - 3 发动机的风扇转子为例,如图 8 - 17 所示($Z = 38$ 为配平螺钉安装孔数目),假设需要在 5 号配平螺钉安装孔处添加配重,可在 5 号配平螺钉安装孔两侧对称添加不同构型、不同数量的配平螺钉,利用它们在 5 号配平螺钉安装孔方向上重量矩分量的叠加,可得到不同的配平螺钉构型组合。单以构型 P01 的配平螺钉为例,就可得到表 8 - 2 的构型组合。

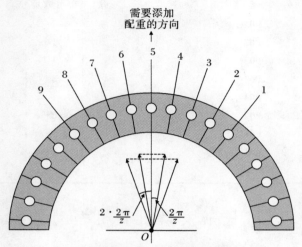

图 8 - 17　配平螺钉构型组合的重量矩的计算

表 8 - 2　对称情况下构型 P01 组合表

9	8	7	6	5	4	3	2	1	螺钉数量	有效重量矩/g·in
				P01					1	31.00
			P01		P01				2	61.15
			P01	**P01**	P01				3	92.15
		P01				P01			2	58.64
			P01		P01	P01			4	119.80
		P01	P01	**P01**	P01	P01			5	150.80
				...						...
P01	P01	P01	P01	**P01**	P01	P01	P01	P01	9	254.25

黑色实心圆为需要添加配重的方向

将类似于表 8 - 2 中的配平螺钉构型组合与表 8 - 1 中单一构型配平螺钉进行比较,舍弃重量矩相近的构型组合,最终得到如表 8 - 3 所示的配平螺钉构型/构型组合有效重量矩表格,并放入飞机维护手册的相关章节中备用。

表 8-3　配平螺钉构型/构型组合的重量矩表格

黑色实心圆为需要添加配重的方向

9	8	7	6	5	4	3	2	1	螺钉数量	有效重量矩/g·in
				P01					1	31.00
				P02					1	60.00
				P03					1	88.00
			P01	**P01**	P01				3	92.15
				P04					1	114.00
			P01	**P02**	P01				3	121.15
				P05					1	137.80
			P02	**P01**	P02				3	149.36
				...						...

8.4　现代民航发动机整机振动监控系统

作为一种典型的高速旋转的机械设备,航空发动机的振动信号(如振动信号的幅值、频率和相位等)可直接反映其当前的工作状态,通过分析获取的振动信号,可及时获得发动机工作状态信息。以振动值为例,通过监控发动机稳定工作状态下高、低压转子振动值的变化,可分析发动机内部旋转机械部件的状态,高、低压转子的动平衡情况,进而推测发动机本体可能存在的一些机械故障,避免引起更大的内部损伤和二次损伤,并采取合理维护措施提高发动机可靠性,降低维护成本。

8.4.1　机载发动机振动监控系统组成及功用

当前,民用航空发动机振动监控的主要方式,是在飞机上安装以发动机振动监控组件(Engine Vibration Monitoring Unit,EVMU)或机载振动监控(Airborne Vibration Monitoring,AVM)为核心的发动机振动监控系统,图 8-18、图 8-19 分别为 A320,B737NG 飞机上的发动机振动监控系统,用于监视发动机旋转机械的工作状态。其大致由以下三部分组成。

(1)传感器部分,负责振动信号、转速信号的测量和传输。现代民航发动机上,振动传感器多用压电式加速度计,转速传感器多用磁阻感应式。

(2)以信号处理和信息存储为主要功用的计算机系统,比如 A320 飞机上位于电子设备舱的发动机振动监控组件 EVMU,从振动和转速传感器接收模拟信号,通过 ARINC 429 数据总线与飞机 CFDS,AIDS(Aircraft Integrated Data System,飞机综合数据系统)系统通信。

(3)飞机显示仪表,实时向机组人员显示出工作中发动机的振动水平和/或故障信息,实现对发动机振动的实时监控。

　　总的来说,机载发动机振动监控系统的功用包括:转子振动信号提取,振动指示;振动超限时,向飞行员告警;平衡数据存储;风扇转子配平方案计算;自检,通过 MCDU(Multifunction Control Display Unit,多功能控制显示组件)与飞机的其他系统通信;振动传感器(加速度计)选择;查找部件振动的频率分析。

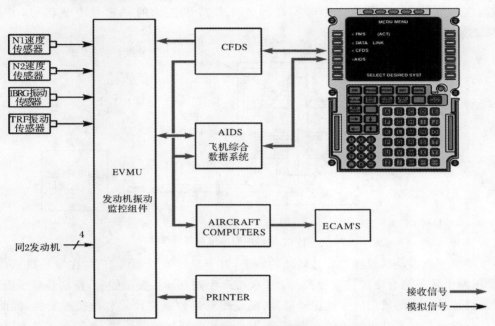

图 8 - 18　A320 飞机上的发动机振动监控系统

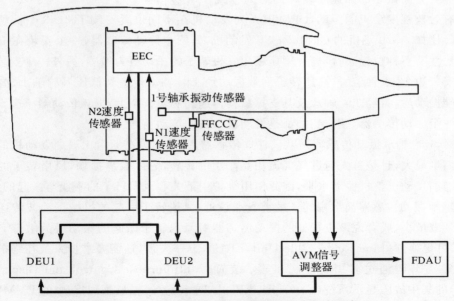

图 8 - 19　B737NG 飞机上的发动机振动监控系统

8.4.2　振动传感器

EVMU 或 AVM 通过安装在发动机静子部件上的加速度计监控发动机振动变化情况，一种典型的压电式加速度计如图 8-20 所示，一叠压电片置于质量块和底座之间，底座连接至发动机静子部件上。该加速度计的测量原理是：当该加速度计遭受振动时，质量块施加一个载荷在压电片上，该载荷产生与振动加速度载荷成正比的一定量电流信号，并送往 EVMU 做后续的信号处理与分析。

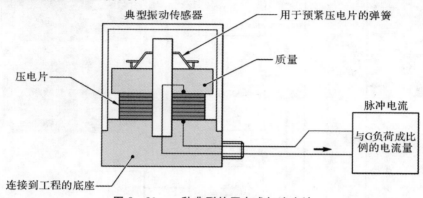

图 8-20　一种典型的压电式加速度计

发动机整机振动的根源主要是转动的转子，对于双转子发动机而言，在发动机工作时，高、低压两个转子都会稳定持续激振。为了能准确反映发动机振动能量，特别是高涵道比涡扇发动机比较关心的风扇转子的振动能量，测量振动的加速度计须靠近振源安装，因此，加速度计一般安装在发动机转子的支点附近、发动机机匣对接面等位置，且竖直安装方便感应发动机竖直方向振动的加速度载荷。

为有效监视发动机的振动，CFM56 系列发动机在不同位置安装了 2～3 个探测振动的传感器。比如 A320 飞机的 CFM56-5B 发动机，其两个振动传感器，一个安装在 1# 轴承支撑前法兰 9 点钟位置，对风扇和增压级压气机转子的振动更为敏感；另外一个安装在涡轮框架前安装边 12 点钟位置，高压转子后端振动经 4# 轴承传递到低压涡轮轴上、叠加低压转子后端振动后，再经 5# 轴承及其支撑结构传递到涡轮框架上，由该传动器感应。但是不管是哪一个振动传感器，感应到的都是发动机整机的振动信号。

然而，1# 轴承振动传感器是默认首选传感器，一是因为高涵道比涡扇发动机的风扇转子转动惯量最大，且是首先与进气气流相互作用的旋转部件、较易损伤，风扇转子的不平衡会显著增加发动机整机振动水平，因此使用维护中最关心风扇转子的平衡与激起的振动；二是 1# 轴承振动传感器离风扇转子的前支点最近，风扇转子引起的机械振动波传递到该传感器时衰减最小，或者说该位置处的振动传感器对风扇转子激起的振动最为敏感。但它不是，航线可更换件（Line Replaceable Unit，LRU），万一失效，还需要维护人员在维护发动机（CFM56-5B）时通过多用途控制和显示装置（Multipurpose Control and Display Unit，MCDU）的集中故障显示系统（Centralized Fault Display System，CFDS）中的 EVMU 页面，选择涡轮后框架振动传感器的输入，继续监视发动机的振动。如图 8-21 所示，选择EVMU

页面的 ACC. RECONFIGURATION（加速度计重构）按钮后对振动传感器进行选择。

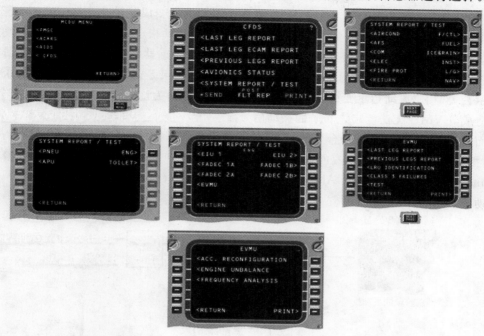

图 8-21　CFM56-5B 发动机振动传感器的选择

8.4.3　振动监控与指示

发动机振动监控过程可分为振动测量、振动信号处理及故障特征提取、状态识别等。根据监控对象的特征，如结构特点、振动信号频率范围和幅值，来确定测试系统的传感器和记录设备；振动信号处理是振动监控的核心，它可以从原始振动信号中提取出有用信息；状态识别是根据信号处理结果和故障特征信息，判断监控对象的状态及其故障的发展趋势。信号处理和故障状态识别依靠计算机软件来实现。

发动机上各振源的激振频率通常不同，如转子质量不平衡会激起频率与转子工作转速成比例的振动，支点不对中故障会激起较大的二阶振动，而转子与静子碰摩会产生频率成分十分丰富的振动。振动信号处理就是要从原始振动信号中提取这些有用信息，为状态识别提供依据。因此，在 EVMU 或者 AVM 的信号处理器中，光有发动机的振动信号还不够，还需要转速信号。信号处理器中的滤波器将频率与相应转子转速成比例的振动信号滤出，即得到由相应转子激起的振动信号，经处理送往驾驶舱显示。从这一点还可以得出，发动机上其他旋转部件的转速（主要指附件传动系统、附件内的转动部件）不能等于高、低压转子的转速。

通常，A320 飞机的 ECAM（Electronic Centralized Aircraft Monitoring，电子中央监控系统）上有四个振动指示，分别代表左、右发动机高、低压转子激起振动的大小，如图 8-22 所示，最大振动值可以显示到 10 个单位。对于低压转子，10 个单位等于 10 mils（1 mm = 39.37 mils）；对于高压转子，10 个单位等于 4 IPS（in/s）。发动机正常工作、高低压转子振动没有超出上限时，在下 ECAM 的发动机或巡航页面上的振动指示是绿色的；当低压转子的振动指示超出 6 个单位、高压转子的振动指示超出 4.2 个单位时,振动指示闪烁,咨询灯亮;如果两台发动机的振动信号全部丢失,则四个振动指示变成琥珀色××,ECAM 警告显示发动机振动监控系统失效;如果是某台发动机的两个振动指示都丢失了,即相应振动指示变成琥珀色××,则有可能是这台发动机的两个振动传感器都失效、或者这台发动机去 EVMU 的 N1 和 N2 转速信号丢失、或者 EVMU 故障;如果是某台发动机的某个转子的振动指示丢失,相应振动指示变成琥珀色××,很大可能是因为该转子去 EVMU 的转速信号丢失造成,EVMU 无法滤出该转子的振动信号。

而对于 B737NG 飞机,每台发动机高、低压转子激起的振动信号经滤波和处理后,经过对比,振动最大值(振动最剧烈的转子)会被送往驾驶舱中的发动机指示及机组告警系统(Engine Indicating and Crew Alerting System,EICAS)进行指示,因此,每台发动机只有一个振动指示,如图 8-23 所示。

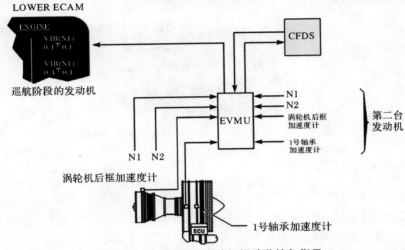

图 8-22 A320 飞机发动机振动监控与指示

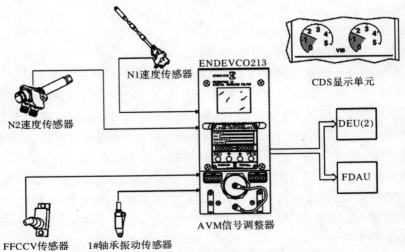

图 8-23 B737NG 飞机发动机振动监控与指示

8.4.4　配平方案计算

对于高涵道比涡扇发动机,例如 CFM56 - 5B 发动机(A320 飞机),当低压(风扇)转子振动水平超限时,1# 轴承振动传感器的信号还要用于风扇配平计算,向用户提供风扇转子配平方案,以期降低振动水平。该信号经滤波后得到风扇转子的振动信号,可以获得风扇转子振动的幅值大小,但是无法确定风扇转子不平衡量的方向。

此时需要低压转子转速信号来确定风扇转子不平衡量的方向:前已述及,CFM56 发动机上用磁阻感应式探头测量转子转速,需要两个零件配合才能测出转速大小。一个是包含有永久磁铁和感应线圈的探头,一个是安装在转子上跟随转子一起旋转的音轮,如图 8 - 24 所示。以低压转子转速测量为例,安装在低压转子上的音轮有 30 个齿,当各个齿交替通过探头正前方时,将在感应线圈中产生感应电流脉冲。转子每旋转一圈,感应线圈中就会形成 30 个脉冲,因此只需要定时器和脉冲计数器就可以得到转子转速大小。另外,在这 30 个齿中,有一个齿相比其余 29 个齿要厚一点,在低压转子装配时,该厚齿一定要与风扇盘上的 1 号榫槽(安装 1 号风扇叶片)对齐。当音轮随转子旋转、这个厚齿通过探头正前方时,在感应线圈中形成的脉冲幅值异于其他 29 个脉冲,这样的低压转子转速信号被送入 EVMU 中,不光用来滤出低压转子激起的振动信号,其与 1 号风扇叶片对应的脉冲,就成为了确定风扇转子不平衡量方向的标识,最终得到风扇转子的配平方案。

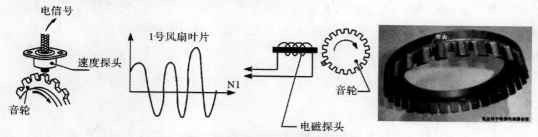

图 8 - 24　低压转子转速测量与信号

按照 A320 飞机维护手册 AMM 71-00-00-710-009 上的标准,当低压(风扇)转子的振动指示小于 4、高压转子的振动指示小于 4.25,且发动机没有异常响声、机组也没有感受到结构振动的情况下,航线可以放行。但是有些航空公司给出的标准可能比厂家维护手册更偏于保守,比如:为防止振动恶化,基地发现低压转子振动大于 2 时,需做维护工作,即对发动机风扇转子进行配平。

8.5　风扇转子的静态配平

风扇转子再平衡有两种:一种是静态再平衡,即在发动机静止状态下,找到转子不平衡量大小和方向,确定配平螺钉安装方案,恢复转子原有平衡性的方法。一般当风扇叶片损伤,叶片经修理或更换之后,需要对风扇转子进行静态再平衡修正。另一种是动态再平衡,即在转子转动状态下才能测定转子不平衡量的大小和方向,确定配平螺钉安装方案,将转子振动水平降至可接受水平的方法。当发动机工作时风扇转子振动水平超出上限,或者风扇叶片更换后、静态再平衡的残余不平衡量超过上限、且试车检查时振动超限,则还需要进行动态再平衡。动态再平衡可采用机载设备法、三圆配平法等,步骤一般较多、耗时较长。本节介绍风扇转子的静态再平衡方法。

8.5.1 风扇叶片更换后的静态配平修正

高涵道比涡扇发动机的风扇叶片是航线可更换件(LRU),当叶片损伤超过允许范围时,需要更换叶片。更换叶片会破坏原有的平衡,需要在完成叶片更换后,对转子进行静态配平修正。风扇叶片更换后经良好静态再平衡的风扇转子,不需试车检查和动态再平衡,可直接投入使用,在保证发动机使用可靠性的同时,节省了停场维护时间,提高了出勤率和航班准点率。因此,维修人员在外场能准确、快速、方便地完成转子的静态再平衡工作就显得尤为重要。发动机生产商推荐基于矢量加减的平行四边形法,利用作图的方式找出风扇叶片更换后的配平螺钉安装方案。

风扇叶片的更换有两种方法:成对更换(一对或者多对);单片更换;推荐成对更换风扇转子叶片。需被更换的成对叶片是指损伤叶片和与其相对180°的另一片叶片,备件叶片也成对准备。成对的两片叶片之间重量矩的最大差值不超过 $50 \text{ g} \cdot \text{in}$;更换叶片时,备件叶片对中较重的那一片安装在被换下的叶片对中较重的那一片叶片的位置上,另一片备件叶片相对180°安装。

以成对更换为例,设:单次叶片对更换后,为维持原有平衡,需添加的重量矩为 $\vec{\Delta_i}$,则

$$\vec{\Delta_i} = D_{(m_i - n_i)} - D'_{(m_i - n_i)} \tag{8-22}$$

式中,$D_{(m_i - n_i)}$ 为被换下的叶片对中,m_i 号叶片重量矩减去 n_i 号叶片重量矩的差值;$D'_{(m_i - n_i)}$ 为备件叶片对(即被换上的叶片对)中,m_i 号叶片重量矩减去 n_i 号叶片重量矩的差值;m_i 和 n_i 分别为第 i 次叶片对更换时,有损伤叶片的编号、及与有损伤叶片相对的叶片的编号。如果风扇叶片的数目是 Z(Z 为偶数),则 $i \in [1, Z/2]$,$m_i \in [1, Z]$,$n_i \in [1, Z]$;且:

当 $1 \leqslant m_i \leqslant Z/2$ 时,$n_i = m_i + Z/2$;

当 $Z/2 < m_i \leqslant Z$ 时,$n_i = m_i - Z/2$。

式(8-22)中 $\vec{\Delta_i}$ 有大小也有方向:当 $\Delta_i > 0$ 时,$\vec{\Delta_i}$ 指向 m_i 号叶片;当 $\Delta_i < 0$ 时,$\vec{\Delta_i}$ 指向 n_i 号叶片。

更换叶片后,为优化发动机运转并降低振动水平,需执行如下检查和修正措施,如图8-25所示。

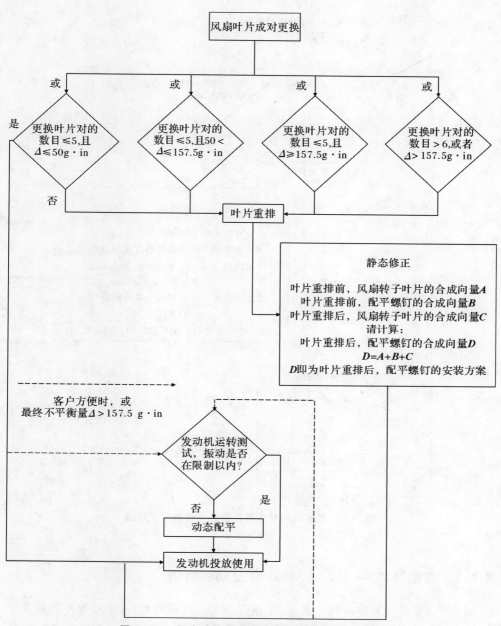

图 8-25 风扇叶片成对更换后的检查和修正措施

如果没有成对的备件叶片,风扇叶片也可单个更换,但要满足需被更换的叶片和备件叶片之间的重量矩差值不超过 315 g·in 的条件;更换叶片后,需执行如图 8-26 所示的检查和修正措施。

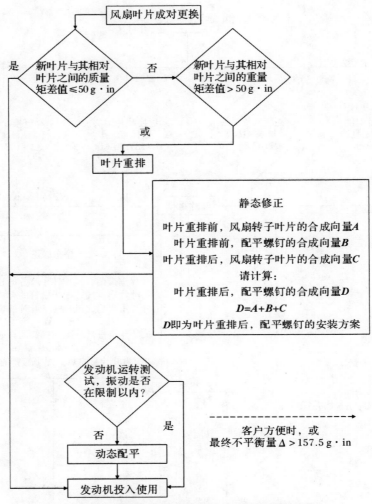

图 8 - 26 风扇叶片单个更换后的检查和修正措施

8.5.2 案例分析——以 CFM56 - 3 发动机为例

CFM56 - 3 发动机的风扇转子有 38 片钛合金实心风扇叶片,在每片叶片的榫头底面上都压印有重量矩。某次航后发现,1 号、3 号、35 号、38 号风扇叶片损伤超限需要更换,维护工作中采用成对更换方法,按照上节所述方法或参照图 8 - 27 发现,需更换 1 号与 20 号叶片对、3 号与 22 号叶片对、35 号与 16 号叶片对、38 号与 19 号叶片对。需更换的各风扇叶片的重量矩列于表 8 - 4 中。

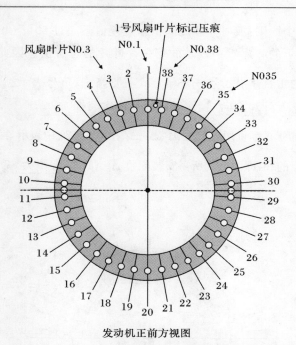

发动机正前方视图

图 8-27 CFM56-3 发动机需要更换的风扇叶片对

表 8-4 风扇叶片对更换后所需添加重量矩的计算

	换下的叶片			换上的叶片			需添加的重量矩	
	有损伤叶片	相对叶片	重量矩差值	新的无损伤叶片	新的相对叶片	重量矩差值		
叶片号	1 号	20 号	$D_{(1-20)}$	1 号	20 号	$D'_{(1-20)}$	Δ_1	$\overrightarrow{\Delta_1}$ 方向
重量矩/g·in	31 849	31 804	45	31 445	31 405	40	5	指向 1 号叶片
叶片号	3 号	22 号	$D_{(3-22)}$	3 号	22 号	$D'_{(3-22)}$	Δ_2	$\overrightarrow{\Delta_2}$ 方向
重量矩/g·in	30 910	30 940	−30	32 730	32 735	−5	−25	指向 22 号叶片
叶片号	35 号	16 号	$D_{(35-16)}$	35 号	16 号	$D'_{(35-16)}$	Δ_3	$\overrightarrow{\Delta_3}$ 方向
重量矩/g·in	31 340	31 335	5	30 348	30 303	45	−40	指向 16 号叶片
叶片号	38 号	19 号	$D_{(38-19)}$	38 号	19 号	$D'_{(38-19)}$	Δ_4	$\overrightarrow{\Delta_4}$ 方向
重量矩/g·in	32 505	32 545	−40	31 623	31 628	−5	−35	指向 19 号叶片

以 38 号和 19 号叶片对为例,如表 8-4 所示,更换之前的 38 号和 19 号这对叶片的重量矩分别为 32 505 g·in 和 32 545 g·in,差值 $D_{(38-19)}$ 为 −40 g·in;更换之后的 38 号和 19 号叶片的重量矩分别为 31 623 g·in 和 31 628 g·in,差值 $D'_{(38-19)}$ 为 −5 g·in;符合风

扇叶片成对更换的两个原则：成对叶片之间重量矩差值不超过 50 g·in；备件叶片对中较重的那一片安装在被换下的叶片对中较重的那一片叶片的位置上。因此，38 号和 19 号叶片对更换后、风扇转子的重量矩有 $\overrightarrow{\Delta_4} = -35$ g·in 需要修正，负号表示 $\overrightarrow{\Delta_4}$ 的方向，即应添加的修正配重的方向在 19 号叶片方向，其他三对叶片依次类推。

将 4 个所需添加的修正配重用矢量 $\overrightarrow{\Delta_1}$、$\overrightarrow{\Delta_2}$、$\overrightarrow{\Delta_3}$、$\overrightarrow{\Delta_4}$ 在图 8-28 中表示，根据静态配平原理矢量合成计算得到 4 个矢量的和，即为最终所需安装配重 $\overrightarrow{\Delta}$total，其大小为 87 g·in（221 g·cm）。

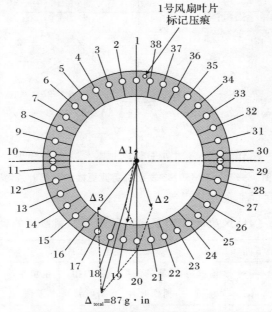

图 8-28　需添加的修正配重的向量合成图

根据计算出的所需添加的重量矩的大小选取合适的配平螺钉。查询飞机维护手册相关章节中、配平螺钉构型/构型组合重量矩表格（见表 8-3），所需添加配重的重量矩大小 87 g·in（221 g·cm）与表中构型 P03 的有效重量矩 88 g·in（224 g·cm）最接近；再根据基于平行四边形法则的矢量合成图 8-28，所需添加配重的方向介于 18 号和 19 号配平螺钉安装孔之间，但更偏向 18 号配平螺钉安装孔。至此，所需添加配重的大小和方向都已找出，只需将一个构型 P03（或 P10）的配平螺钉安装在 18 号配平螺钉安装孔中即可。

在完成风扇叶片更换后的静态再平衡后，风扇转子依然可能存在残余未配平的不平衡量，可将实际安装的配平螺钉构型/构型组合的有效重量矩（18 号配平螺钉安装孔方向，大小 88 g·in）、与风扇叶片更换后的总不平衡量（$-\overrightarrow{\Delta}$total）进行矢量合成，以求出残余未配平的不平衡量。一般情况下，残余未配平的不平衡量小于 50 g·in 时，发动机可直接投入使用。或者不再计算残余未配平的不平衡量，而是直接试车检查，只要风扇转子的振动不超限，发动机即可投入使用。

8.6　风扇转子的动态配平

8.6.1　动态再平衡的条件

前已叙及,发动机工作时风扇转子振动水平超出上限,风扇叶片更换后、静态再平衡的残余不平衡量超过上限、或试车检查时振动超限,则还需要进行动态再平衡。

(1)风扇和低压涡轮转子振动超限时。例如 CFM56－7B 发动机,当风扇和低压涡轮转子的振动水平大于等于 8.0 mils(双振幅)时;

(2)一片风扇叶片更换或者修理后,重量矩的修正量大于一定值时。例如 CFM56－7B 发动机,修正量大于 236 g·in(600 g·cm)时。

风扇转子被执行动态配平程序后,一般还要求对发动机进行试车检查,要求风扇和低压涡轮转子的振动水平低于一定值。对于 CFM56－7B 发动机,风扇转子被执行动态配平程序后,在发动机地面运转的所有转速下,AVM 上记录到的风扇和低压涡轮转子的振动水平不应超过 1.8 个单位。

8.6.2　风扇转子动态配平的方法

风扇转子动态配平方法有 3 种:利用飞行数据进行配平法、专用仪器法配平法和三圆配平法。

(1)利用飞行数据进行配平法。随着计算机技术的发展,目前先进飞机上都装载有专门的机载设备(AVM 或者 EVMU 系统)用于监控发动机振动,该设备也可用测相测幅法进行发动机配平计算,从而获得配平螺钉的大小和安装位置。

利用存储在 AVM/EVMU 中的数据配平风扇转子。AVM/EVMU 记录从 1 号轴承振动传感器和涡轮后框架振动传感器来的信号,并利用这些信号计算动态配平数据。AVM/EVMU 提供的动态配平数据是从最近 6 个航段的信号计算出来的。

(2)专用仪器配平法。使用专用仪器进行测量,类似于螺旋桨、直升机主旋翼等旋转部件的动态配平程序,可以给出不平衡的指示(利用与低压转子每次运转的转速相对应的频率进行滤波得出)和不平衡量位置的相位角。对于不平衡的转子,这些指示显示了不平衡量的数值大小和不平衡量在转子上的位置。

(3)三圆配平法。由于机载设备计算配平解决方案时,只考虑了某一振动传感器获得的振动信号,在该传感器失效或机载设备不能从该传感器获取振动数据时,就无法获得有效的配平解决方案;另外,长期调查研究发现,很多情况下机载设备提供的配平解决方案的效果并不理想,仅能很好地解决某一特定转速下的振动,不能很好地解决全转速范围内的振动问题;此外,一些仍然在役的早期飞机装载的振动监控仪虽然具有监控功能,但是没有配平计算功能;或者当没有可用设备以找出不平衡量的相位角时;上述情况下,发动机风扇转子可采用三圆配平法进行有效配平。

使用以上 3 种方法中的任何一种都能完成风扇转子的动态再平衡,方法的选择根据飞机状况(比如 AVM 系统是否具有计算配平方案功能等)、设备情况、停场时间要求等自主决定。

8.6.3 三圆配平法

三圆配平法又称试配平法,是一种测幅整机平衡法,广泛应用于刚性转子配平,是现场找动平衡的方法之一。与影响系数法相比,其优势在于不需要测相位角,只测最大振动幅值,适合很多缺乏精密仪器需要找动平衡的场合。这种方法全面考虑了发动机不同部位、不同转速的振动,能提供最佳的在翼涡扇发动机风扇配平解决方案。

为便于读者理解三圆配平法,本节将先介绍三圆配平法的配平过程,然后通过实际案例详细介绍基于作图法找出校正配重大小和方向的过程,最后基于直角坐标系在数学上证明三圆配平法的基本原理。

1. 三圆配平法的配平过程

三圆配平法中,为找出不平衡向量,通常需完成 5 次发动机试车,其中 3 次是在发动机上安装已知质量测试配重的情况下进行;如果安装测试配重后发动机振动已满足配平要求,此时可认为发动机转子已达到平衡状态,不需要进行下一步测试。三圆配平法配平的基本过程如图 8-29 所示,可简单分为以下 6 步。

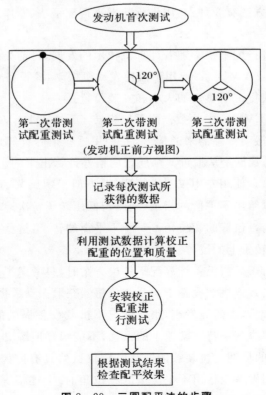

图 8-29 三圆配平法的步骤

（1）发动机初始振动测试。发动机开车,检查发动机初始实际振动大小,记录发动机各转速下每个振动传感器测得的风扇转子振动大小。

（2）第一次安装配重后振动测试。测试前,在发动机进气整流锥后锥后部外缘某合适位置安装已知质量的测试配重(配平螺钉);然后试车,记录风扇振动大小。

（3）第二次安装配重后振动测试。测试前,先将发动机进气整流锥后锥上的配平螺钉恢复到初始状态,然后在进气整流锥后锥上与第一次测试配重安装位置周向间隔120°的位置上安装相同的测试配重;运转发动机,记录风扇振动大小。

（4）第三次安装配重后振动测试。测试前,先将进气整流锥后锥上的配平螺钉恢复到初始状态,然后在进气整流锥后锥上与前两次均周向间隔120°的位置安装相同的测试配重;再次运转发动机,记录风扇振动大小。

（5）计算校正配重的大小和方向。分析步骤（1）～（4）获得的振动数据,计算出发动机转子不平衡向量的大小和方向,然后根据计算结果从飞机修护手册中选定配平螺钉的大小及安装位置,获得配平方案。

（6）配平方案验证。将测试配重从发动机上拆下,然后按计算出的配平方案在进气整流锥后锥上安装校正配重(配平螺钉);发动机试车检查,记录发动机各转速下风扇转子的振动大小,判断加装校正配重后振动大小是否回到控制目标范围。一般情况下,风扇转子的振动都能回归到一个很小的值;若振动仍然很大,则需对发动机进行排故检查,确认发动机内部是否存在部件松动等情况。

由于飞机驾驶舱中以振动单位来指示,为了使试车时发动机的振动以 mils 为单位,可能需要安装必要的振动检测设备来读取准确的振动值(位移)或通过对机载设备记录的数据进行换算来获得。

如果通过地面试车获取振动数据,则可根据实际需要选取多个风扇转速从高到低测试不同转速下的振动。为方便计算和得到较好的配平效果,测试振动数据的风扇转速的个数的选取应当合适,计算所需配重大小和方向也不宜选择所有获得的数据,因为数据越多计算越复杂,最终造成的累积误差反而可能更大,可只采用振幅最大的几组数据进行计算。

2.案例运用

以 CFM56-7B 发动机为例介绍三圆配平法的实际运用过程,风扇转子振动数据来自航空公司实际发动机的测试结果,通过地面试车的方法获取。

CFM56-7B 发动机有两个振动传感器:其中一个安装在 1 号轴承支承上 9 点位置(从后往前看),称为 1 号轴承振动传感器;另一个安装在风扇框架上,称为风扇框架压气机机匣振动传感器(FFCCV 传感器),某种意义上它是 1 号轴承振动传感器的备用传感器。试车时,需要一名维护人员在飞机的电子设备舱(Electronic Equipment Compartment)观察记录 AVM 上的振动指示,AVM 上的振动指示单位所代表的物理意义见表 8-5。

表 8 – 5 AVM 上的振动指示单位所代表的物理意义

参　数	AVM
1 号轴承振动传感器反映低压转子振动	小于 2.5 units 时，1 unit = 1.75 mils（双振幅）；大于 2.5 units 时，4.375 ＋（units－2.5）×6.25 = 1 mils
1 号轴承振动传感器反映高压转子振动	1 unit = 0.569 IPS
FFCCV 振动传感器反映低压转子振动	小于 2.5 units 时，1 unit = 3.2 mils（双振幅）；大于 2.5 units 时，8.0 ＋（units－2.5）×4.8 = 1 mils
FFCCV 振动传感器反映高压转子振动	1 unit = 0.65 IPS
N1	10%～120%
N2	5%～115%

表 8 – 5 中，IPS：Inchs Per Second。

　　与 CFM56 – 3/－5B 发动机配平螺钉安装孔数目等于风扇叶片数目不同，CFM56 – 7B 发动机风扇叶片数目是 24，而进气整流锥后锥后部外缘周向均布有 36 个配平螺钉安装孔，如图 8 – 30 所示，但是风扇叶片编号方向和配平螺钉安装孔编号方向相同，同为转子转动方向。实际运用三圆配平法给发动机风扇转子执行动态配平的过程中，需在相应编号的配平螺钉安装孔中安装测试用配平螺钉。

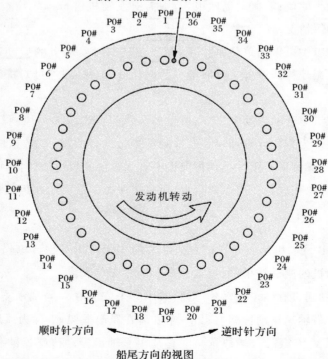

图 8 – 30 CFM56 – 7B 发动机风扇转子配平螺钉安装孔（从前往后看）

在发动机试车前记录下风扇转子上 36 个配平螺钉安装孔中原始配平螺钉构型:

(1)第一次试车:按照手册要求起动发动机、暖机、并加速到 96％风扇转速,稳定 2 min 后,告知电子设备舱人员记录下 AVM 上 1 号轴承振动传感器和风扇框架压气机机匣振动传感器的初始振动指示 U_0;收油门至 92％风扇转速,稳定 2 min 后,记录初始振动指示 U_0;收油门至 88％风扇转速,稳定 2 min 后,记录初始振动指示 U_0;按此方式,记录下 84％,75％,65％风扇转速对应的初始振动指示 U_0;之后慢车冷机、停车,第一次试车结束。

寻找确定测试配平螺钉安装位置:利用先前记录的配平螺钉安装孔中的原始配平螺钉方案,找到可以安装测试配平螺钉的 3 个位置,要求是:这 3 个测试配平螺钉安装位置周向间隔120°,且这 3 个位置均安装的是 P07(P14)构型配平螺钉。本例假设后续 3 次试车将依次在 2,1,36 号配平螺钉安装孔(0°夹角);24,25,26 号配平螺钉安装孔(120°夹角),12,13,14 号配平螺钉安装孔(240°夹角)安装 3 个 P05 构型测试配平螺钉。

对于 CFM56-7B 发动机而言,P05 构型配平螺钉的重量矩是 280.1 g·cm,因此 3 个 P05 构型的配平螺钉,在中间位置叠加的重量矩是 831.8 g·cm。

(2)第二次试车:从 2,1,36 号配平螺钉安装孔(0°夹角)中拆下 P07 构型配平螺钉,装上 3 个 P05 构型测试配平螺钉;此时,风扇转子在 1 号配平螺钉安装孔方向增加了大小为 831.8 g·cm 的重量矩。

按照手册要求起动发动机、暖机、并加速到 96％风扇转速,稳定 2 min 后,告知电子设备舱人员记录下 AVM 上 1 号轴承振动传感器和风扇框架压气机机匣振动传感器的振动指示 U_1;收油门至 92％风扇转速,稳定 2 min 后,记录振动指示 U_1;按此方式,记录下 88％,84％,75％,65％风扇转速对应的振动指示 U_1;之后慢车冷机、停车,第二次试车结束。

(3)第三次试车:从 2,1,36 号配平螺钉安装孔(0°夹角)中拆下 P05 构型的测试配平螺钉,装上 3 个 P07 构型螺钉,即将第一次安装测试配平螺钉的位置复原。

从 24,25,26 号配平螺钉安装孔(120°夹角)中拆下 P07 构型配平螺钉,装上 3 个 P05 构型测试配平螺钉;此时,风扇转子在 25 号配平螺钉安装孔方向增加了大小为 831.8 g·cm 的重量矩。

按照手册要求起动发动机、暖机、并加速到 96％风扇转速,稳定 2 min 后,记录振动指示 U_2;收油门,依次记录下 92％,88％,84％,75％,65％风扇转速对应的振动指示 U_2;之后慢车冷机、停车,第三次试车结束。

(4)第四次试车:将第二次安装测试配平螺钉的位置复原。从 12,13,14 号配平螺钉安装孔(240°夹角)中拆下 P07 构型配平螺钉,装上 3 个 P05 构型测试配平螺钉;此时,风扇转子在 13 号配平螺钉安装孔方向增加了大小为 831.8 g·cm 的重量矩。

按照手册要求起动发动机、暖机、并加速到 96％风扇转速,稳定 2 min 后,记录振动指示 U_3;收油门,依次记录下 92％,88％,84％,75％,65％风扇转速对应的振动指示 U_3;之后慢车冷机、停车,第四次试车结束。

以上 4 次试车的测试数据记录在表 8-6 中。手册推荐从 1 号轴承振动传感器和风扇框架压气机机匣振动传感器测得的振动数据中,各选取 3 组原始振动幅值 U_0 最大的数据,一共 6 组数据进行分析计算,找到最终需要添加的配重大小和方向。为了简化计算,本节只选取每个传感器测得的原始振动幅值 U_0 最大的两组数据来计算,但是分析方法不变。

表 8 - 6　CFM56 - 7B 发动机风扇转子振动测试数据

振动信号来源	风扇转速		原始振动幅值 U_0	安装测试配平螺钉后的幅值			数据选取
	%	RPM		U_1	U_2	U_3	
1♯轴承振动传感器	96	4 968	6.5	4.0	8.6	7.8	第 1 组数据
	92	4 761	6.0	4.0	7.0	8.0	第 2 组数据
	88	4 554	5.5	3.5	5.0	6.6	舍弃
	84	4 347	5.0	3.5	5.0	5.0	舍弃
	75	3 881	4.5	3.0	4.5	4.5	舍弃
	65	3 364	4.0	3.5	4.0	4.0	舍弃
风扇框架压气机机匣振动传感器	96	4 968	4.0	3.0	4.0	6.0	第 3 组数据
	92	4 761	3.5	2.0	4.5	4.5	第 4 组数据
	88	4 554	3.0	2.5	3.0	4.0	舍弃
	84	4 347	2.5	2.5	2.5	2.5	舍弃
	75	3 881	2.5	2.5	2.5	2.5	舍弃
	65	3 364	2.0	2.0	2.0	2.0	舍弃

数据分析：

假如以第一组数据来计算,也即风扇转速为 96％时、1 号轴承振动传感器四次试车测得的振动幅值数据来计算,其他组数据的处理相同。

先选定一个合适的比例尺乘以原始振幅(U_0)为半径绘制初始圆,设初始圆圆心为 O 点;在初始圆上画出测试配平螺钉三次安装位置与圆心 O 点的连线(图 8-31 中虚线);然后以这 3 条连线与初始圆的交点为圆心(O_1,O_2,O_3),以每次安装测试配平螺钉后试车测得的振幅(U_1,U_2,U_3 乘以相同比例尺)为半径画弧,三段圆弧通常交于一点(如果三段圆弧不能交于一点而构成一个三角形,则取三角形中心点为交点),命名为 P_1;连接初始圆圆心 O 点与交点 P_1,便构成了一个向量 $\boldsymbol{OP}_1$,测出向量 $\boldsymbol{OP}_1$ 的长度 R_1 与方位角 θ_1,然后用下面的公式计算配平重量 W_1,则有

$$W_1 = 831.8 \times U_0 / R_1 \tag{8-23}$$

式中,U_0 为该转速下第 1 次试车时的风扇振幅,即该转速下的原始振动幅值;R_1 为向量 $\boldsymbol{OP}_1$ 的图上测量长度除以比例尺所得,与 U_0 的单位相同;W_1 为向量 $\boldsymbol{OP}_1$ 对应的、该转速下所应添加的配重大小,单位是 $g \cdot cm$。因此,对应于 P_1 点,有

$$W_1 = 831.6 \times \frac{6.5}{2.7} = 2\ 000(g \cdot cm)$$

方位角 θ_1 为向量 $\boldsymbol{OO}_1$ 转向向量 $\boldsymbol{OP}_1$ 的角度,顺时针为正,逆时针为负。

然后用式(8-24)计算 P_1 点的灵敏度 S_1,它反映配平重量在 3 个不同位置对发动机平衡状态的影响程度,即

$$S_1 = 831.8 / R_1 \tag{8-24}$$

则 P_1 点的灵敏度 S_1 等于 308.1。

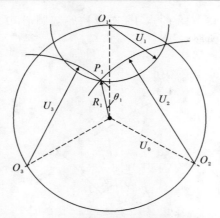

图 8 - 31　96% 风扇转速下三圆法配平

按照上述过程,用第 2,3,4 组数据计算出 P_2,P_3,P_4 点的 W_2,W_3,W_4,以及各点的灵敏度 S_2,S_3,S_4,将计算结果统一列于表 8 - 7 中。

表 8 - 7　振动测试数据的处理

数据编号	第 1 组数据的计算结果	第 2 组数据的计算结果	第 3 组数据的计算结果	第 4 组数据的计算结果
数据编号	$X=1$	$X=2$	$X=3$	$X=4$
三段圆弧的交点 P_X	P_1	P_2	P_3	P_4
原始振幅 U0 /AVM 指示单位	6.5	6.0	4.0	3.5
RX /AVM 指示单位	2.7	2.3	2.0	1.5
θX /(°)	−12	18	44	0
配重 WX/g·cm	2 002.5	2 169.9	1 663.6	1 940.9
灵敏度 SX	308.1	361.7	415.9	554.5

将点 P_1,P_2,P_3,P_4 两两连接,形成向量 P_1P_2,P_1P_3,P_2P_3,P_2P_4,P_3P_4,如表 8 - 8 中第一列所示;根据表 8 - 7 中的配平重量 WX 和角度 θX,运用余弦定理求边公式计算向量 P_1P_2,P_1P_3,P_1P_4,P_2P_3,P_2P_4,P_3P_4 的长度 $L(P_iP_j)$,然后计算点 P_i 与点 P_j 之间的 V_{ij} 和 $\mathrm{d}P_i$ 并记录到表 8 - 8 中。

$$V_{ij} = \frac{L(P_iP_j)}{S_i+s_j} \tag{8-25}$$

$$\mathrm{d}P_i = V_{ij} \times S_i \tag{8-26}$$

表 8 - 8　交点之间的相互关系

向量	向量长度 $L(P_iP_j)$	S_i	S_j	S_i+S_j	V_{ij}	$\mathrm{d}P_i$
P_1P_2	1 091.94	308.1	361.7	669.8	1.630	502.277
P_1P_3	**1 746.95**	**308.1**	**415.9**	**724.0**	**2.413**	**743.418**
P_1P_4	416.73	308.1	554.5	862.6	0.483	148.844
P_2P_3	993.49	361.7	415.9	777.6	1.278	462.119
P_2P_4	681.69	361.7	554.5	916.2	0.744	269.118
P_3P_4	1374.53	415.9	554.5	970.4	1.416	589.104

取所有数据中 V_{ij} 值最大所对应的向量,即向量 P_1P_3;从 P_1 点出发沿 P_1P_3 方向找到距

P_1 点距离为 $\mathrm{d}P_1$ 的点，即 743.418 的点 P；连接初始圆圆心 O 和点 P 得到最终配平向量 $\boldsymbol{OP}$，如图 8-32 所示。

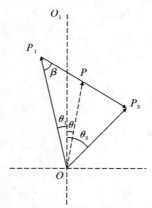

图 8-32 计算最终配平向量

反复运用余弦定理，即

$$\cos\beta=\frac{|OP_1|^2+|P_1P|^2-|OP|^2}{2|OP_1||P_1P|}=\frac{|OP_1|^2+|P_1P_3|^2-|OP_3|^2}{2|OP_1||P_1P_3|}$$

$$\cos(|\theta_1|+\theta)=\frac{|OP_1|^2+|OP|^2-|P_1P|^2}{2|OP_1||OP|}$$

求解出向量 $\boldsymbol{OP}$ 所对应的配重大小为 1 653.86 g·cm，相对 OO_1 的角度 θ 为 8.79°。

需要注意的是，OO_1 的方向是第一次安装测试配平螺钉的方向，本例中也就是 1 号配平螺钉安装孔方向。查阅飞机维护手册中的配平螺钉安装位置表（见表 8-9），由于最终需要添加的配重向量 $\boldsymbol{OP}$ 与 1 号配平螺钉安装孔方向夹角 θ 是 8.79°，因此所需添加的配平螺钉（单个螺钉的情况）只需安装在 36 号配平螺钉安装孔中即可，或者是配平螺钉组合（多个配平螺钉组合的情况）的中心方向指向 36 号配平螺钉安装孔安装。

表 8-9 配平螺钉安装位置表（AMM 中节选）

计算出的配重安装方向 θ /（°）	配重安装位置（配平螺钉孔编号）
3～7	36 号-1 号
8～12	**36 号**
13～17	35 号-36 号
18—22	35 号
23～27	34 号-35 号
28～32	34 号
...	...

再从表 8-10 上查到与最终所需添加向量 $\boldsymbol{OP}$ 大小 1 653.86 g·cm 相近的配重是 1688 g·cm，对应地需要在进气整流锥后锥后部外缘上安装 7 个配平螺钉，分别为：3 个 P05 构型配平螺钉，4 个 P04 构型配平螺钉；并按如下安装：3 个 P05 构型配平螺钉安装在 1 号、36 号、35 号配平螺钉安装孔中，4 个 P04 构型配平螺钉安装在 3 号、2 号、34 号、33 号配

平螺钉安装孔中。

表 8 - 10　CFM56 - 7B 发动机配平螺钉构型组合重量矩(AMM 中节选)

有效重量矩 /g·cm	黑色实心圆为需要添加配重的方向											螺钉数量
	5	4	3	2	1	0	1	2	3	4	5	
1 357	P06				P06	P06	P06			P06		5
1 393				P04	P06	P06	P06	P04				5
1 404			P05	P06		P06		P06	P05			5
1 423			P06		P05	P06	P05		P06			5
1 431				P06	P05	P05	P05	P06				5
1 463	P02	P05			P05		P05			P05	P02	7
1 470	P04		P02		P06	P06	P06		P02		P04	7
1 508				P06	P05	P05	P05	P06				5
1 547				P06	P06	P06	P06	P06				5
1 688			**P04**	**P04**	**P05**	**P05**	**P05**	**P04**	**P04**			**7**
1 727			P04	P04	P05	P06	P05	P04	P04			7
1 748			P03	P06	P05	P05	P05	P06	P03			7
1 842			P05	P05	P05		P05	P05	P05			7

……

根据以上计算结果,在进气整流锥后锥上安装相应的配平螺钉,启动发动机进行振动测试,记录发动机的最大振动值,结果显示发动机的振动降低到 1.1 个单位,大大降低了发动机振动。

3. 三圆配平法的适用范围

三圆配平法普遍适用于 CFMI 国际发动机公司、通用电气公司、普惠公司、罗尔斯-罗伊斯公司以及 IAE 公司等生产的各型航空发动机。波音 737 Classic 等老式飞机的机载振动监控计算机由于不具有配平计算功能,因此其发动机只能采用三圆配平法进行配平。表 8-11示出了采用三圆配平法对某发动机进行配平前后振动的变化情况。对比表明,采用三圆配平法对发动机进行配平可有效降低发动机振动,解决在翼发动机风扇平衡问题。

表 8 - 11　三圆配平前后各转速下的振动变化

发动机转速/(%)		起飞	93.7	85.0	81.0	66.0	54.0
#1 传感器所测振动 （以显示单位表示）	配平前	6.5	6.0	5.5	5.0	4.5	4.0
	配平后	0.9	0.7	0.6	0.6	0.5	0.4
#2 传感器所测振动 （以显示单位表示）	配平前	4.0	3.5	3.0	2.5	2.5	2.0
	配平后	0.7	0.5	0.5	0.4	0.4	0.2

　　三圆配平法也适用于当前新型飞机,尽管这些飞机都安装了新型具有配平计算功能的机载振动监控计算机,但该计算机不能获得或记录正确的振动数据(如某些振动传感器失效)时,三圆配平法也是唯一可以采用的发动机在翼配平方法;此外,如果振动监控计算机提供的配平解决方案不能很好地平衡发动机时,也可采用三圆配平法进一步对发动机进行配平。

课 后 习 题

1.判断题(正确的打"√",错误的打"×")

(1)发动机振动的主要振源是转子。　　　　　　　　　　　　　　　　　　　　(　　)

(2)航空发动机随使用时间的增长,转子平衡状况基本不会趋于恶化。　　　　(　　)

(3)实现静平衡的转子不一定能动平衡。　　　　　　　　　　　　　　　　　　(　　)

(4)多步平衡法比一步平衡法多很多工序,但多步平衡后的转子轴中承受的弯矩较小。

(　　)

(5)航空发动机随使用时间的增长,转子平衡状况会趋于恶化,可通过发动机的振动监控发现。　　　　　　　　　　　　　　　　　　　　　　　　　　　　　　　　(　　)

(6)改善转子的平衡,可以降低全转速范围内转轴的扰度,临界转速附近时,扰度也会相应减小。　　　　　　　　　　　　　　　　　　　　　　　　　　　　　　　　(　　)

(7)民用飞机的发动机振动监控组件不需要发动机转速信号的输入。　　　　　(　　)

(8)涡扇发动机,更换风扇叶片后可以直接投入使用。　　　　　　　　　　　　(　　)

2.问答题

(1)三圆配平法的主要步骤有哪些?

(2)民用航空发动机上的振动传感器常用哪种类型?

(3)航线维护时,给外场的发动机风扇转子进行配平工作,有哪几种方法?

第 9 章　疲劳与断裂力学引论

人应当使自己的面貌日新月异,要像坚硬而有韧性的金属那样经得起任何斗争的锻炼。

——列斯科夫

9.1　疲劳问题概述

上述已经介绍了航空发动机叶片和轮盘等零件在静载荷作用下的强度问题,但这些零件和其他许多工业机械结构一样承受着交变的载荷,比如蒸汽机的曲轴,铁路车辆的滚轮等。在交变载荷作用下,往往会在零件的槽或孔等应力集中区域出现裂纹,进而发生裂纹扩展,最终导致零件的破坏。这种交变载荷下结构的强度极限比静载荷下的强度极限要小很多,破坏性也大得多,这种现象称为零件的"疲劳破坏"。

早期发动机零件设计只从静强度进行考虑,通过计算和试验证明零件能经受得住可能产生的最大使用载荷(还需要保证一定的安全系数),就认为具有足够的强度了。事实表明,这种设计理念是不能保证零件可靠工作的。根据统计,大约有 $80\% \sim 90\%$ 的机械零件,都是在各种形式的交变载荷下工作的,而疲劳破坏则是零件破坏的主要形式。例如,美国空军统计了 TF33,TF30-P-1/P-3,TF30-P100 和 F100 四种型号的发动机自 20 世纪 60—70 年代出现的的结构问题,大部分是属于疲劳破坏问题。这些问题引起了发动机设计和制造人员的注意,因此,把防止零件疲劳破坏作为重要的发动机强度设计准则之一提出。

为了追求更高的飞行速度,发动机必须在高转速、高负荷和高温度下工作,并且这些工况条件的变化又很大,因此与疲劳破坏有关的强度问题更为复杂。发动机的疲劳破坏事故经常出现,仅从美国空军材料实验室在 1963—1978 年之间统计的 3 824 件飞行事故中,属于发动机结构事故的有 1 664 起,占总数的 43.5%。而在发动机的结构事故中,疲劳和蠕变又是引起事故的主要原因,其中应变疲劳(即低循环疲劳)更是各类故障中的首位。

人们认识和研究疲劳,已经有 100 多年的历史。在探究材料与结构疲劳奥秘的实践过程中,对于疲劳的认识不断地得到修正和深化。1860 年德国工程师 Wöhler 针对当时火车车轴在重复交变应力作用下多次发生台肩处断裂事故的问题,开展了全尺寸车轴和小型构件的疲劳试验研究,并且提出了应力-寿命图和疲劳极限的概念。1874 年,在 Wöhler 工作的基础上,Gerber 研究了平均应力对疲劳寿命的影响。1899 年,Goodman 也提出了考虑平均应力影响的简单理论。

　　一直到 20 世纪 50 年代末,这段时间内对于疲劳问题的研究基本上停留在名义应力法上。英国"彗星"号客机的坠毁在投入使用短短 1 年内发生了三起严重空难,促使了疲劳的研究有了很大发展。近数十年来,由于光学显微和电子显微技术的发展,对疲劳破坏的机理研究日趋深化;从应力疲劳研究也过渡到开始重视应变疲劳研究;作为设计中采用的基本方法,名义应力法已逐步被局部应力－应变法所代替;充分考虑各类影响因素带来的作用,使得零件应变疲劳寿命的预测精度有了很大的提高;考虑发动机零部件实际服役环境,在高温疲劳领域的研究也有着新的进展,提出了一些比较完善的寿命预测方法。

　　由于裂纹的存在,安全寿命设计并不能完全确保安全。1957 年,Irwin 提出了裂纹尖端场控制参量——应力强度因子 K 的概念,为线弹性断裂力学和疲劳裂纹扩展规律的研究奠定了基础。1963 年,Paris 提出了疲劳裂纹扩展速率可以由应力强度因子幅值 ΔK 描述,这使得疲劳裂纹扩展寿命预测研究得到快速发展。近几十年来,由于成功地将断裂力学运用于疲劳裂纹扩展分析和疲劳断裂控制之中,使传统的安全寿命设计转为更合理的损伤容限设计成为可能。

　　20 世纪 80 年代起,以经济寿命控制为主要目标的耐久性设计概念形成。耐久性是构件和结构在规定的使用条件下抗疲劳断裂性能的一种定量度量。这种设计方法在定义疲劳破坏薄弱环节处(例如孔、槽、圆弧、台阶等)的初始疲劳质量基础上,描绘与材料、设计、制造质量相关的初始疲劳损伤状态,再通过疲劳或疲劳裂纹扩展分析预测不同使用时刻损伤状态的变化,确定其经济寿命,制定使用、维护方案。

　　疲劳是一个综合性很强的研究课题,涉及广泛的学术领域。人们可以从不同的角度和尺度对疲劳现象进行研究。图 9－1 表示了原子、微观力学、宏观力学和结构尺度下材料的强度和每个尺度对应的研究材料强度的学科,从图 9－1 中可以看出,不同学科研究疲劳问题的内容和目的有所不同。疲劳研究的领域非常广泛,由于篇幅所限,本章有关航空发动机零件的疲劳强度和寿命问题着重于宏观领域的叙述:①介绍疲劳强度相关的基础知识,如疲劳破坏的特征、载荷历程、力学行为、寿命曲线、损伤累积等;②介绍疲劳寿命(疲劳裂纹萌生寿命)的估算方法,主要包括名义应力法和局部应力-应变方法;③介绍疲劳裂纹扩展寿命的计算方法。

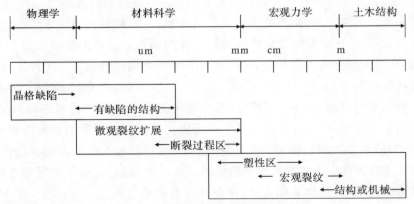

图 9－1　材料的尺度和相应的学科

9.2　疲劳强度基础

疲劳破坏的基本特征与静力破坏有着显著的区别,主要包括以下几方面。

(1)只有在承受交变(扰动)应力或应变载荷作用下,即使交变应力远小于材料的强度极限 σ_b,材料或零件会因疲劳发生破坏。

交变(扰动)应力指的是随时间发生变化的应力,也可称之为交变载荷,可以用力、应力、应变、位移来表示。

(2)疲劳破坏具有局部性质,而不牵涉整个零件结构中的所有材料。静载下的破坏,取决于结构整体;而疲劳破坏则由应力或应变较高的局部开始,形成损伤并逐渐累积,导致破坏发生。

零件应力集中处,常常是疲劳破坏的起源。局部改变细节设计或工艺措施,即可较明显地增加疲劳寿命。因此,结构或零件的抗疲劳破坏能力不仅取决于所用的材料,而且受到零件的形状、尺寸、连接配合形式、表面状态和环境条件等因素的影响。

(3)疲劳破坏是在足够多次的扰动载荷之后,形成裂纹或完全断裂。

足够多次的扰动载荷之后,从高应力或高应变的局部开始,形成裂纹。疲劳破坏不是瞬间发生的,需要经过一定的工作时间后才突然断裂。实践已经证明,疲劳破坏由三个过程组成,即裂纹萌生、裂纹扩展、裂纹扩展到临界尺寸发生瞬时断裂。

(4)疲劳破坏是一个损伤累积的过程。载荷每反复一次都会使零件受到一定的损伤,随着交变载荷不断地反复,损伤不断累积至某一极限值发生疲劳破坏。

裂纹的萌生和扩展是这一发展过程中不断形成的损伤累积的结果。最后的断裂,标志着疲劳过程的终结。这一发展过程所经历的时间或扰动载荷作用的次数,称为"寿命"。不仅取决于载荷水平,还依赖于其作用次数或时间,取决于材料抵抗疲劳破坏的能力。

零件的疲劳破坏是在交变载荷作用下经过一定的时间后发生的。因此,研究和确定零件所受的疲劳载荷,即载荷—时间历程是研究零件疲劳破坏和进行疲劳强度分析的前提和关键。载荷—时间历程通称载荷谱,由应力或应变给出的载荷谱称为应力谱或应变谱。载荷在反复交变过程中,其波峰及波谷值不随时间而改变的谱,称为规则谱。仅仅在某些受力较简单的零件上才作用有这种规则谱,这种谱主要用于材料或零件的疲劳性能试验中。图 9-2 所示的按正弦曲线规律变化的恒幅应力谱即为一种典型的规则谱。从该应力谱中可以定义一些描述载荷变化特征的参量。

应力由某一数值开始,经过变化又回到这一数值所经过的时间间隔称为变化周期,习惯上以符号 T 表示。在一个周期中,应力的变化过程称为一个应力循环,应力循环一般可用循环中的最大应力 S_{max}(S 表示名义应力,以和局部应力 σ 相区别)、最小应力 S_{min} 和周期 T(或它的倒数即频率 f)来描述。

应力循环的性质是由循环应力的平均应力 S_m 和交变的应力幅 S_a 所决定的。

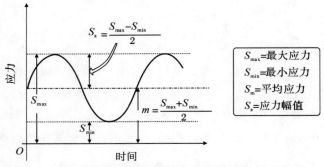

图 9-2　正弦曲线规律变化的应力谱（应力符号的统一）

平均应力 S_m 是应力循环中不变的静态分量，其大小为

$$S_m = \frac{S_{\max} + S_{\min}}{2} \tag{9-1}$$

应力幅 S_a 是应力循环中变化的分量，即

$$S_a = \frac{S_{\max} - S_{\min}}{2} \tag{9-2}$$

由此可见

$$\left. \begin{array}{l} S_{\max} = S_m + S_a \\ S_{\min} = S_m - S_a \end{array} \right\} \tag{9-3}$$

应力范围（也叫应力变程）为

$$\Delta S = 2S_a = S_{\max} - S_{\min} \tag{9-4}$$

应力循环的特征以应力比 R 来表示，则有

$$R = \frac{S_{\min}}{S_{\max}} \tag{9-5}$$

应力比 R 也称为循环特征。因为不同的 R 值表示着不同的循环类型。一类循环是单向循环，它仅改变应力的大小，而不改变符号。典型的单向循环 $S_{\min}=0$，这时循环特征 $R=0$，称为脉动循环。另一类是双向循环，这时应力的大小和方向都发生变化。典型的双向循环是完全反复循环，这时 $S_{\max}=|S_{\min}|$，$R=-1$，称为对称循环。若 $S_{\max}=S_{\min}$，即 $R=1$，则为静载荷。

实际部件或结构在使用状态下所承受的疲劳载荷与外部载荷、热载荷、结构几何特征等多种因素有关。图 9-3 给出了若干部件的疲劳载荷。一般而言，在轮盘上，主要以拉伸的脉动疲劳载荷为主（$R=0$）；压气机叶片上承受离心拉伸与弯曲振动载荷的合成，形成高平均应力疲劳载荷；发动机转轴是不考虑扭矩的情况下主要承受旋转弯曲疲劳载荷，应力比为 -1；在螺栓法兰上可能存在压-压疲劳载荷。此外，大部分部件或结构的实际工作载荷是变幅载荷，平均应力、应力幅和频率常有变化，这种谱也称为与飞机/发动机飞行任务跟随性很强的不规则载荷谱，并叠加有复杂的随机载荷谱。如图 9-4 所示，一架飞机每次飞行中需要经过以下几个过程：起飞—爬升—巡航—下降—着陆—滑行，在此过程中又会由于飞行任务需要承受不同载荷作用。按照部件或结构的载荷谱来确定零件的应力或应变—时间历程，简称零件的载荷谱。在航空发动机中，一些热端零件如涡轮转子叶片、涡轮盘，除了承受离心应力外,还承受由不均匀温度场产生的热应力。

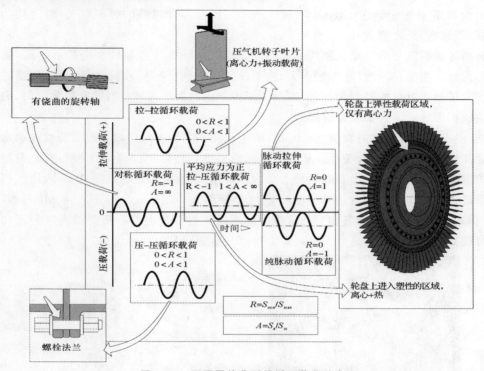

图 9 - 3　不同零件典型的循环载荷特点

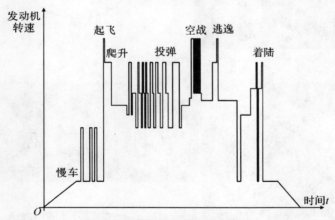

图 9 - 4　典型的飞机飞行载荷谱

　　疲劳裂纹源是疲劳裂纹的萌生地。一般在零件的表面,表面的组织缺陷、不恰当的结构形状(如拐角、缺口或直径的剧烈变化)、工艺缺陷(如切削刀痕)等均有可能引起局部的应力集中而诱发疲劳裂纹的萌生。在有些情况下,若在材料的次表面存在严重的冶金缺陷(如夹渣、疏松、偏析)时,按裂纹形成及扩展的强度原则,疲劳裂纹也可能在零件的次表面产生。

　　贝纹线是疲劳裂纹缓慢扩展的重要特征和疲劳断裂的主要证据。贝纹线的产生是由于在疲劳裂纹的扩展过程中零件承受载荷的剧烈变动所引起的。这种变动不同于零件运行中正常的载荷循环变化。运行时的起动或在工作中的突然过载等均可能使裂纹前沿产生较大的应力而留下塑性变形的痕迹,所以贝纹线的间距与零件过载的频率有关,若过载频率较高,则间距较密,反之则较疏。

瞬断区是裂纹最后失稳扩展所形成的的断口区域。在疲劳裂纹缓慢扩展阶段,随着应力循环次数的增加,裂纹尺寸不断扩大,当裂纹长度达到临界尺寸时,由于裂纹尖端的应力场强度因子达到材料的断裂韧性,或裂纹尖端由于应力集中达到材料的断裂强度时,裂纹会发生快速扩展导致零件最后瞬时断裂。

图9-5所示为转轴的典型疲劳断口,图中表明了3个不同区域。疲劳裂纹源通常在高应力局部或材料缺陷处,疲劳裂纹扩展区较光滑平整,通常可见"海滩条带",瞬时裂断区是裂纹扩展到足够尺寸后发生瞬间断裂形成的新鲜断口,常呈粗粒状。图9-6为压气机叶片疲劳断口。从压气机断口上看,存在明显的疲劳源区。图9-7为安装在MD88客机的JT8D涡扇发动机风扇轮盘破裂事故。事故的原因正是在盘上偏心孔边的高应力区在低循环疲劳载荷下引起的裂纹萌生。在断口上可以观察到明显的疲劳特征。

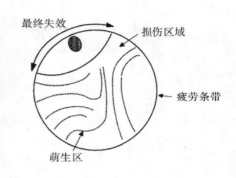

图9-5 转轴的疲劳断口

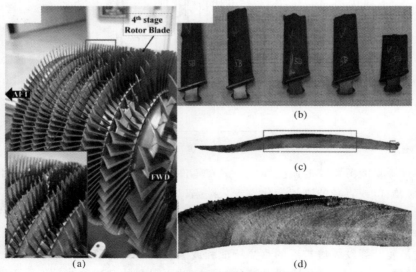

图9-6 航空发动机压气机叶片疲劳断口

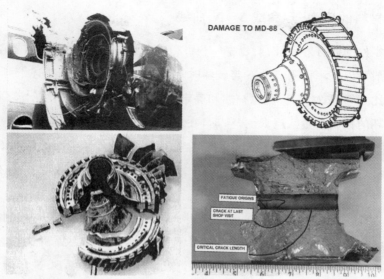

图 9-7　航空发动机 JT8D 涡扇发动机风扇盘孔边疲劳引起轮盘破裂

9.3　高循环疲劳

当循环加载时,循环应力和应变的水平对疲劳破坏而言会产生不同的影响。按照循环应力的大小,疲劳可以分为应力疲劳和应变疲劳,对应于循环次数的多少,或称之为高循环疲劳和低循环疲劳。当循环加载使材料产生弹性应变,相应的载荷较小,结构的寿命较长,或者说循环的次数较多才会引起疲劳破坏(一般大于 10^4 次),这种情况称作高循环疲劳。而当循环加载使材料产生塑性应变时,相应的载荷较大,结构的寿命则较短,或者说循环次数较小时就会导致疲劳破坏(一般小于 10^4 次),这种情况称作低循环疲劳。表 9-1 给出了两种疲劳问题的比较。在低应力高循环疲劳情况下,材料的应力-应变关系是线性的。在高应力低循环疲劳情况下,材料会出现宏观的屈服,应力-应变关系不再是线性的了,特别是材料所呈现的循环硬化或循环软化,使应力-应变关系更加复杂化了。

表 9-1　高循环疲劳和低循环疲劳的比较

	高循环疲劳(HCF)	低循环疲劳(LCF)
别名	高周疲劳、应力疲劳	低周疲劳,塑性疲劳,应变疲劳
符号	$S-N$	$\varepsilon-N$
载荷	载荷较小,频率高	载荷较大,频率低
范围	弹性范围	弹性范围,塑性范围
寿命	$N_f \geqslant 10^4 \sim 10^5$	$N_f \leqslant 10^4 \sim 10^5$
对象	叶片,支承板,主轴	轮盘,叶片,机匣
其他	接触疲劳(轴承,齿轮)	热疲劳,热机械疲劳
影响	故障影响	寿命(耐久性)限制
比例	多(~10%)	很多(~25%)

9.3.1 材料的应力-寿命或 S-N 曲线

为了评估零件的疲劳寿命,需要建立一些可行的分析方法,该方法的首要基础是材料的疲劳性能。一般可以采用作用应力 S 与破坏时寿命 N 之间的关系来描述。

使用应力比 R 和应力幅 S_a 可以描述和确定循环应力水平,应力比给定了循环特性,应力幅是疲劳破坏的控制参量。当 $R=-1$ 时,在对称恒幅循环载荷控制下,疲劳试验可以给出应力-寿命关系,用 S_a-N 曲线表示,这是材料的基本疲劳性能曲线。且有 $S=S_a=S_{max}$,故基本应力-寿命曲线称 S-N 曲线。寿命 N_f 定义为在对称恒幅载荷下循环到破坏时的循环次数。

材料疲劳性能试验所用标准试件,一般是小尺寸(3~10 mm)光滑圆柱试件。材料的基本 S-N 曲线给出的是光滑材料在恒幅对称循环应力作用下的裂纹萌生寿命。用一组标准试件(通常为7~10件),在给定的应力比 R 下,施加不同的应力幅 S_a 进行疲劳寿命,记录相应的寿命 N,即可得到。图 9-8 是以控制应力进行试验得到的一条疲劳曲线,它以应力幅 S_a 作纵坐标,$\log N$ 作横坐标。

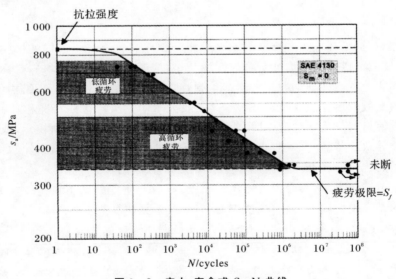

图 9-8　应力-寿命或 S-N 曲线

从图 9-8 中可以看出,在给定的应力比下,应力越小,寿命越长。当应力小于某极限值时,试件不发生破坏,寿命趋于无限长,即当 N 值到一定大的数值后曲线就变为水平直线,与此水平直线相对应的最大应力称为"疲劳极限",记为 S_f。而对应于某个寿命 N 的应力,称为寿命为 N 循环的疲劳强度,记作 S_N。

特别地,$R=-1$ 的对称循环下的疲劳极限,记作 $S_f(R=-1)$,或用 S_{-1} 表示。

S-N 曲线可采用以下方法进行近似表达。

（1）幂函数形式：

$$S^m N = C \tag{9-6}$$

式中，m 和 C 是与材料、应力比、加载方式等有关的参数。对此式取对数有

$$m \lg S + \lg N = \lg C \tag{9-7}$$

可见，幂函数相当于全对数坐标下，$\lg S$ 与 $\lg N$ 呈线性关系。

（2）指数函数形式：

$$e^{mS} N = C \tag{9-8}$$

其中，m 和 C 是与材料、应力比、加载方式等有关的参数。对此式取对数有

$$mS \lg e + \lg N = \lg C \tag{9-9}$$

可见，指数函数相当于半对数坐标下，S 与 $\lg N$ 呈线性关系。

（3）三参数形式：

为了考虑疲劳极限 S_f 的影响，将其表达为

$$(S - S_f)^m N = C \tag{9-10}$$

三种形式中最常用的是幂函数式表达的 S 与 N 之间的双对数线性关系。注意到 S-N 曲线描述的是高循环疲劳，其使用下限为 $10^3 \sim 10^4$。

9.3.2　平均应力的影响

反映材料疲劳性能的 S-N 曲线，是在给定应力比 R 下得到的。$R = -1$，对称循环时的 S-N 曲线，是基本 S-N 曲线。应力比 R 增大，循环平均应力 S_m 增大。应力幅 S_a 给定时，有 $S_m = (1 + R) S_a / (1 - R)$，式（9-10）给出了 R 与 S_m 之间的一一对应关系。S_a 给定时，R 增大，平均应力 S_m 也增大。循环载荷中的拉伸载荷部分增大，这对于疲劳裂纹的萌生和扩展是不利的，将使得疲劳寿命 N_f 降低。平均应力对 S-N 曲线的影响如图 9-9 所示。

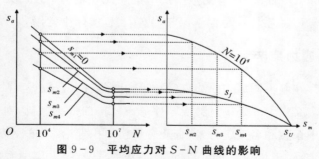

图 9-9　平均应力对 S-N 曲线的影响

给定寿命 N 下，研究循环应力幅 S_a 与平均应力 S_m 之间的关系，可得到如图 9-10 所示的结果。图中的曲线称为等寿命线，当寿命给定时，平均应力 S_m 越大，相应的应力幅 S_a 越小，且无论如何，平均应力 S_m 都不可能大于材料的极限强度 S_u。极限强度 S_u 为高强脆性材料的极限抗拉强度或延性材料的屈服强度。对于任一给定寿命 N，S_a-s_m 关系曲线还

可以表示成图 9-11 的形式，分别用疲劳极限 S_{-1} 和 S_u 进行归一化。当 $S_m=0$ 时，S_a 就是 $R=-1$ 时的疲劳极限 S_{-1}，$S_a/S_{-1}=1$；当 $S_a=0$ 时，载荷成为静载，在极限强度 S_u 下破坏，有 $S_m=S_u$ 或 $S_m/S_u=1$。

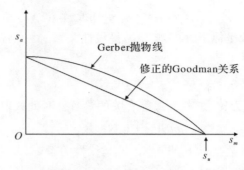

图 9-10　循环应力幅 S_a 与平均应力 S_m 之间的关系

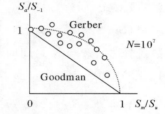

图 9-11　循环应力幅 S_a 与平均应力 S_m 之间的关系（归一化）

因此，等寿命条件下的 S_a-S_m 关系可以表达为

$$(S_a-S_{-1})+(S_m/S_u)^2=1 \tag{9-11}$$

即图 9-11 中的抛物线，成为 Gerber 曲线，试验数据点基本在此线附近。

另一种表达方式为

$$(S_a/S_{-1})+(S_m/S_u)=1 \tag{9-12}$$

式（9-12）称为 Goodman 曲线，所有的数据点基本在此线上方，直线形式简单，在给定寿命下，由此作出的 S_a-S_m 关系估计是偏于保守，故在工程实际中常用。

9.3.3　缺口应力疲劳

实际零件常常存在着不同形式的缺口（例如孔、圆角、槽、台阶等），缺口应力集中将使疲劳性能严重下降。名义应力法是以材料或零件的 $S-N$ 曲线为基础，对照试件或结构疲劳危险区域的应力集中系数和名义应力，结合疲劳损伤累积理论，校核疲劳强度或估算疲劳寿命。名义应力法假定：对于相同材料制成的任意构件，只要应力集中系数 K_t 相同，载荷谱相同，则它们的寿命相同。

用名义应力法估算结构疲劳寿命的步骤如下：

（1）确定结构中的疲劳危险区域。

（2）求出危险区域的名义应力和应力集中系数。

（3）根据载荷谱确定危险区域的名义应力谱。

（4）获得材料或零件在当前应力集中系数和应力水平下的 $S\text{-}N$ 曲线。

（5）应用疲劳损伤累积理论，求出危险区域的疲劳寿命。

对于无限寿命设计，通过 $S\text{-}N$ 曲线可以得到不同应力水平和不同循环特征下的疲劳极限 S_e，同时根据计算获得的零件最大工作应力 σ_{max}，定义安全系数为

$$n = \frac{S_e}{\sigma_{max}} \tag{9-13}$$

如果 n 值满足一定要求（如大于或等于 $1.5 \sim 2$），则认为该零件有足够的疲劳强度，或者说可以工作规定的循环次数（寿命）而不损坏。

但实际上，零件的 $S\text{-}N$ 曲线不同于光滑试样的 $S\text{-}N$ 曲线，它们的不同点如下：

（1）由于零件的结构特点，不可避免地存在着台阶、钉孔以及螺纹等几何突变的地方。当结构受力时，在这些区域就会出现"应力集中"。大量疲劳破坏事故和试验研究都表明，疲劳源总是出现在应力集中的地方，使结构的疲劳强度大大降低，即存在着缺口效应。

（2）零件的尺寸一般都比试样大，大尺寸的零件的疲劳强度将低于小尺寸试样的疲劳强度，零件尺寸越大，疲劳强度降低越多，也就是存在着尺寸效应。

（3）零件的表面加工质量对零件的疲劳强度有显著的影响。

（4）零件工作的环境，如腐蚀、温度变化等会明显降低材料的疲劳强度。

弹性应力集中系数 K_t 是缺口处最大实际应力 σ 与该处名义应力 S 之比，即

$$K_t = \sigma/S \quad \sigma < \sigma_s \tag{9-14}$$

定义缺口疲劳系数 K_f 为

$$K_t = S_f / f_f{}' \tag{9-15}$$

式中，S_f 为光滑试件疲劳极限，$S_f{}'$ 为缺口试件疲劳极限。缺口应力集中，将使得疲劳强度下降，故 K_f 是反映缺口影响的、大于 1 的系数。

K_t 越大，应力集中越显著，疲劳寿命越短。K_f 也越大。一般来说，K_f 小于 K_t，二者的关系可写为

$$q = (K_f - 1)/(K_t - 1) \tag{9-16}$$

式中，q 称为缺口敏感系数，其取值范围为 $0 \sim 1$，q 与缺口几何尺寸以及材料性质有关。在缺口最大实际应力不超过屈服应力时，疲劳缺口敏感系数也可用下述经验公式估计：

（1）Peterson 公式：

$$q = \frac{1}{1 + p/r} \text{或} K_f = 1 + \frac{K_t - 1}{1 + p/r} \tag{9-17}$$

（2）Neuber 公式：

$$q = \frac{1}{1 + \sqrt{a/r}} \text{或} K_f = 1 + \frac{K_t - 1}{1 + \sqrt{a/r}} \tag{9-18}$$

式中，r 为缺口根部半径；p, a 是与材料有关的特征长度。

9.4 低循环疲劳

许多承受交变载荷的结构最可能发生低循环疲劳破坏,因为除了机械载荷循环以外,热循环和热循环与机械循环的复合都可能引起结构的低循环疲劳破坏。此类机械结构在设计时并不需要具有无限寿命,都是希望在指定的寿命期内,结构不发生破坏即可。为了充分发挥材料的性能,减轻结构重量和提高产品性能,通常采用弹塑性设计方法,即允许零件在弹塑性范围内工作。对于延性较好的材料,屈服后应变的变化较大,应力的变化较小。因此,对于此类疲劳问题的研究,用应变作为疲劳性能的控制参量显然更好一些。

9.4.1 滞后环和循环应力-应变曲线

从整体上看,零件可能承受的是恒幅的循环载荷,应力和应变是弹性的,但在局部应力集中的区域却存在着与整体完全不同的循环应力-应变响应。当零件承受恒幅载荷时,应力集中区材料的循环应力-应变响应与单调加载时也有很大的不同。

在恒幅对称应变循环试验中,连续监测应力-应变响应,可以得到一系列的应力-应变环,如图 9-12 所示。这些环反映了循环载荷作用下,应力、应变的连续变化情况,通常称为应力-应变滞后环(或称应力-应变迟滞回线)。对于大多数金属材料,当应变范围($\Delta\varepsilon$)保持恒定,随着连续不断地循环,会出现一个稳定的应力-应变滞后环。滞后环所包围的面积是单位体积的材料因塑性变形所吸收的功,它被称为塑性应变能。要得到真正的低循环疲劳,在每一个循环的各个半循环都必须发生屈服,才能得到闭合的应力-应变滞后环,循环塑性应变能累积,当累积到某一临界值(与材料有关)就会产生裂纹。

循环时的应力-应变曲线所以不同于单调时的应力-应变曲线,是因为在循环过程中会出现"循环应变硬化"或"循环应变软化"的现象。所谓"循环应变硬化"是指:在应变范围 $\Delta\varepsilon$($=2\varepsilon_a$)是常数的情况下,应力幅随着循环次数的增加而逐渐增加,如图 9-12(a)所示。所谓"循环应变软化"则与上述情况相反,即当应变范围 $\Delta\varepsilon$($=2\varepsilon_a$)为常数的情况下,应力幅将随着循环次数的增加而逐渐减小,如图 9-12(b)所示。材料的循环应变硬化(或循环应变软化)在开始的一些循环中变化比较明显,而在某一个有限次循环后,σ_a 就变得稳定了(如果 $\Delta\varepsilon$=常数)。到达饱和后,滞后环的形状就不再改变。

在应变比 $R_\varepsilon=\varepsilon_{min}/\varepsilon_{max}$ 下,对于不同的应变范围值,可以通过疲劳试验得到不同的稳定的滞后环,如图 9-13 所示。连接这些滞后环的顶点,得到的曲线就是材料的循环应力-应变曲线。在同一坐标图上,若循环的应力-应变曲线在单调的应力-应变曲线之上,材料是循环应变硬化的;反之则是循环应变软化的。值得注意的是,与单调应力-应变曲线不同,循环应力-应变曲线,并不反映加载路径,而能够反映加载路径的是滞后环。

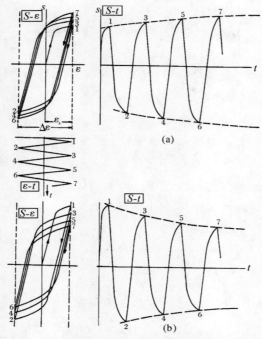

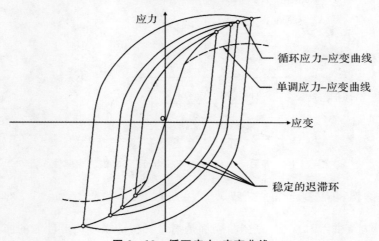

图 9 - 12　循环硬化或软化时滞后回线的变化

图 9 - 13　循环应力-应变曲线

　　稳定循环应力-应变曲线中,循环应力与塑性应变之间的关系常可用下列近似的经验公式表示,即

$$\sigma_a = K' \left(\frac{\Delta\varepsilon_p}{2} \right)^{n'} = K'(\varepsilon_{pa})^{n'} \tag{9-19}$$

式中,$\sigma_a = \dfrac{\Delta\sigma}{2}$循环稳定的(饱和的)应力幅;$\varepsilon_{pa} = \dfrac{\Delta\sigma_p}{2}$为循环塑性应变幅;$n'$为循环应变硬化指数;$K'$为循环强度系数。

由于总的应变幅 ε_a 可以认为由弹性应变幅 ε_{ea} 及塑性应变幅 ε_{pa} 组成,则有

$$\varepsilon_a = \varepsilon_{ea} + \varepsilon_{pa} = \frac{\sigma_a}{E} + \left(\frac{\sigma_a}{K'}\right)^{1/n'} \tag{9-20}$$

应该指出,大量已有的试验数据表明,对于大多数工程材料,稳定的循环应力-应变曲线与材料稳定的滞后环之间有简单的近似关系,即稳定的滞后环与放大一倍的循环应力-应变曲线形状相似。

对于拉压性能对称的材料,其滞后环曲线的上升与下降两个半支是关于原点对称的,如图 9-14 所示,以滞后环曲线下顶点 O 为坐标原点,考虑滞后环曲线的上升半支,假设滞后环曲线与循环应力-应变曲线几何相似,即在 $\sigma_a - \varepsilon_a$ 坐标系中的 σ_a、ε_a 分别是 $\Delta\sigma - \Delta\varepsilon$ 坐标系中的 $\Delta\sigma/2$ 和 $\Delta\varepsilon/2$,由二者的相似性,可写出滞后环曲线为

$$\frac{\Delta\varepsilon}{2} = \frac{\Delta\varepsilon_{ea}}{2} + \frac{\Delta\varepsilon_{pa}}{2} = \frac{\Delta\sigma}{2E} + \left(\frac{\Delta\sigma}{2K'}\right)^{1/n'} \tag{9-21}$$

或

$$\Delta\varepsilon = \Delta\varepsilon_e + \Delta\varepsilon_p = \frac{\Delta\sigma}{E} + 2\left(\frac{\Delta\sigma}{2K'}\right)^{1/n'} \tag{9-22}$$

上述假设称为 Massing 假设。满足这一假设的材料,称为 Massing 材料。

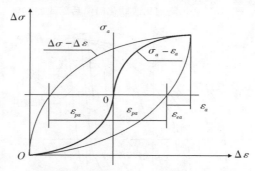

图 9-14　滞后环曲线与循环应力-应变曲线的相似性

9.4.2　材料的应变－寿命(或 ε-N)曲线

循环应力-应变曲线和应变-寿命曲线都是衡量材料低循环疲劳性能的曲线。采用控制应变的方法开展材料的疲劳试验更能反映材料的低循环疲劳性能,从而得到应变-寿命曲线。该寿命曲线通常用应变幅 ε_a 为纵坐标,以到破坏的载荷反向次数 $2N_f$ 为横坐标,其一般形式如图 9-15 所示。应变幅 ε_a 越大,寿命 N_f 越长。

通过试验可以获得应变幅 ε_a,应力幅 σ_a,循环寿命 N_f,同时,总应变幅可以写成弹性应变幅 ε_{ea} 和塑性应变幅 ε_{pa} 两部分,有

$$\varepsilon_{ea} = \frac{\sigma_a}{E} \text{ 和 } \varepsilon_{pa} = \varepsilon_a - \varepsilon_{ea} \tag{9-23}$$

分别在双对数坐标下画出弹性应变幅 ε_{ea}、塑性应变幅 ε_{pa} 与载荷反向次数 $2N_f$ 之间的

关系，是呈线性关系。由此，可分别表示为

$$\varepsilon_{ea}=\frac{\sigma_f'}{E}(2N_f)^b \tag{9-24}$$

$$\varepsilon_{pa}=\varepsilon_f'(2N_f)^c \tag{9-25}$$

式中，σ_f' 为疲劳强度系数，在简化计算中可用 $\sigma_f'=\sigma_f$，σ_f 是静拉伸断裂时的真应力；b 为疲劳强度指数；ε_f' 为疲劳延性系数，在简化计算中，可用 $\varepsilon_f'=\varepsilon_f$，$\varepsilon_f$ 是静拉伸断裂时的真应变 $[\varepsilon_f=\ln(L_f/L_0)]$；$L_0$ 为载荷为零时试样的标长，L_f 为试样断裂时的标长；c 为疲劳延性指数。

因此，总应变幅 ε_{ta} 与循环寿命 N_f 之间的关系可表示为

$$\varepsilon_{ta}=\varepsilon_{ea}+\varepsilon_{pa}=\frac{\sigma_f'}{E}(2N_f)^b+\varepsilon_f'(2N_f)^c \tag{9-26}$$

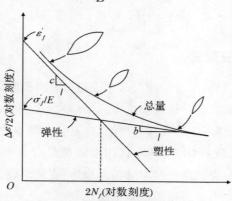

图 9-15　典型的应变-寿命曲线

在长寿命阶段，以弹性应变幅 ε_{ea} 为主，塑性应变幅 ε_{pa} 的影响可以忽略，有

$$\varepsilon_{ea}=(\sigma_f'/E)(2N_f)^b \tag{9-27}$$

即高循环疲劳对应的 $S-N$ 曲线。而在短寿命阶段，以塑性应变幅 ε_{pa} 为主，弹性应变幅 ε_{ea} 的影响可以忽略，有

$$\varepsilon_{pa}=\varepsilon_f'(2N_f)^c \tag{9-28}$$

式（9-28）即为著名的 Manson-Coffin 低循环疲劳寿命公式。

若 $\varepsilon_{ea}=\varepsilon_{pa}$ 时，有

$$\frac{\sigma_f'}{E}(2N_b)^b=\varepsilon_f'(2N_t)^c \tag{9-29}$$

由此可得

$$2N_t=(\varepsilon_f'E/\sigma_f')^{1/(b-c)} \tag{9-30}$$

这个 N_t 即对应弹性线和塑性线的交点，（见图 9-15）称为转变寿命。低于转变寿命时塑性应变分量造成的损伤占优，可近似用式（9-28）描述其疲劳性能；高于转变寿命，弹性应变分量造成的损伤占优，可近似用式（9-27）描述其疲劳性能。

用试验方法获得 $\varepsilon-N$ 曲线既费时又费钱，从设计观点出发，用近似的方法估计结构的

疲劳性能,常常是有实际意义的。由于这个原因,利用容易得到的某些材料数据,预先估计一个低循环疲劳曲线是很必要的。

例如,1965 年,Manson 研究了钢、钛、铝等若干金属材料的试验结果,认为塑性线可用一条斜率为 -0.6 的直线近似代替,弹性线可用一条斜率为 -0.12 的直线近似代替,即用一种"通用的斜率"来近似确定应变寿命曲线,故也称为"通用斜率法"。其表达式为

$$\Delta\varepsilon_t = 3.5\frac{S_u}{E}N_f^{-0.12} + \varepsilon_f^{0.6}N_f^{-0.6} \qquad (9-31)$$

通常试验所得的应变—寿命曲线都是指平均应变为零的情况。要把这些曲线用于实际受载情况,必须对平均应力或平均应变影响进行修正。修正的方法已提出多种,其中较简单的,工程上应用也较多的是只对平均应力 σ_m 进行修正。此时式(9—26)改为下式形式:

$$\varepsilon_{ta} = \frac{\sigma_f' - \sigma_m}{E}(2N_f)^b + \varepsilon_f'(2N_f)^c \qquad (9-32)$$

9.4.3 局部应力-应变法

由于应力集中的原因,局部区域的应力常常会超过屈服极限而使材料进入塑性状态,如图 9-16 所示。由于局部屈服会导致残余应力,这就对承受变幅载荷结构的疲劳寿命有着重要的影响,而名义应力法却不能涉及这种影响,这是它的最本质的一个缺点。

在疲劳寿命估算中,如果采用应力集中区附近的局部应力和应变代替名义应力就可以克服前面所说的一些主要缺点。结合材料的循环应力-应变曲线,采用弹塑性有限元分析或其他方法将构件上的名义应力谱转换成危险部位的局部应力—应变谱,然后根据危险部位的局部应力应变历程进行寿命估算的方法称为"局部应力-应变法"。

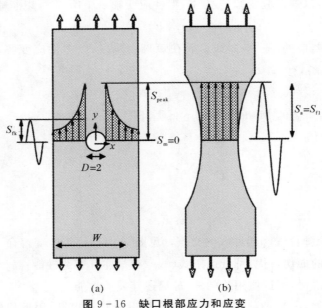

图 9-16　缺口根部应力和应变

　　局部应力应变法的基本假设为：构件和光滑试件为同种材料，若构件疲劳危险部位的最大应力应变历程和光滑试件的应力应变历程相同，则它们的疲劳寿命相同，因此其疲劳控制参数是局部应力应变。

　　计算局部应力、应变的较精确的方法是弹塑性有限元法，这种方法的优点是精度高。关于有限元法有专门的教材和课程，不在这里赘述。这里介绍一种常用的近似计算方法——Neuber 法。

　　当缺口根部材料处于弹性状态时，才可以用理论应力集中系数 K_t 去计算缺口根部最大应力。如果缺口根部材料进入塑性应力状态，就不能用 K_t 估计应力了。Neuber 对于特定的几何形状的缺口和特定的载荷形式进行分析，导出了适合于缺口根部材料进入非线性应力状态也能适用的规则，认为理论应力集中系数等于真实应力集中系数 K_σ 和真实应变集中系数 K_ε 的几何平均值。对于平面应力状态，Neuber 公式的表达形式为

$$K_t = (K_\sigma \cdot K_\varepsilon)^{1/2} \tag{9-33}$$

　　根据定义：

$$K_\sigma = \frac{\text{缺口根部的真实应力}}{\text{缺口零件的名义应力}} = \frac{\sigma}{S} \tag{9-34}$$

$$K_\varepsilon = \frac{\text{缺口根部的真实应变}}{\text{缺口零件的名义应变}} = \frac{\varepsilon}{e} \tag{9-35}$$

可得

$$K_t^2 = \left(\frac{\sigma}{S} \times \frac{\varepsilon}{e} \right)$$

或

$$K_t^2 \times S \times e = \sigma \times \varepsilon \tag{9-36}$$

　　这一表达式是非常重要而有用的，它表明只要用常数 K_t^2 乘以名义应力和名义应变，就可得到局部应力和局部应变的乘积。

　　通常结构整体上处于弹性，即名义应力和名义应变处于弹性范围状态（低循环疲劳的一般情况）时，$e = S/E$。则式（9-36）变成

$$\frac{K_t^2 S^2}{E} = \sigma \times \varepsilon \tag{9-37}$$

　　对于一定几何形状的缺口零件，承受一定类型的载荷时，式（9-37）左端为一常数，即

$$\sigma \times \varepsilon = \frac{K_t^2 S^2}{E} = 常数 \tag{9-38}$$

　　在 $\sigma\text{-}\varepsilon$ 图上，式（9-38）表示一条双曲线。如果给出一系列的名义应力，就可以得到一系列的双曲线，这种双曲线称之为 Neuber 双曲线。如果有了材料的应力-应变曲线（$\sigma\text{-}\varepsilon$ 曲线），那么 Neuber 双曲线与 $\sigma\text{-}\varepsilon$ 曲线的交点的坐标就是对应于给定名义应力的局部应力和局部应变，如图 9-17 所示。

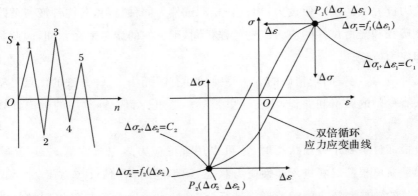

图 9-17　用 Neuber 双曲线和 σ-ε 曲线求局部应力和应变举例

9.5　断裂力学简介

上述小节主要叙述了疲劳裂纹萌生寿命的计算,实际上很多零件在裂纹扩展的过程中还可以工作很长一段时间。美国空军曾在航空发动机结构完整性大纲中规定:涡轮盘中只要有千分之一的概率出现 1/32 in 的裂纹,这批轮盘即全部报废而更换为新盘。如果按原完整性大纲设计轮盘即为"安全寿命"设计,但这会造成很大的浪费,也很不科学。20 世纪起,人们对于裂纹体开展了广泛和深入的研究,加强了对裂纹扩展的机理与规律的认识和理解,逐步形成了"断裂力学"。在此基础上,在航空工程技术领域引进了损伤容限设计原则(或称"破损—安全"设计),即结构的某一部分已经产生一定长度的裂纹,该结构仍能在原定载荷状态下正常工作到下一次检修,在这一段时间内,裂纹不会扩展到临界尺寸。现在,航空结构中的关键零部件,要求按损伤容限原则来设计,以保证使用期间的安全可靠性。按损伤容限原则设计必须研究带裂纹零件裂纹扩展规律和裂纹扩展寿命(剩余寿命)。

9.5.1　裂纹尖端的应力强度因子

按照裂纹的几何特征,可把裂纹分为穿透裂纹、表面裂纹和深埋裂纹。

如果一个裂纹贯穿整个零件厚度,即为穿透裂纹或贯穿裂纹。有些条件下,虽然裂纹并没有穿透零件厚度,仅在零件的一面出现裂纹,但若其深度已达到零件厚度一半以上时,该裂纹也常按穿透裂纹处理。若裂纹位于零件的表面或裂纹的深度与零件的厚度相比较小,则称为表面裂纹。在工程中表面裂纹常简化为半椭圆裂纹。裂纹处于零件内部,在表面上看不到开裂的痕迹,这种裂纹称为深埋裂纹。

按照裂纹的力学特征,可把裂纹分为Ⅰ型、Ⅱ型、Ⅲ型裂纹,如图 9-18 所示。

Ⅰ型裂纹即为张开型裂纹。拉应力垂直于裂纹扩展面,裂纹上下表面沿作用力的方向张开,裂纹沿裂纹面往前扩展。张开型裂纹是工程中最常见的、最易于引起断裂破坏发生的。

Ⅱ型裂纹即为滑开型裂纹。其特征为裂纹的扩展受切应力控制,切应力平行作用于裂纹面而且垂直于裂纹线,裂纹沿裂纹面平行滑开扩展。

Ⅲ型裂纹即为撕开型裂纹。在平行于裂纹面而与裂纹前沿线方向平行的剪应力的作用下,裂纹面产生沿裂纹面的撕开扩展。

在 3 种裂纹中,以Ⅰ型裂纹最为常见,也是最危险的一种裂纹,本章限于讨论工程中最常见的Ⅰ型裂纹。

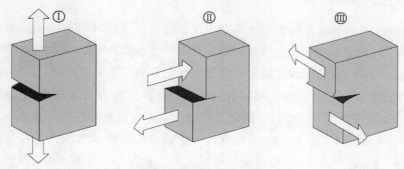

图 9 - 18　裂纹的类型

要使裂纹扩展,必须使得 $\sigma > 0$,即只有拉应力才能引起裂纹的张开型扩展。应力 σ 一般用假定无裂纹存在时裂纹处的应力描述,称为名义应力或远场应力。

在线弹性条件下描述裂纹尖端附近应力场强度的力学参量用应力强度因子 K 来表示,K_I 是Ⅰ型裂纹(作用力与裂纹面垂直的裂纹)的应力强度因子。当 $K_I \geqslant K_{IC}$ 时裂纹失稳扩展,K_{IC} 为临界应力强度因子,又称断裂韧性,它是一个材料性能参数。如图 9 - 19 所示,针对无限大板中的Ⅰ型裂纹,K_I 可表示为

$$K_I = \sigma \sqrt{\pi a} \tag{9-39}$$

式中,σ 为外载荷;a 为裂纹长度。应力强度因子的量纲为[应力 $\times \sqrt{长度}$],即 MPa·m$^{-1/2}$。

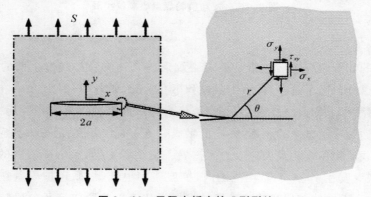

图 9 - 19　无限大板中的 I 型裂纹

由式(9 - 39))可以看出,裂纹尖端应力强度因子随远场作用应力增大而增大,且随裂纹长度增大而增大。

式(9-39)是由含中心穿透裂纹的无穷大板得到的。断裂力学研究表明,对于有限尺寸的构件,应力强度因子 K_I 可以更一般地写为

$$K_I = Y\sigma\sqrt{\pi a} \qquad K_I \geqslant K_{IC} \tag{9-40}$$

式中,Y 称为几何修正系数,是一个和裂纹形状、加载方式以及几何形状有关的量,一般 Y 值在1左右。

9.5.2 疲劳裂纹扩展

在许多情况下,材料或零件中的缺陷是不可避免的。因此,有必要研究含缺陷的零件是否还能继续使用、剩余寿命有多少这些问题。对于一些重要的零件,则需要依靠检查和维修技术来保证设备安全,有必要研究检修间隔怎么制定的问题。大量的研究和应用经验表明:线弹性断裂力学是研究疲劳裂纹扩展的有力工具。线弹性断裂力学认为,裂纹尖端附近的应力场是由应力强度因子 K 控制的,故裂纹在疲劳载荷作用下的扩展应当能够利用应力强度因子 K 进行定量描述。图9-20为轮盘盘心上的裂纹扩展示意图。当裂纹萌生达到某个初始长度 a_0 后进入扩展阶段,经过缓慢且较为稳定的小裂纹扩展阶段后,进入快速扩展阶段,最终达到临界裂纹长度 a_c 后失稳断裂。

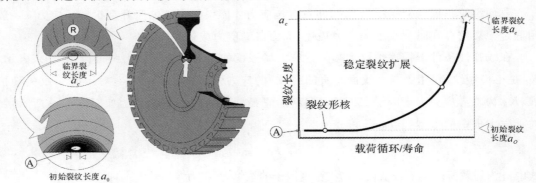

图9-20 发动机轮盘盘心裂纹扩展

1.疲劳裂纹扩展机制

这里讨论的疲劳裂纹扩展是指从疲劳裂纹形核直到失稳扩展发生前的亚临界扩展过程。该过程可以分为两个阶段,即第Ⅰ阶段和第Ⅱ阶段,如图9-21所示。在循环载荷作用下,由持久滑移带形成的微裂纹沿45°最大剪应力作用面继续扩展或相互连接。此后,有少数几条微裂纹达到几十微米的长度,逐步汇聚成一条主裂纹,并由沿最大剪应力面扩展逐步转向沿垂直于载荷作用线的最大拉应力面扩展。裂纹沿45°最大剪应力面的扩展是第Ⅰ阶段的扩展,扩展深度在1~4个晶粒范围内,扩展速率很低,每循环扩展量在 10^{-8} cm 数量级;在最大拉应力面内的扩展是第2阶段的扩展。从第Ⅰ阶段向第Ⅱ阶段转变所对应的裂纹尺寸主要取决于材料和作用应力水平。第Ⅱ阶段裂纹扩展的尺寸虽小,对寿命的贡献却很大,对于高强材料,尤其如此。

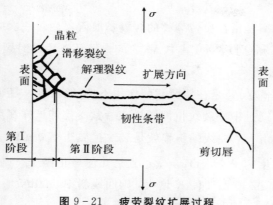

图 9-21　疲劳裂纹扩展过程

　　莱尔德 G. Laird 和史密斯 G. C. Smith 提出了塑性钝化模型统一描述疲劳裂纹扩展第 II 阶段,如图 9-22 所示。当循环应力为零时,裂纹长为 a_0,裂纹尖端处于锐化状态。当循环应力为拉应力时,裂纹张开,裂纹尖端塑性区沿 45°角方向产生滑移变形,裂纹尖端锐化状态变为钝化状态。当循环拉应力达到最大值,钝化状态也达到最大,裂纹尖端张开成圆弧形,并向前张开一个长度 Δa,由于塑性变形松弛裂纹尖端的集中应力,最后滑移停止,裂纹也停止扩展。当循环应力开始向压应力转变,塑性区的滑移向相反方向进行,并使张开的裂纹压扁,在尖端部分被压折成一个耳状端部;当压应力达到最大后,裂纹表面被压合,裂纹尖端由钝变锐,形成一对尖角。随着裂纹周期性的张开和闭合,裂纹不断向前扩展,同时在断口上留下一条条疲劳痕迹(即疲劳条纹)。

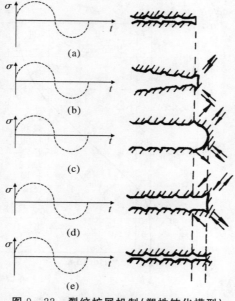

图 9-22　裂纹扩展机制(塑性钝化模型)

2.疲劳裂纹扩展速率

疲劳裂纹的扩展速率是指在疲劳裂纹的缓慢扩展阶段内每一次应力循环裂纹扩展的距离。该速率用 $\Delta a/\Delta n$（mm/周）表示，其中 Δa 为应力循环 ΔN 次时裂纹扩展的长度，在极限条件下用微分 da/dN 表示。

疲劳裂纹扩展速率 da/dN 是在疲劳载荷作用下，裂纹长度 a 随循环次数 N 的变化率，反映裂纹扩展的快慢。通过中心裂纹拉伸试样或者紧凑拉伸试样在给定载荷条件下进行疲劳实验获得 a–N 曲线，a–N 曲线的斜率就是裂纹扩展速率 da/dN。

注意到裂尖应力强度因子 $K_I=Y\sigma\sqrt{\pi a}$，Y 是几何修正因子。则由 a–N 曲线可知：对于给定的 a，循环应力幅 $\Delta\sigma$ 增大，即 ΔK 增大，则曲线斜率 da/dN 增大。对于给定的 $\Delta\sigma$，裂纹长度 a 增大，即 ΔK 增大，则曲线斜率 da/dN 增大。

故裂纹扩展速率由 da/dN 的控制参量是应力强度因子幅值 $\Delta K=f(\Delta\sigma,a)$，即

$$dn/dN=f(\Delta k,R)=g(\Delta K,K_{\max}) \tag{9-41}$$

式中，应力比 $R=\sigma_{\min}/\sigma_{\max}=K_{\min}/K_{\max}$，$K_{\max}=\Delta K/(1-R)$，与 ΔK 相比，R 对疲劳裂纹扩展速率的影响是第二位的。

裂纹只有在张开的情况下才能扩展，压缩载荷的作用将使裂纹闭合。

因此，应力循环的负应力部分对裂纹扩展无贡献，故疲劳裂纹扩展控制参量——应力强度因子幅值 ΔK 定义为

$$\left.\begin{array}{ll}\Delta K=K_{\max}-K_{\min}, & R>0\\ \Delta K=K_{\max}, & R<0\end{array}\right\} \tag{9-42}$$

如图 9-23 所示，通过试验可以获得 da/dN–ΔK 曲线。

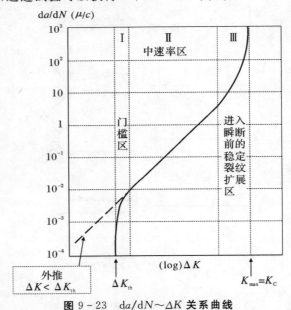

图 9-23　$da/dN\sim\Delta K$ 关系曲线

在双对数坐标中，$\mathrm{d}a/\mathrm{d}N \sim \Delta K$ 曲线可以根据斜率的不同，大致划分为第 Ⅰ，Ⅱ，Ⅲ 阶段。

第 Ⅰ 阶段低速率区。随着应力强度因子幅值 ΔK 的降低，裂纹扩展速率迅速下降。在某一值 ΔK_{th} 时，裂纹扩展速率趋近于零（$\mathrm{d}a/\mathrm{d}H < 10^{-10}$ m/C）。若 $\Delta K < \Delta K_{th}$，可以认为裂纹不发生扩展。ΔK_{th} 是反映疲劳裂纹是否扩展的一个重要的材料参数，称为疲劳裂纹扩展的门槛应力强度因子幅值，是 $\mathrm{d}a/\mathrm{d}H \sim \Delta K$ 曲线的下限。

第 Ⅱ 阶段中速率区。裂纹扩展速率一般在 $10^{-9} \sim 10^{-5}$ m/C 范围内。在双对数坐标上是一条直线，这一阶段称为亚临界裂纹扩展阶段。可以利用这一关系进行疲劳裂纹扩展寿命预测，是疲劳断裂研究的重点。

第 Ⅲ 阶段高速率区。在这一区域内，扩展速率急剧加快，裂纹尺寸迅速增大，发生断裂。断裂的发生由断裂条件 $K_{max} < K_C$ 控制。因为 $\Delta K = (1-R)K_{max}$，故最后的渐近线为 $\Delta K = (1-R)K_c$。

疲劳裂纹扩展的第 Ⅱ 阶段是裂纹扩展的主要阶段，帕里斯 Paris 于 1963 年根据多种金属材料的试验结果，提出将第 Ⅱ 阶段用下式描述：

$$\mathrm{d}a/\mathrm{d}N = c(\Delta K)^m \tag{9-43}$$

式中，裂纹扩展参数 C 和 m 是描述材料疲劳裂纹扩展性能的基本参数，由试验确定。

在双对数坐标系中，上式的形式为

$$\lg \mathrm{d}a/\mathrm{d}N = \lg C + m \lg \Delta K \tag{9-44}$$

9.5.3　疲劳裂纹扩展寿命

从初始裂纹长度 a_0 扩展到临界裂纹长度 a_c，所经历的载荷循环次数 N_p，称为疲劳裂纹扩展寿命。实践证明，在总的疲劳寿命中，N_p 所占的比例高达 90% 以上，因此研究这一阶段裂纹扩展速率和寿命与材料本身的性质、各种力学参数之间的关系对于提高零件的使用性能有重要意义。

可以估算恒幅应力循环疲劳裂纹扩展寿命，由 Paris 公式，可得

$$\mathrm{d}N = \mathrm{d}a/[c(\Delta K)^m], \text{ 即 } N = \int_{a_o}^{a_c} \frac{\mathrm{d}a}{C(\Delta K)^m} \tag{9-45}$$

式中，$\Delta K = Y\Delta\sigma\sqrt{\pi a}$ 即为裂纹结构的几何形状因子，在很多情况下，Y 与零件形状与裂纹尺寸有关，若 Y 与 a 无关或可近似地将 Y 看成常数，将上式积分即可得疲劳裂纹扩展寿命公式。

根据线弹性断裂力学判据，有

$$K_I = Y\sigma_{max}\sqrt{\pi a_c} \leqslant K_c$$

或

$$a_c = \frac{1}{\pi}\left(\frac{K_c}{Y\sigma_{max}}\right) \tag{9-46}$$

代入式(9-46),积分可得,裂纹从原始尺寸 a_0 扩展到临界尺寸 a_c 所需的循环周次为

$$\left.\begin{aligned} N_c &= \frac{2}{C(Y\Delta\sigma\sqrt{\pi})^m(m-2)}\left[\frac{1}{a_0^{\frac{m-2}{2}}} - \frac{1}{a_c^{\frac{m-2}{2}}}\right], \quad (m\neq 2)\\[2mm] N_c &= \frac{1}{c(Y\Delta\sigma\sqrt{\pi})^m}[\ln a_c - \ln a_0], \quad\quad\quad (m=2) \end{aligned}\right\} \qquad (9-47)$$

课 后 习 题

1.简述疲劳破坏的过程,并阐明发动机的零件实际破坏过程。

2.简述高循环疲劳和低循环疲劳的差异。

3.已知应力循环中,最大应力为 $S_{max}=500$ MPa,最小应力为 $S_{min}=100$ MPa,计算应力范围 ΔS、应力幅值 S_a、平均应力 S_m 和应力比 R。

4.某零件承受循环应力 $S_{max}=550$ MPa,$S_{min}=50$ MPa 作用,材料极限强度 $S_u=700$ MPa。假定在对称循环条件下有 $S_{10^3}=0.9S_u$,$S_{10^6}=0.5S_u$。试估算零件的寿命。

5.某航空发动机零件有一个 $K_t=3$ 的缺口,承受名义应力为 $S_{max}=500$ MPa, $S_{min}=50$ MPa 的循环载荷作用。已知材料参数 $E=200$ GPa,$K'=1\,600$ MPa,$\sigma f'=1\,700$ MPa,$n'=0.125$,$b=-0.1$,$c=-0.7$,$\varepsilon_f'=0.6$。试估算该零件的寿命。

第 10 章 强度/寿命视角下发动机结构的生产/维护

对于发动机的质量控制,包括从原材料、加工制造、元器件、标准件、装配试车等所有环节,一定要实施全面质量管理,要警钟长鸣,并建立可追溯的技术、质量责任制,任何时候都不能松懈。

——刘大响 《我心飞翔——航空动力专家刘大响院士回忆录》

10.1 引　言

质量是产品或任务的特性的总和,这些特性与其满足规定要求的适宜性有关。在航空发动机技术中,部件的运行安全是核心的。例如,转子盘因破裂而失效的概率必须为每飞行小时 10^{-9} 次,以确保飞行事故的概率小于 10^{-7} 次。

生产过程中的缺陷概率远远大于成品、组件中的缺陷概率。这种差异是通过适当的质量控制措施来保证的。发动机零件非常昂贵。例如,一个压气机机匣或涡轮盘的价格可以与几辆中型汽车相同。这意味着对发动机零件的质量要求,特别是对精加工工艺和无损检测等控制措施的要求很高。生产过程的顺序和整个环境必须优化设计,这是航空发动机质量要求的先决条件。必须注意的是,质量最终取决于参与精加工过程的人员,即人为因素。

发动机的安全性是其单个零件的失效概率的乘积。因此,为了确保整个发动机的安全,单个零件的安全性必须非常高。例如,如果一个压气机盘在关键区域有一个直径为几百微米的缺陷,它可能会导致裂纹,从而大大缩短其使用寿命。由于不同的生产步骤(原始零件生产、机加工、热处理和搬运)会导致不同类型的缺陷,因此必须以比整体零件更高的可靠性来防止这些缺陷。

零件中出现的概率可以采用每百万零件中出现缺陷的数量来衡量。如 3×10^{-6} 意味着每一百万个零件会出现 3 个缺陷。这意味着,例如,在 30 m×30 m 的谷地上,只允许一粒种子不能生长。这些安全水平只能从经过测试和稳定的生产过程以及适当的质量保证措施和测试的组合中实现,因此航空发动机技术工人的作用特别重要。机械加工深刻地影响零件的表面状态(硬化、残余应力),从而决定了结构的疲劳寿命或疲劳强度。

(1)零件表面轮廓(曲率半径)。改变零件切削速度会影响零件的动态疲劳强度。当加工直径相对较小时,零件的曲率半径非常小,从而使得形成比直径较大零件有很大偏差的疲劳性能。在这种情况下,加工时需要特定方式对零件进行定位。实际上,很难在零件和材料试样上获得零件各处(以及零件设计依靠的试样)都有相同的加工条件(切削速率、零件刚度、散热情况等),因此,零件不同位置的预期疲劳特性存在差异。切削参数取决于零件几何形状。在相同的转速下,半径小时比半径大时的切割速度要低。如图 10-1 所示,试验下获得的疲劳性能是基于试样获得的,实际轮盘的加工状态与真实部件不同。

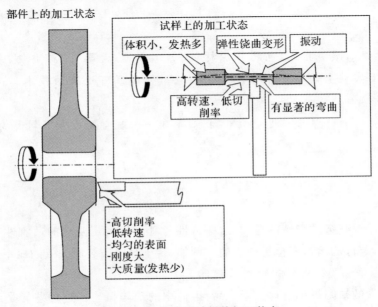

图 10-1　轮盘及试样的加工状态

(2)光学效果是热能产生与耗散的迹象,如火花、烟雾或发光。刀具磨损或加工数据变化(例如进给速度、加工速率)等影响与这些影响有因果关系。异常的火花形成可能表明材料合金成分的变化,需要详细分析。飞溅火花的强度更可能取决于加工过程和/或冷却润滑剂的强度。一种不寻常的气味或烟雾和蒸汽的形成也可能表明加工过程是有害的。

(3)零件粗糙度。异常光泽或哑光外观与零件粗糙度有关。在机加工表面上,异常的镜面外观可能表明刀具磨损或切屑堵塞(切屑去除不足)。如果在加工表面上可以清楚地看到晶粒(尤其是粗晶铸造镍基合金),则表明存在明显的塑性变形。

设计工程师应积极努力实现最佳生产,尽可能降低对缺陷的敏感性。例如,焊接和焊接连接应放置在零件上,以便为加工创造最佳条件,并允许对整个长度的接头进行目视检查。在电子束焊接中,这可以通过测试焊接的根部区域来完成。如果接触不良,可能会影响零件安全性,如图 10-2 所示。

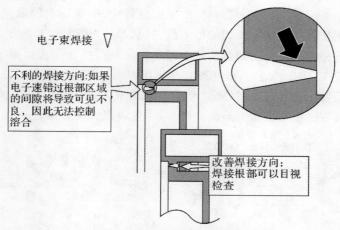

图 10 - 2　焊接方向对结构质量控制影响

10.2　表面完整性概述

　　表面完整性包含了对表面状况的全面审查。它是指通过机械加工或其他方法形成的表面的原始状态。结构和材料的表面完整性受到制造工艺的影响。表面完整性也可定义为采用一定的加工工艺制造,形成了具有不可避免的最小化薄弱环节的结构和材料表面。与缺陷或损坏不同,薄弱环节和薄弱点被零件的规范、图纸等覆盖而被允许。随着材料技术不断进步,表面完整性的重要性在不断增加。这与材料性能和结构效率不断提高的趋势有关。从安全寿命设计到损伤容限设计的转变更加明确了损伤和薄弱点的限制要求,也是表面完整性的任务。此外,使用强度更高的材料,其材料性能最大化,也增加了表面完整性的重要性。因为更高强度的材料,其薄弱点(损伤)必须缩小。

10.2.1　裂纹萌生于表面的原因

　　裂纹常常萌生于零件的表面。造成这种现象的原因有很多,主要有以下 6 种原因及其叠加:①零件表面应力大于内部中的应力[见图 10 - 3(a)],因此表面对材料统计上的最低强度和最大脆性更为敏感。在许多情况下,零件会受到弯曲应力的影响,这种应力呈三角形分布而在表面施加最大的载荷。另一种情况是,配合或摩擦的力传递可以在表面上施加相当大的应力,其中摩擦连接将产生强大的剪切应力。②缺口应力集中使得表面应力最大效应更为显著[见图 10 - 3(b)],典型缺口主要包含原始结构设计、机械损伤或凸起焊缝。③几乎所有的破坏性影响[见图 10 - 3(c)],如介质和加热首先作用于表面,而且最强烈,如表面磨损、表面腐蚀/氧化、高温燃气。表面损伤会形成缺口,也可能直接导致材料性能下降。航空发动机钛合金叶一盘直接的微动损伤,可导致材料的疲劳强度降低高达 70%。④表面上由于机械加工、焊接等形成的残余拉伸应力[见图 10 - 3(d)]。残余拉伸应力提高了疲劳载荷的平均应力,进而降低了材料的疲劳强度。机械加工和焊接中的高热梯度会引起材料表面产生拉伸残余应力。⑤表面材料组织的异常影响表面完整性[见图 10 - 3(e)]。元素扩散或氧化导致材料强度损失或材料脆化。在铸件的凝固过程中，横截面上的温度梯度导致相应的晶粒从表面定向生长。如果这些所谓的再结晶"柱状晶体"的晶界与应力平行，则腐蚀性和氧化性晶间腐蚀将促进导致蠕变和热疲劳等损伤机制的裂纹。⑥表面原子结合力弱［见图10-3(f)］。由于表面只有二维的，微变形容易损坏表面。在塑性变形过程中通过滑移使得局部性氧化物涂层发生损坏，这反过来又可能促进破坏性腐蚀的发生。此外，循环载荷下滑移形成的驻留滑移带也会在表面上形成微缺口，弱化表面的疲劳性能。

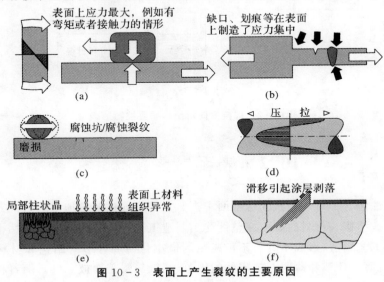

图 10-3　表面上产生裂纹的主要原因

10.2.2　表面完整性对发动机结构重要性

对于军用发动机及飞机，对性能和低重量要求是主要的。更高的性能水平和结构的轻量化将必然导致更高的转速和更高的转子工作温度。轮盘受到静态和动载都同时增加的影响。相比之下，商用飞机优先考虑的是采购和维护成本最小化，以及低油耗。在这两种情况下，都会导致零件承受更大的工作负载，尤其对发动机转子部件特性影响甚大。基于油耗的成本最小化需要提高发动机整机效率。在热力学上，要求气体温度和压力都增加，从而导致零件上的应力相应增加。基于重量和成本的考虑，发动机整体设计的压气机级数更少（整体叶盘、整体定子），从而更宽的叶片（较重）增加了轮盘负荷和叶片根部的载荷。压气机级数越少，总压比越大，加上叶排轴向间距越近，叶片上的气动载荷越大，导致高频振动载荷会增加。为了确保叶片 HCF 强度，对零件表面的要求非常高。此外，较高的应力水平需要考虑更小的、可扩展的缺陷。这意味着设计思想必须从"安全寿命"转向"损伤容限"，表面上与生产相关的缺陷变得越来越重要。

与过去发动机相比，现役或新一代发动机选用了更高强度的材料以满足结构载荷的增加：①材料强度增加是以牺牲一定的塑性变形能力为前提的，导致材料本身抵抗裂纹扩展的能力下降；②结构的应力强度因子增加，可容忍的缺陷尺寸下降，部件失效的风险越来越高。最大容许缺陷尺寸变得越来越小，也日益限制了生产的工艺参数，如热处理和任何焊接或热涂层工艺。不幸的是，高强度的材料会导致更大的切削力和表面上的载荷增加。获得强度所需的碳化物和硬质相等结构部件可能会断裂或撕裂,从而形成能够扩展的缺口。强大的加工力可以更深入地穿透表面,这会影响潜在的缺陷尺寸和损伤深度。

在设计方面,发动机材料高效利用已逼近材料极限。通过计算机辅助设计可以准确地确定工作载荷,从而可以将发动机结构载荷与最差材料曲线之间的距离缩小。这在设计上通常认为是有利的,但这也要求批量生产的零件特性与设计预期之间的特性应足够接近,且分散性更小。要求提高结构/材料生产的可靠性,且基于此的材料性能数据同样可靠,尤其适用于决定疲劳性能(LCF,HCF)的材料表面特性。深入研究生产过程对表面完整性的影响机制和损伤机制,应该有助于更好控制结构的工艺质量。

10.2.3　影响表面完整性的加工因素

在精加工过程中,形成的热、机械、化学相关的变化会对结构表面完整性产生重要的影响。图 10-4 显示了各类表面缺陷。

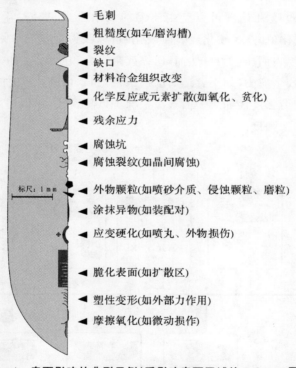

▲ 毛刺
▲ 粗糙度(如车/磨沟槽)
▲ 裂纹
▲ 缺口
▲ 材料冶金组织改变
▲ 化学反应或元素扩散(如氧化、贫化)
▲ 残余应力
▲ 腐蚀坑
▲ 腐蚀裂纹(如晶间腐蚀)
▲ 外物颗粒(如喷砂介质、侵蚀颗粒、磨粒)
▲ 涂抹异物(如装配对)
▲ 应变硬化(如喷丸、外物损伤)
▲ 脆化表面(如扩散区)
▲ 塑性变形(如外部力作用)
▲ 摩擦氧化(如微动损伤)

标尺:1 mm

图 10-4　表面影响的典型示例(受影响表面区域约 0.1 mm 量级)

一般情况下,加工都会产生热。由于摩擦、电弧/火花(电火花加工)、辐射(电子束、激光)、热气(等离子、焊接火焰、热处理气氛)而产生的热量。结构加工中的热可能直接或间接地降低强度水平,类似于固溶退火。一个典型的例子是材料敏化,这会促进晶间腐蚀和晶界弱化。高温梯度是焊接工艺和电火花加工的典型特征,在冷却过程中会产生破坏性的拉伸残余应力。如果发热量导致气体吸收或与气体发生反应(氧化),也会降低强度。

在机械加工、喷丸、成形或切割等过程中,如果在材料在高载荷下发生应变硬化,则除了硬化之外,还会产生残余应力。压缩应力是理想的,它们能防止腐蚀开裂,并降低平均应力而增加可承受的疲劳载荷。但拉伸应力具有有害的影响,使得零件服役过程中造成疲劳强度降低。

电化学加工溶解材料或电化学辅助材料去除伴随着化学反应。虽然电解加工不会引起塑性变形或残余应力,但却可以消除现有的硬化和改变残余应力。通常情况下,电化学加工会减少残余应力或转移残余应力。在反应区内氯可以被钛材料结合成一层薄薄的表层,而随后的加热会导致应力腐蚀开裂。此外,化学反应可导致材料选择性去除和损坏晶界,还可导致腐蚀切口(点蚀、腐蚀坑)。

10.2.4　表面完整性对高循环疲劳性能影响

高循环疲劳作为材料最为重要的性能深刻地受到精加工形成的表面特性的影响。这对于由于高频振动而在很短时间内积累大量循环载荷的压气机和涡轮叶片尤为重要。

一般来说,若材料具有足够的韧性,则由于塑性变形增加产生硬化可以提高高循环疲劳强度。与此同时,通过喷丸处理可以产生压缩的残余应力也有利于改善疲劳性能(见图10-5)。通过表面硬化(如渗氮硬化或表面硬化)可以获得类似的效果。在这种情况下,除了增加强度,还会产生表面压应力。然而,压缩残余应力和硬化区(如电化学材料去除)的破坏,甚至会产生拉伸残余应力(如不合适的磨削工艺)和软化区域(如加热引起的局部结构变化),都会降低材料疲劳强度。如果表面被涂层保护以防腐蚀,那么相对于未受保护的材料,它可以显著提高其疲劳强度。

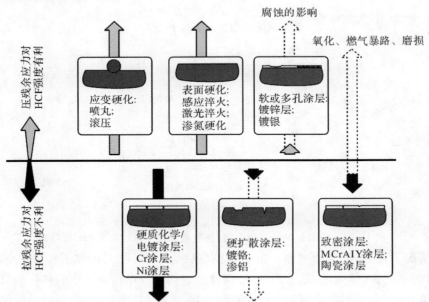

图 10-5　表面处理对 HCF 强度影响

表面处理后材料可达到的疲劳强度明显取决于生产工艺及其参数。以钛合金TiAl6V4为例,对于磨削表面,对"粗"磨削过程表现出明显的敏感性,使得疲劳强度降低约70%[见图10-6(a)]。铣削和车削通常比磨削和其他非切削加工工艺具有更高的强度水平。一般来说，"更粗糙"的加工会导致相对较低的疲劳强度损失。这可能与表面区域的塑性变形及其引起的残余压应力有关。相对于车削或铣削表面，化学加工表面的低动态疲劳强度可归因于这种非变形材料去除过程产生的残余应力的缺乏。当将一个工艺从车削或铣削改为化学材料去除（例如电化学铣削＝ECM）时，必须考虑这种影响。这种改变可以在压气机整体叶盘生产成本降低的情况下进行。在这种情况下，可能需要随后的喷丸处理来硬化表面。

图 10-6(b)为采用磨削工艺后再应用电火花加工形成的表面与只采用磨削工艺的疲劳强度对比。结果表明，电火花导致材料疲劳强度更低。在这种情况下，钛合金精加工的最佳策略是磨削工艺。需要注意的是，在某些情况下，如果采用了粗放的机加工导致材料表面存在拉残余应力时，此时在再用电化学去除材料没有由于腐蚀（晶界、腐蚀坑）形成局部缺口的前提下，可能会使得疲劳性能增加。

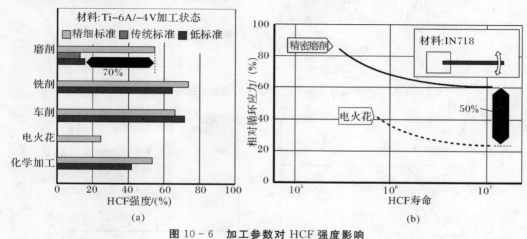

图 10-6　加工参数对 HCF 强度影响

当承受较高疲劳载荷的零件（如转子盘）通过强化产生压应力提高疲劳寿命的同时，也有助于减少表面损伤对结构的影响。图 10-7 给出了多种工艺下，某钛合金盘的相对疲劳强度与划痕深度的关系。在该寿命下，必须承当的相对振动应力为 1。因此，使用切屑工艺加工的表面显示当划痕深度大于约 0.05 mm 时，动态疲劳强度显著降低。喷丸强化表面在划痕深度大于 0.1 mm 时显示出损伤效应。同时注意到喷丸强化在较浅的划痕深度时提供了很大的疲劳强度。冷滚轧成形是一种深作用成形工艺，其产生"破坏性"划痕深度较深，达到了约 0.2 mm。然而，在划痕较浅的情况下，通过该工艺获得的疲劳强度收益小于喷丸强化处理。

图 10-8(a)为镍合金轮盘表面附近由于不同加工形成的残余周向应力。在机械切削力作用下，在表面形成拉残余周向应力，然后向深度方向过渡为压应力。拉周向应力会使得轮盘表面对径向轻微损伤敏感。此时对应着最低的疲劳强度。当采用喷砂处理后，如氧化物喷砂，产生了明显的压应力区。它明显地消除了切屑去除产生的拉应力区。这一过程大大改善了高周疲劳强度性能[见图 10-8(b)]。这种改善不仅仅提升了材料的疲劳强度，也

降低了疲劳的分散性。这是因为较浅的表面缺陷不会发生疲劳裂纹扩展。图 10-8(c) 显示了由钛合金轮盘在 3 种工艺下的疲劳行为,喷丸处理的表面有很深的压应力区,从而大幅改善疲劳性能。

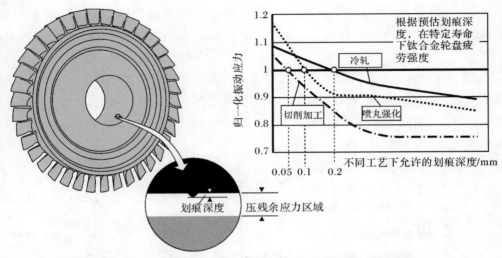

图 10-7　表面强化技术与结构疲劳强度要求的最小缺陷的关系

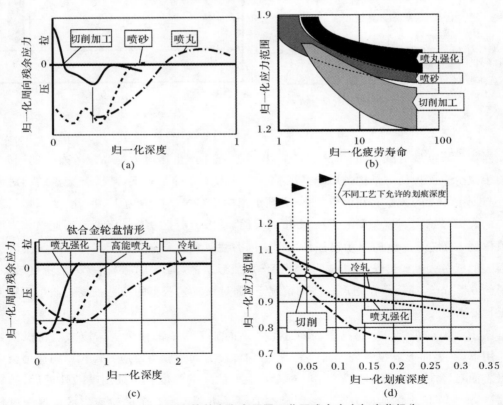

图 10-8　钛合金和镍基合金在不同工艺下残余应力与疲劳行为

10.3　结构的无损检测

10.3.1　缺陷概述

缺陷,有时也称损伤,是一个宽泛的概念。不同的学科存在不同的理解。一般认为,材料的缺陷可以分为宏观表观层面的和微观冶金层面的。对于材料科学家而言,还有原子层面的缺陷,但在讨论结构损伤时常常不予考虑。在发动机结构的生产与维护过程中,对缺陷的检测是至关重要的。实际结构中的缺陷经常是不可避免的,对缺陷进行检测成为把握结构安全性的关键。根据缺陷产生的原因,缺陷可以分为以下几种:①气孔和空腔;②裂纹、氧化层、焊缝未熔合;③夹杂物,即熔化和铸造过程中产生的陶瓷颗粒或硬质金属颗粒;④析出物;⑤异常组织,如钛合金中硬质 α 相。缺陷在几何性质上也存在多样性,表征缺陷的几何特征可以表示为:①平坦的、光滑的、鞍裂的;②锐边(裂纹、夹杂物)或球形光滑(例如气孔);③鼓包,如压应力下变形;④锯齿状,如裂纹;⑤缺陷尺寸;⑥缺陷的体积。缺陷的位置与结构完整性的关系密切,大致可以分为以下情况,即零件边角、深埋、表面。此外,在对缺陷进行无损检测过程中,需要注意缺陷的物理性质,包含导磁性;导电性;线弹性;导热性。同时,缺陷所处的材料的性质对无损检测结果影响很大,例如导磁性、均匀性、晶粒尺寸与分布;晶粒取向、织构、纤维方向;弹性性能等。

10.3.2　各类无损检测方法及其应用

无损检测是结构健康检测的手段,在装备质量管理与控制过程中发挥无可替代的作用。常用的无损检测手段包含目视检查、超声波检测、X 射线检测、涡流检测、磁粉探伤、荧光渗透检测;新型无损检测手段包含热成像、太赫兹、中子同步辐射、数字相关法等。需要特别注意的且实际中往往容易忽视的是,随着零件载荷和材料强度的增加,无损检测方法的灵敏度也必须提高,例如采用粉末高温合金替代锻造镍基高温合金制作涡轮盘。

无损检测的技术人员通常认为,零件在经过无损检测后是安全的或无缺陷的,只有当且仅当零件的缺陷检测概率(probability of detection,POD)必须与零件的安全性假设一致时才是正确的。缺陷检测概率取决于许多因素(见图 10-9)。确定最佳的检测方法和规范必须由专业人员来完成。改变材料时,必须确认结构的 POD 是否改变。

目视检查廉价且简单,可以检测复杂轮廓(如边缘)上的表面缺陷,良好的检测概率(POD)。通过目测叶片的表面损伤,可以确定损伤类型主要为外物损伤、涂层退化、裂纹等。进行外观检测时,需要检查的内容有:叶片压力面和吸力面两个面,对叶根部分检测是否有微动疲劳损伤,对叶片的前缘尾缘检测是否有腐蚀、表面裂纹和表面不均匀等相关现象。对于叶片上的任何损伤,都应该记录并分析其在每个检测间隔内的变化。多数情况下,采用放大倍数为 10~20 X 就已经足够了。目视检查高度依赖人为因素,在不易接近的零件区域(如整体式转子的孔和盘表面)上使用受限,对视觉可达性、光路差、小尺寸的缺陷检查困难。

X 射线与表面的状况无关、可以检测内部缺陷、可用于粗晶材料。检测的缺陷尺寸取决于 X 射线的穿透能力,难以检测沿 X 射线方向定向的裂纹和/或锯齿状闭合裂纹。对于明显的不均匀材料,例如铸件中的粗晶粒,会使 X 射线散射得太多导致小缺陷检出难。

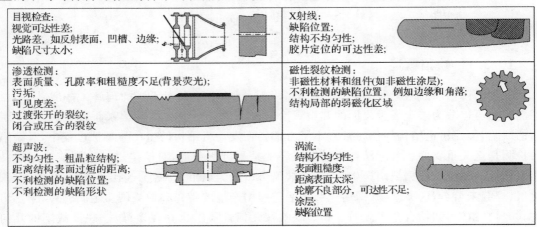

目视检查: 视觉可达性差; 光路差,如反射表面,凹槽、边缘; 缺陷尺寸太小;		X射线: 缺陷位置; 结构不均匀性; 胶片定位的可达性差;	
渗透检测: 表面质量、孔隙率和粗糙度不足(背景荧光); 污垢; 可见度差; 过渡张开的裂纹; 闭合或压合的裂纹		磁性裂纹检测: 非磁性材料和组件(如非磁性涂层); 不利检测的缺陷位置,例如边缘和角落; 结构局部的弱磁化区域	
超声波: 不均匀性、粗晶粒结构; 距离结构表面的距离; 不利检测的缺陷位置; 不利检测的缺陷形状		涡流: 结构不均匀性; 表面粗糙度; 距离表面太深; 轮廓不良部分,可达性不足; 涂层; 缺陷位置	

图 10 - 9   各类无损检测方法的局限性

渗透检测良好情况下的高 POD,相对简单和廉价,可测试整个可触及的零件表面。镍基高温合金叶片是非磁性的,因此,渗透检测是叶片无损检测的广泛使用的重要手段之一。首先需要清理叶片表面的碎片、灰尘、油渍等,然后将含有荧光材料的液体渗透剂喷射到叶片表面。由于渗透剂(例如油脂)的表面张力非常低,在毛细效应作用下,渗透剂会侵入叶片表面不连续的区域。将叶片表面多余的液体清理掉,从而在叶片表面形成一层很薄的绝热涂层,且这一涂层可以刻画出表面缺陷的轨迹。在紫外线灯照射下,缺陷将更加明显。一般情况下,还将使用放大镜观测较小的显示迹象。渗透检测对表面质量、裂纹张开情况敏感度大。如果裂纹在形成后被涂抹或压合,则渗透检测将受到影响,典型的例子是表面喷丸区域,压应力可以将裂纹两侧压在一起,以至于试验流体无法穿透。如果裂纹充满腐蚀产物或氧化物,则很难或通常不可能进行检测。荧光渗透检测原理要求缺陷与表面充分接触。一些精加工工艺,如削片和喷砂(喷丸、喷砂)可将裂纹压合或涂抹在其上,从而大大降低其检测概率。异物(如切削油、加工槽和水蒸气)会阻止试验流体充分渗透到缺陷中。如果零件在氧气中加热(例如在空气中),则可能会在裂纹中形成氧化物,从而影响试验结果。经验表明,通过在试验前对零件进行预处理,这些影响可以最小化或消除。

超声检测可用于所有均质材料,可以检测内部缺陷,还可以确定它们的大小和方向,可实现自动化,缺陷检出概率高。由于近区衍射问题以及叶片复杂的几何形状,超声波探伤方法不适用于探测叶片表面裂纹。然而,超声检测可以用来估计冷却孔之间、叶片外壁的厚度。此外,由于声波的衰减与晶粒尺寸反比例相关,因而超声波探伤也可以用来估计晶粒的尺寸。这对于识别所关注区域的某些损伤也是很有效的,如在高温区域,细小晶粒(再结晶)区域的蠕变损伤可能比粗大晶粒的区域要严重。

涡流检测高灵敏度,可自动化,用于导电材料,非常适合表面附近的缺陷,适合检查孔。对于铁磁性材料和非铁磁性材料,涡流检测均适用。当叶片处于诸如涡流检测探头产生的交变磁场中时,在叶片中会产生小的循环电流。涡流的大小受到叶片的导电性、导磁性、质量和均匀性等因素的影响。部件的涡流响应是通过线圈测量的,且涡流与被检叶片的损伤情况相关联。通过涡流探伤,可以检测裂纹、孔洞、夹杂等。渗透的深度是与涡流检测探头中交变电流的频率成反比例相关的。由于涡轮检测方法依赖于专业的设备,且要求技术人员具备较高的操纵能力,因而这种方法在燃气涡轮叶片中没有得到广泛的应用。但是,这种方法可以检测叶片内部冷却孔表面上常规不可见的裂纹,这对于其他方法常常难以达到。

磁粉探伤具有简单、快速、廉价特点,可检测到足够薄的非磁性涂层(如电镀铬涂层)下的裂纹。但内边缘上的缺陷,如被磁场的破坏所掩盖区域,如花键轴上的缺陷。不能用于与非磁性材料或非磁性涂层过厚的。不适用于磁化不良的零件区域,如小孔。

专业人员不仅必须深入掌握检测过程,而且还必须理解零件的高应力区域、损伤的可能位置(如原材料中的锻造缺陷)以及影响缺陷可检测性的材料特性(如晶粒度)。即使满足了最佳测试的所有条件,POD 也高度依赖于测试仪。此外,检测人员的经验、技术知识和心理稳定性有助于测试的安全性和准确性。由于高强度材料的选用,结构应力设计值更大,导致一些新的变化(见图 10-10):①允许的缺陷更小(F1);②裂纹扩展速率增加;③达到临界裂纹的循环次数更短。

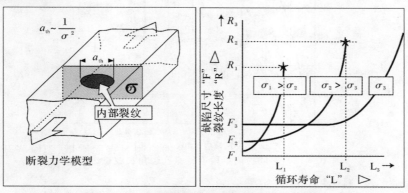

图 10-10　不同循环载荷对初始缺陷尺寸要求

图 10-11 为制备了疲劳裂纹的铝合金试样采用不同检测手段得到的缺陷检测概率曲线。不同检测手段下,裂纹长度会对检出结果产生不同的影响。很显然,只有在特殊情况下才能得到 100% 的检出概率。这对于现代发动机的高应力部件来说,毫米范围内的裂纹是危险的,不能通过无损检测完全排除。只有综合多种措施,如多种无损检测方法综合使用、稳定优化的精加工工艺以及对生产进行质量监控才能达到发动机制造所需的高安全水平。图 10-11 中显示,对于小的表面裂纹,"最不可靠"是 X 射线测试,而最优的方法是采用超声波检测。

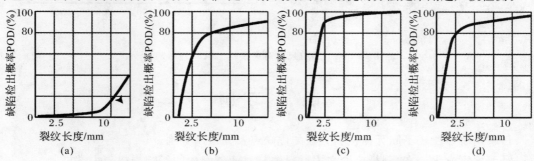

图 10-11　不同检测手段下缺陷检测概率与缺陷尺寸的关系

(a)X 射线;(b)渗透法;(c)超声;(d)电涡流

图 10-12 为某压气机盘中的螺栓孔变在低循环疲劳载荷下产生不同长度裂纹后采用各种检测手段得到的缺陷检出概率曲线。结果表明,采用自动化的涡流检测设备得到了最好的 POD 曲线,明显优于超声波检测,而磁粉探伤和渗透探伤的 POD 最差。良好光学检查也获得了优良的裂纹检测结果。晶粒尺寸对夹杂的检出概率影响很大(见图 10-13),在更换材料时候必须予以考虑。

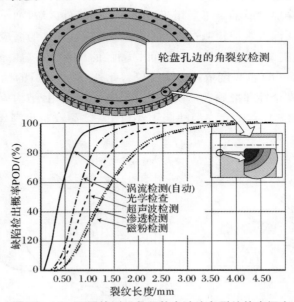

图 10-12　不同检测手段下轮盘孔边角裂纹检出概率

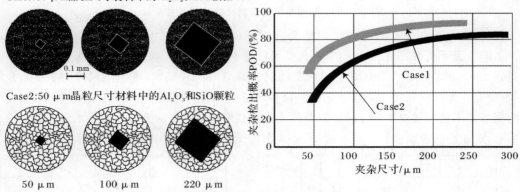

图 10-13　晶粒尺寸对夹杂检出概率的影响

课 后 习 题

1. 试调研并比较不同无损检测方法的优缺点及其适用范围。
2. 请检索学术论文,分析该论文中材料缺陷对疲劳寿命的影响规律与力学机制。

参 考 文 献

[1] 古远兴.航空燃气涡轮发动机强度设计问题与挑战[J].环球飞行,2014,2:56-63.

[2] HYEOK-JUN KWON,DOOYOUL LEE,YOUNG-KOOK LEE. Failure analysis of blades and vanes of a compressor for a gas turbine engine[J]. Engineering Failure Analysis,2021:124:105386.

[3] JACK D MATTINGLY, WILLIAN H HEISER, DAVID T PRATT. Aircraft Engine Design[Z]. American Institute of Aeronautics and Astronautics, Inc,2002.

[4] AXEL ROSSMANN. Aeroengine Safety[C]. Graz University of Technology. https://aeroenginesafety. tugraz. at/doku. php? id=start.

[5] 宋兆泓,熊昌炳,郑光华.航空燃气涡轮发动机强度设计[M].北京:北京航空航天大学出版社.1988.

[6] 吕文林.航空发动机强度计算[Z].西安:西北工业大学,1988.

◇ 河北大学保定市乡土艺术研创基地资助出版

◇ 新文科视域下高校艺术院系"大艺术观"教学改革研究。
　　项目编号：2020GJJG006

◇ 河北省人文社会科学研究重大课题攻关项目：
　　"燕赵艺术体系研究"。项目编号：2D201436

◇ 河北省社会科学基金青年项目"河北平原洼淀聚落形态与
　　保护策略研究——以白洋淀为例"。项目编号：HB21YS051

◇ 河北省高等学校人文社会科学研究项目"白洋淀聚落景观
　　及民居建筑研究"。项目编号：SQ201156

刘宗超 主编

保定乡土艺术研究丛书

保定乡土建筑文化研究

陈志菲 著

河北大学出版社

·保定·

出 版 人：朱文富

选题策划：杨显硕

责任编辑：马 敏

装帧设计：赵 谦

责任校对：耿兆飞

责任印制：常 凯

图书在版编目（CIP）数据

保定乡土建筑文化研究 / 陈志菲著．—— 保定 ：河
北大学出版社 ，2022.6

（保定乡土艺术研究丛书 / 刘宗超主编）

ISBN 978-7-5666-2026-2

Ⅰ．①保… Ⅱ．①陈… Ⅲ．①乡村－建筑文化－研究
－保定 Ⅳ．① TU-862

中国版本图书馆 CIP 数据核字 (2022) 第 073558 号

出版发行：河北大学出版社

　　地址：河北省保定市七一东路2666号　邮编：071000

　　电话：0312-5073003　0312-5073029

　　网址：www.hbdxcbs.com

　　邮箱：hbdxcbs818@163.com

经　　销：全国新华书店

印　　刷：保定市正大印刷有限公司

幅面尺寸：170 mm×240 mm

字　　数：151千字

印　　张：8.75

版　　次：2022年6月第1版

印　　次：2022年6月第1次印刷

书　　号：ISBN 978-7-5666-2026-2

定　　价：38.00 元

如发现印装质量问题，影响阅读，请与本社联系。

电话：0312-5073023

总　序

　　文化是民族的血脉，是人民的精神家园。作为文化精华形式的艺术具有鲜活、形象的特征，对塑造人民美好生活和培养审美情趣起着重要作用。乡土艺术则是艺术的母体和民族文化之根，她体现着地域文化特征和历史文脉。在当今时代，对地域乡土艺术的整理、研究、保护、传承，是展现地域特色和历史文脉的重要途径。乡土艺术越来越成为地域软实力、凝聚力、创造力的重要源泉，越来越成为地方综合竞争力的重要因素和经济社会发展的重要支撑。

　　保定是尧的故乡，是一座拥有3000多年历史的文化古城，清代以来至公元1968年前，近300年为直隶和全省的政治、军事、文化中心，至今存有丰富的乡土艺术资源。保定市是国务院命名的中国历史文化名城，享有"中国民间音乐之乡""中国民间特色艺术之乡"等美誉，创造出了具有鲜明地域特色的传统音乐、传统舞蹈、传统美术、传统戏剧、传统曲艺、传统技艺等乡土艺术形式。但随着社会文化的现代转型，从"乡土"到"混凝土"，这些艺术形式却勉强延续，传承举步维艰。对它们的整理、研究、保护、传承，成为延续保定历史文脉，传承地域特色的重要举措和文化责任。

　　河北大学坐落在保定，对研究、保护、传承保定乡土艺术义不容辞。乘河北大学入选"中西部高校基础能力建设工程""中西部高校综合实力提升工程""一省一校""双一流"建设的历史机遇，结合我校艺术学科优势，挖掘保定乡土艺术的学术意义，强化社会服务和文化传承与创新，成为河北大学艺术研究者所应肩负起的文化责任。正是基于以上思考，2013年5月，河北大学艺术学院向保定市和河北大学郑重提交了筹建"保定市乡土艺术研创基地暨保定市乡土艺术陈列馆"的论证报告！报告得到了保定市主要领导的高度重视和肯定，并批复："实现校地联合，依托高校优势和地方文化资源，保护、整理、发掘、弘扬好古城文化是一条好路子，应予支持。"保定市委宣传部领导密切关注，积极筹备，多次到河北大学调研推动。河北大学主要领导亲自研究制订活动计划，为大力推进基地建设做了大量工作。河北大学为此在全校召开了相关部门的筹建协调会。我院组织学术骨干，在暑期深入曲阳、易县等地实地考察了定瓷、石雕、泥塑、吹歌、刺绣等乡土艺术形式，又先后赴石家庄以及蔚县、阳原、宣化等地考察，并在河北大学举办了相关前期成果专题艺术汇报展。汇报展得到了省内外领导专家的充分肯定，反响强烈。保定市先期投入资金予以支持，各项筹备工作取得了明显成效。

2014年3月18日上午，"保定市乡土艺术研创基地"揭牌仪式暨乡土艺术展览、演出系列活动在河北大学艺术学院举行。该活动由中共保定市委、保定市人民政府、河北大学主办，中共保定市委宣传部、河北大学艺术学院承办，内容包括揭牌仪式、"乡土乡音乡情——唱响保定故事"文艺会演、"首届保定市乡土艺术成果展览"三个项目。此举首开河北省乡土艺术研创先河，"保定市乡土艺术研创基地"成为河北省首个乡土艺术研创基地。该活动通过鲜活、质朴、纯真的保定乡土艺术作品，"校地联合"的运作形式，震撼了古城保定，一时成为人们关注的焦点和热点。

活动期间，河北省保定市相关领导相继参观展览，并对活动给予了高度评价。保定市宣传部门多次组织团体参观展览，半月的展期，观众逾万人次。对此，媒体纷纷大力报道活动盛况。《河北新闻联播》以《河北首个乡土艺术研创基地在保定成立》为题对活动进行了专门报道。《保定日报》在头版头条对活动给予了报道，并两次专版报道文艺会演和乡土艺术成果展览中的精品力作。保定电视台分两次专题报道采访活动。网络媒体更是实现全覆盖，信息传遍了全国的主要网站。其后，组委会还专门为本次活动召开了总结表彰大会。系列活动取得了意想不到的效果，对继承和发展保定的乡土文化起到了极大的推动作用。

校地结合，弘扬乡土文化，展现民间风采。用乡土艺术演绎"保定故事"，组建精英团队，提纯打造保定"文化名片"，是我院开展保定乡土艺术系列活动的基本思路。为此，河北大学艺术学院发挥自身在艺术设计、音乐、舞蹈、美术、影视与戏剧、动画等方面的综合学科优势，全方位、立体式整理保定市"乡土艺术"资源。发动学院高端研究力量，对进入保定市乡土艺术中的传统音乐、传统舞蹈、传统美术、传统戏剧、传统曲艺、传统技艺等项目及传承人，进行系统的调查、记录、研究，建立研究档案，积累口述材料，从而撰写系列学术专著，提纯保定文化艺术的学术形象和艺术精神，成为我们艺术研究"接地气"之举。

　　本丛书在 2013 年 12 月以"项目制"方式启动，我院一批专家学者热情投入，深入保定市各县市区乡土艺术实践之中，调研采访，整理记录，扎实研究，学理提升，反复研讨，做出了这些研究成果。这些研究成果渗透着保定市委、市政府领导和各县市区的倾力支持，渗透着河北大学领导的关怀和大力支持，是河北大学保定市乡土艺术研创基地所有成员的心血结晶，也离不开河北大学出版社领导和编辑出版人员的辛勤汗水！

　　群众的力量是无穷的，民间出高手，民间有绝招，乡土艺术充满着无限生命力和原创性。为我们生存的这方热土做事，为这方热土上的人民做事，我们大家的明天会更加充实而精彩。

　　　　　　　　　　　河北大学艺术学院院长
　　　　　　　　　　　河北大学保定市乡土艺术研创基地主任
　　　　　　　　　　　刘宗超
　　　　　　　　　　　2016 年 6 月

目　　录

第一章　绪论

第一节　乡土建筑的概念阐释

乡土建筑，英文为 vernacular architecture，这个概念最早在保罗·奥利弗 (Paul Oliver) 主编的《世界乡土建筑大百科全书》中提出："乡土建筑，人们的住居及其他的建筑物。它们通常由房主和社区来建造，与环境的文脉及适宜性的资源相关联，并使用传统的技术。所有类型的乡土建筑都可以因特定的需求而建，并同促生它们的文化背景下的价值、经济及其生活方式相适应。"① 乡土建筑的特征为：本土的建筑（indigenous architecture）、匿名的建筑（anonymous architecture）、自发性的建筑（spontaneous architecture）、民间建筑（folk architecture）、农民（peasant）的或乡村（rural）的建筑、传统建筑（traditional architecture）。这些特征基本概括了"乡土建筑"的内涵。

1999 年，国际古迹遗址理事会（ICOMOS）第十二届全体大会通过了《关于乡土建筑遗产的宪章》，宪章首次指出乡土建筑的定义："Vernacular building is the traditional and natural way by which communities house themselves. It is a continuing process including necessary changes and continuous adaptation as a response to social and environmental constraints." 乡土建筑是社区自己建造房屋的一种传统的和自然的方式，同时乡土建筑必须包含适应社会和环境变化连续改变的过程，这一定义强调了乡土建筑的动态性。乡土建筑在与环境相适应

---

① ［英］保罗·奥利佛著，单军译：《世界乡土建筑百科全书》，中国建筑工业出版社 1997 年版，第 1 页。

的过程中，形成了具有地域性的营造经验和审美传统，并具有代代传承的精神。乡土建筑不仅做到了与地方自然环境的和谐共生，也承载了独特的人文风情。

我国对于乡土建筑的理解基本与国际宪章的内涵一致，但由于国情的不同，对于乡土建筑的界定还是存在一定的差别。著名建筑学者陈志华教授认为我国乡土建筑具有区域性，并指出了乡土建筑的几个特质：乡土建筑多以聚落的方式存在，乡土建筑是农业文明的产物，乡土建筑多位于以稳定的农业、牧业为生的地区，这就将乡土建筑与市井建筑、现代农村建筑区别开来。① 总之，乡土建筑是朴素且精细的，生存于不同的地理、历史、经济和文化环境条件下，形成了各自的特色；乡土村落是个有机的整体，它是中国宗法制度的体现，系统地反映着中国农业文明时代乡土社会的文化历史信息。可见，我国对乡土建筑的理解强调了农业生产经济方式和农村地区。

乡土建筑是一个宽泛的概念，既包括建筑单体层次，也包括聚落层次，甚至是一个城镇历史区域；既包括了乡土建筑的物质实体遗产，也包括了乡土建筑的非物质文化遗产。楼庆西在《中国古村落：困境与生机——乡土建筑的价值及其保护》一文中写道："乡土建筑是指乡村中土生土长的建筑，即农村里的建筑，包括农村中的寺庙、祠堂、住宅、商店、书院以及亭、廊、桥梁、道路等一切建筑，它们组合成一个完整的村落整体。"② 那么乡土建筑研究包含民居研究、其他各种建筑类型的研究、聚落研究、建筑文化圈研究，也包含装饰研究、工匠研究、有关建造的迷信和礼仪研究，等等。③

在乡土建筑的研究中，经常出现"传统民居"的概念，二者在研究内容上有很多重叠，有些学者甚至将"乡土建筑"与"传统民居"等同起来。尽管二者之间存在密切的关系，但还是有一定区别的。最大的区别在于，乡土建筑强调乡村文化孕育的聚居环境，是相对于市井建筑而言，城市内的传统住宅、商铺或形成的传统街区等并不属于其研究范畴。乡村环境是乡土建筑存在的土壤，也孕育了乡土建造匠人。乡村房屋总量不多，文化和审美是保守和教条的，而民间艺术发展变化缓慢，一般要几十年才有变化。在这种条件下，乡土建筑几

---

① 参见陈志华、李秋香《乡土建筑遗产保护》，黄山书社 2008 年版，第 36 页。

② 楼庆西：《中国古村落：困境与生机——乡土建筑的价值及其保护》，《中国文化遗产》，2007 年第 2 期。

③ 陈志华：《北窗杂记建筑学术随笔》，河南科学技术出版社 1996 年版，第 438 页。

乎完全适合于地方的基地条件（气候）和建筑材料等，它们的建造就像植物的生长，虽然在不断地繁衍，但长出的却是越来越多相似的叶子和花朵。

第二节　研究背景与意义

一、乡土建筑研究有助于保护建筑遗产

据新华社2014年5月报道，住房城乡建设部统计数据称，在过去几十年的工业化、城镇化进程中，传统村落大量消失，现存数量占全国行政村总数的1.9%，专家估计，目前具有较高保护价值的传统村落不到5000个。传统村落是乡土建筑生长的载体，蕴含着丰富的物质与非物质文化遗产。截止到第五批中国传统村落调查，保定共有12个村落列入名录，分别为清苑区冉庄镇冉庄村、孙村乡戎宫营村、闫庄乡国公营村；顺平县腰山镇南腰山村、大悲乡刘家庄村、台鱼乡北康关村；阜平县龙泉关镇骆驼湾村、天生桥镇朱家庵村；唐县军城镇和家庄村、齐家佐乡史家佐村；涞水县九龙镇岭南台；安新县圈头乡圈头村。保定地域辽阔，除这些传统村落外，还有未被发现的传统村落和分散于广大村镇的乡土建筑群和单体，这些都需要引起重视。传统村落和乡土建筑被毁坏的现象持续上演，传统村落和乡土建筑研究与保护迫在眉睫，在此背景下，笔者对保定传统村落和乡土建筑展开详细考察，并做出系统的研究。

二、乡土建筑研究有利于新型城镇化建设

和全国大多数地区一样，保定大量的乡土建筑先是在"文革"期间遭受大规模的破坏，后又在改革开放的城市化建设进程中遭到破坏或侵占（尽管重要的历史人物的住宅被努力保存下来）。21世纪以来，我国积极推进新农村建设，探索出多条新农村建设的道路。我们按照新时代的要求，使用新材料新技术对农村旧居改造翻新，或实行统一规划整体搬迁。在这个进程中，新农村的规划思想、营建技艺、建筑材料等，都与传统模式有明显不同。在新农村建设中，建筑材料主要以水泥、混凝土和金属材料为主，替代了传统的木材、石材和砖瓦，主要建材的换代改变了传统木结构梁架的构造方式。新材料坚固耐用成本低，新技术施工方便效率高，乡村面貌和建筑样式日趋现代化，而原有的地域乡土特色和文化多样性却也消失殆尽，造成千村一面的现象。如何消除新材料、

新技术与传统村落的景观意象和乡土建筑引起的文化冲突，是当下新农村建设过程中急需解决的问题。

2018 年 1 月 2 日《中共中央、国务院关于实施乡村振兴战略的意见》指出："划定乡村建设的历史文化保护线，保护好文物古迹、传统村落、民族村寨、传统建筑、农业遗迹、灌溉工程遗产。"这是乡村振兴的前提和根基。乡土建筑是乡村传统社会延续的支撑性载体和文化活化石，是陈列在广阔大地上熠熠生辉的遗产。乡土建筑不只被看作是过去遗留下的静态遗产，而应该被视为在不断变化的"现在"中对于"过去"的动态解读或是重新解读。如何推动乡土建筑遗产的保护和符合新时代要求的有机更新，这是一个值得我们深思的问题。2018 年 10 月，习近平总书记在广东考察时指出："城市规划和建设要高度重视历史文化保护，不急功近利，不大拆大建。要突出地方特色，注重人居环境改善，更多采用微改造这种'绣花'功夫，注重文明传承、文化延续，让城市留下记忆，让人们记住乡愁。"总书记的视察讲话同样可以指导乡村规划和建设的进程，保留乡村特色，让乡村留下记忆，为我们的乡愁找到合理的疏解之处。针对目前"美丽乡村"的建设趋势，加快传统村落和乡土建筑的研究，真正做到深入农村、了解农村，为城镇化进程中乡村的改造建设献计献策，使乡村能够可持续发展。

综上，快速的城市化、城镇化进程以及 21 世纪人民生活住房需求所面临的空前压力，都促使着我们研究乡土建筑、发现乡土建筑的价值、保护现有乡土建筑文化，为地域建筑创作提供更为广阔的天地。

第三节　研究现状

我国乡土建筑的研究起始于 20 世纪 30 年代的民居研究，新世纪之后进入研究高峰期，无论是在学术交流、论著出版还是在研究观念和方法上取得了显著的成绩。陈志华教授是中国乡土建筑研究的倡导者，率领清华大学建筑学院的乡土建筑研究组专门从事乡土建筑遗产的研究和保护工作，提出并实践了"以乡土聚落为单元的整体研究和整体保护"的方法论。目前对京津冀区域传统聚落的研究，呈现出以京西、冀南、冀西、长城地区为主的区域性特征，个案的研究则以京西门头沟区、蔚县、井陉县等地的传统聚落为主要研究对象。天津大学张玉坤教授团队对长城沿线军事聚落的人居环境、演进机制、聚落形态和社会形态等进行了多角度的综合研究；王南希通过调研、测绘对京西门头沟地区传统村落的生成和变迁的成因进行了研究，并对村落空间和民居形态进行了提炼。罗德胤等对蔚县的古堡聚落进行了深入且翔实的测绘，从历史沿革、建筑形制特色、砖雕彩绘等方面进行考察，并以蔚州铁城、暖泉镇西古堡、水涧子三堡、北方城和宋家庄为例，详述了堡内的规划和村民的活动；刑佳叙述了邯郸市西部山区传统建筑的空间特征，对街巷尺度到村落空间进行了详细研究，并以王金庄村为例加以论述分析。谭力峰对河北地区的传统堡寨聚落演进机制进行了全面的研究，运用历史学、社会学、文化学等多学科理论知识，揭示了堡寨深层文化内涵，并提出了保护利用策略。刘功雪基于数字高程利用ArcGIS等软件对京津冀山区传统聚落空间特征进行了量化分析。

关于京津冀地区传统村落的研究，其范围和对象集中在若干重点区域，对冀中保定地区的传统村落关注较少，研究成果也较少，仅有几篇学术论文和一本调查著作。解丹调查了保定在明代真保镇时期的军事聚落体系，从不同时期的军事思想、战事、军事制度三方面的背景因素进行分析，揭示了明长城真保镇军事聚落的形成过程，解释了从建立大宁都司到真保镇逐渐形成军事聚落的建设历程。郑继永利用卫星影像分析软件对保定西部传统村落进行识别，进一步总结分析了其平面形态特征。郑继永还实地调查了约20个保留传统民居的村落，对保定西部传统民居的形态生成因素和特征进行分析，提出了相应的保护价值评价体系和保护措施。苏晓对涞源县五十亩村和张家村的传统民居现状进行了调研。邓韶华对顺平县腰山王氏庄园提出了保护规划和开发利用价值。刑慧斌阐述了易县岭南台古村落的艺术特点。尚改珍团队研究了历史文化名村冉庄的传统院落、文化景观和活态遗产的保护与再生。孙冬虎研究了白洋淀周围聚落发展趋势及现代分布格局，白洋淀周围聚落名称的演变及特点。贺鼎对白洋淀地区洼地和水区的景观结构进行考察，对洼淀景观形态进行了不同尺度的研究。苟林坤对保定市61座古戏台进行了全面考察和系统整理，结合文献资料，分析了古戏台的建筑特色、修建原因、经费来源和保定地区的民间信仰及演剧活动。侯璐主编的《保定古民居》调研了保定20余处旧城区及各县区的古民居和名人故居，并对涞水县岭南台村、唐县吉祥庄村、蠡县梁庄村三处历史价值和文化价值颇高的民居建筑群进行了较为详细的记录。

目前关于保定地区传统聚落与乡土建筑的研究，尚处于初级阶段，一方面对传统村落的发现和调研严重不足，另一方面缺乏区域性的系统研究。对保定市传统聚落形态、民居形态、村庙戏台等文化建筑形制与结构的研究，不同形态聚落的比较研究，以及聚落与乡土建筑的深层关系的系统性研究等都亟待加强。

第四节　研究对象与思路方法

一、研究对象

本书研究对象为保定市辖区内的 20 世纪 80 年代之前的传统聚落和乡土建筑，不包括改革开放后的新农村和新民居，根据上文对乡土建筑概念的阐释，本书关注的焦点为坐落于乡村的传统聚落和建筑，包括传统村落、传统民居、宗教建筑、戏台、祠堂等，这些聚落和建筑反映着农业文明时代下乡村社会的文化信息。按照营建技艺来划定，本书研究使用民间传统技艺营建的乡土建筑：传统的结构形式，包括木结构、砖石结构等；传统的材料，包括木材、石材、砖、黄土等。（不包括工业时代背景下的新建筑结构和新材料，如钢结构、水泥和铝板等材料。）

自然环境是乡土建筑存在的土壤。保定市辖区自然地貌丰富多样且差异大，西北部为沟壑纵横的深山和丘陵，中部和东南部为广袤的平原，东部白洋淀地区为烟波浩淼的洼淀湖泊，丰富的自然地貌孕育了多样的传统聚落和乡土建筑。为了清晰描绘保定乡土建筑，现将研究对象按地域分为三种：山区聚落、平原区聚落、洼淀区聚落。

二、研究思路

特殊的地理位置以及特定的地域文化造就了独特的乡土建筑。保定市地处太行山北部东麓，冀中平原西部，地势由西北向东南倾斜，山水地貌将全市分为相对独立的三大地理单元，主要包括太行山地区域，拒马河等多条太行山发源的河流出山后冲积而成的冀中平原区，淀泊星罗棋布的白洋淀洼淀区。本书基于上述三种不同的地理单元，选取典型的乡土建筑进行分类研究，每个地理单元又从两个方面展开：聚落形态和民居形态。从宏观层面分析聚落择址分布、空间形态、街巷结构等，从微观层面研究民居院落形态、建筑形态和装饰特征。村庙和戏台等公共建筑是反映乡村宗教信仰和民俗文化精神层面的载体，同时也是影响聚落空间形态的重要实体。在清晰呈现聚落与民居图式的基础上，对村庙和戏台选址、空间、结构、构造等方面进行详细分析，从社会文化、民俗习惯、审美观念、社会制度等多维度呈现乡土建筑的内涵。

三、主要研究方法

（一）文献调查

根据所确定的研究对象，在图书馆及互联网上查找国内已发表的学术论文、地方志及相关书籍，对保定传统村落相关的自然、历史和社会人文等已有文献和资料进行搜集和整理，成为研究的理论基础。

（二）田野调查法

进行实地调研，考察保定地区传统聚落的地理风貌、人文风情和生活习俗等，实地走访典型村落和民居，以拍照、测绘、访问等多种手段确保完整准确地记录村落与民居现状。收集研究聚落的第一手资料，即可弥补文献资料的不足，也可通过亲身调研加深对研究对象的认识和理解，从而使得研究成果更为真实可靠。

（三）建筑类型学理论

建筑类型学理论由意大利著名建筑师阿尔多·罗西提出，是按具有相同形式结构以及具有相同特征的一组对象进行分类描述的方法理论。对保定地区聚落、民居、戏台、庙宇等进行研究，从纷繁冗杂的村落和建筑形式中提取具有统一特征的抽象模型并还原，然后进行分类和归纳，使其清晰化和图式化，形成聚落及乡土建筑的"原型"。

第二章　保定自然环境和地域文化特征

保定市位于河北省中部，太行山东麓，冀中平原西部，北邻北京市和张家口市，东接廊坊市和沧州市，南与石家庄市和衡水市相连，西部与山西省接壤。保定是京师门户，曾"北控三关，南达九省，地连四部，雄冠中州"，历史上为燕国、中山国、后燕立都之地，清代八督之首，素有"京畿重地""首都南大门"之称。

第一节　自然环境特征

一、山水地形地貌

保定市地处太行山北部东麓，冀中平原西部，地势由西北向东南倾斜。地貌分为山区、平原和洼淀区三大类。以黄海高程 100 米等高线划分，山区面积10，988.1平方千米，占总面积的 49.7 ％，平原11，124.9平方千米，占总面积的 50.3％，其中洼地面积 2423 平方千米。复杂多样、类型兼备的地貌特征为塑造丰富多样的聚落形态提供了背景依托和先决条件。

山区按高程及地貌划分为中山区、低山区及丘陵三类。西部为中山区，海拔高程一般在 1000 米以上，包括涞源县全部，涞水、易县、满城、顺平、唐县、阜平的西部深山区，总面积 6，790.5 平方千米。中山区群山起伏，沟谷纵横，该区最高山峰为阜平县歪头山，海拔 2286 米。中山区东南部是低山区和丘陵区，呈条带形，包括涞水、易县、徐水、满城、顺平、唐县、曲阳、阜平的部分地区，总面积 4，197.6 平方千米。低山区海拔高程除狼牙山为 1105 米外，一般在 500 至 1000 米之间。丘陵区海拔一般在 100 至 500 米之间，地形低缓起伏，向东南渐坡展为平原。山地区总体上呈现连绵变化的山地特征，具体到局布又是复杂多样的，包括中山、低山、丘陵、间山盆地、山间峡谷、河流谷地等不同的地貌类型。

平原区主要由拒马河、易水、漕河、龙泉河、唐河、沙河出山口后冲积而成，一般海拔在 10 至 100 米之间，地势平坦。该区含市区、雄县、高阳、容城、定兴、高碑店、博野、蠡县。平原区土地肥沃、水源充足，为农业耕种经济提供了良好的条件。

洼淀区位于平原东部，为白洋淀和周边低洼易涝区，海拔 7 至 10 米。含安新全部，高阳、清苑部分地区。白洋淀周围地区，地下水位高，蒸发强烈，盐类蓄积于地表面，从而形成严重的盐渍化现象。

境内河流主要为海河流域大清河水系，永定河流经东北部边界，长 10 千米以上的山区河道众多，呈扇形分布。大清河主要分为南北两支，南支主要由潴龙河、孟良河、孝义河、唐河、清水河、金线河、界河、府河、漕河、萍河、瀑河等汇入白洋淀。北支拒马河从铁锁崖分为南、北拒马河，北拒马河至涿州市东茨村入白沟河，南拒马河在白沟镇与白沟河相会，称大清河，大清河经白沟引河与白洋淀连通。白洋淀在市境东部，东西长 39.5 千米，南北宽 28.5 千米，总面积 362.8 平方千米，由白洋淀、藻苲淀、烧车淀、捞王淀等组成天然积水区，内有大小不等的 90 多个淀泊。

保定市辖区西北为山区，东南为平原，再加上多条水系，构成保定丰富的地貌类型。分布在不同地貌类型的村落，形成了各不相同的聚落形态和民居形态。地理位置接近的村落之间常有文化经济活动往来，聚落形态亦相互影响。

二、自然资源与建筑材料

西北部中山地区地势高，受温暖季风的影响，水热条件较为优越，适于森林植被的生长和发育，多为落叶阔叶林，主要有桦、杨、落叶松、油松、侧柏、栎类等。山麓和山沟有枣、柿、花椒、杏、核桃、山里红等经济林木。灌木主要有胡枝子、虎榛子、酸枣、荆条等。保定平原均已开垦为农田，是河北省粮棉重要产地之一，主要作物有小麦、棉花、玉米、谷子、甘薯等。在广大的平原上，散布有稀疏的落叶阔叶树和针叶树，夹有灌木和草本植物。常见的树种有油松、侧柏、槐、桑、臭椿、香椿、构树、榆、山桃、胡桃、毛白杨、旱柳、垂柳、梨、桃、枣等，灌木多为酸枣、荆条。白洋淀淀内生长有水生沼泽植物群落，主要有水稻、芦苇、菱、芡、莲等资源植物。但总体来看，全市植物稀疏，森林覆盖率较低，林地仅占总面积的 9.2%，地表疏松，风雨剥蚀和水土流失严重。

就地取材是乡土建筑营建选材的原则。木材是传统民居建筑的重要原材料之一。保定区域常见树种有榆树、槐树、柏树、杨树等，这些都是民居建筑中常用的优良木材。榆木多用在梁与檩条；槐木生长缓慢，成材多为檩材；杨木、桐木易加工，常用于小木作。

保定市矿产资源主要集中于西部山区，大理石、花岗岩和石灰石等石材建筑材料资源丰富。石灰石，又名青石，主要成分为碳酸钙，是古代建筑中最常见的建筑材料，用于古代建筑的墙基石、墙腿石、腰线石。保定西部民居中的石材多为毛石，砌筑墙体，大部分不具承重功能，承重结构为抬梁式木构架，石材仅用作维护填充材料。毛石的广泛应用主要是由于经济易得，规整的石块在石材丰富的地区才有大量的应用，且出现石墙为承重结构的民居。保定西部属黄土高原东部边缘，黄土地貌较发达，黄土是经济易得的建筑材料。保定西部民居将土与石结合使用，土主要是当地黏土，其质地细腻且具有较强的黏性与可塑性。

第二节　地域文化特征

一、历史沿革

保定是一座历史文化名城，历史悠久。已发掘的系列古文化遗址显示，保定区域具有发达的史前文明，如涞水县出土的智人化石证实这里曾是智人的繁衍生息地之一。保定唐县相传为上古尧帝的故乡，保存有庆都山"尧母泉"、青龙山（又名尧山）"古尧泉"（又名"尧池""唐池""尧井"）、元代"唐帝庙碑"、清代"古唐侯国碑"、古唐侯国遗址的部分城墙等文化遗迹，唐尧传说故事在民间至今还广泛流传。春秋战国时期，这里是燕、赵与中山 3 个诸侯国的交界地带。公元前 295 年，赵约燕、齐之师灭中山国，之后燕赵重新划定疆域，保定南属赵，北属燕，"燕南赵北"之说正是源于此。据明弘治版《保定郡志》记载，燕昭王曾于今保定城东五里建广养城为放牧战马之城，可见保定最初出现城镇是为保卫燕国所设的战备之所。公元前 227 年，太子丹派荆轲作为使者，携带夹有匕首的燕国督亢（今河北易县、涿县、固安一带）地图连同秦国逃亡到燕国的叛将樊於期的首级，去行刺秦王，挽救燕国，这就是历史上有名的荆轲刺秦王典故。

汉高祖十一年（前 196）建乐乡城，置乐乡县，为保定设县之始。据《清苑县志》载，自北魏太和元年（477）置清苑县，建清苑城，此地始出现城邑。五代后唐同光元年（923）置奉化军，天成三年（928）升为泰州，为保定设州之始。三国两晋南北朝时期，保定处于中原农耕文明与草原游牧文明的结合地带，常年战乱，使保定的经济发展受到阻碍，并先后属于少数民族建立的国家冉魏、后赵、前燕、前秦、后燕等。隋唐五代时期，保定区域经历了隋初和盛唐经济稳定发展阶段，也经历了隋末、安史之乱、割据动荡和五代战乱时期，先后分属于后唐、后晋、后汉、后周及辽（契丹）等。

宋辽金元时期，辽占领燕云十六州，契丹和汉族两个民族的交界线推到长城以里——保定境内白沟一线，华北中原农耕民族没有了坚固的长城和险峻的燕山作为屏障，于是只能通过军塞和军镇的建设进行防御。北宋建隆元年（960），因宋太祖赵匡胤祖陵在清苑县境，清苑又为宋朝北部的边塞重地，所以宋朝于清苑县置保塞军，改清苑县为保塞县，取保卫边塞之意。当时保定地形险峻，易守难攻，成为驻兵的理想之地，也是自燕京南行攻宋的唯一通道。宋朝利用这种地形，设置保塞军，保塞军成为当时抵御北方游牧民族的重要力量。后来保塞军升为保州。宋淳化三年（992），李继宣任保州知州，"筑关城，浚外濠，葺营舍千五百区；造船二百艘，入鸡距泉以运粮，人咸便之"。由此，保州始具规模。宋辽两国缔结"澶渊之盟"后，双方以易水和白沟为界，保州仍是边境重镇，战略地位突出，很多北宋名将如杨延昭等都在此任过职，率军抵御辽兵。后北宋与金联合灭掉辽国。靖康二年（1127），金又灭掉北宋，攻占保州，仍沿宋制称保州，又名金台驿。此后保州成为金中都（今北京）的南部屏障。金在保州设顺天军节度使，保州的军政地位进一步提高。

金贞祐元年（1213），成吉思汗率强大的蒙古军南侵，攻陷保州，屠城三天，城垣被毁，"保自兵火之余，荒废者十五年，盗出没其间"。蒙古太祖二十二年（1227），降元的汉军将领张柔主持重建保州城池，据《元史·列传·卷三十四》中记载："柔为之画市井，定民居，置官廨，引泉入城，疏沟渠以泻卑湿，通商惠工，遂致殷富。迁庙学于城东南，增其旧制。"元代历史学家元好问所著《顺天府营建记》和明嘉靖《清苑县志》卷之三·祠祀也较全面地记载了这次重建，"划荆榛、立市井，作燕南一大都会"。此为保定筑城之始，奠定了今时保定古城的基础，也为保定在元明清三朝长达300年的繁荣发展奠定了基础。

元代统一北方后，改保州为顺天路，后又改顺天路为保定路，保定之名自此始有。明洪武元年（1368），保定路改为保定府，又称保阳郡，隶属于北平中书省，此为保定设府之始。明永乐元年（1403），明成祖朱棣将国都迁至北平（今北京），并将北平行都司更名为大宁都司，迁驻保定，负责京畿附近的护卫与安全。顾祖禹《读史方舆纪要》称："保定府，重山西峙，群川东汇。宣府、大同为之屏障，倒马、紫荆为之阻隘。联络表里，翊卫京师，诚重地也。"可见保定战略地位的重要性。

鉴于保定重要的军事战略地位，防御功能成为明代城市建设的主要方面。明惠帝建文四年（1402），都督孟善加固城墙，以砖石砌城。隆庆年间，知府将土城逐步改建成砖城，根据当时的条件和地利，确定城的形制，城周基本呈方形，唯西城南部向外呈弧形凸出500米，整个城池形似足靴，故保定还有"靴城"之称。正德十年（1515），设保定巡抚署。崇祯十一年（1638），设保定总督，同时置保定总监军。

入清后，清沿旧制，仍设保定府。保定府因处直隶省中部，是京师的南大门，交通要冲，商贾繁华，又是省城所在地，位置尤其重要。清康熙八年（1669），直隶巡抚移驻保定，保定始为直隶省会，成为区域性的政治中心。雍正二年（1724），清政府改直隶巡抚为直隶总督，建直隶总督署。雍正四年（1726），建清河道衙，保定成为省、道、府、县四级行政机构所在地。直隶，因其直接隶属京师而得名，更因直隶地处京畿，成为清代省府第一衙。随着政治地位的提高，也促进了保定商业和教育的发展，各种会馆和学校开始涌现。清雍正十一年（1733），由时任直隶总督的李卫奉旨在莲池边设莲池书院，随后逐渐发展成为中国北方最高学府，造就了一大批文人学士。清朝晚期，国家实行废科举，兴新学，保定走在了全国的最前列。光绪二十四年（1898），直隶总督在城西南灵雨寺创办畿辅大学堂，也叫直隶高等学府，为直隶省第一座新式学堂，开创了中国教育改革史上的先河，为晚清时代培育了大批政治、军事、法律、外交、工程、文、史、哲学等方面的人才。自清雍正八年（1730）至清朝灭亡（1911），直隶总督署驻此，保定一直为河北政治、经济、文化、教育、军事中心。此后袁世凯接任直隶总督兼北洋大臣，在保定创建了"北洋陆军速成武备学堂",即保定陆军军官学校(保定军校)的前身,是中国历史上第一所正规化高等军事学府,推动了中国军事教育与军队的近代化进程,是中国近代军事人才的培养基地。

民国建立后,撤保定府,直隶省会迁至天津。1937年,保定被日军占领,为河北省日伪军政首脑机关驻地。在抗日战争中,保定军民写下了许多英雄诗篇,从狼牙山上的五壮士,到白洋淀的雁翎队,从保定外围的敌后武工队,到冀中平原游击战斗的冉庄地道战,到处是杀敌的战场,为全国抗战胜利做出了重要的贡献。1948年,保定解放,建立保定市人民政府,作为冀中行政公署驻地。次年河北省人民政府在保定市宣告成立。新中国成立后,保定曾两度为河北省省会,现改为省辖市。

二、地域优势

保定区域具有便利的交通位置优势。北宋时期,保定作为边陲重镇是宋辽之间重要的交通枢纽,是中原与北方少数民族沟通交往的必经之地。保定西依太行山脉,东为冀中平原,北控三关,古道通达,商贸云集,被称为"天下通道""京畿重地"。在古代,保定境内曾设18处驿站,驿铺更是密集,达168处,其中保定市区有金台驿,满城县有泾阳驿。这些古代交通设施随着清政府的覆灭全部被废除。

保定境内水系发达,北有拒马河、大清河等,南有易水河、唐河、潴龙河等,河系分支众多,纵横交错水量充足,航运条件优越。这些河流汇入白洋淀,经由文安东淀汇入海河,可直达天津入海口,再由京杭大运河向北抵达北京,向南通达江南地区。明清以来保定水陆交通发达,是重要的交通枢纽,也是重要的货物集散地之一。

保定还具有重要的军事位置优势。分久必合、合久必分,在中国漫长的历史进程中,保定自古地当冲要,是兵家必争之地。明以前,保定为边塞要地,尤其在北宋时期,是抵御西北、东北少数民族的边关重镇。明清时期,都城迁到北京,保定的军事地位更加重要,联络表里,翊卫京师,成为拱卫京师的南大门。在古代,雄关险隘对于都城安全具有重要意义,明清时期设四镇三关军事要塞部署,分别为蓟、昌、保、辽四镇,居庸、紫荆、山海三关。保定为四镇之一,三关中的紫荆在保定境内。在明代,保定还是北直隶重要的军马产地之一。杨时乔的《马政纪》记载,明代保定府备用祁州等十三州县原额种儿骡马 7945 匹，在北直隶所有府州中排名第二，仅次于大名府。① 保定府十三州县的草场面积，在各府中也仅次于真定府。清代虽然没有了北方游牧民族的威胁，但清廷仍然重视保定的军事地位。雍正年间编写的《畿辅通志》写道："北控三关，南通九省，地连四部，雄冠中州，控雁门之紫塞，引鸡距之清流，倚太行之严观，接易水之长洲，前有弥潴大陆之利，北有重关天险之固，群山西峙，众水东漾……燕赵界区，神京要地。"可见清统治者对于保定府的军事价值有着深刻的认识。

三、民俗文化

民俗文化是一个地区的居民在长期发展中不断创造、形成的精神文化，反映了当地独特的风土人情，从民俗文化中可以了解当地居民的生活传统、喜好、禁忌、习惯等。保定这座有着上千年历史的文化古城，历史上处于农耕文化和游牧文化的结合地带，频繁的战乱使得这里融合了多民族文化，积淀了独特而多元的民俗文化，为后人留下了大量的文化遗产。

保定的民俗文化涵盖了各种文化形式。保定老调、圈头村少林会、圈头村音乐会、徐水舞狮、定州秧歌、顺平桃花节、白洋淀荷花节等，这其中很多都被收录进国家级非物质文化遗产名录里，是宝贵的文化财富。一些民间艺术形式或团体也为该地区印上了独特的文化符号，例如徐水舞狮使徐水县有了"北狮之乡"的美称，徐水舞狮也被称为"北狮之宗"。舞狮表演者扎实的武术表演功力和狮子的默契配合为观众带来精彩的视觉盛宴。安新县圈头村音乐会，是保定的传统民间音乐，始于明末清初，延续至今已有几百年，更可贵的是它保留了大量完整的古老曲目。音乐会在当地民俗文化中扮演了重要角色，为周围地区的祭祀典礼、丧礼仪式、社会庆典等活动提供无偿服务，在当地民间影响很大。

保定有"红色之城"的称号。抗战时期，保定留下了大量可歌可泣的红色事迹，比如冉庄地道战、狼牙山五壮士、平原游击战、白洋淀雁翎队等等，为中国的抗战胜利做出了不可忽视的贡献，体现了保定人民顽强的革命斗争精神和伟大的爱国精神。这些经典事迹还促使人们创作出大量的红色文艺经典作品，如《地道战》《小兵张嘎》《狼牙山五壮士》《敌后武工队》《野火春风斗古城》

---

① 参见〔明〕杨时乔《马政纪》，商务印书馆 1986 年版，第 8、136 页。

《红旗谱》等。这些宝贵的文化财富让当地发展出了独特的红色文化，在今天的冉庄村还保留有抗战时期的地道建筑和设施，并发展为独具特色的地道战旅游文化，让革命文化融进百姓生活中，让来自全国的人民感受那段红色岁月。

　　乡村地区每逢节日或者重要日子会举行庙会，上庙也就成为群众的一项娱乐活动。各地区的庙会有不同的特点，持续几天甚至半月的都有，除了进行贸易活动、祭祀活动外，有的地区还有武术、舞狮、高跷等表演活动。庙会为当地居民提供了一个物资交流、休闲娱乐、聚会庆祝的平台。保定还时兴演剧活动，自正月开始，遇节日举办，规模较大的有春节、元宵节、重阳节等，演剧活动有娱乐、拜年等功能，在民间颇受重视。

第三章　保定传统聚落形态

　　早在 7000 多年前的新石器时代，保定地区就有人类定居的痕迹，在安新县西留村发现了属于仰韶文化的留村遗址。截至目前，保定地区发现省级以上汉代以前的人类定居遗址 23 处。经过历朝历代的发展，保定地区逐渐形成了数量庞大的传统聚落。市域西北部为太行山脉东麓，东南部为平原，东部有华北最大的内陆湖泊湿地。丰富多样的地形地貌影响了聚落选址和空间分布的特征。

　　下面将以 3 个不同地形单元分别论述其传统聚落形态，由于山区传统聚落保存较多、较好，平原地区和洼淀地区的聚落面貌已经发生巨大变化，实例较少，因此本章节论述山区传统聚落的内容相对丰富。

第一节　山区堡寨型聚落

一、堡寨型聚落形成背景

　　保定区域自古以来具有重要的军事地理意义，先秦时期为燕赵边界，北宋时期为宋辽边界，明清时期为护卫京师的京畿之地。北宋时期，宋辽以拒马河为界，为防御辽国铁骑南下，北宋沿拒马河一线设置了众多军事重镇，如霸州、雄州等。明清时期，保定西依太行山脉，是明内长城的必经之地，沿线设立多层次的长城防御军堡体系。另外太行山中河流侵蚀的诸多隘口是沟通山西高原与河北平原的重要通道，自古都是兵家必争之地，如涞源飞狐陉、易县紫荆关，又称蒲阴陉。在这一背景下，保定出现了大量包含"营""堡""屯""铺"等具有鲜明军事色彩的地名。

（一）太行陉道与聚落分布

堡寨型村落分布于太行山区及丘陵地带。太行山脉是华北平原和山西高原的天然地理分割线，自北向南跨越了河北、北京、山西和河南四省市。山区的聚落交通落后于平原地区的聚落，历史遗存和传统风貌保存较好，且多聚集分布于太行山陉道周边。太行山脉中的陉道周边也是自古以来太行山区人居聚落分布较为密集之地，传统聚落的分布与古陉道及其所处的山水环境有着密切的联系。

太行山脉绵延数千里，山脉中有很多受河流切割而自然形成的横谷，即所谓"陉"，是太行山独特的地势特点之一。"陉，山绝坎也"，即山中断绝之处，在漫长的历史进程中，太行山脉东西两侧的百姓借助这些中断的山谷交通进行物质交流和军事往来，早在西晋时期就形成了"太行八陉"的地理认知（见图3-1）。晋代郭缘生在《述征记》载："太行山首始于河内，自河内北至幽州。凡百岭，连亘十二州之界，有八陉：第一曰轵关，今属河南府济源县，县西十一里；第二太行陉，第三白陉，此两陉今在河内；第四滏口陉，对邺西；第五井陉；第六飞狐陉，一名望都关；第七蒲阴陉，此三陉在中山；第八军都陉，在幽州。"其中蒲阴陉和飞狐陉在保定市境内，蒲阴陉东起易州，过紫荆关，达涞源，由此西通山西灵丘，又向北与飞狐陉相连，通蔚县。蒲阴陉，峰峦峭峙，仄

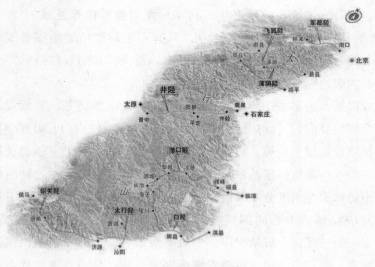

图 3-1 太行八陉地理分布图

陉内通,是达山西大同的军事要隘。飞狐陉,也称飞狐口,古人云:"踞飞狐,扼吭拊背,进逼幽、燕,最胜之地也。"飞狐陉与蒲阴陉占据特殊地理位置,是连接华北平原、山西高原与塞外蒙古高原的重要通道。其实除去代表性的"太行八陉"外,穿越太行山的古陉道大大小小不计其数,如保定境内还有唐县倒马关到阜平龙泉关之间的古陉道。在历史进程中,在交通通达之处就会有聚落点的出现,山区地势崎岖起伏大,道路、河流走向皆为地势平缓之地,山区聚落的生成与地势、交通、水系密不可分,因此呈现出与平原地区不同的分布规律。

(二)明代内长城防御体系

太行山巍峨险峻,是天然的军事屏障,在历代抵御外敌的入侵上发挥了重大作用。明朝为了防御北方蒙古残余势力的侵扰,在秦始皇长城的基础上,加固边防,并在京西长城内增建了两道城墙,以偏关、宁武、雁门为外三关,居庸、倒马、紫荆为内三关。明正统十四年(1449),土木堡之变后,为加固长城防线,在长城内侧沿线部署了大量军士卫所和边防城堡,并划分防区,形成长城沿线的"九边重镇"。沟通山西与北京的飞狐陉—蒲阴陉一线增设了大量军事关口城堡,于紫荆关、倒马关一带砌筑塞口,以便各级官兵往来支援;景泰初年(1450)"命修筑紫荆关等关山口共五十处,凡城堡壕堑俱令高深,其山岗平坦者,悉斫削陡峻以绝虏骑至是始完",次年建倒马关下城,景泰三年(1453)于浮图峪、宁静安筑城,景泰五年(1405)修砌独石口等处城堡,天顺四年(1461)修倒马、龙泉等关。这一时期,具有军事防御功能的军堡聚落数量激增,且分布比较规律,沿长城沿线均质分布,距离长城防线较近的军事防御聚落越密集,向腹地纵深方分布趋势逐渐稀疏。

明中叶以后,为了加强首都和帝陵(明十三陵)的防务,又增设了昌镇和真保镇(今清苑县内),合称九边十一镇,形成了完整的内边长城军事防御网络体系。真保镇设镇城于清苑,由总兵统领。下设紫荆关路城、倒马关路城、龙泉关路城、马水口路城四座路城,四路之下分别管理多个堡城,同时继续新筑城池,军事防御聚落密度分布显著增长。总体上看,真保镇内四路下所有堡城大致以其对应路城为中心向四周辐射分布。明代军事防御聚落等级基本为:镇—路—卫—所—堡。一般情况下,堡城等级最低,分布于长城沿线,布局密集、联系紧密。所、卫、路、镇随着聚落等级升高,分布点逐渐远离长城沿线向腹地延伸,逐层指挥低一级城池,布局稀松。至此,真保镇内军事防御聚落体系已完善，形成了横向联防、纵向到边的内边长城整体军事防御网络体系（见图 3-2）。

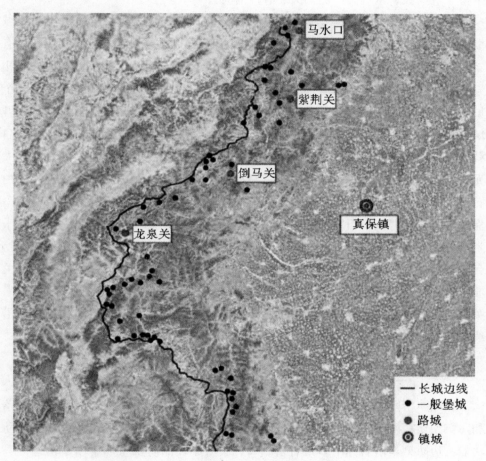

图 3-2　明朝后期真保镇长城军事聚落空间分布①

（三）保定内长城防御聚落

明代内长城，西起山西偏关，东至北京怀柔与外长城合。保定界内北始于涞水、涿鹿、房山交界处，历经涞水的马水口、大龙门、金水口、涞源乌龙沟、

①　解丹、张碧影、毛伟娟：《明长城真保镇军事聚落体系形成与发展过程探究》，《城市建筑》，2017 年第 17 期。

浮图峪、宁静安、白石口、插箭岭、独山城，在狼牙口村西入山西界。由山西平型关南下再入阜平境内龙泉关，龙泉关南至平山申塘关，龙泉关东北上有美王口、倒马关、紫荆关，倒马关北有插箭岭。

1979 年保定地区长城普查组粗查，保定界内长城有两种形式：一类为有城墙的长城，沿涞源东北而走，涞源县境内尚存长城 50 余千米，涞水县境内仅有菜树庵段城墙和大龙门城堡保存完整。另一类为无城墙而以数所关口、楼台相连而成的长城，自涞源西南端至阜平境内，只有紫荆关、倒马关、龙泉关 3 个城尚保存完整。无楼台的长城多以山为险，仅在山谷地势低洼地段修筑一段城墙和城堡敌楼，至今城墙保存较少，仍有很多敌楼保存完整。《河北通志稿》载，保定辖区长城沿线有 55 个城堡，较大的城堡有涞水的马水口、金水口、大龙门口、乌龙潭口，易县的盘石口、奇峰口，涞源的乌龙沟口、宁静安口、白石口、浮图峪、插箭岭、独山城，阜平的铁岭口、落路口、吴王口、茨沟营等。保定地区长城普查组粗查，保定市辖区长城达 150 千米，另有关城翼墙约 75 千米，长城主体上有敌楼 334 座，其中涞源境 296 座，计有乌字台 66 座，浮字台 53 座，宁字台 39 座，白字台 92 座，插字台 46 座，关城战台 82 座，在关城或口子外查出烽火台 42 座。长城内外之防线，分别由紫荆关、倒马关、龙泉关统辖。这些基于军事防御而设的众多城堡、关口逐步形成了保定境内长城沿线的防御聚落。

二、堡寨型聚落选址原则

长城军事防御网络体系中构建的聚落根据具体功能可分为边防型堡寨聚落和防御型堡寨聚落。边防型堡寨聚落依长城边防关隘而建，直接承担军事边防功能。边防型聚落名称中多带有营、口、关等字，而防御型堡寨型聚落建于与边线保持一定距离的区域，堡寨首先作为后方的军粮供给单位提供补给，保证前方将士的生活所需。其次当敌人攻进来之后，堡寨自身也可以起到抵抗外来入侵的作用。防御型聚落名称中带有堡、寨、屯、营、壁等字。

（一）边防型堡寨选址

太行山脉东西两侧海拔相差 1500 米，在千沟万壑的黄土高原和一马平川的冀中平原之间形成了一道天然的南北屏障。长城沿线的边防型堡寨依据太行复杂地形、险要地势形成保证军事防御的聚落。边防型堡寨聚落选址的基本原则为"依高、避泽、避卫、避壅"，其含义指的是依据有利的地形条件和便利的交通条件，提高烽传驿传的效率，保证军事战略部署的实时性，同时要避开泥泞的沼泽地区，避免水患侵扰。这样选址的目的就是提供堡寨的军事防御功能，因此，军事防御性是边防型堡寨选址的重要因素，具体表现为地势上的据险扼要及利用地势形成聚落间的互助协防。

例如阜平县龙泉关村就是典型的边防型堡寨。龙泉关北面为三箭山、西面为驼梁山、南面为长城岭，平均海拔高度 800 米左右，形成三面环山、向东开放的环抱之势，龙泉关依据山势据险修建，能够有效阻挡外敌入侵。聚落周边环境复杂、道路崎岖，进攻时可依据高度优势攻打，退守时还可为军队提供隐蔽的驻守场地，同时复杂的地形可消耗敌方骑兵作战优势。另外村内有东西向河道，河水常年不断，也是抵御外敌的天然屏障。

边防型堡寨沿长城沿线均匀分布，堡寨之间存在相互协作的特点。依据地势优势，在一定距离范围内，堡寨与堡寨之间、堡寨与普通村落之间形成线型防御带，互相提供军事信息和日常生活所需，联络成相互协助、共同防守的体系。龙泉关地处内长城里侧 100 余米，一共 60 道口子，虽无边墙也称长城，自明代就在 60 道口子处修楼屯兵。龙泉关村依据龙泉关城而建，其余 60 道口子有一部分也逐渐发展为村落，大小村落互相联络，共同抵御外敌。

（二）防御型堡寨选址

防御型堡寨作为军事防御体系的重要节点，在各朝代都有所兴建。在明代，为了加强北方防御，明政府开始大规模重修军事防线，沿线设"九边重镇"以及卫、所、营、寨等防御单位，并推行"募民屯田，且战且守，以军隶卫，以屯养兵"的政策，从而出现大量按照一定的防御体系及兵制要求分布的城堡。伴随着军堡的修建，各地百姓也采取堡寨形式修建村庄，形成村堡。河北地区现存的堡寨主要以军堡和村堡为主。明清是村堡大量兴起的时期，河北境内现存的村堡聚落大多就是在这个时期形成的。随着时代的变迁，一部分堡寨的性质也随之发生了变化，有的军堡由于军事地位的下降逐渐改为村堡，而有的村堡则反之，改为了军堡。

防御型堡寨型村落一般情况下通过山脉、河流等自然屏障进行防御，同时河流能够用于农业生产及生活汲水。出于防守和生产需求，堡寨通常设置在地势较高、水源充足地带，村落形态呈不规则平面形式。

在军事防御方面，大多采取从外到内层级防御方式。堡寨外部砌筑城墙，内部道路进行合理规划，使建筑空间布局具有迷惑性，院落大门避开村落主要道路，以防敌人径直进入院落，同时在建筑上设置细部构件，稳定人们的心理防线。坐落于蒲阴陉通道上的涞源县小西庄就是典型的防御型村堡。村落外围院落墙体高筑，设寨门，村落内部道路错落规划，院落宅门收敛布局，这些都是防御敌人、迷惑敌人的有利措施。涞源县北石佛乡艾河，为山西和河北交界处的重要村落，据乾隆年间《涞源县志》记载："广昌县有村为艾河堡。"另外有《涞源县地名资料汇编》记载："艾河建于明朝洪武年间（1368年至1398年）。"洪武年间正是为抵御外来敌人而筑城的高峰期，因此可推断，艾河曾为堡寨，但至今为止已几乎看不出堡寨的痕迹。

三、聚落边界与形态分析

堡寨型聚落根据居住性质分为军堡和村堡，一般来说，军堡属于边防型堡寨聚落，村堡属于防御型堡寨聚落。军堡聚落一般都具有统一的指导思想和营建模式，整体布局严谨，功能分区明确，道路规整通达，民居院落尺度均一，如易县西陵镇凤凰台村。然而由于地形所限，部分聚落格局并不能完全整齐划一，呈现出灵活多变的空间形态，如阜平县龙泉关村。军堡聚落一般按照外围防御边界、交通空间形式和建筑空间组团由外而内建构，道路街巷系统在作为整个军堡的骨架连接建筑组团的同时，又能够过渡到外围防卫边界，整体形成防御性为主的城堡空间形态。

村堡乃当地百姓为免受战乱与土匪山贼抢劫杀戮，选地势险要、海拔适中之地高筑堡墙形成防御性的村堡聚落。位于河川地带的村堡，由依地势相对平坦，便于统一营建，聚落形态方正规整，理性特征较为明显，如顺平南腰山镇。位于山谷地带的村堡，由于受到自然山体地形的影响和限制，形成灵活自由、变化丰富的格局，道路系统随着地形呈现为发散、不规则的布置方式，如村落形态保存较好的涞水县岭南台村、唐县吉祥庄村。

（一）外围防御边界

聚落边界既有人工墙垣构筑而成的硬质边界，也有自然山体、水体构成的软质边界，其围合而成的形态就是聚落的形态。聚落有形边界使居住在内部的村民在情感上更容易产生安全感和归属感。

军堡聚落外围防御边界主要由城墙、城门、瓮城、烽火台等要素组成。龙泉关古城原周长约2.5千米，平面呈不规则形状，城墙一共有两层，将龙泉关分为外城和内城，外城南侧依山险无城墙，设有东西两城门，内城设东门、北门且都筑瓮城（见图 3-3）。瓮城处于内城外侧，是在城墙外面筑起一圈小城，增强城门防守能力。北瓮城城门向西开，东瓮城城门向南开，瓮城门开在侧面，以便在大城、瓮城上从两个方向抵御攻打瓮城门之敌。进犯龙泉关的外敌多从西北面入侵，因此堡城西南方向设烽火台且北面不设城门。

图 3-3　龙泉关古城图（来源：中国乡建院）

乌龙沟是明代真保镇长城线上的一个重要的关隘，位于今涞源县乌龙沟乡，三面环河。《紫荆关志》载，成化十五年（1479）建立正城一道，明嘉靖二十四年（1545）添修长城一道，二十五年（1546）创建城堡一座，东西门两座。如今城堡形态基本保存完好，南北长约 200 米，东西宽约 150 米，平面呈不规则的长方形。乌龙沟城的西南面靠山崖，乌龙河从关城的西侧流过，环绕城堡向东南汇入大庄河，形成天然的防御屏障。乌龙沟城的南墙和西墙有门，外建瓮城环护。南瓮城门向南，门额阴刻横书"翊荆门"，当为辅助紫荆关之意。西瓮城门亦向南，门匾书"镇朔门"，意为防御西北游牧民族入侵。城门及城墙均用条石和砖砌筑，十分坚固。另外在城的西北角，向外用毛石圈了一块地，据说是当时饲养战马的地方，现墙圈仍然保留。乌龙沟城池形态随山脉河流走向的特点，因势就利规划为不规则长方形，形成天然软质边界和人工硬质边界组成的二重外围防御边界（见图 3-4、图 3-5）。乌龙沟特殊的地理优势和建制规划明确显示出防御特征。

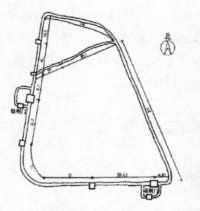

图 3-4　乌龙沟城城墙平面图（1∶3700）①

图 3-5　乌龙沟卫星平面

　　凤凰台村位于易县西陵镇，是乾隆生母泰东陵的守陵村，周长 1.3 千米，平面呈规则的矩形形态。清雍正八年（1730），泰陵修建之时，划定保护区域，砌风水围墙，修相应建筑。虽然凤凰台村并不直接承担军事防御功能，但聚落边界非常明确且封闭性强。凤凰台村北临来凤山，依据山险无城墙，东西南三面筑城墙，高约 4 米，墙身用毛石垒砌，八字形墙顶，东、南城墙分别建有一座城门（见图 3-6、图 3-7）。聚落布局以方形城制为基调，平面形态追求方正规整。

图 3-6　凤凰台村卫星平面图

图 3-7　凤凰台村全貌（凤凰台村村委会绘制）

　　生活在边镇的居民有非常强的安全防御意识，外围防御边界一般依据险峻地形，随势筑墙，形成围合封闭的村堡。因而村堡聚落在具体选址时多利用冲

---

① 孙钢、赵春明：《涞源明长城调查报告》，《文物春秋》，1999 年第 3 期。

沟裂缝，选择靠近冲沟的台地与高阶地之上，既能利用冲沟内的水满足基本生活需要，又可利用天然地势高差进行有效防卫的构筑，减少土方工程，从而实现防御性和经济性的综合考虑。如涞水县岭南台村地处太行深处黄潭岭南山腰的高台之上，整个村子依山而建，四面环山，围合封闭。村子北面民居院落枕山就势而建，村落南临发源太行深处的冲沟裂缝（见图3-8），20余米宽，冲沟内侧民居临崖筑墙，形成高差显著且封闭性较强的防御边界。两座小桥通向村内，没有单独设置堡门，村口道路蜿蜒迂回，避免形成通直道路，增强了整体防御性。

图3-8 岭南台村南侧冲沟

　　修筑在河滩平地上的城堡，虽无冲沟可以依托，但尽量选择北高南低的坡地，尽管坡度较小，但向阳而避风，而且一定坡度的地形又方便排洪。唐县吉祥庄村，三面环山，一面临水（唐河），一户户居民随地势而建，南低北高，层次分明。吉祥庄于南宋末年建村，原有东、西、南、北4座门楼（今存3座，北门楼已毁），每天安排专人巡夜打更，以防盗匪，村堡最南面民居院落依据地形坡度垫高南墙，在村外形成高约8米不等的堡墙（见图3-9），提高村堡防御能力。

图 3-9　吉祥庄村南面堡墙

还有一部分地形险峻的村落不需要刻意修筑防御边界，顺平县大悲乡刘家庄村，选址于山地深处，村靠山、山围村，村西有西山，村东有东山，西北有卧牛山，南有南山，绵延起伏的群山是村庄的天然屏障，且村庄通往外界的山路崎岖险峻。虽然村庄没有建筑堡墙人工外围边界，但复杂的地形、险要的地势以及封闭的交通都是聚落防御性的保证。

（二）内部街巷结构

山区堡寨型聚落一般规模较小，其街巷结构多为一字形，即聚落分为街巷二级，南北向或东西向主街一条，若干条小巷与之垂直相交。如唐县吉祥庄"古堡"，平面呈矩形，南北长约 200 米，东西两座堡门之间距离约 300 米，两座堡门之间为一条横贯东西的街道，是古村的主街，村民称之为"大街"，民居院落就分布在"大街"两侧及延伸的街巷里（见图 3-10）。涞水县岭南台村古村落，平面呈不规则矩形，一条主街由东向西根据地形走势曲曲折折贯穿村落，诸多条南北向小巷疏密有致地与主街有机地联系在一起，构成村庄的主要格局，小巷与民居院落相依托，长短宽窄，各有不同（见图 3-11）。乌龙沟古城从南城门入城之后由南向北形成古村落主街，过民居组团后再向西延伸到西城门，民居组团南北向长，东西向短，组若干条垂直主街的东西向小巷连接民居院落，小巷之间以一进院落的深度进行布置，距离大致相等（见图 3-12）。

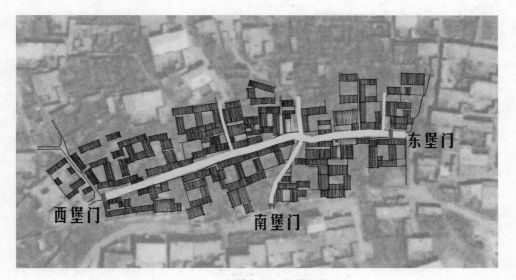

图 3-10 吉祥庄古堡街巷结构图

图 3-11 岭南台村街巷结构图

图 3-12 乌龙沟街巷结构图

十字形街道的主干道路呈十字交叉划分，并正对堡门或墩台，以两条主路

图 3-13　凤凰台村街巷结构图

与堡墙为边界将聚落基本等分为对称的 4 块，行列排布，交通系统井然有序，脉络清晰。这类型的堡一般选址于平坦地带，布局精心规划，民居或营房统一营建。目前在保定山区现存的聚落中没有发现典型的案例。丁字形街道格局是十字形街道格局的变体，其街道特征与十字形街道相似，应用于规模较小的堡中，两条主路将聚落分为大小不一的 3 块区域。易县凤凰台村街道结构是典型的 T 形结构（见图 3-13）。雍正八年（1730），随着泰陵的修建，陵寝管理机构八旗、礼部、工部营房在距泰陵东 500 米的凤凰山南规划营建。营地自南门向北一条宽阔的主街直通到凤凰山底，自东门向西的大街与南北主街相交，形成丁字形街道格局，横平竖直，将营地划分为 3 区，呈品字形。南北主街两侧有小巷，每条小巷有一至两眼水井，巷巷相对，户户相对，呈纯一色的灰布瓦房，房舍整齐有序。南北大街北端中央建真武庙 1 座，用于供奉真武（玄武）大帝，成为营地空间精神意义的控制中心和象征标志。

中大型堡寨聚落街巷结构布局的理想模式是棋盘结构，但是由于受地形及周边环境条件的影响和制约，部分堡寨聚落将规整的棋盘街巷空间布局调整为不规则的网状街巷空间布局。网状街巷通常由几条街道构成村落主街，再从主街上背向生长出许多小街小巷。小街小巷有的彼此连通，成为次要道路，有的呈尽端式，成为入户巷道。如阜平县龙泉关外城南街、中街、北街 3 条东西向主街、一条南北街，构成三横一纵的主

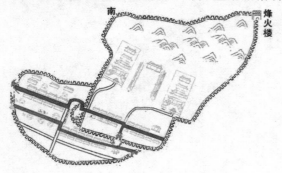

图 3-14　龙泉关古城街巷结构图

道路网，南街大道从外城东城门迂回进入瓮城城门再转入内城，外城与内城道路不在同一条轴线上，避免形成直通的大路，增加整体防御性（见图 3-14）。

四、乡村生活聚落

太行山区还分布着大量以务农为主而没有特定边界的乡村生活聚落。一方面，入清以后，战火平息，国家稳定，军堡聚落的军事作用减弱，逐步向生活性功能转变，因此一些军堡聚落逐渐转变为乡村生活聚落；另一方面，清朝前期社会经济的稳定发展与人口激增，村堡逐渐突破原有边界，膨胀发展成没有固定堡墙的乡村聚落，同时沿河流、山谷的平坦地带出现了大量不以围墙为边界或标志的原生性聚落形态。

原生的乡村聚落规模较小，单个村子规模不大，几十户到上百户不定。这些选址受自然地理条件因素影响较为明显，人类生产、生活与周围环境的关系较为密切，并基于地形形成丰富多变的聚落形态。平川或平缓丘陵地带分布的聚落一般呈现为小团块状，一些小团块聚落分布密集，逐渐形成关联性密切的团簇式聚集性聚落，如地处太行山北端的涞源县东团堡小盆地中，乡村聚落分布密集（见图 3-15）。唐县磨岩山北侧盆地，面积约 20 平方千米，其中密集分布着 20 余个大大小小的乡村聚落（见图 3-16）。拒马河、易水、唐河、大沙河等河流以及山地狭小的区域，分布着大量呈条带状的聚落，这些聚落一般把自然地景作为聚落边界条件加以利用，如有阻隔作用的坡坎、山坳、河流、沟堑、环山等。聚落选址极易受垂直高差影响，讲究与山体坡度、方位等自然要素结合，多选择于坡度不大的向阳坡地或半坡台地，同时傍河流或交通要道的一侧或两侧呈条带状延伸展开，如唐县黄石口乡五家角村、菜树林、河北台、苑家会村 4 个村落傍唐河而建，唐河曲折蜿蜒，村落随形就势在河流两侧呈条状展开。顺平县台鱼乡葛庄子村、小水庄、先锋村、宅仓村 4 个村落选址于山坳，环山呈条状延伸。

图 3-15 涞源县东团堡盆地种的乡村聚落分布卫星图

图 3-16 唐县磨岩山北侧盆地乡村聚落分布卫星图

五、聚落街巷空间构成分析

山区聚落受到复杂的地理条件和因地制宜布局的建筑群体等因素影响，无法形成平原地区聚落相对匀质的路网结构，而是多采用层级分明、突出主街的道路系统。在街巷系统的起始端、交叉转折处或局部放大区域通常形成特殊的节点，这些节点空间类型多样，不仅为行人提供必要的功能和行进指引，还是村落中富含精神意象的标志性场所。

（一）主街——支巷路网系统

山区村落往往在沿地形等高线走向且较为宽阔地段开设主街，宽阔通达，作为街巷系统的主要骨架，如岭南台村、刘家庄、吉祥庄等村落主街都是平行于山地等高线设置的。主街是联络村落与外界的主要通道，同时还是村民生活交往空间的汇聚之处，村落中大部分公共活动均通过主街发生。与主街垂直交接或成一定夹角关系的支巷，构成了村落街巷空间的次级结构，将村落中远离主街的宅院与主街联系起来，形成村落形态。相对于宽阔的主街，支巷尺度一般较小，仅需满足通行功能，空间感受幽静曲折。主街与支巷形成街巷网络系统。

在西北山区村落中，巷一般有两种类型，一种为连接主街与其他巷道，称为连接型巷道，这类巷道具有一定的公共属性，承担一部分村民之间人际交往的功能，但人际交往范围较小，较为私密。另一种为连接宅院的巷道，呈尽端式，称为过渡型巷道，这类巷的公共属性较弱，宽度较窄，仅服务于所连接的少数住户，村内其他人群较少通行，是宅院与外部空间的过渡区域。在主街—巷道—宅院之间形成了开放—半开放—私密的空间系列。

村落街巷系统随着村落人口增长、宅院增减而逐渐生长。由于地势的起伏变化以及功能的差别，街巷空间的宽高比数值变化范围较大，构成了丰富的街巷断面形态，同样带来了富于变化的街巷空间感受。山区起伏的地形决定了村落街巷走势的上升或下降变化，街巷在处理地形高差上主要采用坡道式和台步式两种方式（见图3-17、图3-18）。坡道式常适用于地势相对平缓且开阔处，以长坡道、小坡度进行舒缓的过渡，保证街巷系统自然连接。台步式常适用于地形变化较大且空间狭小处，在较小空间范围内采用台步解决高差变化。

图 3-17　王家井坡道式高差处理方式　　　图 3-18　岭南台村台步式高差处理方式

（二）街巷节点

1. 村落入口空间

村落入口空间是街巷空间的起点，入口空间形态的不同会造成人们对于村落整体面貌感知的不同。

（1）入口过街楼

涞源、唐县有一些传统村落还保存着过街楼，作为入口空间的标识，如涞源县东龙虎村、北石佛村、北坡底村、北韩村、岳家庄、太平关村、唐县明伏村等村落均建有过街楼。过街楼的形式来自传统的城门形式，大多横跨于道路之上。建筑为两层，下部设置门洞，道路由其中穿行而过，上部一般设有厅堂，也有设为戏台的（见图 3-19）。但随着村庄的发展，原有过街楼无法满足汽车等现代交通工具的通过要求，过街楼村门不再作为

图 3-19　东龙虎村明伏村入口过街楼

村落主要入口，或者在过街楼旁边再开辟一条宽敞的大道，以满足交通需求。

过街楼实质上是村落的堡门，形式、体量较城门简化，其主要作用有以下两个方面：第一，过街楼通常作为村落与外界的分界点，二层建筑形体高大，标识性强，相距很远就能被观察到，是村落重要的地理标识；第二，过街楼下层门洞往往设置堡门，如遇突发情况或战乱，可及时关闭大门，保卫村落。有些过街楼二层设置为戏台，戏台对面一般会建造庙宇，形成完备的宗教空间，如岳家庄过街戏台对面约 100 米处建有五道庙。此外，过街楼具有重要的点景作用，相对于所在村落的民居宅院而言，过街楼建筑形体高大，形式处理也更为隆重，因此成为村落中丰富视觉层次的景观节点。

（2）入口城门

入口城门为防御堡寨型村落所独有，最为典型的代表实例有乌龙沟堡和龙泉关堡。乌龙沟城的南城墙和西城墙分别开城门，外建瓮城环护，城门及城墙均用条石和砖砌筑，十分坚固。龙泉关古城分为外城和内城，外城设有东西两城门，内城设有东西两城门并筑瓮城（见图 3-20）。由于村落军事防御功能的需要，城门这种特殊类型的入口形式具有外观形象敦实厚重的特征。

图 3-20　龙泉关入口城门遗址

还有一些不具有军事功能的村堡聚落，也会在村落入口处设置堡门，一般村堡不建独立的堡墙，而是由位于村落边界的民居院落户户相连，形成连续性的具有防御性的堡墙。村堡的堡门一般设有圆拱形门洞，门洞设门，与军堡城门相比，其体量较小，但仍然具有鲜明的标志性，如涞源县孙家庄村、顺平县北康关村、唐县吉祥庄村的堡门（见图 3-21）。

图 3-21　涞源孙家庄村堡门

图 3-22　鲍家路村北端入口广场

（3）入口广场

广场也是村落入口处常见的一种形式。相对开阔的广场使行人进村之前可在此短暂停留，此处通常也是村民休闲聚集的场所，处于村落边界处的广场是村内与村外交流信息的重要空间。涞源县鲍家路村 1 条南北主街贯穿全村，在主街北端形成了村落的入口广场，由主街与龙王庙、古树、古井围合成，是村落的核心交往空间。南北向主街中段与东西向街交汇处的三义庙、戏台、古井构成了生活交往空间。较为开敞的入口广场，作为村落街巷系统的起点，奠定了村落空间序列的良好开端（见图 3-22）。

2. 村落交往空间

在村落中生活的人们，户外活动可分为 3 种类型：第一种，生产、生活必要性活动，如田地耕种、井边打水、碾磨粮食等；第二种，小范围交往活动，如邻里之间聚在一起乘凉、聊天、休闲等；第三种，大型公共交往活动，如大型赶集活动，宗教、民俗节日举行的集会活动。开展第一类活动对空间环境质量要求不高，满足一定的活动范围即可。第二类活动往往要求公共空间具有适宜的环境，如相对开敞的空间、乔木遮荫等。第三类活动，往往由全村村民参加，甚至还有外村村民参与，人数较多，所需空间较开阔，例如村内的庙前广场等。村落在形成发展过程中，十分注重村内交往空间的营建，既有满足大型活动的庙前广场，也有适合小范围人际交往的小型休憩场所，层次分明，脉络清晰，共同构成完整的村落交往空间体系，包括以寺庙为中心的核心交往空间和以古树、水井、碾盘为中心的生活交往空间。

（1）核心交往空间

山区村落的核心交往空间往往以寺庙为中心，由寺庙与周边民居及其他建筑界面围合而成，人们在此进行多种社会性活动。在此空间中所进行的祭祀、集会、观戏等活动，事实上是比一般日常交往活动更深层次的人际交往活动，这些活动除了促进村民彼此交流信息和情感之外，还有精神塑造和社会教化的功能，这对维系村落稳定发展有着至关重要的作用。村落提供开展社会性活动的物质性空间，而村民通过社会性活动促进村落的精神融合，村落的物质环境与村民的人文环境形成了良好的互动关系。

（2）生活交往空间

村落中往往形成多个有利于村民开展自发性活动的场所，这些活动通常是小范围村民之间的交往，内容贴近生活，可称其为生活交往空间，散布于村落的各个方位。村落中生活交往空间是最有活力的场所，与固定时间开展大型社会性活动不同，生活交往活动在人们的日常生活中随时都可进行，并且常常围绕水井、碾盘、古树等具有公共属性的物体展开。人们进行井边打水、石碾磨面的生活生产活动的同时，就可谈话说笑、交流信息，闲暇时间可聚于古树乘凉，畅谈生活、谈论时事，形成了自然亲切的交流氛围，古树、水井、石磨等已然成为生活交往空间的限定性标志物。生活交往空间更加强调人性化的空间处理，形成舒适、宜人的空间尺度，带给人们轻松、愉悦的空间感受，从而增加人与人之间交流沟通的机会。

第二节　平原区农耕型聚落

一、农耕型聚落形成的历史背景

保定中部、东部冲洪积扇地区自然环境优越，是早期文明发展的理想地区，有大量商周文化遗址分布和唐尧及有易氏的历史记载和传说。战国时期保定南部属赵、北部属燕，有"燕南赵北"之说，秦汉时期设置了众多的郡（国）、县，筑关建城。大量聚落地名也反映了其悠久的文化传承，如"尧城""唐城""黄金台""武阳台"等地名，多与先秦经典历史事件有关，"楼桑庙""都亭""清凉城"等为汉魏时期遗留下来的地名。北宋时期，宋辽以白沟一线南北对峙，北宋朝廷采取构筑"水长城"的防御措施，对两国分界线以南地区进行淀泊改造，以雄州为代表的三县之地成为北宋国防重地。宋廷还特地成立高阳关路，专门管辖这片区域，统筹部署北边国防。闸板口、边吴村、石塚口等则为宋辽对峙时北宋营造塘泊防线所遗留的地名。

保定大部分平原地区的农耕型聚落形成于明朝初期。元朝末年，统治集团政治日趋腐朽，土地高度集中，对百姓剥夺加剧，引起多次农民起义。加之旱涝、雹、雪、水灾、蝗灾、瘟疫频发于河北、河南、山东一带，尤其是元末刘福通领导的红巾军起义部队多次转战河北，经济受到极大破坏，田地荒芜、人口锐减。

这一时期的山西晋南一带，由于地理环境因素，相对显得安宁，再加连年丰收，人丁兴旺。明太祖朱元璋提出："山东地宽，民不宜迁，山西民众，宜如其言。"采取按"四家之口留一、六家之口留二、八家之口留三"的比例，将山西泽（今晋城）、潞（今长治）二州百姓迁河北等地，史称"洪武移民"。这次移民补充保定的各州县，包括定州、阜平、曲阳、涿州、保定等。

靖难之役时，保定为燕王朱棣与建文帝的军队反复交战之地，人口严重衰减，村庄急剧湮灭。后明成祖朱棣把北平定为"行在"，为将首都移此做准备。然而河北空虚，人烟稀少，经济瘫痪，不能适应定都需要。为此，开始更大规模地向河北移民，史称"永乐移民"。永乐移民共进行8次，到永乐十五年（1417）结束。明朝向北京周围和河北中南部大移民，保定是实民之地。至今保定人还有诸如"问我祖先在何处，就在山西大槐树""亲戚连亲戚，一连到山西"的民间传唱故事。

从普查资料可以看出，保定现辖县（市、区），都有明朝移民的村落。有的在村名中还有直接反映，如清苑区的西洪义村，最初时就叫"洪移庄"，意即"从洪洞移来的村庄"。据不完全统计，其中移民最多的县（市、区）有徐水、定州、安新、高碑店、唐县、涞源等。尤其徐水、定州，移民村都在100个以上。据《定州市志》载，永乐二至四年该市共从山西洪洞迁来53姓。其中仅赵村乡就有山西移民29姓，该乡另有河南、山东、四川等地移民98姓。除民籍移民外，还有军籍移民，永乐年间，大宁都司从口外迁至保定府，军卫人员随之迁来。有学者统计，这些来保定的军人及其家属约67万人。移民来到保定后，盖房造屋，立户建村。村庄起名时，有的依自己的姓氏，如王村、李家庄；有的依自己的行业，如油味、纸坊；甚至有的以自己的房子取名，如瓦房、平房、木楼等。保定平原地区村落的恢复和发展，大多在永乐年间从山西等地迁来的居民定居点发展演变而来的。

二、农耕型聚落的分布与选址

农耕型聚落是保定市域村落的一种基本类型，也是数量最多的一种类型。聚落形成的前提就是人们聚集在一起进行生产、生活、居住、繁衍。农业是中国传统社会的立国之本，大多数百姓都是生活在农耕型村落中，日出而坐，日入而息，日复一日，年复一年。

保定地区历经千年的演化发展形成了众多历史悠久的聚落，聚落的发展延续离不开水，人们的生产生活也离不开水，保定地区丰富的水系网络为农田灌溉提供了便利条件。保定中、东部区域水系发达，有京津冀区域内最大的内陆湖泊湿地——白洋淀，其上游水系众多，均匀分布于保定市内，且河流大多发源于太行山脉。来自上游太行山麓的大清河、瀑河、漕河、青水河、唐河、潴龙河、磁河、中易水、拒马河等大清河支流水系汇集到白洋淀，随后汇入海河、淀河。大清河水系流域面积呈扇形，主要分为南、北、中三大支流。良好的生态环境，支撑了地区人居环境的发展，高度发达的水系网络繁衍了众多的传统聚落。

发源于太行山脉的水系因地势高差的作用，在平原地区极易引发洪水灾害，因而聚落选址时除考虑水系河道对生产生活的有利影响之外，还考虑安全性因素。距离河道远的聚落依靠开渠引水完成农田灌溉。平原地区因地势平坦，聚落的空间分布应考虑安全性，而聚落的生产生活用水则通过开渠方式引自大清河水系，聚落分布密集且无规律。现代白洋淀严重干涸，水面日渐收缩，白洋淀外围以水产渔业为主的聚落大多逐渐转变为以农业耕作为主的村落。

三、农耕型聚落空间的组织模式

金其铭先生在《中国农村聚落地理》一书中概括说：北方农村聚落多为大型聚落，密度稀，形状虽各异，但以团聚状占多数。特别是"华北地区的农村聚落一般很大，也可以说是全国农村聚落最大的地区。一般都是上百户和几百户的大村庄，有些村庄甚至超过 1000 户，村庄分布比较均匀，这与华北地区农业发达、开垦历史悠久有关。华北地区主要是旱作，作物受到的管理照料要比水稻少得多，也不必有水田地区那样许多笨重农具，因而在历史上形成农村时，耕地可以离村庄远一些，一般村与村之间，相距 1 至 2 千米，虽然比长城沿线和东北距离小些，但比南方长江流域，间距要大得多。"① 保定地区农耕型聚落也符合上述特征，聚落面积较大，形状各异，以团聚状形态为主导。

集团型村落是保定平原地区农耕聚落的主体。历史上保定多次兴修水利，屯兵开田，移民建村，主要是在平原地区进行的。因此平原地区聚集了大量农

---

① 金其铭：《中国农村聚落地理》，江苏科学技术出版社 1989 年版，第 183 页。

业人口，而形成农耕型村落。由于平原地区地势平坦，交通便利，土地肥沃，适宜开垦田地、修建房屋，因此在平原地区还是地广人稀的时候，迁移而来的军民便根据自己的需求，选择适宜之地安家落户，兴建村落。随着村落人口增长，村落按照一定规律向四方扩展，形成规模较大、人口众多、房屋密集、街巷规整的村落结构。这样长期发展的结构，使平原地区的村落分布表现为点上的集中和面上的分散：就村落个体来说，房舍是集中的；但就村落在整个地域空间的分布来说，却是散开的。

集团型聚落多以向心式布置，受环境条件限制较小并且带有极强的自发性。向心式是一种中心式的集中构图，有明确的结构中心，多为拜神敬天的寺庙建筑，占有绝对地位的公共建筑统领整个村落的功能组织，民居建筑强调功能布局的向心性和围合性，当这种向心性和围合性同时存在时，村落的结构中心也往往成为历史事件发生的重要场所和集体记忆的焦点，逐渐形成稳定的村落形态。如清苑区冉庄村十字街是村落的中心，寺庙建筑成为主要的结构中心，民居建筑的沿街立面跟随街道空间布局，冉庄中心十字街是抗日战争地道战历史事件的主要发生场所，同街口的老槐树共同成为村民集体记忆的焦点（见图 3-23）。清苑区国公营村观音寺始建于唐朝时期，历经千年沧桑，历代皆有兴废，20 世纪 90 年代复建后，至今香火兴旺。观音寺位于村落北部，是村民拜佛祈福的中心场所，寺中两座佛塔高耸，村庄各个角落都能看见，成为统领整个村落的重要建筑（见图 3-24）。

图 3-23　冉庄十字街老槐树

图 3-24　国公营村观音寺

聚落一般具有一条明确的主要轴线，或为主要道路，或为河流，因此，主轴线会随着河流或地势的走势发生转折或扭曲，轴线上大多会布置村落中最为重要的公共建筑。民居组团多平行于交通要道和水系形成了丰富自由的平面肌理。主要道路连接众多次要道路，呈现"总—分"的鱼骨状路网结构态势。一般主要道路会随地形走势而设，次要道路会采取垂直或斜交于主要道路的方式布置，构建了一套融于地理环境的道路系统。

平原地区交通便利，经济发达，地形限制小，因此聚落生长扩张速度较快，形态变化较大，大部分聚落已进行新农村建设，原有的聚落形态、街道景象、民居形态都已发生改变。

第三节 洼淀区聚落

洼淀区包括白洋淀及周边低洼易涝区。白洋淀水域辽阔，烟波浩森，势连天际，总面积366平方千米，淀区被39个村落、3700条沟壕、8000公顷芦苇分割成大小不等、形状各异的143个淀泊。沟壑相连、园田棋布，是白洋淀地貌的一大特色。伴随河壕而呈现的是星罗棋布的块块园田。诸多园田并非天然形成，均为人工挖土台田。白洋淀特殊的地形地貌既为鱼、鸟的栖息生存提供了天然乐园，又形成了独特的自然景观。

一、白洋淀区域聚落演进脉络

白洋淀为九河汇集之处，文献记载"顺天、保定、河间三郡之水三十余河，毕汇于西淀，翕受而停蓄之"。白洋淀流域自西而东河流众多，西起太行山、东至文安洼汇入东淀东流入海。白洋淀流域自西向东地形由山地向平原，地势由高到低演变，河流落差大，加之流经地区土质疏松，容易被水冲刷携带，进入平原地区，河流流速减缓，泥沙随之下沉淤塞河淀。随着白洋淀的淤积，逐渐涸出肥沃的土地，人类逐良田而居，迁徙至此，形成聚落。

据考古学、地质学研究表明，早在距今约一万年前，古白洋淀地区就出现了早期人类活动，淀区发掘出梁庄磁山文化遗址、留村仰韶文化遗址、哑叭庄龙山文化遗址等多处史前文化遗址，揭示了先民们的生活图景。[①] 春秋战国时期，受宏观气候变化影响，古白洋淀出现收缩与解体，人类由西部山区逐渐向东部平原迁移，并形成早期的村落。这一时期早期人类聚落发展缓慢，聚落遗

---

① 参见段宏振《白洋淀地区考古学文化的演进历程》，《中国文物报》2017年5月19日。

址规模小且不稳定。秦汉以后，广置郡县，人口渐繁，聚落建设虽得到一定程度的发展，形成一定的规模，但由于朝代更迭、战争频繁等原因，再加上古人抵御自然灾害能力较弱和人为治理能力不足等因素，直到唐末，白洋淀地区的聚落建设仍然有限，据学者就白洋淀周边五县市现存聚落的统计，始建于周至五代时期的聚落仅占总数的 11.5％，断断续续分布于现白洋淀水域的东、北、南三面的外围地带。①

白洋淀地区聚落建设第一个高峰期出现在北宋时期，宋辽军事对峙形势下的淀泊改造，是促使聚落形成和发展的主要因素。北宋初年，宋辽签订澶渊之盟，以白沟为界，白洋淀地区正处于其南侧边缘。宋朝统治者为巩固边界，从江浙一带调集大量军队，到白洋淀地区屯垦戍边，先后建立了马家寨和王家寨等几处军事守卫区，隶属于赵堡口管辖。此时白洋淀大部分地区都是"地可耕而食"。宋咸平三年，何承矩任雄州知州，其上书宋真宗"议因陂泽之地，筑堤蓄水，沟通塘泊"，以构筑抵御契丹人的天然屏障。于是在此整修河道、挖掘运河，构筑一道规模庞大的"塘泊"防御工事。"导水东注于海，资其陂泽，筑堤贮水为屯田"，开河引水与淀泊相连，形成了一道西起保州西北沈远泊（今满城东北），东至泥沽海口（今天津一带），"绵亘七州郡，屈曲九百里"的屯田防线，并置寨铺、设戍卫、部舟楫，沿线引水灌溉，开辟稻田，既可遏敌骑奔轶，又推动经济发展。通过疏浚河道、筑坝围堰，淀区周围耕作条件得到改善，人口增长，在河流渡口附近或沿岸淤积过的土地上，聚落迅速形成发展，例如安新县寨里乡到际头乡沿淀泊边缘地带集中分布着宋代诞生的聚落。个别驻军堡寨甚至被淀水包围，演变成水上边城，例如原本可通旱路的王家寨成为纯水聚落。

元末至明初，朝代更迭，战乱频发，河北地区人口严重衰减，村庄急剧湮灭。为充实京畿人口、恢复农业生产，永乐年间推行移民政策，多次从山西等地迁民至北平各府州县。为便于获取生产和生活资料，白洋淀地区或码头渡口，或河淀近旁，或堤防上下，或泽中高地，成为理想的定居处。移民进淀定居后，建村筑房，筑堤挖沟，造田垦殖，以渔、苇生产为主开始劳作，白洋淀区域的聚落逐渐恢复和发展。永乐时期是白洋淀地区人口大幅充实、村落营建的重要

① 参见孙冬虎《白洋淀周围聚落发展及其定名的历史地理环境》，《河北师范大学学报》1989 年第 3 期。

时期，奠定了今天该地区的聚落格局。

二、兴修水利与聚落建设

宋至清朝时期，白洋淀地区大兴水利营田，建立闸坝，"引用河淀之流，秔稻遍野"。再加上充足的水资源，使白洋淀地区鱼、苇、粮、航运集为一体，四业兴旺。百姓聚集，村落相望。《治永定河说》记载："现在东、西二淀，乃长年积水之洼，广袤数十里，其中稍高之地，筑室而居，村落相望……"成书于嘉庆十三年（1808）的《畿辅安澜志》记载：五官淀"古时巨浸也，今则居民交错，阡陌纵横，壅培日高，尽成沃壤。"

白洋淀地区河流众多，降水集中，加之地势低洼，使其洪涝灾害多发。历史上多次记载白洋淀地区发生洪涝灾害，淹没农田、冲毁房屋。清顺治五年（1648），安州"九河泛溢决堤，城外水深丈余，田庐漂没。"嘉庆六年（1802）直隶大水，"安州尤甚，平地出泉，水自炕中流出。"在洪涝灾害多发的情况下，淀区居民往往选择淀中高地或者堤坝等地势较高之处修筑房屋。"乾隆二年（1737），雨水过多，堤复冲坏，发帑大修，加高倍厚，逾年工竣。左家庄南龙塘湾最为险要，堤面更加广阔。县令姜公令民筑室居住……"可见，出于防御洪涝灾害的考虑，在官方允许下人们选择堤坝上修筑房屋。东、西"两淀中村落居民颇繁，每遇大水之年，围村作埝数尺御之"，灾后居民协同船夫"并力取泥，以作高埝"，并"听作房基园圃之用"。如此一来，一些村庄就以堤坝为基础，逐渐发展起来，比如端村就是"以四门堤为建房主基"而修建起来的。另外，淀区内陆地少，人们往往占用淀中高地，培垫淤地，修筑房屋，逐渐发展成村落。随着淀中修筑房屋，加之淀泊芦苇丛生，独特的地理面貌塑造了淀区别样的水乡村庄景象。

关于白洋淀区域村庄分布状况，通过对比乾隆时期与道光时期安新县村庄分布图（见图3-25、图3-26），可以清晰看出，安新县村庄呈现出沿河、沿堤坝分布的特点。沿河流分布主要是出于交通便利的考虑，沿堤坝分布则是为了防御洪涝灾害。同时，淀泊中也有村落的分布，其房址的选择必然是淀中地势较高之处。往往都是待洪水泄去之后，选择淀泊中涸出高地而修筑房屋。

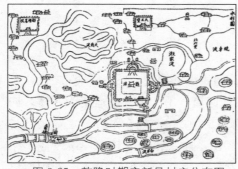
图 3-25　乾隆时期安新县村庄分布图

图 3-26　道光时期安新县村庄分布图

三、洼淀型聚落结构类型

白洋淀显著的区域地理特色塑造了特有聚落形态。居民生产、生活和周围环境的关系较为密切，聚落基于地形条件因素形成因地制宜以及丰富多变的布局形态。白洋淀地区的乡村聚落呈现出 4 种结构形态：曲带式结构、集团式结构、放射式结构和团簇式结构。

（一）曲带式结构聚落

曲带式结构聚落也称带状聚落，其分布于淀区四周堤捻上，一般把堤捻作为聚落边界条件加以利用，傍堤捻呈带状延伸展开。整体空间布局呈现出依水傍堤的自由式布局，内部道路结构单一，建筑布局结构及朝向相对自由，跟随堤捻走势变化。多列院落则垂直于道路进行纵深布局，有的院落顺应堤坡地势逐层跌落。堤内开展水产苇业活动，堤外地带则辟为农田、鱼塘。聚落边缘轮廓基本无定型，沿堤捻自由生长，渗透出自发性、自组织性等原则的依从，形成与自然环境良好互动的环境氛围，如淀区西部的四门堤上从北向南分别坐落着端村镇的泥李庄村、寨南村、西淀头村、马堡

图 3-27　四门堤沿线村庄分布图

村、东堤村、西堤村、关城三村、同口镇的北曲堤村、南曲堤村、韩村,这些聚落以堤捻宽阔处为中心点生长,沿堤伸展,首尾相接,直至被唐河截断(见图 3-27)。寨南村以折线性四门堤中心大街作为聚落空间的主轴,院落沿主街两侧毗连分布,跟随堤捻走势迂回曲折,依据堤坡层次跌落,形成丰富的空间层次。

(二)集团式结构聚落

集团式结构聚落选择淀中高地或在堤坝开阔处培垫淤地而修筑房屋。聚落因地制宜、随形走势而呈现不规则形态,形成灵活自由、变化丰富的聚落格局,是白洋淀地区聚落最常见的空间结构类型。村落地势较为平坦,由中心发展演进逐渐向外围拓展,多形成网络状的空间肌理。

聚落边界有明确性和模糊性两种形式。明确性边界由堤捻、河道、水域等具有限定作用的自然实体边界构成。如光淀村四面临水,形成天然的水域边界。邵庄子村不仅有天然的水域边界,还沿水岸修建道路环绕村落。同口村西面临河,南、东、北三面枕堤就势而建,随之蜿蜒回转,堤外还有宽阔的河道形成两重界线,具有强烈的空间围合感(见图 3-28)。模糊性边界指没有清晰明确的界线限定聚落,聚落由内而外自发生长,中心地带院落布局紧凑,联系紧密,聚落边缘地带院落亲密度逐渐衰减,直至与聚落外部环境穿插重叠。如采蒲台村和王家寨聚落边缘逐渐与苇田融合,聚落整合度顺应苇田走向呈现出放射衰减的趋式(见图 3-29)。

图 3-28　同口村明确性聚落边界图示　　图 3-29　王家寨村聚落肌理图示

模糊性边界聚落为了同时满足内部生活需求和外部空间模式，居住空间与生产空间相互渗透、互相控制并相互依存，显出聚居空间的复杂性、多元性和难以分割的耦合现象，如圈头村四面环水，土地紧缺，人口密度大，中心地带院落密集，不拘南北定向，街巷空间结构纵横交错不成规则。由中心向四周生长的过程中，街巷空间逐渐规则清晰，且与村边苇田模块出现叠加的结构和空间语言。在村落发展的过程中，人口逐渐增长，村民选择在村边苇田之上垫高土地并建设房屋，由此形成的街巷延续了苇田模块布局和尺度。[①]

（三）放射式结构聚落

放射式聚落主要受堤坝、河道等方向性因素驱动形成。少数村落建村初期，选址于堤坝转折处或河道交汇处，逐步由中心向四周分支发展壮大，呈现近似辐射状的布局方式。如寨南村选址于四门堤东西走向与南北走向的转折处，并在堤内培垫淤地向淀内拓展，形成四向辐射状，堤坝地块和淀内地块完全隔离，靠桥沟通，聚集性差，关联度低（见图3-30）。李广三村位于千里堤北端折点处的宽阔高地上，堤坝构成了村落的基本空间骨架，受土地资源限制，村落建筑组群建置契合堤坝走势，以堤坝折点为中心形成辐射状的三向分支，村中交通大道亦以辐射状布置服务各区域（见图3-31）。马家寨为宋代驻军形成的寨垒，多条水系交汇，便于操练水军，最初建有寨墙寨门，寨外四周绕河形成天然防御边界，至明以后撤军寨逐渐过渡成为乡村生活聚落，并在水系之间地带培土建房自然扩张生长，形成以中心岛屿向外围形成星状放射的聚落布局（见图3-32）。

图3-30　寨南村聚落结构　　图3-31　李广三村聚落结构　　图3-32　马家寨聚落结构

---

① 参见贺鼎，陈玉龙，傅微《中国北方洼淀聚落景观空间结构研究：以白洋淀为例》，《风景园林》2019年第26期。

（四）团簇式聚落群

团簇式聚落群是由两个或两个以上集团式结构聚落组成，彼此之间关联密切，互相连结成大型团簇状聚居区域，体现了村落的聚群性和再生性，如端村由东堤村、西堤村、大河南村、西前街村、中后街村5个村庄和1个独立小岛（东堤村的朱家河南）组成，除了小岛外，5个村庄已融于一体，无自然界线（见图3-33）。由于淀边聚落多以堤捻为依托，促使村落形成聚居之后，顺应堤捻走向向带状延展。赵北口镇西侧的刘

图 3-33　端村团簇式聚落群

庄子村、李庄子村、下张庄村、季庄子村、王庄子村、孙庄子村、杨庄子村、何庄子村，8个以姓氏命名的村落由宗族血缘关系为纽带聚集而成的居民点，长年累月自然生长，延续扩张，而粘连成团簇状的聚居群落。团簇式聚落群较单个集团式聚落边界更加复杂，空间形态更加多元。

四、洼淀聚落街巷形态

人类聚居形态的原型是"住所"加"通径"。中观层次主要考量支撑洼淀聚落空间形态的骨架构成，即街巷系统。街巷系统既连接各建筑组团，又与外界环境沟通，决定了聚落建筑布局的空间秩序，继而一定程度上决定了聚落空间的形态特征。聚落的平面格局主要由主干道、巷道划分而成，是一种较为显性的空间特征。街巷系统不仅是村落内的主要交通空间，还是居民各种日常行为活动的主要公共场所，是传达场所记忆、形成聚落意象的重要载体，其空间形态属于典型的线性空间，具有极强的方向性和引导性（见图3-34）。

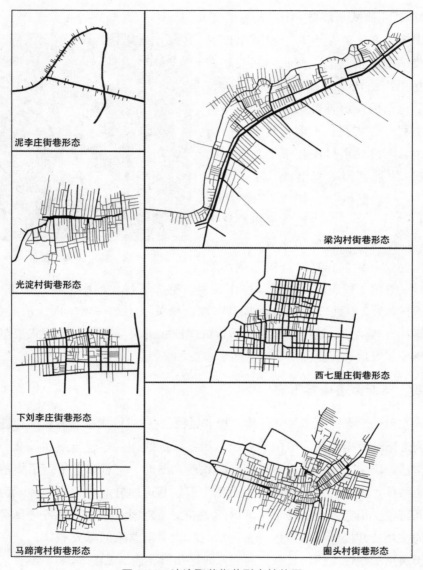

图 3-34　洼淀聚落街巷形态结构图

（一）条带状街巷

白洋淀区域条带状结构聚落街巷形态主要为条带状，沿堤坝形成的中央主路作为村落空间构成的主轴，贯穿整个村落。道路系统仅有主街、巷道两级，若干横向小巷与主街相交，便于居民出行以及物资的运输，街巷结构清晰，主次分明。民居分布于主干道两侧，在村落中心位置，民居院落较为密集，主干道两侧往往建置两列或三列以上院落，横向小巷承担远离主干道院落的交通功能。远离村落中心的院落布局逐渐稀疏，变为一列院落，各院大门直接通向主道路，无需设置横向小巷。街巷随着堤坝的走势延伸，由于地形所限，满足了人流交通基本功能后，并不追求街道的宽阔气派，中央大道约有 4 米，路两侧院落间距 4 至 8 米。横向小巷仅提供人行交通功能，往往狭窄简陋，宽度一般为 1 至 2 米。

（二）树枝状街巷

一些村落经多年自然生长，形成以一条主街贯通全村，次街垂直主街发展的树枝状布局形式，并以此生长出许多交错变化的纵横小巷。整个街巷体系主次分明，形成主街—次街—巷道的空间层次变化。如位于淀内腹地的光淀村，只有一条堤捻和桥梁与寨南村连通，并贯通全村形成东西向主轴，南北旁生里巷，平行密织，穿梭宅院之间，形成"大街—小巷"的两级交通体系，层次清晰。主街南北商铺林立，既是商贸集市，又是居民交往空间。淀南梁沟村依河流建置，河流两岸道路成为村落的主要街道，多条垂直河道的次要道路通过架桥连结两岸，并回环勾连，服务各个居住组团。

（三）格网式街巷

有些集团式聚落布局规整，内部设置东西、南北向基本正交的道路骨架，将村落空间剖分为格网式，院落在网格中排列整齐，形成结构简练、用地均衡及空间通畅性强的格局。在水塘、河流、古树、水塔等部位，街巷肌理往往随形就势出现变异。小东庄和刘李庄组成的聚群组团，平行和垂直于中央河道的路网构成村落一级道路，与密布其间的巷道，共同构成格网式的空间架构，村中池塘、老树周边路网跟随地形局部扭曲。

（四）自由式网状街巷

自由式网状街巷形态在白洋淀地区聚落中最为普遍，通常由几条交错的街巷构成村落主街，在其上生长出许多背向生长的小街小巷。受洼淀地区特殊地形和土地紧缺因素影响，院落密度大间距小，小巷纵横交织，形成细如蛛网般的不规则的网络状村落肌理。在村落自组织生长过程中，院落不拘于严格的南北朝向，也没有明显的轴线关系，街巷宅院格局更像是随机形成，极具场景意象与生活活力。随着人口增长，在村落向外围拓展的过程中，或人工培土构地，或侵占苇地农田，有意识地规划布局，组织村落空间秩序，逐渐从无序状态转变成有序街巷体系，如圈头村老街区空间肌理呈现为不规则网络状结构，村落外围南边和北边新建于苇田上的院落布局平行于苇田呈一定秩序，而大田村北面的衍生村空间布局安全按照苇田走势规划组织，形成清晰规整的村落肌理。马蹄湾村西南部分塘泊水系丰富，街区呈自由式网状布局，东北部分建于规整的农田之上，街区呈棋盘式布局。

第四章　保定民居形态

保定地区毗邻京城，其民居类型属于北京四合院体系，西部山区的民居建筑形制的发展明显受到北京合院式民居建筑体系的影响。该区域位于太行山北端东麓，境域内多为山地，民居建筑的营建必须要对山地环境做出适应性调整，因而呈现出具有北方山区特色的分台而筑与山地地势结合的方式。西部山区传统村落民居建筑结构与山地相适应，建筑材料均为本地所产，建筑色彩自然朴实，这些条件使得建筑如同从山地中生长出来一般，与自然和谐共生。

第一节　院落空间形态

院落是聚落结构中维持基本生产、生活的最小单元，是中国传统民居空间组织的中心，是家庭的基本载体。院落通过组织建筑单体及院墙等元素，形成围合形态的居住空间。以院落为中心的居住空间具有稳定、均衡和内向的特点，满足居民心理需求。同时院落是民居内部重要的活动空间，不仅进行接客待友、休闲聊天等活动，还利用院落空间进行一定的务农劳动，与居民生活、生产活动关系紧密。

一、院落的基本类型

保定地区传统民居院落形态多为合院式。由于西部山区、中部平原区、东部洼淀区的地理条件、自然环境以及文化等因素有较大差异，因此各地区的民居院落形态也呈现出多样化的特征，大致有 3 种典型的院落类型：山地合院、平原合院、洼淀一步院。

（一）山地合院

山地合院类型分布于西部山区聚落中，是平原合院类型针对山区特有地形做出的适应性调整。山地合院既保留了平原合院以院落为中心的基本空间形态，又与山地环境紧密结合，充分体现山区地域特征，反映出民居院落空间的自适应性。

西部山区聚落选址场地多是以缓坡为主的地形，地形高差成为制约民居建设的最主要因素，因此，山区民居建设往往先以填、挖方式进行地形改造，整理出平坦的空地再建屋舍。但建设场地仍然有限，往往山地合院的院落面积相对狭小，且顺应地形常出现不规则的缩进或突出。

山区村落宅院仍然保持了平原四合院的基本平面组合及空间布局，只是受制于建设用地往往不如平原地区充裕，平面伸展受到约束，转而向垂直方向发展。同时，由于传统交通条件下大量建筑材料在山地环境的运输较为困难，房屋建造所需的常见材料，如木材、石材、灰瓦等多为就地取材，因此外观形式上更显质朴。

一般宅院由正房、厢房、倒座、门楼等部分组成，以三合院或四合院为主要形式。合院不求方正和对称关系，视环境条件而灵活变化，开间、进深的数量和尺寸都偏小。民居往往将农业生产活动融合于院落之中，因此院落内常设有饲养牲畜使用的猪圈、鸡舍、马棚等设施，或种植少量日常食用的蔬菜水果的小规模田地，并相应设有一定的储藏空间。这种空间的组合模式与居民的生活方式联系紧密，是一种具有显著地域特色的院落形式。

岭南台村位于涞水县九龙镇，属于京西地区，院落形制受到北京四合院影响较多，现存古民居核心庭院都采用一正两厢再加上倒座房的四合院格局。首先，由于岭南台村所处山区用地十分紧张，没有房房相套的大型宅院，多是一进院落的四合独院，正房都不带耳房，厢房向院中央缩进，不仅影响了正房的采光，且围合而成的院落相对狭小。其次，考虑到经济条件和适应农耕生活的方便，院中不设屏门、垂花门、抄手游廊等考究的建筑，院落建筑表现出极强的实用性。由于地势限制、经济水平和生活水平的制约，决定了山地合院缺乏北京四合院的正统性和规范性，从而在诸多方面表现出了较突出的地域特色和因地制宜的随意性。

布局灵活是山地合院建筑群落组合的主要特点。建筑之间的组合与布局关系不过分强调规整、对称、严谨等特点，而更加注重建筑随地形变化进行调整，院落不求绝对的方正，而强调对于地形高差以及山地坡向的综合利用。院落朝向一般为坐北朝南，但一些民居由于院落空间尺度及周边地形环境的影响，改变院落正房朝向，如涞源中庄位于城墙西墙底的几处院落，朝向为坐东朝西，正房面阔宽大，背靠城墙，壮观宏大。刘家庄两处民居，位于村落南北街西侧的高台上，朝向为坐西向东，顺应坡向，呈现面向村落中心的向心性。

（二）平原合院

平原地区的合院的地基较为平坦，无需进行地形改造。主要有四合院和三合院两种，也有二合院的形态，其中四合院作为常见的类型，是平原区民居中最普遍、最基本的院落形态。合院多坐北朝南，整体布局中轴明确，空间主次分明、左右对称。受北京文化和乡土文化的不同影响，豪门大户四合院接近北京四合院的建筑风格，如腰山王氏庄园地势平坦，院落为多跨多进，且较宽敞，外轮廓规整，为标准的四合院形制，院落内建筑主次分明，正房坐北朝南居于主导位置。院落狭小的小门小户合院在标准四合院基础上做了一定的简化和变形，适应务农劳作的乡土生活。甚至有的民居将日常生活、生产所需的各类建筑功能集合在一幢建筑内，包含厅堂、起居、厨房及仓储等。

（三）洼淀一步院

一步院主要分布于白洋淀地区，由于白洋淀地区宅基用地有限，往往民居规模小，房屋小巧，院落狭窄。院落以单进为主，有少数两进院落，两进以上较为罕见。一部分单进院落建筑构成简单，由正房、东西院墙和前面宅院的正房北墙界围合而成。这些院子进深小，大部分仅有 2 米左右，几乎只有成年人一跨步宽，因而得名"一步院"。有的院内东西方建置杂物房，样式简单且规模小。同时院内讲究布置影壁，或单独设置一堵墙，或与杂物房侧墙结合。院落单元南北相接形成一长列，两长列院落东西并排组成聚落中最小层级的街巷单元（见图 4-1）。因此，宅院入户方式往往为东西方向。白洋淀地区聚落院落基于这种基本布局形态和组织方式，依据地形和街巷体系进行调适，衍生出丰富多元的院落形式和街巷单元（见图 4-2）。

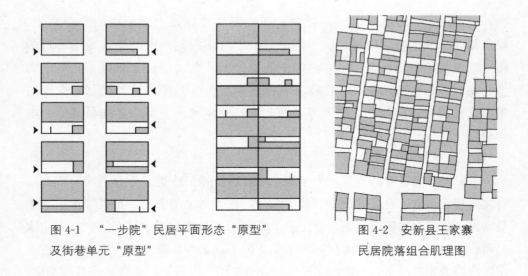

图 4-1 "一步院"民居平面形态"原型"
及街巷单元"原型"

图 4-2 安新县王家寨
民居院落组合肌理图

二、院落的竖向空间尺度

院落空间是由单体建筑围合而成的三维空间，除了二维平面的组织形式，还有竖向垂直尺度形成的空间感受。单体建筑的竖向高度及院落内不同建筑之间的高差是其决定因素。在建筑高度只有一层的院落中，一般正房、厢房、倒座在高度上依次递减，但差异相对较小，顶界面趋于一种横向平缓的状态。一些具有两层楼房的民居院落，房屋高度可达 8 至 10 米，甚至有三层的阁楼，竖向空间界面形成强烈的阶梯状对比，视觉冲击力较强，如吉祥庄两层吉星高照门楼（见图 4-3），中庄村的两层绣楼（见图 4-4）。山地、丘陵地带的山地合院依据地势而建，虽然单体建筑高度没有明显的差异，然而借助地形地势的高差，一些院落竖向空间也会产生较为明显的高差，形成高低错落的丰富的天际线。

图 4-3　吉祥庄两层吉星高照门楼　　　　　图 4-4　中庄村两层绣楼

三、院落单元组织方式

（一）独院

独院式适合家庭成员较少的小门小户，是普通百姓最主要的民居形式。独院式民居规模较小，内部构成简单明了，一般正房居中，多为三间或五间，倒座与之相对，两侧东西厢房对称布局，形成明确的轴线。院落中出布置必要的交通、生产活动空间外，亦布置花草树木，有些还开辟小块菜地。保定地区大部分民居属于独院形式。

（二）多进院落

多进和多跨院落即可满足较大家庭的居住需要，又可构成相互独立的居住空间，互不干扰。多进院落主要指在平面纵向上有两个或两个以上的院落串联而成的院落空间形式，前后院落之间通过二门、甬道或过厅联系、过度和分割。二进院落通常在一进院落正房东西山墙继续加建隔墙，隔墙中间设二门，将院落划分为内外两重，二进院落再向纵深发展增加院落，可形成三进院、四进院。岭南台村向阳后街 1 号院为二进四合院（见图 4-5），第一重大门开在宅院东南角，进入第一重大门之后是宅院的外院，外院尽头是第二重大门，第二重大门不是富丽堂皇的垂花门，而是占用主庭院倒座房其中一间的屋宇式二大门，形成二进院的格局，院落受周边宅院形态和建设场地尺度影响，整体呈狭长且不规整布局。向阳南街 31 号院同样为二进四合院（见图 4-6），一进院大门开在东院墙上，现一进院西、南部分的建筑已经倒塌，推测为牲畜棚和存放农具等杂物棚，二进院大门开在倒座方正中，二进院是四合院布局，正房、东西厢房、倒座对称布局，院落空间规整。

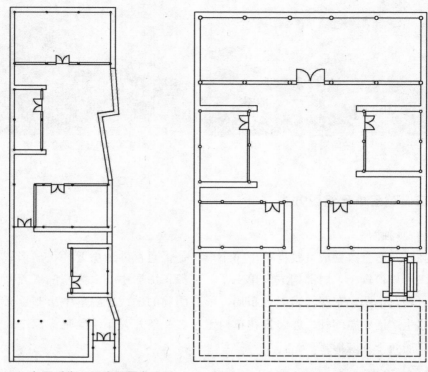

图 4-5　向阳后街 1 号院平面布局图　　　　　图 4-6　向阳南街 31 号院平面布局图

（三）多跨院落

　　多跨院落指院落在东西方向上横向延展，往往比常规四合院更能满足大家庭的居住需要，大家族中的每个小家庭居住在一跨院落中，此种居住模式既能保证家族聚居的整体性，又能满足小家庭内部生活的私密性要求。如岭南台村民居"二子开二门"的两跨并列式院落的格局，两院正房及倒座房屋顶都连在一起，但倒座房中间并列两座大门，代表其为两座宅院。院落正中坐落一处厢房，将院落一分为二，厢房南侧通道相连，保证两院各自独立又相互连通，向阳北街 30 号和 32 号院（见图 4-7），向阳南街 35 号院和 36 号院（见图 4-8）就是这种格局，甚至向阳南街 35 号和 36 号院大门外南侧有两院共用的一排马厩，有倒座房 10 间之多，显示出两跨院落对外形象的整体性；也有在主院次院并列的跨院模式，次院主要布置牲畜棚和杂物储藏房间，有效保证洁污分区，如向阳北街 13 号院（见图 4-9）。

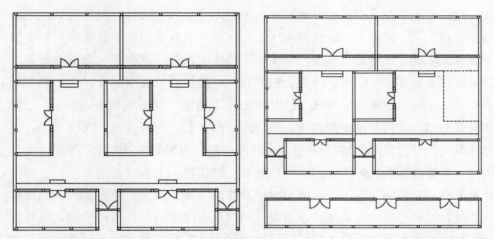

图 4-7　向阳北街 30 号和 32 号院平面布局图　图 4-8　向阳南街 35 号和 36 号院平面布局图

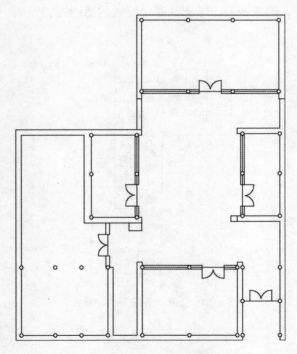

图 4-9　向阳北街 13 号院平面布局图

（四）复合式连环套院

对于多世同堂的大型家庭而言，独院式和多进院落难以满足家庭的居住要求，这需要院落在纵横双向方面同时拓展，形成竖向串联和横向并列交织的复合型院落空间，以便更好地组织空间，满足同一家族共用的居住要求。保定地区复合式宅院古民居遗存较少，除腰山王氏庄院既有多进院落又有多重跨院之外，在唐县吉祥庄也存有一座复合型宅院，但整体规模较小。吉祥庄张家 2 号院是一座适应山区地形的特殊二进二跨院落（见图 4-10）。大门坐北朝南，二层阁楼式券门，大门与倒座房相连，楼顶东、南、北三面开券窗，西面开门，当地人称其为"吉星高照楼"。一进院由两间正房和两间倒座南房及东西院墙围合而成，正房西侧为二进院大门，大门上有瓦檐雨搭，上为花瓦墙平顶。二进院由两间正房、三间东厢房、倒座杂物棚及西院墙围合而成，院落狭长，二进院正房檐廊西侧有门廊筒子通往西跨院。西跨院有北房两间、西房两间，院落狭小。整座院落平面布局极不规整，房屋开间小，布局错落，围合而成的院落同样窄小且形态各异。张家 2 号院是吉祥庄现存古民居院落层次最多、房屋规模最大的一处宅院，形象地展示了山区院落建造的适地性。

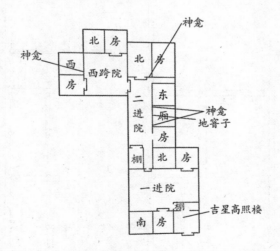

图 4-10　张家 2 号院平面示意图①

---

①　图片引自侯璐《保定古民居》，河北大学出版社 2017 版。

第二节　民居建筑形态与装饰

一、屋顶形态与装饰

　　保定传统村落中的民居建筑按照屋顶形式可分为坡屋顶和平屋顶两类。按照地理位置划分，保定西部和北部的太行山深处民居一般采用坡屋顶形式，而太行山麓下的丘陵地带的传统民居正房采用双面坡屋顶，而厢房和倒座采用平屋顶的形式，东南平原地区传统民居多采用平屋顶形式。

　　平屋顶民居的优势，在于可以利用屋面晾晒谷物和衣物，这有效缓解了较为紧张的用地条件。尤其是山区民居结合错层高差，屋面与相同标高的街巷相结合，可以创造出更大面积的节点空间，为村民的日常生活提供便利。白洋淀水村的平顶屋面还可在水患之时提供临时的避难场所。平屋顶一般采用密梁平顶的结构形式。密梁平顶房采用青石或青砖为材料砌筑墙体，木柱和墙承檩，檩则承椽，以檩条代替梁间距构成密平顶建筑。平房顶周围一般高筑一圈女儿墙，提高屋顶晾晒谷物的安全性，女儿墙下端往往有两个或两个以上滴水口，方便平屋顶排水。在曲阳、清苑等部分地区的平顶民居往往采用带有前坡檐的形式，从建筑正面人视角观看则为坡屋顶形式，既美观又兼顾晾晒等实用功能（见图 4-11）。

图 4-11　冉庄前坡檐屋顶民居侧立面

　　屋顶是民居挡风遮雨的重要构件，也是民居建筑形象中最富有表现力和个性的部分之一，被称为建筑外观的"第五立面"。平屋顶可以增加高低层次的变化，而坡屋面塑造斜面来调节建筑层次感，屋面曲面造就优美的轮廓线。工匠除了塑造屋顶的整体形象，还通过对屋顶不同构件进行装饰处理，丰富民居建筑的视觉形象。屋顶装饰主要集中在屋脊、瓦当和滴水等部位。

　　屋脊正脊多为清水脊，部分民居脊端微微起翘，形成微曲线屋面，改善长屋脊线的单调感。大户人家还会通脊竖砌青砖，其上装饰精美砖雕，由于观赏视点较远，往往做体积感较强的高浮雕装饰（见图 4-12），图案题材多以卷草和花卉植物为主，寓意吉祥，或直接雕刻吉祥文字。也有的民居正脊砌瓦花装饰，玲珑轻巧。有些民居的屋脊使用小青瓦搭筑镂空瓦花，轻盈灵动，美观大方。涞源县部分民居脊端安置脊兽，形似龙鱼，鱼头仰望天空，鱼尾高高翘起，身上有鱼鳞纹。普通人家脊端不设吻兽，仅在脊端做一个简单的起翘作为装饰，脊的两端以 30 度至 45 度的斜度向上起翘，称为"鼻子"或"蝎子尾"，下面做"花草盘子"，使用有雕花的砖砌成。岭南台村民居屋脊脊端安置新颖优美的花草造型（见图 4-13），这种脊端造型在保定地区极为罕见。保定传统民居脊端造型丰富多样，既有朴实敦厚的鼻子造型，也有青瓦搭筑的花式蝎子尾造型，有的民居建筑在两条屋脊相交的地方安置花砖或火焰宝珠纹砖雕进行装饰（见图4-14）。一般垂脊装饰简单，不设砖雕，讲究的民居在垂脊靠下位置安装垂兽。若是卷棚屋顶，屋脊为马鞍形的元宝脊，不设装饰。

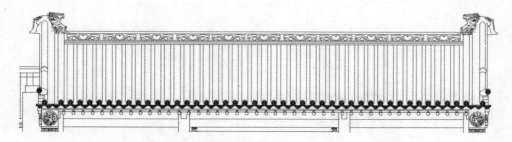

图 4-12　涞源辛家大院屋脊

图 4-13　岭南台村民居屋脊

图 4-14　易县大盘石村民居屋脊

　　瓦当和滴水是古建筑屋顶的重要构件，起着保护木制飞檐和美化屋面轮廓的作用，瓦当是檐头筒瓦前端的遮挡，防止雨水倒灌。瓦当形状与屋顶步瓦方式有关，若屋顶铺设筒瓦，则选用圆形瓦当，若屋顶采用仰合瓦形式，则选用三角扇形瓦当。瓦当的雕饰图案主要为虎头和狮头饰样，有聚宝、驱邪、守宅等众多意义。滴水是位于檐头下端的构件，引导雨水下流，形似下垂的如意形舌头，一般雕饰花草图案。瓦当和滴水高低错落、完美结合，组成屋檐处的一条装饰带。

二、院落大门形态与装饰

　　本书根据建筑形态，将保定传统民居院落大门分为两大类，即屋宇式大门和贴墙式大门。屋宇式大门又可细分为 3 类：大门屋顶与倒座屋顶相通，没有独立屋顶，院落临街，立面整洁利落，整体性强，其门洞额枋下往往装饰镂空的木格或雕花板等构件（见图 4-15）；大门屋顶独立设置，高于倒座屋顶，屋脊装饰精致华美，以示体量方面的凸显和强调（见图4-16）；大门独立设置，两侧与院墙相连，又称为门楼（见图4-17），通常一开间，且进深仅为 3 架，讲究屋面装饰、屋脊

图 4-15　岭南台村民居大门

起翘，但山墙较短，出檐较浅，门扇安装于中柱位置，以灵活的小尺度空间取胜，同样注重戗檐叠涩、犀头砖雕和檐枋板木雕装饰。涞源县地区民居非常重视大门的修筑，即使降低修筑院墙、南房和东西房级别，也要建造高大气派的门楼，有些民居因经济条件有限，门楼简易，但要远高于院墙，标志性极强。

图 4-16　涞源东龙虎寺村民居大门　　　　图 4-17　涞源中庄村民居大门

　　院落大门是居住者身份和地位的象征，是民居建筑的脸面，因此，居住者往往极尽富丽之能事来装饰大门。大户人家民居大门屋脊、山花、瓦当、墀头、檐枋、门楣、门簪、雀替、柱础、门墩石、台阶都非常精致讲究，共同烘托出富丽堂皇的民居建筑。小门小户的民居建筑虽然朴素无华并无装饰，但也尽量建筑高大的门楼，或将家庭经济条件仅能承担的少量装饰表现在大门上。

　　屋宇式大门大多都高于倒座和院墙，以凸显大门的高大气派，并且屋脊、山花、瓦当和滴水装饰精致华美，部分大户人家还采用等级较高的筒瓦铺设门楼屋顶，而筒瓦在民居院落的其他建筑上极少使用，可见乡民对院落大门的形制和装饰的重视程度。有的民居屋宇式大门屋脊、山花、瓦当和滴水的装饰与其他建筑保持一致，从而形成和谐统一的视觉效果，有的则比其他建筑的装饰等级更高，而强调大门的富丽形象。

　　屋宇式大门独特的装饰主要集中在墀头、檐枋、门楣、门簪、雀替、柱础和门墩石构件上。门楼山墙前端的墀头与其他居住建筑墀头构造相同，但装饰更加华丽，戗檐板图案丰富，雕刻细腻，唐县吉祥庄有的民居大门墀头戗檐板和下身砖上雕刻"福""禄""纳福""迎祥"等吉祥文字，表达了主人求祥瑞、盼太平、祈福到的美好心愿（见图 4-18）。

图 4-18　吉祥庄民居大门墀头装饰

墙腿石置于房屋山墙的下方，起稳固和防蚀的作用，又处在建筑的醒目位置，往往是北方民居建筑重点装饰部位之一。保定现存传统民居使用墙腿石的较少，少数山区民居门楼的山墙采用墙腿石，虽然选材讲究，但雕花刻字装饰较为简单，大部分除雕刻一圈边框外，无其他装饰，少数在边框内雕刻图案，如岭南台村向阳小街 1 号院门楼左右墙腿石边框内各阳刻"四季平安"吉祥图案（见图 4-19）。

门楼梁枋结构下的挂落，又称"倒挂楣子"，常用在额枋下的檐柱间，起间隔和装饰的作用。挂落常采用四边攒框，其上端和左右两边框均用榫固定在木柱上，两边框伸出底框雕垂花柱造型，内侧

图 4-19　岭南台村民居
大门的墙腿石装饰

插有更小的垂花柱或花牙子承托底框。边框多用榫固定于柱上。挂落则一端用榫，一端插竹销，连接在边框上，可装可卸。边框中部再平均分割为 3 个或 4 个格心，装饰棂格纹或镂空透雕（见图 4-20）。有的民居大门挂落甚至没有底边框，镂空透雕花板直接挂在上端边框上，底部为凹凸起伏的线条，极富装饰性。

挂落是门楼的重点装饰部位，常见的有几何纹、吉祥文字、花草蔬果、祥禽瑞兽等寓意吉祥的图案（见图 4-21）。挂落丰富了上檐、地基和檐柱间的构成的方正几何景框中的空廊界面，从而塑造了丰富的门楼空间变化的装饰效果。

图 4-20　岭南台村民居大门上的木雕挂落

图 4-21　岭南台村民居大门上的木雕挂落

　　小西庄几处破败的民居门楼前檐柱上有牛腿构件装饰，纵向承托大柁出挑部分的牛腿状构件雕刻成龙首造型，一个扁长的坐斗横向穿插，中心横向扣置瓜拱一件用以承接挑檐檩，有的牛腿构件还有彩画装饰（见图 4-22）。上下两层梁枋之间安置 3 块柁墩，将上梁承受的重量传到下梁，并浮雕流云纹和寿字纹。太平关一民居门楼前檐柱上出华拱二跳，两层扁长形坐斗尺寸从下而上依次变大，坐斗两侧横插装饰性翼拱，雕卷草造型，上层坐斗上承梁头和挑檐枋（见图 4-23）。

图 4-22　小西庄民居门楼上的牛腿构件装饰　　图 4-23　太平关民居门楼上的华拱构件装饰

　　门簪是安装在大门门扇上方的构件，本来是固定在上槛的安装门扇上轴所用连楹构件，而民居大门上门簪的设置，只为美观，并无结构功用。保定地区民居门簪数量为两个较为常见，有圆形、方形、长方形、六角形、八角形等样式。门簪有不做雕刻装饰的，有做凹槽雕刻的，有整体雕刻莲瓣的，有前端平面上进行局部装饰的（见图 4-24）。

图 4-24　各种造型的门簪

　　门的功能性部件是可启闭的门扇。板门门扇一般都是用数块厚木板左右方向拼合而成的,其高低大小取决于门的实际功能需求。具体制作时,在门后穿插横木构成穿带,再从正面用铁钉钉透,钉尾卯合或折叠反钉入穿带,这样重复多条穿带便能固定板门的基本结构。随着人们对实用和美化功能的需求增大,门钹、看叶、寿山、福海等逐渐出现在板门上,与门钉一道成为民居板门铁艺的主要构件。保定地区传统民居大门铁艺装饰较少,少数民居大门上有门钹和看叶装饰。

　　门钹又称为"门环",多为圆环形,依靠铺首固定在门板上,称为"铺首衔环"。铺首在传统建筑门扇上出现的时间较早,早在汉代的明器陶屋、墓门、画像石上就能看到铺首衔环在门上的使用。铺首造型多以狮、虎、椒图等为主,

材料为铜、铁等金属材料，甚至
还施以鎏金工艺。保定民居大门
上的门钹多为铁制，铺首也以素
面为主。体量较小的板门，以活
页式的铁片作为门钹，称之为
"拍叶""云头环"。

看叶也称为"包叶""门叶"，
由薄铁片制作而成，包裹在门板
上，起到保护门板的作用。通常
安置在门板上下端的两角，也有
在门扇开启面，由里到外三面包
裹铁片，避免门扇启闭时两扇门
板的摩擦碰撞，保护木料。匠人
通过对看叶形状的艺术加工，增
加看叶美感，例如雕刻看叶成如
意形、葫芦形、万字形等，具有
很强的装饰性（见图4-25）。

图4-25 岭南台村民居大门的看叶装饰

门枕石俗称门礅、门座、门台、镇门石等（见图4-26），在大门底部，起支
撑门框和门轴的作用。门枕石一般为长条状，中间有一道凹槽安装门槛，门内
靠近门框处有一凹穴，称为"海窝"，供门轴转动之用。门外的部分相对较长，
常进行雕刻装饰，如吉祥庄一民居门枕石外立面阳刻花卉图案。有些讲究的大
户人家门枕石雕刻成石鼓状，又称"抱鼓石"。门枕石的雕工一般都比较精美。
抱鼓石造型丰富，保定传统民居宅门抱鼓石一般由鼓座和石鼓两部分组成，既
有低浮雕，又有高浮雕，雕刻纹样丰富多彩。北康关村田家大院宅门抱鼓石底
座为须弥座样式，由雕刻莲花瓣的上下枋、束腰和底下的圭角组成。座上有一
个鼓托，形如一张厚垫，中央凹下承托上面的圆鼓，两头反卷如小鼓，俗称
"小鼓"。上面的圆鼓形象逼真，中间鼓肚外突，鼓皮钉在圆鼓上的钉头都表现
得十分清楚。鼓面浮雕"松鹿同春"图案，鼓肚浮雕缠枝莲纹，表达福寿吉庆
的寓意。长方形鼓座上浮雕着如意、蝙蝠、钱币、桂花等纹样，表达富贵吉祥
的寓意，鼓面上有浅雕装饰纹样，现已模糊不清，鼓顶上面雕卧狮，是旧时大
户人家尽显豪门威严的象征。

图 4-26　民居大门门枕石

　　柱础是中国古建筑重要的石质构件，又称柱础石，垫于木柱子下。凡是木架结构的房屋，可谓柱柱皆有柱础石，缺一不可。柱础石将木柱与地坪隔开，起到防潮作用，同时加强了柱基的承重能力。因此，对柱础石的使用均十分重视。保定民居中的柱础石装饰主要为圆鼓形柱础石，并且与真正皮鼓一样，会在鼓身上下各刻一圈鼓钉，有的甚至在鼓肚两侧浮雕鼓环，造型逼真。雕刻较丰富的石柱础，鼓肚两面或四面对称雕刻兽头、花卉等图案，造型古朴（见图4-27）。

图 4-27　民居中的柱础

　　保定民居门楼屋顶大部门采用彻上露明造，显示出木构架的结构美。极少数民居门楼采用井口天花顶棚，支条纵横相交成方格，按方格覆盖天花板，由于形状像"井"字，故称"井口"。支条和天花板可做彩画装饰，如东龙虎寺村一民居门楼井口天花，支条分割出6块天花板，天花板圆光中心绘吉祥花卉图案，周边绘蔓草纹，色彩对比鲜明，图案富有律动感，明快活泼（见图4-28）。

图 4-28　东龙虎寺村一处民居门楼天花板

图 4-29　东龙虎寺村一处
民居门楼廊心墙装饰

　　门楼廊心墙一般为素壁，极少数居民会对廊心墙进行装饰，如东龙虎寺村民居门楼廊心墙，在四边砖套上做海棠池，内里装饰"万字不断"图案砖雕，雕刻细腻，寓意吉祥（见图4-29）。岭南台村传统民居大多在门楼廊心墙上设置灯龛，一般设置在大门外左侧廊心墙上，个别民居门楼在左右两侧廊心墙对称设置。灯龛因用于夜间放置照明灯，故称"灯龛"（见图4-30）。讲究的灯龛设计为缩小版的屋宇式建筑，包括屋顶、柱梁、须弥座、门窗等细节，造型精巧，装饰细腻。

图 4-30　岭南台村民居大门上的灯龛

　　贴墙式大门指的是在院落外部墙体上顺墙开洞，安装门框，既有在建筑外立面开洞，也有在庭院外墙间开洞，再在墙墩上直接搁置横梁，或青砖砌成券拱型门洞。贴墙式大门多应用于丘陵和平原地区平屋顶民居住宅中。有的民居住宅随墙式大门上方建造雨搭，从表现形式来看又称之为门罩式，即用木构或青砖仿木结构形式罩在门洞上，模仿屋宇式大门的屋顶形式，实际上遮阳避雨的功能已经弱化，蜕变为纯粹的建筑装饰；也有的民居住宅不使用檩条而以过木梁承托屋顶荷载，此形制的门多用于普通人家，装饰较少，简约实用。

图 4-31　梁庄民居大门

　　安装门框的门洞型制可分为长方形和券拱形。长方形门洞较为普遍。在丘陵、平原地区的村落，部分传统民居大门门洞采用券拱形，在青砖砌成券拱形门洞中间或里侧内安装门扇，既有屋宇式券拱形大门，也有随墙式券拱形大门。

　　蠡县梁庄村传统民居的门楼装饰，保留了20世纪三四十年代冀中平原村庄独特的韵味。在这个普通的小村庄里，诞生了梁斌、黄胄两位文学艺术大师，还有一位抗日英烈梁鉴堂。坐落于村中大街东端路北的梁庄民居（见图 4-31），坐北朝南，大门装饰华丽，汉白玉发券拱门左右上方各雕一岔角花，大门两侧方柱有束腰和叠涩，样式略显西化。门券之上四边砖套做门匾，匾中3个大字已剥落难辨，但上下款识年月仍清晰可见，为"民国二十六年四月"，即1937年4月，正是这处宅院的确切建筑年代。位于村中大街西段南路民居，坐北朝南，大门亦为拱门砖券，门券之上亦有门匾，且保存完好，上刻"和谦义德"四字。另一处宅院砖券拱门上方亦有门匾，上刻"光明磊落"字样（见图4-33）。门匾是梁庄村民居大门的特有装饰，且题字笔法古朴、含意深远，颇有文意，甚至近一二十年建的新民居在大门上也多采用门匾题字和山水画进行装饰，彰显出村庄百年积淀的厚重文化。或许正是村庄浓厚的文学艺术气息，造就了两位文化艺术大家，正是受两位文学艺术大家的影响，这种注重人文的传统一直延续到今天。

图4-32　梁庄民居大门

图4-33　梁庄民居大门

三、门窗形态与装饰

《道德经·无之为用》："凿户牖以为室，当其无，有室之用，故有之以为利，无之以为用"，开凿门窗建造房屋，有了门窗四壁内空心的部分，房屋才能发挥其作用。"有"可得利，"无"可为用。房屋如果没有门窗可以出入、采光、流通空气，那么人就无法居住，可见门窗在建筑中发挥了重要的"无用之用"。

在传统民居建筑中，门窗不仅具有重要的实用功能，也是重点装饰部位。

屋门是分割室内外空间和室内各开间的木制构件，保定地区传统民居保存的屋门类型较为丰富，大致分为隔扇门、板门和夹门3种类型。

隔扇门，简称"隔扇"，宋代已形成，称为"格子门"（见图4-34）。隔扇门可灵活拆装，一般在规格较高的民居或房间使用。隔扇门是建筑正立面的主要构件，既有门与墙的功能，对外可以围护，对内可以隔开，又有窗的作用，可以通风与采光。保定地区民居的隔扇门往往用于房屋明间，通常是偶数门扇，确保中间为能够开启的两扇隔扇。隔扇门安置于檐枋以下，由边挺和抹头组成边框，边框内安置格心、绦环板、裙板等构件。保定地区隔扇门常见五抹头和六抹头，除腰山王氏庄园隔扇门裙板做浮雕装饰外，其他民居隔扇门裙板和绦环板均朴素无华无雕饰。有些地区民居使用双扇隔扇门或单扇隔扇门，把两侧隔扇换成槛窗，也称"夹门"。

图4-34 岭南台村民居隔扇门与隔扇窗

根据材料考据，板门至迟产生于战国时期，至今仍被广泛应用于民居和寺庙的建筑中，根据构造形态，板门可细分为棋盘式和镜面式，用于院门和屋门。板门一般用厚实木板拼接而成，向内开启，并从建筑内部用门闩固定。使用单扇板门的地方较少，板门的左右边框和门槛及门楣卯榫相连，形成主框架以安装门扇。门扇选料讲究，两扇门板材尽量考虑数量相同、木纹一致、宽度接近，木料根部朝下，梢部朝上，门板上轻下重，保证受力稳定，这样不仅更加耐用，而且能防止木材变形，保证质量。其制作工艺讲究对称均衡、整齐统一。板门结构简单，造价低廉，经久耐用，深受各地区百姓推崇。

一般板门上方均设横向长窗，称为门窗亮子，又称"横陂"，有辅助采光和通风之用（见图4-35）。横陂有棂条格花，内糊窗纸，棂花纹样往往与槛窗棂格保持统一，但也有使用独特纹样的，甚至更加精致华美。

传统民居中窗的主要功能可以概括为采光、通风及防护（防风、防雨）。窗户一般安装于建筑正立面的槛墙之上，主要有槛窗、支摘窗和普通木棂窗。部分传统民居合院中厢房与正房距离较近，对正房次间造成一定遮挡，在正房山墙开高窗以增加室内采光。

图4-35　涞源县民居中的板门、连门窗及门窗亮子

槛窗因置于槛墙之上而得名，又称"隔扇窗"，是一种规格较高的窗户，主要用于大户住宅的厅堂。槛窗呈长条式矩形，和隔扇门的样式十分相近，结构主要是由外框、格心和风槛组成，而无下部裙板和脚板，与同一建筑的隔扇门样式、作法、开合方式相同，加强建筑正立面的统一感。槛窗为单层窗，夏日开启通风但不能防蚊，冬季开启不能防砂。因此，槛窗内层往往安装帘架，装纱窗。一般民居房屋满开间内多做4套或6套双数槛窗，能灵活开启，也方便摘取，通风良好。

支摘窗由上下两部分组成，上部可以向外推出支起，称"支窗"，下部可以灵活摘下，称"摘窗"，因此支摘窗也称"和合窗"。支摘窗不落地，两步柱间砌筑约1米高的槛墙，槛墙至梁枋下皮之间用木框分割为上下两层，装支摘窗。支摘窗形象上与槛窗不同，槛窗为竖长方形，支摘窗为横长方形。一般支窗为双层窗，外层为棂条心屉，内层做纱屉窗，夏天通风换气，冬天保暖隔砂。支摘窗外层窗心棂格样式丰富多样、排列规律，较常见的样式有灯笼锦和步步锦格心。随着玻璃在农村的普及，下部摘窗安装玻璃替代棂条心屉，以利室内采光（见图4-36）。

图 4-36　岭南台村民居中的支摘窗

有的民居建筑立面高度较高时，在窗户上方再设槛，上设扁长形横披窗，与上文提到的门窗亮子结构和功能相同。横陂窗将建筑立面比例重新划分，保证了各构件比例匀称。横陂窗窗心样式往往与立面门窗样式整体考虑，或简洁或繁丽，共同构成建筑正立面的装饰韵律。

图 4-37　民居中门帘架做法

还有一种窗户位于明间门两侧的槛墙上，直接与门相连，称"连门窗"（见图 4-35），明间门、窗、横陂组合呈甲字形，左右两侧窗形对称，窗心样式相同。这种门窗形式在保定西北部传统民居中普遍使用。

帘架是门窗的附属构件，一般安装于门或窗前端。安装于门上的门帘架属于门框的一种（见图 4-37），在原有门框外再加设一层框架，上部常做帘架心，由棂花装饰。帘架心边框下有便于悬挂的金属环附件，夏天挂竹帘，通风透气防蚊蝇，冬天挂棉布门帘，挡风保暖。讲究的人家还会在边框两侧雕刻垂柱、雀替或挂落木雕作为装饰。窗帘架构造与门帘架相似（见图 4-38），外框的高度同槛窗，宽度略宽于槛窗，上部亦有窗架心，下部边框可在夏季挂竹帘，冬季可装窗扇，使用非常方便。帘架用料较轻巧，格心棂花连接处常设卡子花特殊图案加以雕饰，内容多为福寿纹、如意纹等，雕刻的手法精细。

民居门窗形式依据不同地区的建筑形式具有鲜明的地域

图 4-38　民居中窗帘架做法

性特征。一般保定西北山区传统民居采用两面坡屋顶建筑形式，采用木构架与墙体结合的承重体系。前檐柱之间围护结构，次间采用槛墙上装设槛窗或支摘窗的形式，窗框大小和数量按照前檐柱之间距离合理划分，满布檐柱间空间，明间设置隔扇门或者甲字形门窗。门窗满布前檐墙立面，按一定序列组合成一个整体，成为建筑正立面最重要的组成部分。山区民居建筑门窗面积大，有助于室内采光的同时，形式多样、内涵丰富的窗棂图案构成了山区民居通透又层次丰富的建筑形象，成为山区民居形象的重要表达方式。山区与平原交接的丘陵地区，以及东南平原地区的传统民居多采用平屋顶建筑形式，采用墙体承重体系，一般门窗洞口较小，窗棂图案简洁，形成平原民居厚重、朴素和内敛的地方特色建筑形象。

除了板门外，门窗的装饰性主要体现在木棂格心的图案上。保定地区窗棂格心图案常见的有方格、斜方格、一码三箭式（见图 4-39）、步步锦、灯笼框（见图 4-40）、亚字和龟背锦，个别民居门窗格心图案还用到盘长、方胜纹、万字纹等吉祥图案。

图 4-39　一码三箭式窗木棂格心图案

图 4-40　灯笼框式窗木棂格心图案

保定平原及丘陵地区采用墙体围护结构的传统民居，因门窗洞口较小，窗棂图案较为简单，方格棂是最常见的样式。西北山区传统民居立面中门窗所占比例非常大，占据整个立面一半以上，而它们的形状、比例、尺寸等对建筑的整体造型影响颇大。门窗格心图案的选取较为讲究，既有门窗格心大小相同，通体采用一种格心图案，形成韵律感较强的门窗组合形式，也有大小不同的矩形格心组成组合窗。由中间的幌窗和左右对称的槛窗组合而成的组合窗较为常见（见图 4-41），中间的幌窗的窗棂格一般采用 14 厘米×14 厘米的方格，形成一定的标准程式，两侧槛窗的窗棂格样式比较多变。槛窗立于幌窗两边来烘托幌窗排列整齐的棂格，表现出对比之美，疏密得当，内容丰富灵活。

图 4-41　由幌窗和槛窗组成的组合窗

随着玻璃在农村的普及，山区传统民居窗户样式演变为上下两部分，下部是玻璃，上部为各种样式窗棂格的窗扇，窗扇骨格排列规律，富有变化；还有一种中间为镶嵌玻璃的边框，棂格对称镶嵌在玻璃外面的窗子形式。这既增加了室内的采光度，又保持窗棂图案的审美情趣和丰富内涵。

　　民居门窗颜色一般为木材原色，刷透明清漆，不着彩，受到风吹日晒后呈土褐色，与青砖灰瓦或土黄泥坯墙体形成和谐统一的建筑立面。土褐色的格心窗棂与内层纯白色窗户纸形成强烈的颜色对比，更加衬托出窗棂的节奏美，体现出传统村落居民的审美情趣。

四、影壁形态与装饰

　　保定地区影壁有两种形式，独立式影壁和跨山影壁。现存传统民居中独立式影壁较少，装饰简单，多为抹灰素面，个别有雕刻装饰，如冉庄一民居院中独立式影壁壁心中心阳刻大"福"字，四角为蝙蝠图案岔角花（见图4-42）。跨山影壁是保定传统民居中最常见的形式。做法简单的跨山影壁仅在厢房山墙上用碎石和黄泥层层砌起，外面抹一层白灰，四周再砌一方形砖框，有的对边框形状进行处理，有的在框内进行绘画，起到美化的作用。高级的影壁立面由壁顶、壁身和基座3部分组成，壁顶仿木出檐，铺

图4-42　冉庄一民居中的影壁

瓦、屋脊、吻兽不一而足，壁身、基座装饰考究，独具匠心。

　　工艺最为精致且保存完好的跨山影壁当属岭南台村的两座影壁。向阳小街1号院中的跨山影壁（见图4-43），位于北厢房西山墙，壁脊为清水脊，脊上做一行花草砖雕，两端置花草吻（北端吻已毁，不存），额枋上盖筒板瓦，檐口有瓦当和滴水。壁心中心为方砖斜纹拼就并磨砖对缝，呈菱形交织状，壁心上方有3行雕刻精美的浮雕装饰。基座为直方形，无多余装饰。整座影壁上部分装饰精雕细琢、繁密细致，中下部分朴素无华，组成疏密有致、重点

图4-43　向阳小街1号院跨山影壁

突出的视觉效果。向阳后街 1 号院中的跨山影壁（见图 4-44、图 4-45），附着于
进入二大门之后的主院西厢房南山墙上，清水脊上做一行窈曲纹花草砖，两端
花草吻已不存，模烧兽头滴水瓦当之下做两层椽子，上层椽子端刻万字纹，下
层间刻铜钱纹和梅花。影壁心为硬心雕花，基地为 20 厘米×20 厘米的方砖斜
纹拼砌，岔角花为透雕卷草蝙蝠花纹，保存完整，中心花已不存，据房主回忆，
中心花为"寿"字，题字下方为"松鹿同春"雕刻图案，壁心边框下方两角亦
有雕花。壁心上方小匾内题词"茂林修竹"，小匾上方做一行窈曲纹花草砖，与
屋脊花草砖呼应。基座为直方形台基，做一行花草砖，与壁心岔角花纹样类似。
整座影壁雕饰精致，图案丰富，寓意吉祥，并与多处花纹遥相呼应，组成紧凑
的视觉构图效果，体现出匠师的高超艺术造诣。

图 4-44　向阳后街 1 号院跨山影壁

图 4-45　向阳后街 1 号院的跨山影壁
复原意象线描图

五、山墙装饰

山墙是民居建筑侧立面装饰的重点部位。山墙装饰主要集中在山花部位，
包括屋顶垂脊、博风板和墀头。有正脊的硬山屋顶坡度较陡，山花的三角形状
尖锐直挺，无正脊的卷棚屋面坡度较为平缓，山花形状柔和。

讲究的民居山墙装饰复杂，最上面是垂脊，一般在两端各设一垂兽，垂脊

以下铺一排瓦当和滴水，或仰合瓦花，在山墙上边形成一道花饰。滴水瓦当花边下有两道砖做线脚，线脚下面为砖面拼贴博风板，砖博风下又有两层拔檐线砖。博风板中间接缝部分，装饰一条用砖堆砌出的"悬鱼"，形状类似垂莲柱。有的民居将砖雕悬鱼简化变形，如岭南台村某民居山墙博风板中间下方装饰倒挂的寿桃。有的民居在砖雕悬鱼下方还装饰团花纹砖雕，雕刻生动细致，山墙装饰更加丰富。卷棚屋顶民居山墙不装饰砖雕悬鱼，但为了丰富山墙立面，在山尖中间位置装饰方形或圆形团花纹砖雕（见图4-46）。一般博风板的两端面砖会雕刻精美的图案，或方形或圆形边框中深浮雕花草、动物图案，或直接雕刻花草自然形，避免博风板生硬转折，质朴守拙，耐人寻味（见图4-47）。

图 4-46 民居山墙山花上的砖雕装饰

图 4-47　民居博缝板两端砖雕装饰

　　博风板以下的山墙主体部分，采用全砖墙或者四角硬复合砖墙，砌筑严谨工整。装饰繁琐复杂的垂脊、博风板等与简洁工整的山墙主体共同构成了对比强烈、层次分明、繁简得当的山墙立面，引人入胜。

　　山墙顶端的墀头是山墙的重点装饰位置（见图 4-48）。犀头一般出现在较高档次的民居建筑中，由下自上分为下碱、上身和盘头 3 部分，下碱与上身常用于与山墙一致的材料和砌法，也可以石材砌筑垂直的角柱石及水平搁置其上的压面石。盘头是墙上的视觉焦点部位，层层出挑的砖檐和雕花的戗檐砖极大的丰富了建筑立面的艺术效果。犀头盘头部分是装饰的主体，形制和图案有多种式样，成对使用，如涞源县太平关马家大院正房山墙墀头戗檐板砖雕图案为"狮子滚绣球"，取"狮子滚绣球好事不断头"之意。涞源中庄村一民居正房墀头戗檐板砖雕图案为"福"字，寄托了屋主对幸福生活的向往。下部为层层递退挑出的砖，经过精细打磨似须弥座，讲究的民居在每层砖面上同样刻有精美的砖雕，图案多为蕴含吉祥含义的花草纹和几何纹。有的民居在墀头叠涩砖下面还镶嵌垂莲柱形式的砖雕，或装饰吉祥图案的三角旗砖雕，增加墀头装饰的层次感。墀头的装饰简繁不一，简单的则全无雕饰，只叠合多层枭混线。复杂的基本涵盖了中国传统文化中各类吉祥图案，而且许多院落内的墀头中的图案往往取材于同一类吉祥图案或同一组人物故事，具有明显的连贯性和统一性。

图 4-48　民居山墙的墀头装饰

六、其他特殊构件及装饰

（一）天地龛

天地龛是乡亲们用来供奉天地神的地方。保定顺平、唐县、阜平一带的传统民居正立面墙垛上设有神龛，供奉乡民所崇拜之神灵"天地爷"。神龛的位置不固定，有的在正房门外两侧，有的在厢房门外一侧；数量也不等，少则一座，

图 4-49　顺平刘家庄村民居中的神龛

多的设有 4 座，如在顺平刘家庄村一民居院落中，5 间西房开两门分两个小家庭居住，门右侧各设一座天地龛，5 间北房明间开一门，门两侧均设有天地龛（见图 4-49），院内天地龛均为窑窟型，四周墨线绘制边框，肩部绘制灵动卷曲的穗子。天地龛一般为窑窟型，有的朴素简陋无任何装饰，有的装饰精美砖雕，有的装饰彩绘，其装饰程度与房主的经济条件直接相关。如冉庄一民居正房门两侧设有形似小庙的天地龛，青砖雕刻成小庙的挑檐、柱子、垂花柱、额枋、台基，垂花柱和额枋上还有梅花、莲花、菱形等装饰图案（见图 4-50）。顺平县郭家庄一民居正房墙垛上的天地龛使用彩绘进行装饰，龛最下方绘制黑色供桌纹饰，龛周围边框采用黑、白、橘红 3 色彩绘立体几何纹，龛顶端边框中绘制花卉纹进行装饰，色彩雅致，造型独特（见图 4-51）。

图 4-50　冉庄民居中的神龛

图 4-51　顺平郭家庄村民居中的神龛

（二）雨搭

雨搭是设在建筑物门窗上方用来挡雨遮阳的构件，应用于平屋顶民居中。

因平屋顶民居没有坡屋顶挑出的屋檐挡雨，因此在门窗上方另设雨搭，防止雨水飘到门窗上而流入屋内，同时防止雨水浸泡损坏门窗木构件。传统民居雨搭根据构筑形式可分为瓦檐雨搭和砖砌雨搭。

瓦檐雨搭仿照坡屋顶结构，砖雕墀头戗檐上置出挑方木，方木上横置檐枋，

图 4-52　明伏村民居瓦檐雨搭

檐枋上依次铺设望板、底瓦和盖瓦，讲究的民居甚至在青瓦上嵌瓦当和滴水，在经过打磨光滑的叠涩青砖墀头上，有吉祥文字或图案进行装饰，如明伏村一个民居正房房门上雨搭墀头垫花板上有"福""禄"字样的装饰（见图 4-52）。砖砌雨搭构筑方法是在门窗洞木横梁上端砌有凸出的滑檐砖，檐砖横面打磨光滑，"齐线、牛角、圆线"等不同形状的凹凸檐砖砌成5层叠涩，讲究的檐砖还可雕刻出折线、波纹线等形成几条平行的花边装饰线，两侧装饰青砖雕刻的垂花柱（见图 4-53）。砖砌雨搭因青砖材质特性，出檐较短，挡雨遮阳的实际功能减弱，更多的成为丰富建筑立面的装饰性构件。

图 4-53　梁庄民居砖砌雨搭

（三）屋顶墙帽与滴水口排水构件

丘陵和平原地区传统平顶民居的屋顶有两种形式：一种为半截瓦坡平顶，即在平顶靠近檐墙的位置陡砌一圈女儿墙，以女儿墙为脊向前铺设半截瓦坡，建筑正立面檐口和侧面墀头做法同坡屋顶建筑。这种屋顶形式是平顶和坡顶的结合体，既保留了平顶的晾晒实用性，又兼顾了屋檐的防雨防风性能和美观大方的坡屋顶视觉形象；另一种为陡砌平顶，即在檐墙上端陡砌一圈女儿墙。

半截坡平屋顶因其保持了传统建筑完整的建筑正立面形象，且出檐较远，满足挡雨需要，所以，门窗上不设雨搭，檐下不设滴水口，而在后檐墙设滴水口进行排水。陡砌平顶在常态下给人以平淡乏味的印象，因此乡民常常筑花瓦墙帽，并精心装饰雨搭和滴水口，营造和谐统一又富有变化的建筑立面形象。

花瓦墙帽两端常砌成方形砖垛。中间部分用形状简单的瓦料摆成各种各样复杂优美的图案，常见图案有轱辘钱（又称古老钱）、沙锅套、十字花、锁链、鱼鳞等，瓦花上铺设 3 至 5 层青砖作顶，有的逐层收缩形成叠涩线脚，有的方砖斜铺形成尖角装饰线。轻巧玲珑的花瓦墙帽与厚重朴素的墙体虚实对比，极大丰富了建筑立面的视觉感受。

图 4-54　冉庄民居中的滴水口构件

平屋顶民居滴水口是屋顶排水的实用性构件（见图 4-54），滴水口往往挑檐深远，延长了雨水下落的距离，可以让雨水飘得更远，起到保护墙体和台基的作用。滴水口由经过打磨不同形状的青砖层层叠涩出挑，最下层的砖雕刻成垂花柱或穗子形式。滴水口数量根据建筑面宽设置，常以明间房门为中心对称设置。凹凸有致的滴水口是简洁立面的重要装饰构件。

（四）彩绘装饰

保定民居建筑多以雕刻装饰为主，其中木雕和砖雕最具代表性，也是现存数量最多的装饰形式。部分地区民居还使用彩绘装饰，顺平、唐县地区传统民居往往在山墙的山尖部位、前檐墙部分位置装饰彩绘图案，题材的选择较为自由，但无不表达着喜庆吉祥之意，建筑装饰由此寄托着人们的祈求与愿望。

北康关村传统民居前檐墙上身抹一层白灰打底，四角用墨色装饰吉祥图案，另外该地区民居建筑的墀头较窄，内侧与前檐墙平齐，同样白灰打底，墨色装饰花卉纹或几何纹（见图4-55）。郭家庄传统民居往往在山墙山尖、门洞与屋檐之间的空白墙体进行彩绘装饰花鸟纹，家家户户都用彩画着重装饰前檐墙上的"天地爷"神龛，民居彩画构图生动、层次丰富、色彩淡雅朴素，反映出老百姓积极乐观的精神面貌（见图4-56）。还有的地区民居在槛墙和门楼侧墙上彩绘壁画装饰（见图4-57、图4-58）。

图 4-55 北康村民居前檐墙彩画装饰
（黑白照片无法完全显示色彩）

图 4-56 郭家庄民居山墙山尖彩画装饰
（黑白照片无法完全显示色彩）

图 4-57　易县大盘石村民居

（黑白照片无法完全显示色彩）

图 4-58　中庄村民居门楼壁画

（黑白照片无法完全显示色彩）

第五章　保定乡村庙宇形态

在漫长的历史中，民间信仰在人类社会发展中有着重要作用，是人类理解自然宇宙、建立自我意志的表征，人敬畏天神祖宗，于居所周边修庙堂、供神灵，礼拜崇敬，以求神明保佑。人神关系影响了人居环境建设的内容、结构布局和空间形态等。

第一节　民间信仰与乡村庙宇建置

在中国古代农村社会中，民间信仰是精神的支撑，是道德的平衡器，影响着百姓生产生活的方方面面。村落庙宇是民间信仰的外在体现。民间信仰是在特定的社会背景下对鬼神崇拜的民间文化现象。它滥觞于远古社会时期的自然崇拜，经数千年的发展演变并延续至今。它不像某种特定宗教有特定的教理教义和严密的组织，而是自发的、松散的、多元的信仰习惯，平民化、地域化特点显著，具有很强的普及性，这些特点对神灵供奉和庙宇修建有着十分重要的影响。

"中国民间宗教的社会功能表现在两个方面，即精神层次上的慰籍功能和行为层次上的实用功能。对执着于务实求存这一价值为标准的乡里民众而言，他们固然希望从'诸神救劫'的说教中获得精神支撑，借以消解由于社会压力而引起的心灵焦灼，但他们更希望这种精神慰籍能够落实到社会行为领域，以解决人生的实际需要为归宿。"① 民间信仰具有很强的功利性，体现百姓的现实需求，庙宇中的每一位神祇都被赋予特定的现实功能，从丰产、生育到治病、攘

---

① 程歗：《晚清乡土意识》，中国人民大学出版社 1990 年版，第 254 页。

灾再到保佑一方，很多神祇更具有多重的功能。

　　根据田野调查、地方志和碑文资料记载，保定地区村落庙宇所祀神祇较为复杂，既有土地庙、龙王庙、观音庙、关帝庙等全国信仰普及的庙宇，也有五道庙、马王庙、药王庙、虫王庙、奶奶庙等带有地方特色的庙宇。

　　土地神是民间信仰最为普及的神明之一。有学者认为村落从初生到发展，最终独立成村的标志是土地庙的建立。① 土地神是村落之神，管理本乡本土事务，具有很强的区域性，与村民日常生活息息相关。在华北地区，五道庙具有土地庙的功能。华北乡村有报庙的习俗，一个村庄里死了人，必须由死者的子女到土地庙报告。道光时期《定州志》记载了定州的农村，人死后去当地的五道庙报庙："亲初丧，子以香椿踵五道神祠，哭而归。"凡有土地庙的村落很少同时还有五道庙，反之，有五道庙的村落也很少有土地庙，因为在当地人的心目中，五道庙就是土地庙。

　　华北的马神信仰具有很强的地域性，与明代的马政有很大关系。明初养马主要在南京附近地区，永乐之后，政治中心迁移到北京，在北方少数民族势力的压迫下，国家在长城沿线屯兵为营，增强军事力量，对军马的需求也随之增长。华北北部成为饲养军马的主要地区，并实行民间牧养战马的政策，《大明会典》记载："北方大户，五丁养马一匹，免其粮草之半。"光绪《保定府志》"陈洪书新建马王庙记略"载："民生以此而致远，国家以此而威敌，马之为物重矣哉，宜其有神以为之主也。"马是古代百姓生活的重要交通工具，国家打仗威敌的重要战争工具，马之重要亦有神明护之。军马地位崇高，事关重大，祭祀马祖房驷之神是重要仪式，不敢轻视。从河北各县地方志的记载来看，明代中前期，马神已经被列入正祀的范围。对于民间的普通百姓，饲养军马是赋役的一部分，养马任务影响到他们的实际生活，因此，民间马神信仰既是寻求神灵护佑的精神需求，也是现实生活所需。

　　保定地区民间信仰不仅与华北平原民间信仰有共通性，还呈现出小范围的地域特征，如易县地区对"后土奶奶"的信仰规模最为庞大。后土奶奶庙坐落于后山山顶，即洪涯山。后土奶奶的诞生日（一说是老奶奶得道成仙的日子），农历三月十五，为后山庙的庙会，每年从三月初一至三月十五，前来朝山进香的香客络绎不绝。易县后山有庞大的民间信仰寺庙群，包括龙王、药王、财神、

___

① 参见黄忠怀《从聚落到村落：明清华北新兴村落的生长过程》，《河北学刊》2005 年第 1 期。

如来、观音等，还有顺应时代新造的车神、官神、学习神等，但这些神祇远非后土奶奶在信众心中的地位崇高。后山民间信仰的辖射范围很广，在保定地区各县也均有供奉后山老奶奶的庙宇，许多信众认为分布于各个地区的老奶奶都是后山老奶奶的分身，只有后山上的后山庙正殿中供奉的才是她的真身。

再例如安国市的民间信仰以药王邳彤最为兴盛，这与安国作为北方最大的中药材集散地有直接关联。安国药王庙供奉的药王邳彤，本是东汉的开国功臣，北宋时期，民间传说邳彤显灵，治好了秦王的顽疾，逐渐被民间奉为药神，重建药王庙进行祭祀。自明代始，安国药王庙庙会规模日益扩大，药商借庙兴市，各地药商云集安国，药市声名远播，药材生意兴隆。民间信仰的地域性分布的特征说明民间信仰的形成与其现实生活是密不可分的。

保定地区民间信仰体系庞杂，我们可以看到，在同一个"神圣空间"当中，民间信仰所呈现出的文化融合。佛教诸神、道教神明以及民间俗神，甚至是民众造的神都汇集在同一个"神圣空间"当中。以唐县明伏村南山庙宇群为例，12座庙宇分别为：奶奶主庙、舜王庙、财神庙、虫王庙、全神庙、胡彦明庙、游子慈母庙、药王庙、天地庙、灵观庙，还有两座奶奶小庙。其中全神庙中供奉了90位神明（见表5-1，图5-1），其中既有佛教神明如西方阿弥陀佛、东方药师佛、文殊菩萨、普贤菩萨、观音等，也有道教神明如玉皇大帝、王母娘娘、元始天尊、灵宝天尊等，有神话传说人物如百花仙子、织女、白蛇、青蛇等，有神化的历史人物如东方朔、黄石公、关公，有由原始自然崇拜演化的神祇如后土、泰山石敢当等，有民间俗神如灶王爷、药神等，还有新创神明如家庭保护神、妇女儿童保护神、粮食保护神等，甚至还有兴盛于沿海的妈祖，可以说是把民间百姓熟知的神明不论宗教门派都供奉于此。"民间信仰与一般的宗教不同，不具有排他性。在大多数信众的观念中，神灵不分彼此亲疏，只要'灵验'，尽管烧香磕头便是。不同宗教教派的神灵被供奉在一处民间信仰的活动场所中，共享百姓香火的现象相当普遍。"① 庙宇里供奉的每一位神祇都被赋予现实的功能，保佑乡里百姓从生到死的生产生活的方方面面。正是民间信仰的融合性特征，推动了保定地区民间信仰多样化的发展。

---

① 林国平：《关于中国民间信仰研究的几个问题》，《民俗研究》2007 年第 1 期。

表 5-1　明伏村南山全神庙所供神明

虚空藏菩萨	文殊菩萨	姜子牙	后土	金灵圣哥	云中子	女娲	西方阿弥陀佛	东方药师佛	开天辟地	释迦牟尼	燃灯古佛	元始天尊	灵宝天尊	道德天尊	*菩提祖师	观音	镇元子	普贤菩萨
增长天王	持国天王	多闻天王	广目天王	哪吒	二郎神	托塔天王	王母娘娘	玉女	玉皇大帝	玉女	太白金星	太上老君	寿星	姻缘老	龙王	钟馗	妈祖	九天玄女
沉香	三圣母	刘彦昌	清风	东方朔	黄石公	喜灰罗汉	后羿	济公	弥勒佛	药神	神农	梨园仙子	百果仙子	荷花神	茶神	酒神	明月	七仙女
孙悟空	玉灵官	麻姑	量天尺	雨神	电母	雷神	推云童子	风娘娘	千手观音	应采合	韦驮	何仙姑	吕洞宾	铁拐李	汉钟离	韩湘子	曹国舅	张果老
值日功曹	泰山石敢当	值年功曹	值月功曹	值时功曹	城隍	转轮大王	平等王	闵公	地藏菩萨	道明	秦广王	楚江王	宋帝王	五官王	阎罗天子	卞城王	泰山王	都市王
岳王	百花仙子	织女	善财	早子太岁	禄神	福神	财神	周仓	关羽	关平	大奶奶	二奶奶	三奶奶	和合二仙	嫦娥	白蛇	青蛇	
伟天将军		家庭保护神	妇女儿童保护神	灶王奶奶	灶王爷	胡文生	土地奶奶	土地爷	送子娘娘	万应之神	灾病保护神	瘟神	粮食保护神	救灾神	虫害神	水神	火神	医神

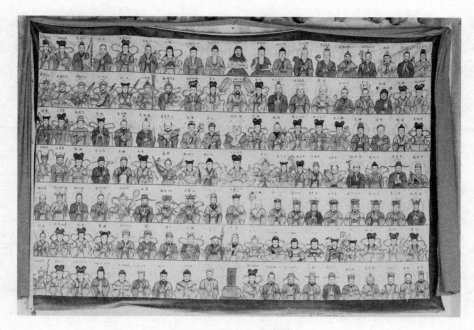

图 5-1　明伏村全神庙所供神明画像

　　中国传统聚落往往围绕一个中心展开建筑群，保定地区传统村落整体布局也不例外，多在村口利用庙宇作为村落内部空间的引端或者中心。例如唐县吉祥庄在主入口东门楼外设置酬神娱人的戏台，内设姑子庵、三官庙，都位于村落的中心位置，甚至于院落中的天地龛龛位一定是设在正房的中间位置。以庙宇为生长点向外同心圆或放射状的方式向外拓展延续空间体系，将整个村落紧密地联系在一起。这样，表面上看来似乎松散的村镇，实际上却为一种潜在的信仰文化统领着全村而连接成为一个整体，布局虽自由灵活，但结构和层次却非常分明。如蠡县梁庄的传统村落就是以万佛寺和观音堂组成的建筑群为核心，贯穿于此呈放射状的 9 条道路将村落民居连成整体（见图 5-2）。清苑县冉庄以悬挂古钟的两棵古槐树为中心，设南北东西中心十字街分割街坊，十字街两边坐落的青神庙、五道庙、双庙、关帝庙、老母庙等庙宇又形成次级中心，成为周边居民公共聚集活动的场所，村落空间布局灵活，层次分明（见图 5-3）。

　　保定境内的宗教祭祀空间大多兴建较早，随朝代更迭，不断拆除、改建、新建，进而形成今天的格局。笔者调研了保定各县约 20 个村子中保存较好且具有一定历史和人文价值的乡村庙宇。由于平原地区经济发展较快，乡村建设更新快，再加上 20 世纪"文革"时期对庙宇的破坏，村落中保留的传统庙宇空间锐减，甚至消失。因此，笔者所调研的乡村庙宇在分布上呈现出平原少、山区多的总体特征。

表 5-2 调研村落村庙概况

县	村	庙	供奉神明
涞源	北韩村	高台庙	大丈夫、观音
	东龙虎村	高台庙	龙王
	金家井乡金家井村	龙王庙	龙王
		三官庙	天官尧、地官舜、水官禹
		地藏庙	地藏菩萨
		五道庙	五道将军
	金家井乡王家井村	三官庙	天官尧、地官舜、水官禹
		五道庙	五道将军
	北坡底村	高台庙	
	金家井乡岳家庄村	五道庙	五道将军
	太平关	真武庙	真武大帝
		阁院寺	文殊菩萨、弥勒菩萨
	王安镇鲍家路村	三义庙	关羽、刘备、张飞
		龙王庙	龙王
	小西庄村	三义庙	关羽、刘备、张飞
		五道庙	五道将军
	上庄乡中庄村	观音殿文昌阁	观音、文昌大帝
	上庄乡下老芳村	奶奶庙	
	上庄乡沙岭子村	龙王庙	龙王
	北石佛牌坊村	高台庙	
		三官庙	天官尧、地官舜、水官禹
		五道庙	五道将军
		龙王庙	龙王
		观音老母庙	观音
		真武庙	真武大帝

续表

县	村	庙	供奉神明
易县	凤凰台村	玄武庙	玄武大帝
	易县城北	后山庙宇群	后土奶奶、玉皇大帝、轩辕黄帝庙、太阳神、侯爷等
安新	圈头村	三佛堂	阿弥陀佛、观世音菩萨和大势至菩萨
清苑	冉庄	老母庙	骊山老母
		青神庙	青苗神
		双庙	狄仁杰、李塑
		三官庙	天官尧、地官舜、水官禹
	国公营村	观音寺	观音菩萨、老母奶奶
唐县	吉祥庄村	三官庙	天官尧、地官舜、水官禹
	秦王村	秦王庙	秦王爷、介子推殿、三圣母等
	明伏村	南山庙宇群	天地爷、药王、舜王、虫王、财神、胡彦明、老母奶奶等
		高台庙	玉皇、老母奶奶
阜平	龙泉关镇	五道庙	五道将军
		益寿寺	释迦牟尼
		财神庙	财神
	苍山村	石佛堂	佛祖、菩萨

第二节　乡村庙宇的选址

一、平原地区村庙的选址特征

经过对所调研的传统村落庙宇选址的统计，分析得出平原地区村落与山区村落庙宇选址有明显差异。平原地区村落庙宇分布与村落关系紧密，庙宇空间散布于村落之中，形成村落重要的节点，既是村民精神信仰的载体，也是村民进行日常交往活动的重要场所。庙宇选址需考虑风水、交通组织和街巷空间形态等多种因素，常选择上风上水、道路起承转合处等重要位置。

　　蠡县梁庄古莲台万佛寺位于村落中心，据史料记载"古莲台"是秦始皇统一六国之后所建的高台之一，38 步台阶，高 10 余米，四周为莲花池所围绕，故得"古莲台"之名，后因土山中天然生出一种小黄菊花，故名"菊花山"。梁家庄以古莲台为中心围绕建村，全村有 9 条道路贯穿于此，如九龙吐珠一般，故又名"九龙口"（见图 5-2）。清苑县冉庄有 5 座庙宇散布于村落中（见图 5-3），分别为三官庙、青神庙、五道庙、老母庙和双庙，青神庙和三官庙位于清水河桥北、村落南端入口道路两侧，守护村民一方安宁，而其他几座庙宇都建置于道路交通要道上。在抗日战争和解放战争中，庙宇全部筑成工事连通地道，与街区的地堡、沿街墙壁的暗枪眼，构成整个村落的火力交叉网格。新中国成立后，由于特殊的政治环境，冉庄的村庙一直没有恢复宗教祭祀功能，现在成为地道战纪念馆的重要组成部分。

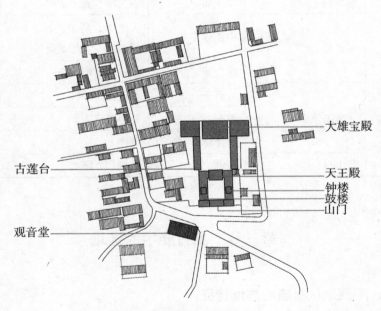

图 5-2　梁庄古莲台万佛寺选址

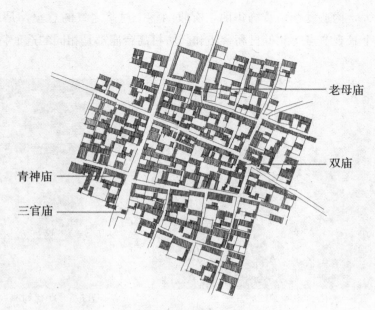

图 5-3　冉庄村庙选址分布

二、山区村庙的选址特征

　　山区村落宗教祭祀空间选址分为两类，一类同平原村落相似，庙宇一般都选择建在村落中较为重要的位置，即使是村落边缘或周边，也尽量选择地理环境最好的位置，比如俯瞰村落景观全貌的地势制高点，或坐落于村头成为村落起始的标志。

　　涞源县中庄村四面环山，村落随山坳走势呈带状延展，大中寺建于西侧高台之上。站在寺庙院东外墙边可以俯瞰整个中庄村全貌，庄严肃穆（见图5-4）。涞源县东龙虎寺村高台庙、唐县明伏村高台庙都建在村落入口处，结合村落古券阁而建，是村落的起始空间（见图5-5）。从防御角度考虑，村落的入口和主交通要道是军事防御的重要节点。这里是村民出入村落的必经之处，庙宇建于此也便于村民祭拜。明伏村高台庙为两庙相背共用一座建筑，面向村外为玉皇殿，面向村内为老母庙，外保村民出入平安，内佑村民安居乐业。东龙虎寺村高台庙同样是两庙向背共用一座建筑（见图5-19），与前方十字街上的过街戏台遥遥相对，起到空间限定的作用。两座过街楼建筑体量虽不及楼阁，但比普通平房体量高大，构造复杂，装饰华丽，有收纳整个村落之气的意蕴，是东龙虎寺村落的一个景观节点。北韩村高台庙和牌坊村高台庙都是相同的选址特征。

图 5-4　由大中寺俯瞰村庄景色　　　　图 5-5　明伏村高台庙

还有的庙宇选址恰好与路径的起承转合处密切相关，村民往往利用道路转弯的转折空间选址建庙，这类转角空间具有较强的公共性。涞源王家井三官庙和五道庙建在村内主要道路交叉口，三官庙前为水井，对面置戏台，与入村大路正对而设的照壁共同围合成村落文化、生活活动的中心场所（见图 5-6）。位于涞源中庄村的观音殿文昌阁和岳家庄村的五道庙都选择建在道路起承转合处，成为该村景观标志，村民常常围绕村庙开展日常交往活动（见图 5-7）。选址在聚落入口、街巷的交叉口等节点位置，丰富了聚落形态中"点"的空间，增加了街巷空间的秩序感，同时也使得街巷空间的底景带有明确的记忆性和导向性。

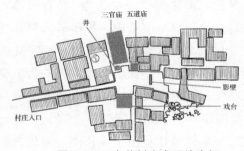

图 5-6　王家井村庙宇环境空间　　　　图 5-7　岳家庄村入口空间格局

另外一类庙宇选址于群山之间，不依附于村落建筑，依山而建、远离村落是其选址的特征。保定西北部山区，海拔高度 1000 米以上的中山占山地面积的 1/2，山中常常云烟缭绕，如同仙境，成为选山建寺的首选场所。易县后山庙宇群坐落于洪崖山上，该山挺拔峻秀，风景秀丽，山顶恒年积雪，蔚为壮观，"洪崖积雪"为著名的古燕十景之一。后山庙宇群年代久远，由学者考证，后山文化与中华始祖——黄帝部落文明有关，后山庙最早是黄帝家庙。"文革"前后山庙群有 70 多座庙宇，现在在遗址上面修建的庙宇由山脚至山顶依次为：永安宫、前殿、大殿、修仙洞、财神殿、中殿、太阳殿、地藏王殿、三爷殿、龙王庙、药王大殿、平安大殿、三仙奶奶大殿、玉皇大帝

图 5-8　易县后山庙宇群选址地形环境

宝殿、正殿、侯爷殿、后殿（见图 5-8）。其中以前殿、中殿、正殿和后殿为主线，这些庙宇都供奉后土神为主神。庙宇群沿山脉走向布置建筑，强化建筑群轴线的同时，形成层层递进的空间序列。人们顺应山势由低到高逐步前行，沿途诚恳参拜，在海拔最高处的主殿达到参拜仪式的高潮，再回望远眺，挺秀峰峦尽收眼底，人们的心灵再次得到净化与升华。山体和建筑群体空间相得益彰、浑然天成。

阜平县石佛堂建于石佛山险峻陡峭的崖壁上，石佛山海拔 840 多米，石佛堂开凿在百米之下的阳山一面、裸露的花岗岩山壁上（见图 5-9）。石佛堂顺应山势，但也改造山势，从山崖壁面向内部纵深开凿石窟。石佛堂共有 8 处石窟，因山就势雕凿，高低错落、间距不等、大小不一。石佛堂窟内窟外尚存 2 块碑刻，从碑刻文字中可了解石窟始建于明正德四年（1509），延续至明嘉靖三十年（1551）。8 处石窟只有第二窟与第五窟刻有石刻造像，尤以二窟造像人物最多，且二窟窟门之上有佛龛，龛内刻三佛二菩萨。涞源县沙岭子村龙王庙选址于远离村落三四千米外的缓坡台地（见图 5-10），背靠大山，面向沙岭子村，依山傍水，院中对植两棵参天松树，树姿雄伟，在周围山峦的映衬下更加凸显出龙王庙的庄严肃穆。

图 5-9　崖壁上开凿的石佛堂石窟　　　　图 5-10　沙岭子村龙王庙选址环境

三、洼淀区村庙的选址特征

洼淀区村落因用地紧张，目前大部分村庄没有保留宗教祭祀空间，个别村落建置庙宇，其选址特征与平原地区村落相同，点缀在村落的交通要道上，且庙宇规模较小，成为洼淀聚落中难得的公共交流场所。圈头乡三佛堂是圈头村历史上一寺八庙中仅剩的一座庙宇，位于东街村三岔路口，为院落式布局，但院落规模狭小，总面积仅有 70 余平方米。

第三节　乡村庙宇空间布局类型与特征

传统聚落庙宇建筑空间布局类型丰富。这是由于：①山区地势沟壑纵横，部分庙宇的选址地形复杂，庙宇布局随形就势呈现多种形式；②乡村庙宇除正殿外，还有其他小庙小殿共同构建建筑群体；③乡村庙宇规模相差大，大型寺庙建筑群功能齐全，小型庙宇建筑功能简单，空间形态相距甚远。

根据对调研庙宇的分析统计得出，保定地区庙宇以院落式和独立式为主要平面布局类型，其中独立式以券阁式庙宇和小型庙宇为主要形式。院落式庙宇有三合院和四合院。多进院落式布局现存数量较少。同时也出现一些特殊的布局形式，由于地形限制而形成。

一、独立式

由于规模过小、用地面积紧张等而无法构成院落的独立式庙宇，平面布局

较为简单，以一座殿堂形成一座庙宇或辅助
小庭院，平面呈一字形。一般为三间正殿，正
殿前配以香炉或古树，增添祭祀的氛围。例
如涞源县鲍家路村龙王庙，平面广三间，呈
方形，正前方为开敞的广场，距离龙王庙十
几米处有两棵古树，烘托肃穆氛围（见图5-
11）。独立式庙宇还包括券阁式庙宇，即下层
券洞、上层庙宇的结合体。

图 5-11　鲍家路村龙王庙布局

二、院落式

院落式庙宇，就是以中心院落为核心组织各个单体建筑。院落的封闭性增
强了庙宇的威严和神秘性。院落式庙宇详细可分为二合院、三合院、四合院和
特殊合院，平面分别呈 L 形、∏ 形和回字形。二合院庙宇以正殿为主体建筑，
一边有配殿或厢房，与其他两边围墙围合形成封闭院落。三合院庙宇的主体建
筑正殿左右两侧都有配殿或厢房，形成三面建筑围合的院落。四合院庙宇四面
建筑围合，形成正殿、两厢配殿、山门功能齐备、形制完整的院落，有的庙宇
正殿正前方建献殿，供烧香祭拜之用。院落强调轴线，对称布局，主次分明，
营造神圣严谨的空间秩序。四合院庙宇等级较其他类型庙宇等级高，被称为
"大庙"，是聚落中庙宇形制发展最为完整的布局形式。

部分村落基于独特的山地地形条件，营建特殊合院类型庙宇，庙宇院落建
筑顺应地形布置，不拘一格。院落空间不规则，根据具体条件布置正殿、配殿、
耳房等，各个建筑尺度也因地而异，这种合院的入口多以门楼的形式设置。保
定地区乡村庙宇有大量的院落式空间形态，但鲜有规整的四合院宗教院落形式，
大部分为特殊的合院形态，平面布局形式多种多样。

三、多进院落式

多进院落式就是多个院落组合形成串联式或并联式院落，形成前后院或东
西院。保定地区传统聚落中不乏有大型寺观，形成规模较大的建筑群。轴线具
有较强的约束性和秩序性，是大型寺庙建筑群组织秩序的基本手段，山门、献
殿、正殿依次安排在对称中轴线上，其他配殿安排在轴线两侧。再通过建筑尺
度、装饰和位置对比体现建筑层级关系，衬托主体建筑。院落常利用建筑与院

落空间的大小、高低及装饰形成对比，形成变化起伏的空间形态。

秦王庙位于唐县西北 75 千米的川里镇秦王村，传唐太宗李世民为秦王时，在此征战驻跸，村民为念其德，修庙以祀，现为县级文物保护单位。庙内现存清代碑刻 6 通，碑记文字较为清晰的有 4 通，即明永乐三年（1405）的重修松罗山庙碑，清道光十六年（1836）的重修松罗山庙碑，清同治六年（1867）的重修松罗山庙碑，清光绪十六年（1890）的行宫子孙娘娘庙碑。秦王庙平面布

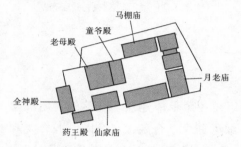

图 5-12　秦王庙平面布局图

局为二进院，一进院主殿童爷殿为前卷棚后硬山建筑，院落宽敞，左右配殿齐全，主殿右侧有通道通向二进院。二进院主殿全神殿为硬山建筑，与配殿药王殿、童爷殿背面的老母殿形成三合院空间布局，院落狭小（见图 5-12）。在秦王庙所处的松罗山上还有北岳庙、子孙娘娘庙、山王庙、玉皇阁、王母阁、老佛庙、龙王庙、王爷庙、全神殿、童爷殿、老母殿、火帝真君庙、三仙圣母宫、财神庙、药王庙、猴神庙、马棚庙、仙家庙、关老爷庙、周仓庙、地藏王庙、地母庙等 28 座庙宇。除"童爷殿"外，其他俱为原址重修。

第四节　乡村庙宇建筑构造特征

保定地区冬季气候较寒冷，雪量较大，庙宇建筑屋面荷载较大，因此选取的结构形式是抬梁式或抬梁式的变形，可承受较大荷载。其特点是立柱上架梁，梁上又抬梁，梁逐层缩短，层间立短柱支撑，最上层梁中间立脊瓜柱或两侧立叉手，形成三角形屋架。其荷载传递关系为：屋面重量—屋面木基层—檩条—斗拱或梁—柱—基础—地基。

个别建在山中的庙宇，由于地形特殊，采取券拱结构，如阜平县印钞石村益寿寺的最后一组建筑——藏经阁，因殿宇建筑无梁，又称"无梁殿"，是益寿寺规模最为宏大的建筑，主要功用为供安"佛大藏经"。无梁殿依山而建，原为两层，现存 1 层，青砖仿木结构，无梁架，面阔 5 间，进深 1 间。殿内为穹窿顶，门呈圆拱形。前檐下有四柱自墙而出一半，呈半圆形，青砖磨制而成。屋檐为实心砖砌，下置砖仿木斗拱，斗拱间及下方雕刻了大量的花草和动物图案，

形象生动，可惜风化严重。最右侧一间内设通往二层的楼梯，现顶部已坍塌将楼梯堵住。无梁殿结构巧妙，造型优美，是明代砖结构的杰作，也是砖雕艺术的杰作，具有重要的文物价值（见图5-13）。

图 5-13　阜平县印钞石村益寿寺无梁殿

　　中国传统屋顶形式按做法分为庑殿、歇山、攒尖、卷棚、悬山、硬山等6种基本做法，以及十字形平面的四面歇山做法等。保定地区传统聚落庙宇建筑屋顶形式，普遍比民居屋顶讲究。等级最高的庑殿顶形式，在调研的庙宇建筑中只发现1例，即唐县明伏村兴国寺大雄宝殿（见图5-14）。历史悠久或规模较大的寺院以歇山顶为主，甚至在建筑等级较高的主殿或钟鼓楼上采用重檐歇山顶，巍峨气派。大部分乡村聚落的院落式庙宇和独立式庙宇都采用硬山屋顶形式，屋顶铺设筒瓦，屋脊装饰丰富，较一般民居屋顶形式高级，而一些建造简陋的庙宇屋顶与普通民居并无两样。极少数乡村庙宇屋顶形式采用卷棚硬山顶，如唐县秦王庙童爷殿（见图5-15）。

图 5-14　兴国寺大雄宝殿庑殿顶

图 5-15　唐县秦王村秦王庙童爷殿
卷棚式硬山顶

　　庙宇建筑除正面采用木隔扇外，其他 3 面均用砖墙或土坯墙。建筑正面门窗形式与当地民居相同，既有隔扇门形式，也有明间甲字形门窗组合、次间及边间砖砌槛墙置棂格窗的形式。庙宇建筑门窗形式、工艺与民居门窗相同，但窗棂图案样式较民居更单纯、朴素，多使用方棂、斜棂、"一码三箭"式（见图 5-16）。

　　在所调研的庙宇中，除了涞源县阁院寺、中庄大中寺、梁庄万佛寺、安国药王庙大型寺院建筑有采用斗拱结构外，其他散布于村落及周边的小型庙宇建筑均不设斗拱。值得一提的是阜平县印钞石村益寿寺虽然是明代皇帝敕建，但其建筑结构体现了当地的地域性特征，尤其是无梁殿砖砌仿木斗拱，雕工精细，造型奇特，不仅支撑檐枋结构，还起到装饰性作用（见图 5-17）。

图 5-16　涞源县下老芳村奶奶庙门窗隔扇

图 5-17　益寿寺无梁殿砖砌仿木斗拱

第五节　乡村庙宇建筑装饰

一、雕刻装饰

传统聚落庙宇建筑也有大量石雕、砖雕和木雕作品。石雕常运用在柱础、抱鼓石和石碑刻，砖雕作品主要集中在屋脊、博缝、墀头上，木雕以雀替最为精彩。部分老旧庙宇建筑，由于缺乏保护意识，许多精美雕刻作品遗失不存。一般重修、重建庙宇建筑，并未使用传统工艺装饰建筑，其雕刻作品缺乏历史价值，不在乡土建筑讨论范围内。因此，庙宇建筑遗留的优秀雕刻作品并不多。唐县秦王庙中的童爷殿和全神殿的屋脊、博缝上保留着完整的独具特色的砖雕精品（见图5-18、图5-19、图5-20、图5-21）。阜平益寿寺无梁殿斗拱、梁枋、檩条、椽子及柱子全部用砖雕刻而成，还保留明代万历四十年（1612）的石碑镌刻，碑首二龙戏珠图案雕刻精美（见图5-22、图5-23）。龙泉寺大门外依次对称排列卧狮、石旗杆、石狮（见图5-24、图5-25）。传统聚落庙宇建筑的木雕一般在梁头进行简易雕刻，木雕艺术重点体现在柁墩和雀替上（见图5-26），由于木材易风化损坏，所以在调研的庙宇建筑中未发现木雕精品。

图5-18　童爷殿正脊砖雕

图5-19　童爷殿正脊砖雕

图 5-20　全神殿正脊鸱吻和垂脊坐兽

图 5-21　全神殿博缝板雕花

图 5-22　益寿寺无梁殿檐部砖雕

图 5-23　益寿寺无梁殿砖雕柱子

图 5-24　龙泉寺大门外
石旗杆和石狮子

图 5-25　龙泉寺大门卧狮

图 5-26　下老芳村奶奶庙梁头、柁墩雕刻

二、寺庙造像

寺庙造像是古代宗教雕塑艺术的一个类别。寺庙造像是教徒们为敬奉、朝拜神祇而塑造的形象。造像形式有石雕像、泥塑像、铜铸像和木雕像等。佛教造像最有代表性的是佛祖造像，因时代和地域呈现不同风格。道教神造像较平民化，色彩也更加艳丽。

保定地区遗留的古代寺庙造像较少，且在地处偏僻的山村寺庙，造像的艺术水平普遍不高。阜平石佛堂石窟中保留着数十座石刻浮雕造像，其中保存最完整的数"三佛堂"窟，东、北、西 3 壁刻有浮雕像。西壁刻 3 尊结跏趺坐佛，两侧各侍立一弟子。北壁刻 3 尊结跏趺坐佛，侍立二弟子（见图 5-27）。南壁刻一尊结跏趺坐佛，侍立 13 弟子。门上有佛龛，龛内有石造像，三佛二菩萨（见图 5-28）。共雕刻佛、菩萨、弟子像 24 尊，人物造像古朴自然，线条稚拙粗狂。"三教堂"窟保存基本完好，西壁雕有结跏趺坐释迦牟尼佛，左边为儒教孔子，右边为倚坐式道教老子，佛祖慈善，孔子伟岸，老子清癯，形趣神佳（见图 5-29）。

其他村落的庙宇神像均为泥塑神像。这些泥塑神像一般制作年代较近，艺术价值和历史价值不高，但也一定程度上反映了民间造像的艺术性和审美观念（见图 5-30、图 5-31）。

图 5-27 "三佛堂"窟北壁 3 尊结跏趺坐佛

图 5-28 "三佛堂"门上佛龛雕像

图 5-29 "三教堂"老子、佛祖、孔子造像

图 5-30 益寿寺佛祖造像

图 5-31 秦王庙马棚庙雕像

三、彩画及壁画

彩画施于梁头额枋之上，既能装饰建筑外观，又能防潮、防腐、防虫、保护木材。保定传统村落庙宇彩画也有旋子彩画、苏式彩画和和玺彩画 3 种类型，但形制并不规范，而是进行了乡土化的改造，一方面由于民间庙宇建筑木架梁枋尺寸非标准化，另一方面由于民间彩画匠人对官式彩画绘制标准并不清楚，只是依照模仿。由于彩画持久性差，再加上保护不当，现在大部分村落庙宇建筑彩画褪色严重，还有一些是近些年重新绘制的。

一些乡村庙宇建筑绘有壁画，题材以佛教和道教人物故事为主，具有明善恶、兴人伦之教化作用。色彩常用土红、土黄和深棕为主色调再配以石绿、石青、朱红、黑、白等高彩度颜色，色彩鲜艳，对比强烈，再加上形象写实，用笔粗犷，画面视觉冲击力强。这些壁画大多不是名家之作，而是出自扎根乡土的普通劳动人民，真实反映了乡村百姓的审美取向和价值观念。由于壁画保存较难，现存壁画基本是仿照前代所绘，或重新绘制（见图 5-32）。

图 5-32　龙泉关五道庙造像和壁画

第六章　保定戏台形态

在中国传统宗教的活动中，核心内容就是祭祀，它是伴随着神灵观念的产生而产生。远古时代生产水平极度落后，先民认知能力低下，对各种自然现象无法理解并产生敬畏心理，进而想象出拟人化的神灵，先民举行巫术仪式将珍贵器物奉献给神灵，以此来取悦"神灵"，以求氏族得到保护或免去灾害，天长日久就形成了祭祀的习俗。国学大师王国维道："歌舞之兴，其始于古之巫乎？巫之兴也，盖在上古之世。"歌舞滥觞于早期的巫术仪式，巫在固定的场所通过舞蹈、音乐与神明交流，酬谢神明，这一祭祀传统一直沿用下来。歌舞娱神，历代相沿，后发展为献演乐舞杂剧，并在专门的露台上搭建乐棚，这便发展为戏台，后来成为庙宇的固定规制。

民间信仰的普遍化和多元化推动了民间戏台的修建。每年村内都要举行隆重的庙会，所以戏台就成为必不可少的建筑，村村有戏台，乡乡有戏楼。戏台的布局经常和祠堂、庙宇等公共空间紧密配合，成为"村民社赛"、庙会祭祀活动的重要场所。根据各地庙会习俗的不同，戏台的建造也融入了很多地方做法，为了观赏的需要，戏台经常采用减柱造和移柱造，挪动前端金柱的位置来满足使用功能。

第一节　戏台的文化功能

首先，戏台具有宗教祭祀功能，修建戏台的目的为祭祀酬神。《光绪保定府志》中《张焕陉阳驿重修马神庙并建戏楼碑记略》载："以奏之诗，以歌之道，其功用宣其神灵而以妥以侑焉……顾庙貌素朴且乏戏楼，侑神之际每事鸠工兴筑以为劳兹，乃面势而营建焉。"从中我们可以看出古代以诗歌舞乐的形式祭祀神灵，兴建庙宇和戏台是侑神重事。戏台通常修建于寺庙山门对面，也有建于山门以内或山门之上，与庙宇建筑结合，形成或虚或实的演剧空间，目的就在于演戏娱神，酬谢神恩。

其次，修建戏台不仅为了"娱神"，亦是为了"娱人"。乡村庙宇是民间信仰的象征，重要的民俗节日时常举行隆重的庙会，开庙之日，往往也是集市兴盛之时，庙会上的演剧酬神表演逐渐脱离了神圣的祭祀仪式，成为群众性的假日狂欢。庙会剧演活动由"娱神"逐渐向"娱人"转变的过程也体现在戏台形制的演进上，金元时期的戏台通常面宽一间，以幕帐分隔前后台。明代以后戏台规模扩大，一开间改为三开间，并且开始注重舞台装饰，甚至还演化出两层建筑的山门舞楼，底部通行，上层为表演空间，演出空间得到扩大的同时，可以让更多群众参与其中。

最后，戏台演剧还能促进商贸往来。庙会开办，往往会形成庙市。庙市就是依托庙会广泛的群众基础逐渐发展成为以货品流通、物资交换为主的商贸市场。庙会之上人来人往、熙熙攘攘，为商贸提供了良好的环境。庙市是集会贸易的一种形式，但比通常的逢集贸易规模大，商品多，多在麦收前农闲时举行，有鲜明的季节特点。庙会成为百姓购置日常生产与生活资料的重要场所，各类商贩销售货品的重要渠道。有的甚至发展壮大为一个省或各省之间的商品集散中心。在任丘的鄚州庙会上，每年农历四月敬祀神医扁鹊，"千里之材，五方之货，不逾日而集于城下"，形成汇聚全国名特产的庙会。

综上所述，庙宇戏台具有祭祀酬神、演剧娱人和商贸往来的文化功能。祭祀酬神是修建戏台的首要功能，佑护一方平安，商贸往来和演剧娱人的附加文化功能则展现了当地百姓与神同乐的积极心态，体现出民间宗教信仰与世俗生活的密切融合。

第二节　遗存现状

河北民间古戏台是北方戏楼文化的重要组成部分，有着重要文物价值和文化研究价值。目前河北古戏台遗存主要分布于冀北和冀西一带，集中在承德、张家口、保定、石家庄等经济欠发达的山区和半山区地区。20 世纪 80 年代，在很多平原地区农村还能看到戏台，随着经济快速发展和城镇化进程大多都消失殆尽。从这一角度来看，经济落后和信息闭塞反而成为保存古戏台甚至古村落的重要因素。

据学者调查统计,河北省遗存古戏台最多的地区是张家口地区,现存古戏楼 500 余座。保定地区也有一定数量的古戏台遗存,但受到关注较少,相关资料少,有县志部分收录了民间戏台,如《涞源县志》记载古戏楼 12 座,以表格的形式呈现了戏楼、神庙及其保存现状,其他县区古戏楼多为零星记载。目前许多乡村古戏台已经随着经济发展、社会变迁等一系列原因毁坏消失,据学者调查统计,保定地区民间古戏台遗存有 60 余座。

本次调研乡村古戏台 50 余座,其中涞源县有 37 座,唐县有 5 座,易县有 5 座,顺平县有 4 座,多分布于太行山区和半山区乡镇和农村,仅有个别几座分布于平原乡村。随着信息时代各种媒体的普及,戏曲不再是民间文化娱乐的主流,演剧活动停滞,乡村戏台长期搁置,逐渐荒废破败。此外,由于农村经济的发展,一部分富裕起来的村民在村落周边开阔处盖了新房,由于传统村落道路狭窄、缺少现代生活设施等原因,村落中心的老屋大多废弃不用,形成空心村,戏台作为古村落核心节点空间,随着村落中心的外移,大多荒废或改为他用。山区农村人口密度小,经济发展慢,新农村建设缓慢,个别农村戏台得以保留。但这些现存戏台部分破损严重,甚至完全倒塌仅剩基座,生存状态岌岌可危,关注和保护迫在眉睫。

第三节　戏台主要类型

戏台根据使用性质可分为庙宇戏台和市井戏台两种类型。

庙宇戏台,即戏台依附村庙而建,共同形成村落中心交往空间。戏台因庙宇演戏酬神活动衍生而来,庙宇祭祀活动一直都是戏剧文化的有力推动者。通过调研,保定地区现存戏台中,约有七成为庙宇戏台,多依附奶奶庙、三官庙、关帝庙等庙宇而建。阜平县龙泉寺戏台坐落于西下关村中央,正对龙泉院(见图 6-1),隔街相望。据保定市第三次文物普查结果显示,该戏台为清代建筑。卷棚屋顶,面阔三间,一面观,额枋施彩画,梁头雕龙头造型。现戏台不再进行演戏使用,次间安装门窗,明间用木板封上,木板正中书大字"佛",四角均有祥云图案,"佛"字正下方为彩绘莲花。两次间各辟方形木门及槛窗一扇。

图 6-1　龙泉寺戏台

　　市井戏台指不依附庙宇而单独建置，形成交往活动空间。"市井"在古代社会指生意场所，城市常有"瓦舍""勾栏"娱乐场所和演戏场地，城市市井娱乐空间逐渐影响到村镇，促进承担民众休闲娱乐的戏台场所的建置。保定地区一部分戏台建于村落空旷之地，并不依附庙宇建筑，用于村民的娱乐、庆典或集会。或者戏台周边庙宇建筑已经拆毁，保存下来的戏台便不再有那么浓郁的宗教意味，逐渐演变成村民庆典和集会的市井戏台。

　　唐县葛公村戏台坐落于村落中央（见图 6-2）。戏台西侧外山墙内嵌《重修戏楼碑记》载，"如余乡戏楼，原系旧有，然论其形貌杳矣，无存观其地基依然尚在，余乡父老者遗跡，每不胜慨然復修之心"，故于大清咸丰二年（1852）重新修葺。戏台坐南朝北，单檐卷棚顶，筒瓦覆

图 6-2　葛公村戏台

顶，垂脊饰仙人走兽。前台三面观，面阔一楹，台中设一字形木隔断，东西两次间上下场门之上各书"演古""绳今"二词。

第四节　古戏台选址特征

保定现存古戏台，从修建年代来看，大部分始建于清代，少量始建于民国时期，主要分布于西部山区村落。这些戏台以庙宇戏台居多，因此戏台选址于乡村庙宇紧密相连。总结保定地区戏台在选址方面有以下几个特征。

一、戏台建于庙宇山门之外

与山西地区戏台修建于山门内或山门之上，而形成庙宇内部封闭性演剧空间不同，保定地区庙宇戏台往往建于庙宇山门之外，与庙宇相对，利用二者之间开阔场地及道路形成开放的演剧空间。戏台建于山门之外的例子比比皆是，例如涞源县涞源镇北韩村戏台、保定市竞秀区大汲店村戏台等。传统村落庙宇院落空间往往局促狭小，容纳人数有限，限制山门内戏台演剧活动，如大汲店村观音堂，院落东西仅 12.06 米，南北只有 17.27 米，局促的空间无法设置戏台，更不能提供看戏空间。建于山门外的戏台利用开放宽阔道路，可容纳众多看戏人群。

戏台建于山门之上的情况，在所调研的戏台中仅有涞源泰山宫山门舞楼一例（见图 6-3）。泰山宫为一进院落，坐南朝北，东西 19.47 米，南北 11.99

图 6-3　涞源泰山宫山门舞楼

米，山门舞楼和碧霞琳宫主殿相对，舞楼东西两侧分别为鼓楼和钟楼，碧霞琳宫东西两侧的朵殿分别为文昌殿和财神殿。院内开阔场地不足百平，局促狭小，庙会时无法容纳众多看戏人群，每年农历四月十八碧霞元君圣诞，泰山宫庙会演剧活动改到泰山宫前开阔广场，舞楼现已改为仓库。

二、一台多庙的空间布局

就戏台与村落庙宇的关系
而言，戏台布置还呈现出"一
台多庙"的特征，即一座戏台
周边围绕布置多座庙宇，戏台
并不归属其中任何一座庙宇，
而是多庙共用，如涞源曲村戏
台（见图6-4），南北座向，面
阔三楹，前后檐两面开放，据
《涞源县志》记载，曲村戏台
位于村落中心，台南有三官

图 6-4　曲村戏台

庙，台北有观音庙。戏台中间有木隔断，两面均能演出。另外，修建戏台资金
多由村民信士所捐，资金有限，而戏台建筑一般等级较高，装饰精美，所需修
建费用较多，因此，一台多庙的形制可以节约资金。

三、戏台与村落街道结构紧密联系

由于村落中的庙宇、戏台与市场、民俗活动的融合，村落街道也因此变得
生机盎然。涞源县北韩村戏台位于村中主街的丁字路口（见图6-5），戏台坐南
朝北，面向正对面约100米处跨街而建的高台庙。高台庙立于堡门之上，南北
座向，南侧为关帝殿，北侧为观音殿，为二者所共用。堡门东侧砌石梯一架，
自此可登神庙。戏台虽是一面观结构，但台前三岔路都是观演场所，容纳较多
观众，且三面观众都可获得良好的观赏角度。戏台与街道两侧民居、高台庙围
合出一个半开放观演场所，观演场所与街道互相渗透，庙宇、戏台与街道联系
更加紧密。

涞源县牌坊村戏台坐北朝南（见图6-6），右后侧为建于堡门之上的奶奶庙。
因戏台与奶奶庙不相对，与演剧酬神的功能不能直接契合，因此在戏台对面另
建一座神棚，供各路神仙休息、看戏。由堡门通向村中的街道在神棚和戏台处
转折，狭窄的道路再次转换为宽阔的广场，成为村民重要的日常交往空间。可
惜的是戏台因年久失修，有坍塌危险，已于2019年年初拆除，只留有台基。随
戏台建筑不复存在，但围绕戏台形成的村民日常交往活动依然保留。

图 6-5　北韩村戏台、庙宇、街道关系图

图 6-6　牌坊村戏台、庙宇、街道关系图

第五节　空间形态

一、戏台基本形式

中国传统古戏台的基本形式，可以分为 3 种：单幢式、双幢前后勾连式、三幢左右并列式。单幢式戏台结构简单实用，宋元时期单幢式戏台较为普遍，当时剧演所需演员较少。明清以后，为满足大型演剧活动的需要，戏台建筑的展演空间呈逐渐扩大化趋势。明代戏台建筑横向扩张，由一开间戏台扩展为三开间戏台，左右加置耳房形成三幢左右并列式。到了清代，在三开间戏台的基础上，继续纵向扩张，形成双幢前后勾连式的复合建筑形体，进一步扩大了展演空间。

山区村落经济条件落后，一直沿用单幢式戏台。单幢式戏台根据尺度大小又可分为单开间单幢式、三开间单幢式、五开间单幢式 3 种形式。三开间单幢式戏台尺度适中，可满足大部分剧目演出所需场地，同时能提供较好的观演视线，因此保定地区现存戏台多为三开间单幢式。三开间单幢式戏台面阔 3 间、进深两间，平面呈长方形，部分戏台进深较大，平面近似正方形，占地面积约为 40 平方米至 50 平方米。

保定地区戏台形式大部分为单幢式，双幢前后勾连式仅发现大汲店村戏台1例（见图6-7）。大汲店戏台前明后暗，前低后高，前窄后宽，呈品字形结构。屋顶为前卷棚后硬山组合体，前后幢之间梁、柱、枋、檩木构件相互穿插，形成"勾连搭"关系。前幢建筑三面开敞，扩大演剧空间的同时，保证三面观众均能获得良好的观演视线，获得不同角度的观看体验，拉近了演员与观众的距离。勾连搭结构展现出民间建筑空间营造的自由灵活性：一是拓宽了建筑前后的纵深和左右的面阔空间，二是突破了使用长料的限制，三是增强了整体建筑的稳定性，四是体现了建筑独特的结构美。

图 6-7 大汲店双幢前后勾连式戏台

戏台按照台面开敞程度又分为一面观和三面观。一面观，即戏台一面开敞面向观众，演出活动在三面封闭的区域内。三面观，即台口三面开敞面向观众，演员活动空间不变的情况下，开阔了观众视域活动的空间范围，改善了观众视觉效果。因此，有些戏台虽然为一字形单幢式戏台，为了取得更好的演剧观赏效果，两侧山墙只围合后半部分，从而形成前台三面观。

图 6-8 顺平东安阳村三面观戏台

二、表演空间与扮演空间

王辛娣教授指出："随着戏曲的发展历程，其演出场地从不固定走向固定，从露天走向室内，观演的布局和条件都在逐步改进，使演出本身越来越成了观众注意的中心。"① 表演空间实际上是戏台的核心部分。

表演空间的第一个特点是适当抬高，以满足更多人的观演需求。戏台往往筑于高台基之上，高度以略低于人眼高度为宜，一些村落还建置跨街戏台和山门戏台的形式，利用通行建筑架高戏台。表演空间的第二个特点是"空场"。"三五步走遍天下，一二人百万雄兵"，"扬鞭以示骑马，划桨以示行舟"，戏剧表演依靠尽量少的演员和道具，配以演员的表演动作，留给观众丰富的想象空间。戏台由台面、梁柱、墙体、隔扇和屋顶围合限定了表演"空场"，有些戏台还采取移柱造、减柱造，增加戏台表演空间，减少对观众视线的干扰。戏台"空场"空间为演出各种戏剧提供了可能性，也促进了戏曲美学中虚拟象征的审美情趣。

一般戏台中间设置屏风或帷帐隔断，在戏台后方留出适当的空间，当作扮演空间，也称后台。后台是前台的延续，承担着重要的功能：第一，后台是演员化妆、备演、候场、休息的场所，因为演员化妆及卸妆时需要大量的水，所以后台还设有一定的排水措施；第二，后台是存放服装、道具的地方；第三，后台有时作为乐队演奏的空间；第四，后台往往是戏剧转场的通道。一般场景的转换是通过演员的上场、下场来体现的，因此戏台屏风两侧各设一道门，供演员上、下场所用，演员由一侧门而出，代表一段故事情节开始，由另一侧门下场，代表一段故事结束，转场进入下一场景。这就是戏曲中所谓的"出将"和"入相"，有着期盼飞黄腾达之意，"出则为将军，入则为丞相"。在帷幕遮起来的扮戏空间中，帷幕两侧就成为演员上下场的边界，演员通过这里进行"出将"和"入相"的故事情节转换。

第六节　建筑结构

戏台同其他类型古建筑一样，具有明显的"屋有三分"特点，由屋顶、屋身、台基3部分构成。

一、戏台台基

我国古代戏台是从开始时的"露台"发展而来，在这种发展的过程中，露

---

① 王辛娣：《新式剧场的建立与观演关系的改善》，《戏曲艺术》1996 年第 2 期。

台丧失了自身作为舞台的独立属性，成为戏台的台基部分。对于戏台来说，它不仅起到找平、防潮、突出戏台形象的作用，又可以将表演区提高，避免了前排观众遮挡后排观众视线的情况。①

　　戏台按照高度可分为单层和双层两种类型。单层戏台指木构架搭建于实体台基之上，台基一般高度为1米左右；双层戏台指木构架搭建于山门之上或街道门洞之上，台面下有通道供人通行，双层戏台建筑高耸，台基高2米之上。

　　戏台台基有实台基与空台基两种主要的形式，其中空台基有拱券式、覆板式、柱撑式3种主要形式。实台基，一般由大块石料砌筑边框，内部填充砖块、石块或土。保定现存戏台大多数采用此种台基。拱券式台基，即台基中部用砖或者石料砌筑拱券通道，上面覆盖数层砖成为戏台台面。覆板式台基，台基两侧砖石砌筑，中间通道上方覆盖石板或木板。涞源北坡底村戏台、岳家庄村戏台、东龙虎村戏台属于此类型，均为石砌错缝，木椽子加望板覆顶（见图6-9、图6-10）。由于村落路面不断更新抬高，而戏台台基通道净高逐渐降低，导致行人通行困难。北坡底村戏台正面已封，台基通道净高1.41米，行人通过须弯腰前行。岳家庄村戏台现存台基高1.70米，过道面阔2.24米，通道净高1.45米，戏台旁边开辟道路，通道已不具通行功能。柱撑式台基，即由木柱支撑台面，泰山宫山门戏楼属于此种类型，戏楼通高6.16米，下层高2.68米，台口施四根圆木柱直接落地，柱高5.30米。

图6-9　岳家庄村戏台

图6-10　岳家庄戏台台基通道结构

---

① 参见罗德胤，秦佑国《中国古戏台台基之变迁》，《建筑史论文集》2001年第14期。

二、梁架结构

通过对戏台梁架结构的调研，保定古戏台无一例外地采用抬梁式结构。戏曲表演需要开阔的空间，戏台采用抬梁式结构，内部可形成较大的使用空间，且屋脊高度不受柱高的影响。根据规模的大小，保定古戏台常用的木构架有五架梁、六架卷棚、七架梁、八架卷棚等。

通过实地走访调研，保定现存古戏台还有一种抬梁式结构较为常见，即主体梁架后承接两步梁或三步梁，一般分割前台后台的隔扇安装于金柱间，这样一来，前台空间要高于后台，且前台进深大于后台，这是常规抬梁式戏台所难达到的。如顺平县石门庄村戏台梁架结构（见图6-11、图6-12、图6-13），为八架梁后接双步梁，金檩下方设屏风，将戏台划分为前台、后台，前台表演空间开敞高大，后台辅助空间狭窄低矮。为避免戏台侧立面因后半边山墙过长造成不协调的视觉感受，在山墙上双步梁位置加筑卷棚垂脊及博缝线脚，形成前后勾连搭的视觉效果。

在保定现存的古戏台建筑中，所有梁架均暴露在外，并无天花、藻井等装饰，即"彻上明造"。一方面，裸露的梁架结构体现了木构架建筑的结构美；另一方面，彻上明造可增加空间的高度，为演剧活动提供开阔的场地。为增加戏台美观效果，常在梁枋施以彩绘，在梁头雕刻菊花头、蚂蚱头、龙头、虎头等样式。

图6-11　石门庄村戏台侧立面

图6-12　石门庄村内部梁架结构

图 6-13　石门庄村戏台后双步梁

三、屋顶形式

　　屋顶是中国传统建筑中造型十分突出的部分，对建筑立面起着特别重要的作用。保定现存戏台多为清代所建，都采用传统古建筑屋顶形式，但由于地处太行山区，经济文化环境闭塞，戏台屋顶形式没有官式建筑繁缛的特点，形式较为质朴。保定地区戏台屋顶形式以硬山顶和硬山卷棚顶居多。卷棚顶戏台以唐县葛公村戏台为典型代表（见图 6-14），戏台坐南朝北，单檐卷棚顶，筒瓦覆顶，垂脊饰仙人走兽。

图 6-14　葛公村戏台卷棚顶形式　　　图 6-15　金家井村戏台硬山顶形式

保定地区硬山顶戏台以涞源县金家井村戏台为代表（见图6-15），戏台坐南朝北，硬山顶，灰脊筒瓦。戏台一面观，面阔三楹。另外涞源县泰山宫山门舞楼、留家庄乡黑石沟村戏台等都是硬山顶形式。

歇山顶戏台较少，在调研的案例中只有两例，易县东邵村戏台和涞源县东龙虎村戏台。东龙虎村戏台坐南朝北，屋顶为单檐歇山顶，屋角起翘，筒瓦覆顶，山花向前（见图6-16、图6-17）。新中国成立后，修缮戏台时在歇山顶山花前加砌两叠式风火墙，正中心浮雕五角星徽章，舞台上方悬挂的匾额题字更换为"唱革命歌""演革命戏"，隔扇彩绘图案为歌颂毛主席的丰功伟绩、赞美无产阶级建设新中国的积极精神的内容，甚至在檐枋彩画也描绘的是万里长城和大好河山，造型和装饰都极富时代特征，反映了20世纪六七十年代华北乡村的精神面貌和审美特征。

图6-16　东龙虎村戏台歇山顶形式

图6-17　东龙虎村戏台正面山花

除此之外，在调研过程中，还发现了两种特殊的屋顶形式，假卷棚和假硬山。假卷棚即屋顶外部形态表现为卷棚式，内部结构为硬山式，例如顺平县东安阳村戏台（见图6-18、图6-19），屋顶外观为卷棚式，两坡相交处不设正脊，由瓦垄直接卷过屋面形成弧形曲面，内部木结构为七架梁，三架梁架正中间设脊瓜柱支撑脊檩。假硬山即屋顶外部形态表现为硬山式，内部结构为卷棚式，例如涞源县张家庄村戏台，屋顶外观为硬山式，两坡相交处设正脊，内部木构架为六架梁，四架梁上两根瓜柱分别支撑两根脊檩，檩间钉罗锅椽，瓜柱两侧均施角背，瓜柱、脊檩、罗锅椽共同支撑屋顶。

图 6-18 东安阳村戏台卷棚顶形式　　图 6-19 东安阳村戏台内部硬山梁架结构

第七节　舞台装饰

　　戏台建筑作为村落的公共建筑，是传统村落社会文化活动中心，利用建筑装饰传递文化精神内涵，集中体现了当地的宗教文化、戏曲文化和建筑文化。作为公共性建筑，戏台建筑装饰较民居更为讲究，当地匠人通过雕刻、彩画及楹联匾额等手段，将民间百姓的审美情趣表达出来，这些装饰体现了特定地域和特定历史时期的民间乡土文化。在古戏台建筑中，屋脊、犀头、梁枋、隔扇、墙壁等都成为工匠们的装饰重点。由于屋脊、墀头等装饰部分的装饰工艺和纹样与民居和庙宇建筑基本相同，此处不再阐述，下文主要从隔断、楹联和匾额以及木构件雕刻彩绘的装饰艺术进行论述。

　　保定古戏台的隔断有一字形和 冂 形两种，其中又以一字形居多。所调研戏台中具有代表性且保存较好的一字形隔断，有大汲店戏台、葛公村戏台（见图6-20）、中高村戏台等，而保存较好的 冂 形隔断较为少见，东龙虎村戏台、小西庄戏台、王家井戏台保留的隔断框架还能看出 冂 形隔断的形态（见图6-21）。装饰方法则以彩绘为主，如涞源县杨家庄镇杨家庄村戏台，其隔断明间和两次间的上方各有走马板3块，上面绘有梅兰竹菊等花卉图案。

图 6-20 葛公村戏台一字形隔断   图 6-21 杨庄村戏台 ⌐字形隔断

　　戏台的隔断两侧通常各开一门，方便表演者上下场，门上经常标示"出将""入相"等字样，如葛公村戏台上下场门走马板上题写"演古""绳今"（见图 6-21），前者出自清代郑燮《城隍庙碑记》："况金元院本，演古劝今，情神刻肖，令人激昂慷慨，欢喜悲号。"后者出自《晋书·李含传》："以含今日之所行，移博士使案礼文，必也放勋之殂，遏密三载，世祖之崩，数旬即吉，引古绳今，阖世有贬，何但李含不应除服。"因"演"与"绳"在文字结构上更加接近，工匠创造性地将"演古劝今"和"引古绳今"两个含义相近的成语各取一半组成"演古绳今"，表达通过表演古事来匡正今事，既增强了艺术表现力，又点出戏剧辨忠奸、明善恶、兴教化的精神功能。于上下场门两侧施以彩绘也较为常见，如大汲店戏台上下场门两侧彩绘"将相和""秦香莲"等戏曲故事（见图 6-22、图 6-23），既提高了美观性，又延长了木构件的使用寿命。

图 6-22 大汲店戏台上场门彩绘戏曲故事

图 6-23　大汲店戏台下场门彩绘戏曲故事

　　楹联、匾额是台口装饰的重要形式。楹联悬挂于台口两侧的角柱或平柱上，以文字形式点题，内容丰富，意味深远。匾额多悬挂在前台额枋或隔断之上，文字精短而意蕴深远，如大汲店戏台匾额"盛世元音"，取自京剧在沪上早期的演出班社名称（见图 6-24）。该班社成立于清光绪年间，大汲店戏台创建于清光绪十六年（1890），由此可见该班社影响甚远。易县高村乡中高村戏台的"可以观"匾额（见图 6-25），取自《论语·阳货》："子曰：小子何莫学夫诗？诗可以兴，可以观，可以群，可以怨。"匾额以诗类比戏曲，表明戏曲同样具有高度的社会价值。东龙虎村戏台依托梁架悬挂的两块匾额，在 20 世纪六七十年代其题字分别更改为"唱革命歌""演革命戏"，表现出戏剧紧随时代脚步、反映时代精神的文化价值（见图 6-26）。

图 6-24　大汲店戏台匾额

图 6-25　中高村戏台匾额

图 6-26　东龙虎村戏台匾额

台口的装饰还集中在雀替、梁头和墀头等部位的雕刻装饰，如保定市竞秀区大汲店村戏台的回纹雀替、涞源县金家井村戏台的花草纹雀替和柁墩，阜平县天生桥镇西下关村戏台五架梁梁头雕为龙头造型（见图 6-27），涞源县王家井村戏台柱头虎头形雕刻，顺平县东安阳村戏台博缝板端头雕刻红星和红灯笼的造型。彩绘多见于额枋处，保定古戏台多采用和玺彩画与苏式彩画相结合的方式，图案以龙、凤及各种写实类动植物或山水人物为主，如唐县齐家佐乡葛公村戏台，檐檩正中彩绘双龙戏珠图，檐枋正中彩绘山水垂钓画。部分戏台山墙内里施壁画，题材多以山水动植物和戏曲故事较多，如金家井戏台山花部分对应梁架结构划分图幅，白底黑墨，绘制海浪、鱼螺、葡萄、莲花、渔樵耕读等图案，手法简洁，风格淳朴（见图 6-28）。

图 6-27　阜平西下关村戏台梁头雕刻

图 6-28　金家井戏台山花壁画

参考文献

[1] 保定地方志编纂委员会. 保定市志：卷一 [M]. 北京：方志出版社，1999.

[2] 天一阁藏明代方志选刊. 保定郡志：卷十二 [M]. 上海古籍书店，1981.

[3] 田素宁. 安新县文史资料（第 5 辑）[M]. 保定：政协安新县文史资料委员会，2007.

[4] 王福田. 定州市志 [M]. 北京：中国城市出版社，1998.

[5] 河北保定市地方志编纂委员会. 保定市志 [M]. 北京：方志出版社，1999.

[6] 保罗·奥利佛著. 世界乡土建筑百科全书 [M]. 单军，译. 北京：中国建筑工业出版社，1997.

[7] 陈志华，李秋香. 乡土建筑遗产保护 [M]. 合肥：黄山书社，2008.

[8] 金其铭. 中国农村聚落地理 [M]. 南京：江苏科学技术出版社，1989.

[9] 罗德胤. 蔚县古堡 [M]. 北京：清华大学出版社，2007.

[10] 侯璐. 保定古民居 [M] 保定：河北大学出版社，2017.

[11] 胡青宇，林大岠. 聚居的世界——冀西北传统聚落与民居建筑 [M]. 北京：中国电力出版社，2018.

[12] 程歗. 晚清乡土意识 [M]. 北京：中国人民大学出版社，1990.

[13] 徐杨杰. 宗族制度与前期封建社会 [M]. 武汉：湖北人民出版社，1999.

[14] 王其亨. 风水理论研究 [M]. 天津：天津大学出版社，1992：70.

[15] 彭一刚. 建筑空间组合论 [M]. 北京：中国建筑工业出版社，1983.

[16] 吴开英，罗德胤. 中国古戏台研究与保护 [M]. 北京：中国戏剧出版社，2009.

[17] 王鹤鸣，王澄，梁红. 中国寺庙通论 [M]. 上海：上海古籍出版社，2016.

［18］郭英德. 世俗的祭礼——中国戏曲的宗教精神［M］. 北京：国际文化出版公司，1988.

［19］常海成. 戏曲对联［M］. 北京：中国档案出版社，2006.

［20］中国戏曲志·河北卷［M］北京：中国 ISBN 中心，1993.

［21］史自强. 华北明珠，再绽璀璨［N］. 人民日报，2017-4-22（009）.

［22］楼庆西. 中国古村落：困境与生机——乡土建筑的价值及其保护［J］. 中国文化遗产，2007（2）：10-29.

［23］陈志华. 说说乡土建筑［J］，建筑师，1997（75）：78

［24］黄忠怀. 从聚落到村落：明清华北新兴村落的生长过程［J］. 河北学刊，2005（01）：199-206.

［25］侯璐. 腰山王氏庄园的建筑格局、功能及特色［J］. 文物春秋，2004（03）：46-56.

［26］国兆果. 从历史地理角度看明代以来保定兴起的原因［J］. 重庆科技学院学报（社会科学版），2012（23）：124-126.

［27］王洪波，杨冉冉. 基于 GIS 的保定乡村地名文化景观分析［J］. 干旱区资源与环境，2018，32（11）：99-105.

［28］鲁西奇. 散村与集村：传统中国的乡村聚落形态及其演变［J］. 华中师范大学学报（人文社会科学版），2013，52（04）：113-130.

［29］解丹，张碧影，毛伟娟等. 明长城真保镇军事聚落体系形成与发展过程探究［J］. 城市建筑，2017，（17）：44-47.

［30］贺鼎，陈玉龙，傅微. 中国北方洼淀聚落景观空间结构研究：以白洋淀为例［J］. 风景园林，2019，26（8）：116-120.

［31］郑继永，王广和，许颖. 基于卫星影像的传统村落平面形态识别研究——以保定西部传统村落为例［J］. 小城镇建设，2018，（03）：38-42.

［32］孙钢，赵春明. 涞源明长城调查报告［J］. 文物春秋，1999（03）：3-5.

［33］肖红松，王永源. 白洋淀区域的村庄、集市与社会变迁（1840—1937 年）［J］. 河北大学学报（哲学社会科学版），2018，43（06）：69-77.

［34］曹迎春，张玉坤. 基于 Voronoi 图的明代长城军事防御聚落空间分布［J］. 河北大学学报（自然科学版），2014，34（02）：129-136.

［35］魏隽如. 明初山西移民保定的历史原因及其影响［J］. 河北大学学报（哲学社会科学版），2000（03）：114-119.

［36］ 曹树基. 永乐年间河北地区的人口迁移 ［J］. 中国农史，1996（03）：33-52 ＋61.

［37］ 解丹，舒平，孔江伟. 京津冀地区传统民居调查与分析 ［J］. 建筑与文化，2015（06）：121-122.

［38］ 曲薇. 浅谈河北民居的院落 ［A］. 中国民族建筑研究会、吉林省建设厅. 地域建筑文化论坛论文集 ［C］. 中国民族建筑研究会、吉林省建设厅. 2005：8.

［39］ 解丹，张铭昊，王连昌. 明代紫荆关规划布局与防御空间探析 ［J］. 河北地质大学学报，2018，41（06）：128-135＋144.

［40］ 解丹，邱赫楠，谭立峰. 河北省太行山区关隘型村落特征探析——以明清时期保定市龙泉关村为例 ［J］. 建筑学报，2018（S1）：81-86.

［41］ 林国平. 关于中国民间信仰研究的几个问题 ［J］. 民俗研究，2007（01）：5-15.

［42］ 金星，陈建忠. 社会文化变迁与河北民间古戏楼保护 ［J］. 大舞台，2014（04）：211-212.

［43］ 王鹏龙，刘晋萍. 河北蔚县古堡与庙宇：民间演剧的空间阐释 ［J］. 戏曲艺术，2016，37（03）：45-52.

［44］ 罗德胤，秦佑国. 中国古戏台台基之变迁 ［J］. 建筑史论文集，2001，14（00）：121-127＋269.

［45］ 邹安刚. 孙家河戏台建筑造型个性化艺术特征研究 ［J］. 装饰，2016（04）：121-123.

［46］ 黄忠怀. 整合与分化——明永乐以后河北平原的村落形态及其演变［D］.上海：复旦大学，2003.

［47］ 刘功雪. 基于数字高程的京津冀山区传统聚落空间特征研究 ［D］. 北京：北方工业大学，2018.

［48］ 兰蒙. 河北传统民居建筑装饰及其影响因素的研究 ［D］. 天津：河北工业大学，2015.

［49］ 邱赫楠. 蒲阴陉沿线关隘型村落特征研究 ［D］. 天津：河北工业大学，2017.

［50］ 刘功雪. 基于数字高程的京津冀山区传统聚落空间特征研究 ［D］. 北京：北方工业大学，2018.

［51］赵斌. 北方地区泉水聚落形态研究［D］. 天津：天津大学，2017.

［52］席丽莎. 基于人类聚居学理论的京西传统村落研究［D］. 天津：天津大学，2014.

［53］谭立峰. 河北传统堡寨聚落演进机制研究［D］. 天津：天津大学，2007.

［54］王南希. 京西门头沟山区村落乡土建筑与景观研究［D］. 北京：北京林业大学，2014.

［55］郑继永. 保定西部传统民居保护研究［D］. 河北：河北农业大学，2018.

［56］韩泽宇. 涉县固新镇固新村传统聚落与民居研究［D］. 河北：河北工程大学，2017.

［57］邢佳. 邯郸西部山区传统村落空间解析［D］. 河北：河北工程大学，2016.

［58］田荟. 论易县后山民间信仰的文化融合及宗教习俗的复兴［D］. 云南：云南大学，2012.

［59］李欣. 门头沟京西古道沿线宗教祭祀空间研究［D］. 北京：北京建筑大学，2014.

［60］李刘根. 涉县固新镇传统聚落庙宇建筑研究［D］. 河北：河北工程大学，2018.

［61］苟林坤. 保定市古戏台调查研究［D］. 山西：山西师范大学，2018.

后　　记

《保定乡土建筑文化研究》是由保定市乡土艺术研创基地组织和资助出版的《保定乡土艺术研究丛书》之一。同时本书是河北省社会科学基金青年项目"河北平原洼淀聚落形态与保护策略研究——以白洋淀为例"（项目编号：HB21YS051）、河北省高等学校人文社会科学研究项目"白洋淀聚落景观及民居建筑研究"（项目编号：SQ201156）、河北大学校长基金"冀中西部乡土建筑文化研究"（项目编号：2020HXZ005）的研究成果。

本书得以顺利出版，要感谢保定市委宣传部的大力支持，感谢保定市乡土艺术研创基地全体成员的共同努力。感谢我的工作单位河北大学艺术学院提供的研究平台，以及刘宗超院长和其他领导的关心与支持。对保定乡土建筑持续近3年的调查和研究，我们还得到了各方面的帮助和支持，感谢涞源县旅游文物局文保所安志敏所长，涞源县建设局的工作人员，我的涞源县银坊镇镇长范露师妹，他们对我们调研乡土建筑的测绘活动提供了极大的帮助；还有要感谢许多普通居民对我们测绘工作的理解和帮助；感谢河北大学出版社的杨显硕、马敏两位老师对于本书的编辑和修正付出了辛勤的工作……

感谢调研小组的成员，艺术学院2019级研究生张雨畅、张参，2018级本科生李佳俊，他们既要充当司机，又要测绘拍照，顶着寒风、冒着酷暑多次外出测绘，回来之后还要绘图。他们的辛勤劳动，使前期研究的基础数据收集、初步整理工作以及得以顺利完成。在本书即将付梓印刷的时候，他们正值毕业之际，祝福他们一切顺利。

　　本书在撰写过程中，由于笔者学识浅薄，错讹、不妥、疏漏之处在所难免，敬请相关专家、学者和广大读者批评指正。

陈志菲

2022 年 5 月 5 日